U0179742

浙江科学技术史研究丛书

浙江科学技术史

History of Science and Technology in Zhejiang Province

上古至隋唐五代卷

项隆元　龚缨晏　编著

ZHEJIANG UNIVERSITY PRESS
浙江大学出版社

浙江文化研究工程成果文库总序

　　有人将文化比作一条来自老祖宗而又流向未来的河,这是说文化的传统,通过纵向传承和横向传递,生生不息地影响和引领着人们的生存与发展;有人说文化是人类的思想、智慧、信仰、情感和生活的载体、方式和方法,这是将文化作为人们代代相传的生活方式的整体。我们说,文化为群体生活提供规范、方式与环境,文化通过传承为社会进步发挥基础作用,文化会促进或制约经济乃至整个社会的发展。文化的力量,已经深深熔铸在民族的生命力、创造力和凝聚力之中。

　　在人类文化演化的进程中,各种文化都在其内部生成众多的元素、层次与类型,由此决定了文化的多样性与复杂性。

　　中国文化的博大精深,来源于其内部生成的多姿多彩;中国文化的历久弥新,取决于其变迁过程中各种元素、层次、类型在内容和结构上通过碰撞、解构、融合而产生的革故鼎新的强大动力。

　　中国土地广袤、疆域辽阔,不同区域间因自然环境、经济环境、社会环境等诸多方面的差异,建构了不同的区域文化。区域文化如同百川归海,共同汇聚成中国文化的大传统,这种大传统如同春风化雨,渗透于各种区域文化之中。在这个过程中,区域文化如同清溪山泉潺潺不息,在中国文化的共同价值取向下,以自己的独特个性支撑着、引领着本地经济社会的发展。

　　从区域文化入手,对一地文化的历史与现状展开全面、系统、扎实、有序的研究,一方面可以藉此梳理和弘扬当地的历史传统和文化资源,繁荣和丰富当代的先进文化建设活动,规划和指导未来的文化发展蓝图,增强文化软实力,为全面建设小康社会、加快推进社会主义现代化提供思想保证、精神动力、智力支持和舆论力量;另一方面,这也是深入了解中国文化、研究中国文化、发展中国文化、创新中国文化的重要途径之一。如今,区域文化研究日益受到各地重视,成为我国文化研究走向深入的一个重要标志。我们今天实施浙江文化研究工程,其目的和意义也在于此。

　　千百年来,浙江人民积淀和传承了一个底蕴深厚的文化传统。这种文化传统的独特性,正在于它令人惊叹的富于创造力的智慧和力量。

浙江文化中富于创造力的基因,早早地出现在其历史的源头。在浙江新石器时代最为著名的跨湖桥、河姆渡、马家浜和良渚的考古文化中,浙江先民们都以不同凡响的作为,在中华民族的文明之源留下了创造和进步的印记。

浙江人民在与时俱进的历史轨迹上一路走来,秉承富于创造力的文化传统,这深深地融汇在一代代浙江人民的血液中,体现在浙江人民的行为上,也在浙江历史上众多杰出人物身上得到充分展示。从大禹的因势利导、敬业治水,到勾践的卧薪尝胆、励精图治;从钱氏的保境安民、纳土归宋,到胡则的为官一任、造福一方;从岳飞、于谦的精忠报国、清白一生,到方孝孺、张苍水的刚正不阿、以身殉国;从沈括的博学多识、精研深究,到竺可桢的科学救国、求是一生;无论是陈亮、叶适的经世致用,还是黄宗羲的工商皆本;无论是王充、王阳明的批判、自觉,还是龚自珍、蔡元培的开明、开放,等等,都展示了浙江深厚的文化底蕴,凝聚了浙江人民求真务实的创造精神。

代代相传的文化创造的作为和精神,从观念、态度、行为方式和价值取向上,孕育、形成和发展了渊源有自的浙江地域文化传统和与时俱进的浙江文化精神,她滋育着浙江的生命力、催生着浙江的凝聚力、激发着浙江的创造力、培植着浙江的竞争力,激励着浙江人民永不自满、永不停息,在各个不同的历史时期不断地超越自我、创业奋进。

悠久深厚、意韵丰富的浙江文化传统,是历史赐予我们的宝贵财富,也是我们开拓未来的丰富资源和不竭动力。党的十六大以来推进浙江新发展的实践,使我们越来越深刻地认识到,与国家实施改革开放大政方针相伴随的浙江经济社会持续快速健康发展的深层原因,就在于浙江深厚的文化底蕴和文化传统与当今时代精神的有机结合,就在于发展先进生产力与发展先进文化的有机结合。今后一个时期浙江能否在全面建设小康社会、加快社会主义现代化建设进程中继续走在前列,很大程度上取决于我们对文化力量的深刻认识、对发展先进文化的高度自觉和对加快建设文化大省的工作力度。我们应该看到,文化的力量最终可以转化为物质的力量,文化的软实力最终可以转化为经济的硬实力。文化要素是综合竞争力的核心要素,文化资源是经济社会发展的重要资源,文化素质是领导者和劳动者的首要素质。因此,研究浙江文化的历史与现状,增强文化软实力,为浙江的现代化建设服务,是浙江人民的共同事业,也是浙江各级党委、政府的重要使命和责任。

2005 年 7 月召开的中共浙江省委十一届八次全会,作出《关于加快建设文化大省的决定》,提出要从增强先进文化凝聚力、解放和发展生产力、增强社会公共服务能力入手,大力实施文明素质工程、文化精品工程、文化研究工程、文化保护工程、文化产业促进工程、文化阵地工程、文化传播工程、文化人才工程等"八项工程",实施科教兴国和人才强国战略,加快建设教育、科技、卫生、体育等"四个强省"。作为文化建设"八项工程"之一的文化研究工程,其任务就是系统研究浙江文化的历史成就和当代发展,深入挖掘浙江文化底蕴、研究浙江现象、总结浙江经验、指导浙江未来的发展。

　　浙江文化研究工程将重点研究"今、古、人、文"四个方面,即围绕浙江当代发展问题研究、浙江历史文化专题研究、浙江名人研究、浙江历史文献整理四大板块,开展系统研究,出版系列丛书。在研究内容上,深入挖掘浙江文化底蕴,系统梳理和分析浙江历史文化的内部结构、变化规律和地域特色,坚持和发展浙江精神;研究浙江文化与其他地域文化的异同,厘清浙江文化在中国文化中的地位和相互影响的关系;围绕浙江生动的当代实践,深入解读浙江现象,总结浙江经验,指导浙江发展。在研究力量上,通过课题组织、出版资助、重点研究基地建设、加强省内外大院名校合作、整合各地各部门力量等途径,形成上下联动、学界互动的整体合力。在成果运用上,注重研究成果的学术价值和应用价值,充分发挥其认识世界、传承文明、创新理论、咨政育人、服务社会的重要作用。

　　我们希望通过实施浙江文化研究工程,努力用浙江历史教育浙江人民、用浙江文化熏陶浙江人民、用浙江精神鼓舞浙江人民、用浙江经验引领浙江人民,进一步激发浙江人民的无穷智慧和伟大创造能力,推动浙江实现又快又好发展。

　　今天,我们踏着来自历史的河流,受着一方百姓的期许,理应负起使命,至诚奉献,让我们的文化绵延不绝,让我们的创造生生不息。

2006 年 5 月 30 日于杭州

浙江文化研究工程成果文库序言

袁家军

浙江是中华文明的发祥地之一,历史悠久、人文荟萃,素称"文物之邦""人文渊薮",从河姆渡的陶灶炊烟到良渚的文明星火,从吴越争霸的千古传奇到宋韵文化的风雅气度,从革命红船的扬帆起航到新中国成立初期的筚路蓝缕,从改革开放的敢为人先到新时代的变革创新,都留下了弥足珍贵的历史文化财富。纵览浙江发展的历史,文化是软实力、也是硬实力,是支撑力、也是变革力,为浙江干在实处、走在前列、勇立潮头提供了独特的精神激励和智力支持。

2003年,习近平同志在浙江工作时作出"八八战略"重大决策部署,明确提出要进一步发挥浙江的人文优势,积极推进科教兴省、人才强省,加快建设文化大省。2005年7月,习近平同志主持召开省委十一届八次全会,亲自擘画加快建设文化大省的宏伟蓝图。在习近平同志的亲自谋划、亲自布局下,浙江形成了文化建设"3+8+4"的总体框架思路,即全面把握增强先进文化的凝聚力、解放和发展文化生产力、提高社会公共服务力等"三个着力点",启动实施文明素质工程、文化精品工程、文化研究工程、文化保护工程、文化产业促进工程、文化阵地工程、文化传播工程、文化人才工程等"八项工程",加快建设教育、科技、卫生、体育等"四个强省",构建起浙江文化建设的"四梁八柱"。这些年来,我们按照习近平同志当年作出的战略部署,坚持一张蓝图绘到底、一任接着一任干,不断推进以文铸魂、以文育德、以文图强、以文传道、以文兴业、以文惠民、以文塑韵,走出了一条具有中国特色、时代特征、浙江特点的文化发展之路。

文化研究工程是浙江文化建设最具标志性的成果之一。随着第一期和第二期文化研究工程的成功实施,产生了一批重点研究项目和重大研究成果,培育了一批具有浙江特色和全国影响的优势学科,打造了一批高水平的学术团队和在全国有影响力的学术名师、学科骨干。2015年结束的第一批浙江文化研究工程共立研究项目811项,出版学术著作千余部。2017年3月启动的第二期浙江文化研究工程,已开展了52个系列研究,立重大课题65项、重点课题284项,出版学术著作1000多部。特别是形成了《宋画全集》等中国历代绘画大系、《共和国命运的抉择与思考——毛泽东在浙江的

785个日日夜夜》等领袖与浙江研究系列、《红船逐浪：浙江"站起来"的革命历程与精神传承》等"浙100年"研究系列、《浙江通史》《南宋史研究丛书》等浙江历史专题史研究系列、《良渚文化研究丛书》等浙江史前文化研究系列、《儒学正脉——王守仁传》等浙江历史名人研究系列、《吕祖谦全集》等浙江文献集成系列。可以说，浙江文化研究工程，赓续了浙江悠久深厚的文化血脉，挖掘了浙江深层次的文化基因，提升了浙江的文化软实力，彰显了浙江在海内外的学术影响力，为浙江当代发展提供了坚实的理论支撑和智力支持，为坚定文化自信提供了浙江素材。

当前，浙江已经踏上了实现第二个百年奋斗目标的新征程，正在奋力打造"重要窗口"，争创社会主义现代化先行省，高质量发展建设共同富裕示范区。文化工作在浙江高质量发展建设共同富裕示范区中具有决定性作用，是关键变量；展现共同富裕美好社会的图景，文化是最富魅力、最吸引人、最具辨识度的标识。我们要发挥文化铸魂塑形赋能功能，为高质量发展建设共同富裕示范区注入强大文化力量，特别是要坚持把深化文化研究工程作为打造新时代文化高地的重要抓手，努力使其成为研究阐释习近平新时代中国特色社会主义思想的重要阵地、传承创新浙江优秀传统文化革命文化社会主义先进文化的重要平台、构建中国特色哲学社会科学的重要载体、推广展示浙江文化独特魅力的重要窗口。

新时代浙江文化研究工程将延续"今、古、人、文"主题，重点突出当代发展研究、历史文化研究、"新时代浙学"建构，努力把浙江的历史与未来贯通起来，使浙学品牌更加彰显、浙江文化形象更加鲜明、中国特色哲学社会科学的浙江元素更加丰富。新时代浙江文化研究工程将坚守"红色根脉"，更加注重深入挖掘浙江红色资源，持续深化"习近平新时代中国特色社会主义思想在浙江的探索与实践"课题研究，努力让浙江成为践行创新理论的标杆之地、传播中华文明的思想之窗；擦亮以宋韵文化为代表的浙江历史文化金名片，从思想、制度、经济、社会、百姓生活、文学艺术、建筑、宗教等方面全方位立体化系统性研究阐述宋韵文化，努力让千年宋韵更好地在新时代"流动"起来、"传承"下去；科学解读浙江历史文化的丰富内涵和时代价值，更加注重学术成果的创造性转化，探索拓展浙学成果推广与普及的机制、形式、载体、平台，努力让浙学成果成为有世界影响的东方思想标识；充分动员省内外高水平专家学者参与工程研究，坚持以项目引育高端社科人才，努力打造一支走在全国前列的哲学社会科学领军人才队伍；系统推进文化研究数智创新，努力提升社科研究的科学化水平，提供更多高质量文化成果供给。

伟大的时代，需要伟大作品、伟大精神、伟大力量。期待新时代浙江文化研究工程有更多的优秀成果问世,以浙江文化之窗更好地展现中华文化的生命力、影响力、凝聚力、创造力,为忠实践行"八八战略"、奋力打造"重要窗口",争创社会主义现代化先行省,高质量发展建设共同富裕示范区,提供强大思想保证、舆论支持、精神动力和文化条件。

编 首 语

(一)

科学技术是人类认识自然、改造自然的有力武器,科学技术史是人类文明史的基础和主干,在人类社会发展历史中具有十分重要的地位。浙江地处中国东南沿海,历来人文荟萃,科技人才辈出,创造了辉煌的科学技术成就,在中国科技史、东亚科技史乃至世界科技史上都具有重要的地位。

开展浙江科学技术史研究,对于认识和了解浙江科技的历史发展进程,对于浙江的现代科技文化建设具有重要的理论价值和现实意义。一方面,浙江科学技术史是浙江文化史的重要组成部分,探讨浙江科学技术史多元丰富的内涵和鲜明独特的传统,对于挖掘浙江文化的深刻内涵和丰富底蕴具有重要的理论价值;另一方面,研究浙江科学技术史不仅能够帮助人们认识和了解浙江科学技术的发展进程,同时也有助于总结浙江科学技术发展的历史经验和教训,从而为规划浙江科学技术发展和推动科学文化传播提供有益的借鉴,为浙江全面建设物质富裕、精神富有的现代化社会提供强大的精神动力和智力支持。

然而,科学技术史如同人类的其他历史,头绪繁杂纷纭,材料无限丰富且还在不断被挖掘和充实,如何剪裁布局是见仁见智的事情。综观各种科技史版本,有专门讨论观念发展的思想史,有侧重科技活动的社会史,有关注人物事件的专题史,有着墨区域民族的地方史等等,各有千秋,精彩纷呈。2005年,在中共浙江省委作出实施"浙江文化研究工程"重大战略部署时,我们根据自己的研究基础和力量,设计了三卷本"浙江近代科技文化史研究"项目,计划以明末清初到民国为时间范围,对近代浙江科学技术发展与文化发展的互动和关联进行专题史性质的研究。

项目计划送审时,浙江省哲学社会科学发展规划办公室的领导提出,对浙江科学技术发展进行通史式研究一直是学界空白,与具有悠久历史的浙江文化传统很不相称,也在一定程度上影响了浙学研究的深入。因此希望我们拓展研究视野,开展对浙江科学技术史从古代贯通到现代的研究,写出一部自上古到 20 世纪末的浙江科学技术通史,以填补这方面研究的空白。

这是一个高难度的任务,具有极大的挑战性。能否承接?我们经过深入研读文献,并多方讨教,反复讨论,最后终于鼓起勇气,尝试吃一下"螃蟹",并且做好了当"铺路石"的心理准备。总要有人跨出第一步,即使这一步走得不够理想,也可以为他人以后继续走下去、走得更好提供基础和借鉴。这样,我们重新设计了"浙江科学技术史系列研究"(上古到当代)的课题,并在 2005 年年底经浙江历史文化研究工程专家委员会论证后,获得浙江省社会科学规划领导小组批准。

系列研究被列为浙江省哲学社会科学规划重点课题,许为民为课题总负责人,王淼任课题组秘书。下面设置 7 个单项课题,分别由龚缨晏、张立、王淼、王彦君、许为民负责。作为系列研究的最后成果,就是出版 7 卷本的"浙江科学技术史研究丛书"。由于历史研究需要大量查阅文献,且年代越早文献越难寻找和获得,我们根据研究力量和文献情况,把丛书的完成由近及远分为两个阶段:第一阶段的研究范围确定为清代到现代,开展 4 个单项课题的研究,完成研究文稿后先行提交评审和出版;第二阶段的研究范围确定为上古到明代,分为 3 个单项课题,完成文稿后再评审出版。

(二)

一般来说,一部科学技术通史的编撰可以按照历史阶段和学科门类两种思路展开,鉴于浙江科学技术史研究的一些特点,我们采用了断代分期的方式撰写。"浙江科学技术史研究丛书"各卷断代分期的设计主要考虑了以下因素:与一般历史分期基本相当,与各时期相关文献的多寡和影响大小相联系,保持各卷研究内容相对均衡。这样的分卷考虑虽然不一定是最合理的,有厚今薄古的倾向,但也是从实际出发的一种可行设计。

丛书各卷的名称、年代和编著者分别是:

浙江科学技术史·上古到五代卷(上古至 960 年),编著者:项隆元,龚缨晏;

浙江科学技术史·宋元卷(960—1368 年),编著者:张立;

浙江科学技术史·明代卷(1368—1644 年),编著者:王淼;

浙江科学技术史·清代前期和中期卷(1644—1840 年),编著者:张立;

浙江科学技术史·晚清卷(1840—1911 年),编著者:王淼;

浙江科学技术史·民国卷(1912—1949 年),编著者:王彦君;

浙江科学技术史·当代卷(1949—2000 年),编著者:许为民等。

各卷的主要内容简介如下:

上古到五代卷

史前时代,浙江的先民们创造出了发达的稻作农业、独特的干栏式建筑、精湛的治玉工艺等,从而为中华文明的形成做出了贡献。进入文明时代后,从商周时代出现的原始青瓷到唐五代的"秘色瓷",从越国的青铜宝剑到东晋六朝的造纸术,从魏伯阳的《周易参同契》到喻皓的《木经》,从虞喜的"岁差说"到吴越国的天文图,都反映了浙江在中国早期科技史中的重要地位。需要指出的是,浙江的科学技术自史前时代开始,就具有海洋文化的印记。中国现知最早的独木舟,即出现在 8000 年前的钱塘江南岸。史前浙江的稻作农业,还漂洋过海,传播到朝鲜半岛和日本列岛。汉唐时代的"海上丝绸之路",则有力地促进了浙江与海外的科技文化交流。

宋元卷

宋元时期是中国也是浙江古代科学技术发展的高峰时期,经济的繁荣为科学技术的发展提供了必要的物质基础与技术需求,很多传统的科学技术在这一时期达到了古代的最高水平。浙江的科学技术在这一时期取得了许多突出的成就,涌现了一批杰出的人物,例如:被誉为"中国科学史上的坐标"的沈括和发明活字印刷术的毕昇生活于北宋时期,中国数学史上"宋元四大家"之一的杨辉生活于南宋时期,中国医学史上"金元四大家"之一的朱震亨则生活于元代。尤为值得重视的是,在南宋时期,汉族中央政治和文化中心从中原地区转移到浙江杭州,南宋社会的发展更多地打上了浙江文化的烙印。

明代卷

明代是浙江科学技术史上的重要时期,传统科学在这一时期经历了从衰退到复兴的发展历程,传统技术出现了一些重要的创新性成果,中医药学也获得了新的发展。与此同时,明代浙籍学人在中外科学技术交流领域表现活跃,特别是为促进西方科技的传入、揭开中国近代科技发展的序幕做出了积极贡献。本卷对明代浙江在天文历算、地学、生物学、医药学、技术和中外科学技术交流等领域涌现出的杰出人物、重要著作以及取得的成就做了较为全面和深入的探讨。基于对相关科学技术内容的介绍,简要分析了这一时期浙江科学技术发展的特征以及与社会的互动关系。

清代前期和中期卷

明末清初被科学技术史界认为是中国近代科学技术史的起点。西方科学技术传入到清初中断,清代中叶中国学者在科学技术方面的工作重点转为挖掘、整理和考辨古代文献,但西学的影响无法中断,西学的传入使中国科学技术的发展道路发生了重要改变。这一时期,浙江地区传统的科学技术持续发展,在地理学、生物学与农学、医药学以及手工业技术和水利工程等方面的成就比较突出。西方科学技术也随着传教士的进入得到初步传播,浙江的杭州、宁波等地是当时西学传播的重要地区。清代前期的西学初步传播为浙江在晚清全面走向近代化打下了重要基础。

晚清卷

晚清时期,随着西方近代科学技术的广泛传播和普及,浙江初步实现了科学技术近代化。与此同时,浙江在传统科学技术领域也取得了一些新进展。本卷描述了第一次鸦片战争前后、洋务运动时期以及清末时期浙江的科学技术传播和研究活动以及科技教育的演进历程,同时叙述了晚清时期浙江在传统中医药学、民间传统工艺技术方面获得的新发展。在此基础上,简略概括晚清浙江科学技术发展的特点,并从科学技术与社会互动的角度出发,对晚清时期制约和促进浙江科学技术发展的因素以及科学技术对晚清浙江社会发展的影响做了简要探讨。

民国卷

中华民国时期是现代科学技术在浙江省的起步阶段。在大批归国留学生的支持和努力下,以浙江大学为代表,浙江省在自然科学、农学、工业技术等领域取得了丰硕成果,尤其在物理学、遗传学、化学工程等学科培养了大批人才,支持了地方以及全国的经济建设。1929 年,西湖博览会的召开标志着浙江省工农业技术达到了较高水平。1948 年中央研究院遴选的第一批 81 位院士中有 20 位是浙江籍(理工类);新中国成立后中国科学院遴选的第一批 172 名学部委员中有 27 位是浙江籍。浙籍院士在新中国科学技术事业领军人才中占据了重要份额。

当代卷

本卷把从新中国成立到 20 世纪末半个世纪间从边缘走向中心的浙江当代科学技术历程,分为"新中国成立初期到'文革'的曲折前进"和"改革开放到 20 世纪 90 年代的快速发展"两个时期,每个时期又分为特点明显的三个阶段。全书按照概述、考古研究、基础研究、农学农业、医学医疗、工业技术和科普科协活动的逻辑,对该期间浙江大地上发生的重大科学技术事件及其背景、经过和影响进行了比较系统的梳理,对该时期在浙江科技发展方面做出重要贡献的机构和人物进行了较为深入的挖掘,并特别探讨了浙江科学技术体制化的进程和经验,分析了当代浙江科学技术发展与社会的互动关系,以揭示当代浙江科技发展的自身特点与内在规律。

(三)

编撰 7 卷本"浙江科学技术史研究丛书"是一项工程较大、历时较长、需要多人分工合作的事业。研究中既要目标一致体现整体性,又要各扬所长展示独特性。为此,我们集思广益,在课题研究和书稿撰写的过程中,首先确定统一的目标:尽最大可能搜集和整理浙江科学技术史素材,积累基本资料;理清浙江历史上科学技术发展的基本问题,拓展研究视野,提升研究水平;争取在探索浙江科学技术发展的基本史实、内在机制、外在影响等方面有所突破。研究中力求贯彻"三个结合"的原则：考古资料与文献资料相结合，挖掘实物资料包含的科学技术内涵；专题研究与归纳分析相结合，探究浙江科学技术发展的原创精神和基本特征；内史研究与外史探究相结合，突破传统成就描述，使研究成果更具解释功能。

关于如何取舍浩如烟海的文献资料，我们认为，由于历史过程的不可逆性和无限丰富性，对它的任何描述都将是不完备的。为此我们确定了"求准不求全"的史料使用原则，要求入书的内容无误或少误。虽然"求准不求全"可能导致一些本该介绍的事件、机构、人物因史料不足没有介绍或介绍过略，但是以后可以补充修订；介绍错误虽然也可以订正，而造成的不良影响会更大，甚至将以讹传讹，贻笑大方。

就每个单项课题研究过程来说，基本上是从搜集、整理和分析重要的研究文献和科学技术史料入手，通过不断汇集和反复筛选，梳理浙江历史上各个时期重大的科学技术成就和科学技术事件，编写并不断完善各个时期的大事记，力争比较完整地勾勒出该时期浙江科学技术发展的全貌。同时，围绕影响较大的成就、人物、机构和活动，开展一系列综合研究和案例研究。此外，还特别关注科学技术的社会史、文化史、思想史和跨学科研究，探讨科技与社会文化的互动机制，揭示这一时期浙江科学技术发展的内在逻辑，使研究成果更具启发意义。

在写作体例方面，丛书有基本的规范要求，每卷除了正文还有相对比较完备的附录，主要包括参考文献，人物、著作索引和大事记，有的卷册因时代特点不同还有其他附录。撰稿技术规范是以中国科学院自然科学史研究所的规范为底本统一制定的。尽管有统一要求，由于存在着时代、文献、编著者等方面的差异性，各卷之间的不平衡是客观存在的。这一不平衡只能留待以后在修订时解决了。

"浙江科学技术史研究丛书"的撰写和出版，要感谢的人很多，无法一一罗列，这里特别需要提及的有：感谢浙江大学何亚平教授、黄华新教授，内蒙古师范大学罗见今教授，中国科技大学石云里教授，他们作为系列研究的首席专家给了我们悉心的指导；感谢浙江省哲学社会科学发展规划办公室原主任曾骅，她为课题的策划和立项给予了热情的鼓励；感谢浙江大学出版社傅强社长、徐有智总编辑和朱玲编辑，他们对于丛书的编辑和出版给予了大力的支持。此外还有许许多多的学者和同行,各位的指导、鼓励和支持是我们终于能够完成系列研究任务的强大动力。与此同时,我们也真诚地希望学界对于丛书存在的问题和谬误不吝赐教。

编委会

2013 年 12 月

目　录

绪　论

位于东海之滨的浙江,有着悠久的历史。早在新石器时代,浙江就孕育了足以与黄河流域相媲美的灿烂史前文化,并萌发了具有地域特色的史前科学技术。此后,无论是先秦还是汉唐,浙江古代科学技术始终稳步发展,并为入宋以后浙江古代科学技术的鼎盛打下了扎实的基础。本卷所探讨的便是上古至隋唐五代时期浙江科学技术的发展史。

从现有资料看,浙江古代科学技术史尤其是秦汉之前的科学技术史,可资利用的文献资料甚少,而实物资料相对丰富。安吉上马坎、长兴七里亭等旧石器时代遗址的发现与发掘,将浙江境域的人类活动上溯到了早更新世晚期。上山文化、跨湖桥文化、河姆渡文化、马家浜文化、崧泽文化、良渚文化等史前文化遗址的发现与研究,则已构筑起距今 10000—4000 年前浙江新石器时代的发展脉络。随后,众多的青铜兵器、青铜农具的出土,表明浙江地区在商周时期也步入了青铜时代。青铜时代的浙江文化与中原地区以青铜礼器、青铜乐器为特色的文化系统有着明显差别,此时生产的印纹硬陶、原始青瓷,既体现了浙江地域特色,也彰显了古越人因地制宜的创造力。

如果说,先秦及之前的浙江古代科学技术史还仅仅属于"考古文化"的话,那么进入秦汉之后,浙江古代科学技术的璀璨之光,开始在历史文献中不停地闪烁了。例如:两汉时期的《论衡》《周易参同契》《桐君采药录》等,六朝时期的灌钢技术、岁差说、《毛诗草木鸟兽虫鱼疏》等,隋唐时期的《本草拾遗》《海涛志》《茶经》等,五代时期的《木经》《海潮论》《日华子诸家本草》等,均是一个时代重要科学技术著述或成就。不过,单凭文献尚不能说明秦汉以后浙江地区科学技术发展的全貌。秦汉以后的科学技术史研究,仍需倚重考古文物资料。譬如:两汉时期的成熟瓷器、会稽铜镜等出土文物,六朝时期的太湖溇港、丽水通济堰等历史遗迹,隋唐时期的"秘色越器"、雕版佛经等出土遗物,五代时期的天文星图、钱氏捍海塘等考古发现,均为浙江古代科学技术史研究提供了宝贵的实物例证。

古代科学技术史的撰写既可以采用断代体的方式,也可以按科学技术的门类进行编排。鉴于上古至五代时期浙江科学技术还处于发展的初级阶段,各门类的科学技术的产生和发展并不平衡,而各个时期的科学技术相对明显地呈现出时代特点,因此,我们选择断代体的编写方式。具体章节安排如下。

第一章史前时期的浙江科学技术,主要依据考古实物资料,以河姆渡文化、良渚文化为中心,结合新近发现的旧石器时代遗存,对史前时代浙江先民在工具制造、稻作农业、工艺技术等方面的成就进行较充分的挖掘与阐述。

第二章青铜时代的浙江科学技术,充分利用出土的青铜器、印纹硬陶、原始青瓷等考古实物资料,结合相关的文献记载,在全面梳理青铜时代浙江科学技术发展状况的基础上,着重阐述具有地域特色的青铜铸造技术、陶瓷烧制技术。

第三章秦汉时期的浙江科学技术,重点介绍王充《论衡》、魏伯阳《周易参同契》以及《桐君采药录》《越绝书》等文献所蕴含的科学价值,同时对水利工程、陶瓷烧制、铜镜铸造等技术给予充分的关注与阐释。

第四章六朝时期的浙江科学技术,着重分析虞喜的天文学贡献、陆玑的生物学成就、姚僧垣的医学见解,以及此时水利工程、农业生产、手工业等技术的进展,并对曾一度寓居浙江的葛洪、陶弘景在科学技术方面的贡献做简要的介绍。

第五章隋唐时期的浙江科学技术,在全面梳理隋唐时期浙江地区在水利工程、农业生产、手工业等技术领域的进步基础上,对以陈藏器《本草拾遗》、窦叔蒙《海涛志》、陆羽《茶经》为代表的自然科学方面的成就进行重点的阐释。

第六章五代时期的浙江科学技术,对喻皓《木经》、丘光庭《海潮论》以及《日华子诸家本草》等文献,吴越国天文星图、钱氏捍海塘等出土遗物与遗迹,进行全面而深入的分析。

如果套用人们对中国古代科学技术史发展过程的习惯性描述,那么,史前时期是浙江古代科学技术的萌芽时期,先秦时期是浙江古代科学技术的积累时期,秦汉时期是浙江古代科学技术特色的形成时期,六朝时期是浙江古代科学技术持续发展时期,隋唐五代时期是浙江古代科学技术特色与成就充分展现时期。

尽管从上古到隋唐五代时期的浙江科学技术总体上尚处于从萌芽到早期发展的阶段,但浙江古代科学技术的主要特色在这一时期形成,许多成就在这一时期呈现,并对中国古代科学技术体系的形成与早期发展产生了重要影响。这段时期的浙江科学技术的特点突出地表现在以下两个方面。

一是地域特色鲜明,原创性因素丰富。史前时期,中原地区从事的是旱田粟作农业,江南地区发展的则是水田稻作农业;先秦时期,北方地区出现了发达的青铜文化,浙江地区却流行起印纹陶文化。这种因地制宜的创造,既孕育了稻作农业、干栏式建筑、印纹硬陶、原始青瓷、丝织、髹漆、琢玉、舟楫等具有地域特色的古代早期的农业与手工业技术,也为之后的浙江科学技术的发展奠定了基础。从跨湖桥遗址的"中药罐"到隋唐五代时期的《本草拾遗》《日华子诸家本草》,从河姆渡遗址的干栏式建筑到五代喻皓《木经》,从田螺山遗址的茶树遗存到唐代陆羽《茶经》,从钱山漾遗址的丝织品到吴越国的绫绢锦缎,从商周时期的原始青瓷到唐五代时期的秘色瓷器,从越国的青铜剑铸造技术到六朝时期的灌钢技术,从两汉时期的会稽镜湖建设到五代时期的钱氏捍海塘工程,从东汉王充的《论衡》到唐五代的《海涛志》《海潮论》,从六朝时期虞喜的岁差说到吴越国的天文星图等,这些既展现了浙江古代科学技术丰富的原创性因素,也彰显了浙江古代科学技术的持续性特色。

二是有较强的外向性,很早便烙上了海洋性文化的印记。一方面,浙江古代的琢玉、烧瓷、制盐、造纸、印刷、酿造、丝织、髹漆、造船、航海、建筑等传统技术一直或一度处于全国的领先地位,它们与王充《论衡》、魏伯阳《周易参同契》、陈藏器《本草拾遗》、窦叔蒙《海涛志》、陆羽《茶经》、喻皓《木经》等科技著述一起,对周边地区乃至中国古代的科学技术产生了显著而持续的影响。另一方面,浙江先民不断地吸收中原与周边地区的文化,并接纳了葛洪、陶弘景、陆玑、陆羽等古代科学技术领域的大家,极大地丰富了上古至隋唐五代时期浙江科学技术的内涵,促进了浙江古代社会的发展。不仅如此,至少自河姆渡文化开始,浙江文化就打上了海洋性文化的印记。从古越文化到吴越国文明,在朝鲜半岛、日本列岛,甚至在东南亚地区,都能找到浙江古代科学技术流播的痕迹。尤其是从唐代起,浙江先民更是在"海上丝绸之路"上进行了令人崇敬的表演,在经济贸易、文化交流、科技传播方面写下了灿烂的篇章。

第一章
史前时期的浙江科学技术

上马坎、七里亭等旧石器时代遗址的发现与发掘,表明在距今数十万年乃至百万年前,浙江先民就开始了制造与使用工具的历史。进入新石器时代,上山文化遗址稻作遗存的发现,说明浙江的稻作农业至少萌芽于距今1万年前的新石器时代初期。崧泽文化遗址、良渚文化遗址中石犁的陆续出土,标志着五六千年前浙江古代农业开始步入犁耕阶段。田螺山遗址发现的山茶属植物遗存[1],可能是迄今发现的最早人工栽种的茶树遗存。跨湖桥文化遗址出土的独木舟、漆弓,河姆渡文化遗址发现的采用榫卯结构的干栏式建筑,良渚文化遗址、钱山漾文化遗址出土的黑陶、玉器、纺织品等,显示出浙江史前的制陶、纺织、琢玉、髹漆、建筑等原始技术已达到了很高的水平。

水稻的栽培、猪狗的驯养、陶器的烧造、玉器的雕琢、建筑的营造,表明此时的浙江先民在数学、物理、化学、地学、生物学等领域的知识有了初步的萌芽。

第一节　浙江史前文化遗存

浙江开展旧石器时代考古并不算迟。1974年,考古工作者在建德李家镇新桥村乌龟洞的第四纪堆积中,发掘出土了一批哺乳动物化石和一枚古

---

〔1〕 孙国平,郑云飞.浙江余姚田螺山遗址2012年发掘成果丰硕.中国文物报,2013-03-29(8).

人类的右上犬齿化石。[1] 人类牙齿化石的时代大体相当于更新世晚期的后一阶段,绝对年代约距今 5 万年前。由此,被命名为"建德人"[2]。那时的华东地区旧石器时代考古尚是一个空白区,即便是整个中国南方地区,已发现的旧石器时代文化遗存也是寥寥无几。然而,因种种原因,在此后的近 30 年里,浙江旧石器时代考古进展缓慢。直到 2000 年后,随着旧石器时代考古专题调查的展开和上马坎、七里亭等旧石器时代遗址的发掘,情况才有了改变。

与旧石器时代考古相比,浙江地区的新石器时代考古进展要顺利得多。如果从 1936 年施昕更、何天行对良渚遗址的发掘与调查算起,浙江的新石器时代考古已走过了 80 多年的历程。近百年的考古发现与研究,已构筑起浙江境域距今 10000—4000 年前,从上山文化、跨湖桥文化到钱山漾文化、好川文化的新石器时代文化发展脉络。尤其是良渚文化,因其发达的生产力、先进的工艺技术、复杂的社会结构和独特的礼仪制度,被视为实证中国 5000 年文明和"探索中国文明起源的一块圣地"[3]。

一、旧石器时代文化遗存

2002 年,考古工作者在安吉、长兴两地开展了系统性的旧石器时代考古专题调查,发现了 30 多处旧石器时代文化遗存点;后将调查范围扩展到了苕溪、分水江、浦阳江流域的丘陵地带。经过历时 8 年的考古调查、试掘和全国第三次文物普查,至 2010 年,共发现 80 余处旧石器时代文化遗存点,地域遍及湖州的吴兴、长兴、安吉、德清,杭州的临安,金华的浦江等区县(市)。在此基础上,重点发掘了安吉的上马坎、长兴的七里亭、银锭岗、合溪洞等旧石器时代文化遗址,并有了重大收获。[4]

上马坎遗址位于湖州安吉溪龙乡溪龙村,发现于 2002 年,发掘于 2004—2005 年。揭露面积 100 平方米,发掘深度 9 米,出土石制品 430 余件。上马坎遗址的网纹红土层之下为胶结程度极高的砾石层,该层可能属于中更新世初期的某一阶段地层。从地层推测,整个遗址的年代处在距今

〔1〕 韩德芬,张森水.建德发现的一枚人的犬齿化石及浙江第四纪哺乳动物新资料.古脊椎动物学报,1978,16(4):255—263.

〔2〕 "建德人"的绝对年代有不同的估计。如:北京大学曾用上层出土的牛牙做了两个铀系年龄测定,其年代接近距今 10 万年前。不过,这个测定年代可能偏老。

〔3〕 严文明.良渚随笔.见:文明的曙光——良渚文化.杭州:浙江人民出版社,1996:30.

〔4〕 徐新民.浙江旧石器考古综述.东南文化,2008(2):6—10.

12.6 万至 80 万年之间。从年代上看,上马坎遗址已不算晚,但随后又有年代更早的遗址发现,那就是七里亭遗址。

七里亭遗址位于湖州长兴泗安镇白莲村,发掘于 2005—2006 年。揭露面积 600 多平方米,发掘深度 12.5 米,出土数量众多的石制品。从地层推测,其最早的年代可追溯到早更新世晚期,即距今至少 100 万年。[1] 也就是说,与上马坎遗址相比,古人类在这一区域活动年代更早,并生活了更长的时间。国内目前发现的年代距今百万年以上的遗址仅有陕西的蓝田遗址、云南的元谋遗址等几处。七里亭遗址的发现,将浙江古人类活动史上推至百万年前的行列,其意义不言而喻。

银锭岗遗址位于湖州长兴小浦镇光耀村,发掘于 2007 年。发掘面积近 600 平方米,共出土石制品 300 余件。银锭岗遗址下文化层出露的网纹红土堆积,与安吉上马坎遗址相似,因此可将下文化层定为中更新世,其上文化层则属于晚更新世。

合溪洞遗址也位于湖州长兴小浦镇光耀村,与银锭岗旧石器时代遗址相距不足 1 千米,发掘于 2007—2010 年。合溪洞遗址为洞穴堆积,共在 5 处地点发现第四纪遗物。其中在 4 号地点,出土一枚成年人类下颌左侧中门齿或侧门齿化石,时间大约距今 2.8 万年前。[2] 尽管年代不是太早,但这是继"建德人"后,浙江旧石器时代古人类化石的又一重大发现。

二、新石器时代文化遗存

目前发现的旧石器时代遗存主要分布在钱塘江北岸地区,浙江境域的新石器时代文化却首先是在钱塘江以南地区发展起来。

上山文化是近年确立的浙江境域最早的新石器时代文化,以发现于金华浦江黄宅镇的上山遗址而得名[3],年代距今约 10000—8000 年。其典型遗址除了上山遗址外,还有绍兴嵊州的小黄山遗址、金华义乌的桥头遗址、台州仙居的下汤遗址等。[4] 上山文化出土遗物以大口陶盆,石磨盘、石磨棒组合以及穿孔石器最具特色。尤其是在出土的夹炭陶器中,存在羼和大量的稻壳和稻叶的现象,这说明稻作农业作为新兴的经济模式有了初步的

---

〔1〕 傅晨琦,叶辉:浙江旧石器时代考古获重大成果.光明日报,2010-06-06(4).

〔2〕 徐新民,梁奕建.浙江长兴合溪洞旧石器时代遗址.中国文物报,2010-03-26(4).

〔3〕 浙江省文物考古研究所,浦江博物馆.浙江浦江县上山遗址发掘简报.考古,2007(9):7—18.

〔4〕 参见浙江省文物考古研究所.上山文化:发现与记述.北京:文物出版社,2016.

发展。[1]

跨湖桥文化以发现于杭州萧山湘湖的跨湖桥遗址而得名。[2] 典型遗址包括跨湖桥遗址、下孙遗址等。1990 年发现，后经多次发掘，出土大量陶器、木器、骨器、石器、动物骨骼等遗物，还发现了少量玉器、漆器以及稻谷颗粒等遗存。2004 年被命名为跨湖桥文化[3]，其年代距今约 8000—7000 年，是一处文化内涵较丰富的新石器时代早期水乡农业聚落遗存。

河姆渡文化因 1973 年发现于宁波余姚的河姆渡遗址而得名[4]，主要分布于杭州湾南岸的宁绍平原及舟山群岛，年代距今约 7000—5500 年。除了河姆渡遗址，陆续发现的典型遗址还有鲻山遗址、鲞架山遗址、慈湖遗址、小东门遗址、名山后遗址、塔山遗址、跨湖桥遗址、楼家桥遗址[5]，以及田螺山遗址等多处。该考古文化特色鲜明，成就突出，它的发现"使我们重新考虑我国新石器文化的起源是否一元这个考古学上重要问题"[6]，进一步认识到长江流域和黄河流域一样是中华文明起源的摇篮。

几乎与河姆渡文化同时，在杭州湾北岸的太湖流域，马家浜文化也迅速发展起来。被称为"江南文化主根"[7]的马家浜文化，因嘉兴南湖马家浜遗址而得名[8]，年代距今约 7000—6000 年。主要分布于环太湖地区，典型遗址除马家浜外，还有浙江嘉兴吴家浜、桐乡罗家角、余杭吴家埠、江苏常州圩墩、武进潘家塘、苏州袁家埭、广福村、草鞋山、越城、张家港东山村、上海青浦崧泽、福泉山等多处。[9]

崧泽文化因上海青浦崧泽遗址而得名。[10] 它上承马家浜文化，下接良渚文化，年代约为距今 6000—5300 年。其典型遗址除有青浦崧泽外，还有

〔1〕　蒋乐平.中国早期新石器时代的三类型与两阶段——兼论上山文化在稻作农业起源中的位置.南方文物,2016(3):71—78.

〔2〕　浙江省文物考古研究所.萧山跨湖桥新石器时代遗址.见:浙江省文物考古研究所学刊(第 3 辑).北京:长征出版社,1997:6—21.

〔3〕　施加农.跨湖桥文化命名始末.杭州文博,2014(1):164—166.

〔4〕　浙江省文物管理委员会,浙江省博物馆.河姆渡遗址第一期发掘报告.考古学报,1978(1):39—94.

〔5〕　王海明.河姆渡遗址与河姆渡文化.东南文化,2000(7):15—22.

〔6〕　夏鼐.碳—14 测定年代和中国史前考古学.考古,1977(4):217—232.

〔7〕　张忠培.江南文化之源序.见:江南文化之源——纪念马家浜遗址发现 50 周年图文集.北京:中国摄影出版社,2011:3.

〔8〕　浙江省文物管理委员会.浙江嘉兴马家浜新石器时代遗址的发掘.考古,1961(7):345—351.

〔9〕　郑建明,陈淳.马家浜文化研究的回顾与展望——纪念马家浜遗址发现 45 周年.东南文化,2005(4):16—25.

〔10〕　上海市文物管理委员会.上海市青浦县崧泽遗址的试掘.考古学报,1962(2):1—28.

江苏苏州草鞋山,浙江湖州邱城、昆山、嘉兴南河浜等遗址。从各类墓葬中随葬品的多寡不一情形看,此时私有制正在形成中,其社会形态可能已进入了"古国"阶段。[1]

良渚文化是长江下游地区的一支著名的新石器时代文化,因首先发现于杭州余杭良渚镇而得名。[2] 主要分布于环太湖地区,年代距今约5300—4000年。以莫角山为中心的良渚遗址群,是良渚文化的核心区。这里已发现遗址50余处,有村落、墓地、祭坛、古城、堤坝等各种遗存,内涵丰富,地位突出。除良渚镇遗址群外,其典型遗址还有江苏武进寺墩、昆山赵陵山、苏州草鞋山、张陵山、上海青浦福泉山、浙江桐乡普安桥、平湖庄桥坟等多处。良渚文化先进的生产力与复杂的社会结构为世人所瞩目,被视为探索文明起源的典型案例。[3] 有学者甚至认为良渚文化已经进入了文明时代,"良渚文化社会政权的性质是神王国家,也可称之为政教合一的国家"[4]。

钱山漾文化是新近命名的考古学文化,距今约4200—4000年[5]。位于湖州近郊的钱山漾遗址,发现于20世纪30年代。[6] 经过多次发掘,发现丰富的房址、灰坑、灰沟等遗迹,出土一批特色鲜明的石器、陶器等遗物。随着认识的深化,2014年,钱山漾遗址与上海松江广富林遗址一起,从良渚文化中分离出来,被命名为钱山漾文化。[7] 钱山漾文化可看成是从良渚文化到马桥文化的中间环节。

好川文化是一支分布于浙西南山地的新石器时代末期的考古学文化,1997年发现。典型遗址有丽水遂昌好川遗址、温州鹿城老鼠山遗址等。[8] 其年代约距今4200—3700年。遗址中发现众多的墓葬,出土大量玉器、石器、陶器、漆器等遗物。好川文化的发现与命名,为探索良渚文化的去向提供了重要线索[9],也填补了浙江西南地区新石器时代考古文化的空白。

---

[1] 李伯谦.崧泽文化大型墓葬的启示.历史研究,2010(6):4—8.

[2] 施昕更.良渚——杭县第二区黑陶文化遗址初步报告.杭州:浙江省教育厅,1938;夏鼐.长江流域考古问题.考古,1960(2):1—3.

[3] 项隆元.中国物质文明史.杭州:浙江大学出版社,2008:69.

[4] 张忠培.良渚文化墓地与其表述的文明社会.考古学报,2012(4):401—422.

[5] 有的学者认为,钱山漾文化年代为距今4400—4200年。

[6] 慎微之.湖州钱山漾石器之发现与中国文化之起源.江苏研究,1937,3(5—6);又见:吴越文化论丛.上海:上海文艺出版社,1990:217—232.

[7] 李政."钱山漾文化"正式命名.中国文物报,2014-11-18(1).

[8] 王海明,罗兆荣.遂昌好川发现良渚文化大型墓地.中国文物报,1997-10-19(1);王海明,孙国平等.温州老鼠山遗址发现四千年前文化聚落.中国文物报,2003-05-28(1).

[9] 赵辉.读《好川墓地》.考古,2002(11):88—91.

第二节　工具的制造与使用

制造和使用工具是人类特有的活动,它意味着人类对自然的适应与改造,意味着先民的生产与创造。正因为如此,人类的发展史,首先被看成是制造和使用工具的历史。工具的制造和使用,也成了人类科学技术最初的孵化器。与其他地区一样,浙江史前科学技术的萌芽,同样是从制造与使用工具开始的。

一、旧石器的打制与使用

从更广的范围来看,人类开始制造工具的时间大约是在距今 300 万年前后。最早的工具大概没有什么标准形式,一物可以有多种用途。如坦桑尼亚奥杜韦峡谷发现的大约距今 200 万年的石制工具,其典型的石器就是用砾石打制的砍砸器。中国元谋人使用的也是打制粗糙的石器,与古人类化石同地层出土的 7 件石器均为刮削器。无论是砍砸器还是刮削器,既不定型也不专用,均属原始的多用途石制工具。从出土的石器考察,在早期直立人阶段,人类制作石器的过程较为简单,工艺也十分简陋,将一石块加以敲击或碰击使之形成刃口,即成石器。随着人类的进化和经验的积累,到了晚期直立人阶段,人们掌握了打击石片并利用石片制造工具的方法,尤其是用石片制造切割用的薄刃石器的方法。其主要步骤和基本方法为:石块→打击→石片→修整→石器。这种制造工具的步骤与方法,一直沿用到旧石器时代晚期。当然,其中的打击、修整等技术环节,是随着时间的推移而不断进步的。

在旧石器时代,石器制造中的打击技术经历了直接打击到间接打击的发展过程。所谓间接打击法,是指通过木棒、骨棒等中介物打击石核,从而产生石片的方法。间接打击法与直接打击法相比,显然是一个不小的进步。不过,在整个旧石器时代,主要采用的是直接打击法,只是到了旧石器时代晚期,间接打击法才得到较普遍的运用。

修整技术是石片能否制成适用石器的关键之所在。这一技术在旧石器时代大致经历了这样一个发展过程:初期采用石锤敲击法→中期采用木骨修整法→后期采用压制修整法。正是有了压制修整法,人们才制造出了一些十分精致的石器。一些精美的"细石器"[1]就是采用这一方法加工而成的。旧石器时代晚期还出现了骨器、角器的磨制和钻孔技术,这为新石器时代磨制石器和穿孔石器的出现与使用提供了技术基础。

经过近几年的考古调查与发掘,在浙江境域已发现80余处旧石器地点和遗址,这些地点和遗址大多有数量不一的旧石器出土。情况如下。

在上马坎遗址,从2002年调查中获得旧石器标本45件,2004—2005年发掘出土石制品430余件。石制品种类较多,包括石核、石片、刮削器、砍砸器、石球、石锥、手镐、雕刻器、尖状器等。

在七里亭遗址,从2005—2006年发掘中共发现石制品760件。其中属上文化层的石制品210件,主要以石核、石片为主,另有少量断块,石器只有宽刃类中的刮削器、砍砸器及球形器等,不见尖刃类等其他石器;属下文化层的石制品530件,包括石核、石片、断块、砍砸器、刮削器、手镐、尖状器、石砧、石锤等。在发掘区西部网纹红土之上的紫红色黏土层中,还发现一个加工石器的作业面。在这个面积约30平方米的作业面上,发现数十件石制品,其中有石核和石片,所发现的石片中有5组可以拼合在一起。

在银锭岗遗址,从2007年发掘中共出土石制品300余件。上文化层共出土石制品295件,岩性以石英砂岩、砂岩、燧石为主,类型包括石核、石片、断块、断片、碎屑、石锤、石砧、石器(石器以刮削器、砍砸器为主要品种)等,其中断块和碎屑最多。因发掘面积所限,下文化层仅有6件石制品(石核3件、石片1件、断块1件、尖状器1件)出土,其中1件双台面石核与石片能相互拼合。银锭岗遗址的石制品及组合呈现两个明显的特点:一是燧石质制品相对丰富,且片状毛坯占到刮削器毛坯的一半;二是制作石片的方法,除了锤击法还采用了砸击法。这两个有别于南方砾石工业传统特征的特点,可能是旧石器晚期西苕溪流域石制品组合的地方特色,也可能是南北文化交流的结果。[2]

从年代上看,浙江出土的旧石器时代的石制品,已可追溯到百万年前。

---

〔1〕 "细石器"系史前考古学名词,一般是指采用间接法打击出的细石核、细石叶及加工成各种器形的细小打制石器。根据形态特征和地理分布,细石器可分为两大类:一类是几何形细石器,它是将圆体石核上剥取的窄长石叶加工成规整的三角形、半月形、梯形、菱形等复合工具的配件。该类细石器主要分布于北非、欧洲、近东及澳大利亚等地区。另一类是细石叶细石器,其核心产品是扁体或圆体细石核上剥取的窄长细石叶,将之用于复合工具上,它主要分布于东亚、北亚、北美地区。参见:安志敏.中国细石器研究的开拓和成果——纪念裴文中教授逝世20周年.第四纪研究,2002,22(1):6—10.

〔2〕 徐新民.浙江旧石器考古综述.东南文化,2008(2):6—10.

不过,此时的石制品加工大多十分粗糙,器形也不规整。在之后的数十万年的发展过程中,石器打制与加工技术虽随时间的推移有所进步,但这种进步似乎极为缓慢,其总体特征没有发生质的改变。其制作与加工技术大致呈现出如下几个特点。

第一,用以加工石器的石料多样,石料均为就地取材。

从已有的考古调查与发掘所获得的石制品看,其岩种包括了砂岩、粗面岩、凝灰岩、石英岩、硅质灰岩、石英和燧石等多种。当然,这些岩种的选用也有主次之别,最常见的石料是砂岩。例如:2002 年在长兴采集到石制品共 148 件,其中属砂岩的有 123 件,占总数的 83.11%;属石英岩的 12 件、属火成岩类的 11 件,分别占总数的 8.11% 和 7.43%;另有硅质灰岩和燧石各 1 件。[1]

不过,所有用于制作石器的岩种,无论是砂岩、粗面岩、凝灰岩,还是石英岩、变质灰岩等岩种,均可在遗址所在地的砾石层中见到。故可以推测,浙江各地出土的旧石器时代石制品,均属就近取材加工而成。

第二,打制石片方法较为单一,以锤击法最为常见。

从所见石制品上看,基本上是采用锤击法、砸击法加工而成,其中锤击法最为多见。例如:银锭岗遗址制作石片的方法,虽锤击法和砸击法并存,但依据两种方法所产生的石片比例为 4∶1 来看,锤击法仍然占主导地位。至于是否用过碰砧法,目前尚难以肯定。在合溪洞遗址出土的石制品中,有数件石片似乎具有碰砧法的特征。如果采用的确实是碰砧法,那么,这种剥片技术在浙江地区是首次发现,值得关注。

但总的说来,此时打片方法单一,工艺亦比较原始。一些石核以砾石为原料,既不对石核体做事先的加工,更未见修理过台面的标本出土。绝大多数直接以砾石的平面做剥片的台面,故发现的石核和石片以自然台面居多,有打击加工痕迹者很少。一些似乎有打击台面的石核均属多台面,其形成应是转向打法的结果。所打制的石片形态大多为不规则形,少量呈梯形、三角形或长条形,但没有发现典型的长石片。

第三,石制品大多数粗大厚重,且加工较为粗糙。

目前浙江地区所发现的旧石器时代的石器毛坯,以块状者占优势,且多系砾石和石核,片状者少见。已加工而成的石器,如砍砸器、刮削器、球形器、手镐等,大多由块状毛坯,即砾石或石核加工而成,长度通常超过 80 毫米,重量往往大于 200 克。有些砍砸器、手镐等石器更甚,长度多在 100 毫

---

〔1〕　徐新民.长兴县发现的旧石器.人类学学报,2007,26(1):16—26.

米以上,重量有超过 1000 克的。

第四,石器种类、类型较少,器形亦尚未定型。

如从石器的刃部特征归类,已出土的石器大致可归为三大类。

一为宽刃类,包括砍砸器、刮削器两种。砍砸器通常是用粗大的砾石或石核稍加修理而成,不少石器的器身仍保留着原砾石的石皮,加工面不大。多数砍砸器只是将一侧长边加工成直刃或凸刃,双刃的不多见。刃口钝或较钝的居多,刃角常超过 70°。刮削器既有用石块制成的,也有用石片加工的。虽然刮削器的刃部修理稍优于砍砸器,但总体仍较粗糙,大多刃缘曲折,刃口较钝,刃角也大于 70°。

二为尖刃类,目前发现的只有手镐一种。手镐系用砾石或石核加工而成,按其长宽的比例,虽可分为长身手镐、短身手镐两类,但这似乎不是有意为之,而是由砾石或石核的块状毛坯的长短决定的。不过,无论是长身手镐还是短身手镐,刃部均做了较明显的修理,有些修理得较为细致,刃部尖锐。

三是无刃类,严格地说只有石球一种。如果将球形器归入其中,也只有两种。石球通常以石核为毛坯加工而成,加工痕迹明显,往往通体可见鳞状的修疤,两疤的夹角常常大于 120°,因此圆度良好。球形器的圆度不及前者,但周身遗留有一些形状不规则的修疤。[1]

上述器类、器形中,以砍砸器最为常见,其次是手镐和球形器。其他地区较常见的刮削器,在浙江境域出土数量不多。这是否是一种地域性特点,尚待更多的发现与研究。不过就总体特征而言,浙江地区出土的旧石器应属中国南方旧石器时代主工业系统。若做进一步比较,它与安徽、江苏地区出土的旧石器器类、器形以及加工方式最为接近。这大概是浙江与安徽、江苏地域相邻的缘故。

二、新石器的制作与技术

旧石器时代石器打制与加工技术的提高十分缓慢,直到距今 1.2 万年左右,因农业和其他生产、生活活动发展需要,石器制造技术才有了质的突破。随着史前原始农业的出现和石器磨制技术的推广,浙江的史前历史也由旧石器时代步入了新石器时代。

如上所述,上山文化是目前浙江境域发现的最早的新石器时代文化。大概是因年代较为久远的缘故,上山遗址、小黄山遗址出土了众多的打制石

---

〔1〕 张森水,高星.浙江旧石器调查报告.人类学学报,2003,22(2):105—115.

器。上山遗址出土的石器以打制石器为主,包括砍砸器、刮削器、尖状器、小石器及石核石器等,只有极少量的石器为磨制石器。在小黄山遗址出土的石器中也包含了不少打制石器,如砍砸器、刮削器等,不过磨制石器比上山遗址稍多,有石斧、石锛等。两个遗址均出土了较多的石磨盘、石磨棒、石球、穿孔"重石"等。其中石磨盘、石磨棒在上山遗址出土超过 400 件,在小黄山遗址发现 900 多件。经对石磨盘、石磨棒表面残留物的刮取、分析,鉴定出橡子、根茎类、薏苡以及疑似菱角的淀粉粒。[1]

上山文化的石器加工虽比旧石器时代进步,但仍较为原始。以上山遗址为例,出土的打制石器包括石片石器和砾石器两大类。前者是利用打制剥离的石片和石核作为工具,其制作过程通常包括剥片与二次修理成器两个步骤。后者是直接采用砾石打制或琢制成工具。打击石片的方法以锤击法为主,也可能有砸击法。二次修理主要用锤击法,包括向破裂面、向背面交互或错向修理。此外,少量石片有比较宽而浅的石片疤,是否是用间接打击法修理的痕迹,有待进一步研究。出土的磨制石器,只有极少量的锛、凿形器。[2] 这种打制、磨制石器并存,并以打制石器为主的文化遗存,应是与狩猎采集和原始农业共存的复合性经济形态相对应,暗示着当时的采集狩猎经济还占有很大的比重。也就是说,上山文化仍保留着一些旧石器时代向新石器时代过渡时期的特征。

随着生产性经济比重的扩大和种植业、养殖业地位的逐步确立,磨制石器及相关工具制造技术有了重大的进步。跨湖桥文化、河姆渡文化、马家浜文化、崧泽文化、良渚文化所呈现出的石制工具种类及技术,已完全是另一种面貌。即便是在石制工具并不占主导地位的河姆渡遗址,其石器制造技术也已达到了较高的水平。

河姆渡遗址的石器所选用的石料,既有质地极为坚硬的黑色或深灰色硅质岩、变质岩、辉绿岩等,也有硬度稍低的青灰色、灰色或灰白色的泥质硅岩、凝灰岩等。坚硬的硅质岩、变质岩、辉绿岩等石料可打制、磨砺出带有锋利刃口的工具,使用时也不易磨损。遗址附近未见这种坚硬的黑色石料,看来并非就近取材。泥质硅岩和凝灰岩等石料质地细腻,打制、磨砺相对较容易,是河姆渡周围的低山丘陵中常见的岩石。[3]

---

〔1〕 刘莉,玖迪丝·菲尔德等.全新世早期中国长江下游地区橡子和水稻的开发利用.人类学学报,2010,29(3):317—336.

〔2〕 浙江省文物考古研究所,浦江博物馆.浙江浦江县上山遗址发掘简报.考古,2007(9):7—18.

〔3〕 黄渭金.河姆渡先民的石器制作.东方博物,2004(4):68—73.

河姆渡遗址虽然出土的石制工具的数量、类别不多,但已明显地呈现出专门化的趋向。所出土的石斧、石锛、石凿等石器似乎已是专用工具。

石斧是河姆渡遗址出土数量相对较多的一种石器。石斧体形扁薄,起刃处厚度最大,双面刃,往往不对称,但很锋利。刃部有弧刃、平刃等。柄部正面常见捶击剁琢痕迹,或经稍磨而制成弧状,顶端可见麻点状琢痕。遗址中曾出土数件木质斧柄,均系截取分叉的树枝部位制成,较细的长叉做手柄,粗壮的短叉下端截去半边,留下半边做成"榫头"状的捆扎面,用以安装捆绑石斧。安装时把石斧平贴在器柄头部短叉下的"榫头"处,然后以藤条捆绑。从石斧刃口崩损痕迹推测,这种复合工具可能是用于砍伐树木或用来加工木材的专用工具。在河姆渡遗址中,石锛也有出土,但数量不多。其器形较小,单面刃,平面呈梯形和长条形等。其中有一种背部偏上带有段脊的有段石锛,它常与木质或骨质的器柄构成复合工具,其段脊的功能就是为了便于牢固地捆绑或套装在器柄头部。这些复合工具的出现,提高了砍伐或掘土的功效。

从河姆渡遗址中出土的石凿,器形稍长,且较厚重,弧背单面刃,也有作双面刃的,制作较精。类别有长条形石凿和柄呈圆柱状的石凿等,数量均不多。石凿主要是用来挖凿某些木构件的凹槽或刳制独木舟等,似属挖凿工具。河姆渡遗址出土有为数众多的木板,但当时加工成板材的工具及方法如何,常为人们所忽视。[1] 可以推测,河姆渡人用以将圆木加工成板材或枋木的工具,可能是石楔类工具。也就是说,曾被归入斧、锛、凿之列的石制工具中,当有一部分应属石楔,或者兼具石楔功用。

河姆渡文化的石制工具如此,其他与河姆渡文化同期或年代稍早、稍晚的新石器时代文化中的石制工具则更为发达。例如:比河姆渡文化稍早的跨湖桥文化,其石器可分为生产工具、加工工具、装饰品三大类别,种类有锛、斧、凿、镞、锤、磨棒、磨石、璜形饰件等。大致与河姆渡文化同时的马家浜文化,其生产工具以石器为主,种类更多,有斧、锛、凿、刀、铲、锄、镞、纺轮、网坠、砺石等。比河姆渡文化稍晚的崧泽文化,石器通体磨光,制作精致,器形规整,穿孔技术较发达。之后的良渚文化,其石器工具的制造技术,更是达到了史前工艺技术的高峰。

良渚文化以精湛的治玉工艺著称,但其治玉工艺显然受到石器制作技术的影响。精湛的治玉工艺,又反过来推动了石器制作技术的提高。良渚

---

〔1〕 杨鸿勋.河姆渡遗址早期木构工艺考察.见:杨鸿勋建筑考古学论文集.北京:文物出版社,1987:45—51.

文化的石器制作通常以变质岩、岩浆岩为原料,先打制成坯或切割成坯,再磨制抛光。因此,良渚文化的石器不仅器形规整,而且许多石器还锃亮似镜,如同玉器。良渚文化石器的穿孔技术发达,普遍采用管穿法穿孔。大多数石器都安柄使用,属于复合型生产工具和生活用具。各种石制工具的功用更为专一,按用途的不同,大致可分为农业生产工具、木作工具、渔猎工具三大类别。

属于农业生产工具的石器,都有明确、专门的用途。其中:有石犁、石铲、石耙等翻土耕作工具;有石斧、石锛等砍伐工具;有半月形穿孔石刀、石镰等收割工具;有石锄等松土、除草工具。尤其是石犁的出现,既体现了石器制造技术的进步,更反映了此时的农业生产技术的重大变革。[1] 良渚文化的石犁形制,均呈等腰三角形,器身扁薄,前锋尖锐,刃在两侧,中部有数个圆孔,以固定于犁床。为了防止石犁在耕作时崩裂,石犁都安装在木质犁床上使用,只露边缘刃部。

木作工具是指用来制作木器、木构件及制造独木舟的工具。其种类主要有石斧、有段石锛、石凿、石楔等。石斧、石锛主要用于对木材的砍劈。石凿主要用于加工木构件的卯孔和凹槽。石楔则是一种劈裂木材的专用工具。石楔的使用方法是,在原木上顺纵向木质纤维的劈裂线上,每隔一定距离打入一楔,最终使原木出现贯通的裂缝后而劈开。

良渚文化的渔猎工具主要有石镞、石矛、石网坠、石球。石镞的形制多样,但其横断面均呈菱形,磨制都很精致。石镞既是渔猎工具,又是战争中的武器。石矛发现较少,似不是渔猎工具的主体。石球的器身呈圆球形,球体的中腰有一道用于捆缚绳索的凹槽。

由上可知,新石器时代的石制工具的制作和加工技术与旧石器时代相比有了质的飞跃。浙江地域新石器时代石器制作的特点与进步性,主要体现在以下几个方面。

第一,对石料的选择、切割,石器的打制、磨砺等工序已有一定的要求。

石料往往选取变质岩、岩浆岩、沉积岩中质地坚硬的石块,并将器类、器形与岩性特征联系起来。如小黄山先民在选择石磨盘、石磨棒的石料时,偏好选择带有气孔的玄武岩,而制作石球时,则较多地以隐晶质的玉髓为石料。有时为了获取更适合的石料,先民们还从较远的地方采运石料。如田螺山遗址出土的一部分石器,在遗址周边找不到相应的石料,可能采自50

---

〔1〕牟永抗,宋兆麟.江浙的石犁和破土器——试论我国犁耕的起源.农业考古,1981(2):75—84.

千米外的横溪。[1] 这说明,此时的先民在利用自然界的岩石时,已具有很强的目的性和选择偏好。这种目的性和选择偏好,反映的是先民对不同岩石性质的认识水平。

石料选定后,先打制成石器的雏形或切割成坯,然后把刃部或整个表面放在砺石上加水和沙子磨光。磨制石器与打制石器相比,磨制石器具有上下左右各部分的比例更加准确合理的形制,这种合理的形制显然是与石器用途趋向专一的状况相一致。精心的磨砺,也使石器刃部的锋利度得到加强,减少了使用时的阻力,增强了工具使用的效能。

第二,石器钻孔技术得到广泛的运用,复合工具大量出现。

无论是年代较早的跨湖桥文化、河姆渡文化,还是稍后的崧泽文化、良渚文化,在其全部石器中,钻孔的石器都占有较高的比例,即便是年代更早的上山文化,在出土的石器中也出现了钻孔石器。就其钻孔方式而言,大致可分为钻穿、管穿、琢穿三种。

钻穿,是一种用一端削尖的坚硬木棒或木棒一端装上石制的钻头来钻孔的方法。在钻孔过程中,先在要穿孔的部位铺加潮湿的沙子,再用手掌或弓子的弦来转动木棒进行钻孔。管穿,是一种用削尖了边缘的细竹管来穿孔的钻孔方法。其具体操作方法与钻穿相类同。琢穿,是一种用敲琢工具在大件石器上直接琢成大孔的钻孔方法。

石器穿孔的主要目的,就在于制成复合工具。有孔的石制工具能较为牢固地捆缚在木柄或骨柄上,这样便于携带和使用,更重要的是能提高劳动效率。

第三,石器种类增多,且类型分明,用途专一。

新石器时代前期遗址中出现的农业、手工业和渔猎业工具就有斧、锛、铲、镢、矛头、磨盘、磨棒、网坠、纺轮等,后期又增加了犁、刀、锄、镰和耘田器等。即便是同类器,其形制上的差别往往隐含着用途的差异。如良渚文化中的有段石锛,窄条形的应为木作工具,扁体长方形的则为翻土、除草兼用的农业工具。

新的石器种类或新的器形出现,往往昭示着生产力的提高。特别是石犁的出现,标志着人类从原始的锄耕或耜耕农业进入了较为先进的犁耕农业阶段。

第四,石镞、骨镞的大量出土,表明此时弓箭已得到较普遍的运用。

---

[1] 何中源,张居中等.浙江嵊州小黄山遗址石制品资源域研究.第四纪研究,2012,32(2):282—292.

　　恩格斯说:"弓、弦、箭已经是很复杂的工具,发明这些工具需要有长期积累的经验和较发达的智力,因而也要同时熟悉其他许多发明。"[1]确实,弓箭已不是一般的工具,它已具有了马克思所分析的机械的三个要素:动力、传动和工具。动力:人做的功(拉弦)→转化为势能(拉开了的弦),起到了动力和发动机的作用;传动:拉开的弦收回→势能转化为动能→将箭弹出去,射到一定的距离,起到了传动的作用;工具:箭镞起到了工具的作用,射到动物身上,等同于人用石制工具打击动物。

　　因此恩格斯又写道:"弓箭对于蒙昧时代,正如铁剑对于野蛮时代和火器对于文明时代一样,乃是决定性的武器。"[2]

第三节　史前稻作技术

　　稻,是人类最早栽培的粮食作物之一。关于亚洲稻的起源,许多学者曾经认为印度或东南亚是栽培稻的起源地,但这个看法在 20 世纪 70 年代后发生了变化,促成这一变化的主要原因便是河姆渡遗址的发现。此后,众多的研究者开始把目光转向中国,认为中国可能是亚洲稻的主要起源与演化中心。以上山文化、跨湖桥文化、河姆渡文化、马家浜文化、崧泽文化、良渚文化为代表的浙江新石器时代文化,都以稻作农业为主要特征,它们在中国乃至世界史前稻作起源及水稻栽培技术发展历史上书写了浓重的一笔。

一、广谱经济与稻作农业

　　在农业和畜牧业没有出现以前,由采集和渔猎活动而得到的野生动植物是人们的食物和生活资料的唯一来源。这种"采集经济"完全依赖于自然界的恩赐。只有在农业、畜牧业出现后,人们才有可能开始依靠自己的生产活动来增殖天然产品。也就是说,人类通过"产食经济"可获得较为稳定、可靠的食物和生活资料的来源。从采集经济到产食经济的转变,为人类社会的进一步发展创造了物质前提。

---

　　〔1〕　恩格斯.家庭、私有制和国家的起源.见:马克思恩格斯选集(第 4 卷).北京:人民出版社,1995:31.
　　〔2〕　恩格斯.家庭、私有制和国家的起源.见:马克思恩格斯选集(第 4 卷).北京:人民出版社,1995:31.

由采集经济到产食经济是在人类进入新石器时代后逐步完成的。在这一转变过程中,人类曾经历了一个以食用水生动物和小粒型植物果实为主的"广谱经济"阶段。从中国长江流域及其以南地区的考古发现来看,这一带的广谱经济大约出现于旧石器时代晚期。之后,广谱经济存在了较长的时间,甚至到了史前农业已经较为发达的新石器时代中期,广谱经济仍是当时人类食物的主要来源之一。

南方地区的广谱经济与稻作农业的产生与发展有着密切的关系。南方地区是野生稻的集中分布区,对野生稻的经常性采集与食用,一方面使人们对水稻生长规律有了较深的认识,另一方面形成了某种程度的对谷类食物的嗜好与依赖。于是就有了最初人工栽培水稻的尝试与努力,原始的稻作农业便由此诞生。至于具体是哪一个区域最早开始人工栽培水稻,目前学术界有种种不同的假设。主要有华南说、云南说、长江中下游说、长江中游—淮河上游说等。[1] 相比之下,长江中下游说是目前最为流行的一种假设。

稻作农业起源于长江中下游的假说,主要是随着这一区域众多的稻作农业遗存的考古发现而提出,并得到不断修正的。20 世纪 70 年代,有学者就根据河姆渡等遗址的稻作遗存的发现,提出了中国栽培稻应起源于长江下游地区的观点。[2] 之后,有不少学者赞同这一观点,并从各个角度进行了深入的探讨。其中,把这一假说系统化,并在学术界产生广泛影响的是严文明。20 世纪 80 年代以后,严文明撰写了一系列文章来阐述稻作农业起源于长江下游的观点,并提出了著名的稻作农业"边缘起源理论"[3]。认为野生稻生长的中心区实际上难以成为农业起源的中心,而边缘区才有特别培育的必要。确实,长江下游就处于野生稻分布的边缘区,而这一地区以河姆渡遗址为代表的稻作农业遗存的广泛发现,也印证了"边缘起源理论"的合理性。随后,由于在湖南澧县彭头山发现了距今 8000 年的稻谷遗存、在道县玉蟾岩发现距今 1 万年的稻谷遗存,有些学者主张,除了此前人们关注的长江下游地区外,长江中游地区也可能是早期水稻的栽培中心,甚至是起源中心。虽然其他地区也有稻作农业遗存的发现,但"中国稻作农业的起源

〔1〕 项隆元.中国物质文明史.杭州:浙江大学出版社,2008:40.

〔2〕 闵宗殿.我国栽培稻起源的探讨.江苏农业科学,1979(1):54—58.

〔3〕 严文明.中国稻作农业的起源.农业考古,1982(1):19—31;严文明.中国史前稻作农业遗存的新发现.江汉考古,1990(3):29—34;严文明.我国稻作起源研究的新进展.考古,1997(9):71—76.

地点,还只能在长江中、下游地区寻找"[1]。

也就是说,长江中下游地区的若干个地方,便是水稻的最早驯化培育区和稻作农业起源区。[2]之所以提出这样的观点,是基于对下列诸因素综合分析所得到的推断:一是该地区出土有最古老或接近初始阶段的栽培稻实物;二是该地区处在普通野生稻生长的边缘区,并发现了古代普通野生稻或可追溯的线索;三是该地区具有适宜于水稻被驯化栽培的气候和降水、地形、土壤等自然环境条件,特别气候条件是稻作起源和发展中最重要的自然环境基础;四是从伴存的人类文化遗存以及周邻的后续原始农耕文化看,反映出该地区具备稻作由萌芽到持续发展的社会文化基础,因为原始农业终究是须在人类文化发展到一定高度下人们能动地创造的产物。

以上观点的立论,与20世纪70年代以来长江中下游地区,尤其是浙江地区新石器时代稻作农业遗存的广泛发现有密切的关联。就目前考古发现来看,浙江地区是长江下游发现史前稻作农业遗存最主要的区域。距今10000—8000年的上山文化,是目前长江下游地区已发现的新石器时代考古文化中,出土最早稻作农业遗存的考古学文化;而发现稻作农业遗存最丰富的新石器时代考古遗址,是距今约7000—5500年的河姆渡文化遗址。此外,在跨湖桥文化、马家浜文化、崧泽文化、良渚文化等考古遗址中均有丰富的稻作农业遗存。正是这些发现,奠定了浙江史前考古文化在探索稻作农业起源中的地位。

上山遗址的陶片中普遍含有稻壳,其覆盖率几乎达百分之百。这种现象说明当时生产与食用的稻谷数量已较多,在先民的食物构成中,稻米已占有一定的地位。跨湖桥遗址中骨耜的发现与1000多颗稻谷、稻米和稻壳的出土,说明原始的耜耕农业已经诞生。不过,在距今8000多年前,虽然稻作农业已经诞生,但广谱经济仍然占有重要地位。甚至可以说,当时水稻驯化与栽培的地位仅仅只是广谱经济的一个组成部分,更没有取得主导地位。这并非人们种植水稻的积极性不够,而是当时人与自然食物资源的关系只需要农业生产来适当补充不足。在这种相对地广人稀,自然食物资源比较充裕的生存背景下,那种需要付出更多人工劳动量的产食经济的发展自然会受到明显的制约。

这种情形,在比上山文化、跨湖桥文化时间更晚的河姆渡文化中仍然有所反映。宁绍平原已经发掘的河姆渡文化遗址有多处,其中余姚河姆渡遗

〔1〕 苏秉琦主编.中国通史(第2卷).上海:上海人民出版社,1994:85.
〔2〕 任式楠.中国史前农业的发生与发展.学术探索,2005(6):110—123.

址、鲻山遗址、田螺山遗址和宁波傅家山遗址这4处遗址的时代大体同时,而且相互距离很近。田螺山遗址位于4处遗址的中间,西距鲻山遗址约12千米,南距河姆渡遗址约7千米,东距傅家山遗址约4千米。如各取其半,那么田螺山遗址在南北山间平原区所拥有的自然资源面积,就有28平方千米。如果以该遗址每1万平方米500人计,那该遗址的人均可支配自然资源的面积为5.6万平方米,约合84亩。虽然河姆渡文化时期人均可支配的自然资源面积,可能已比更早的新石器时代文化有较大幅度的减少,但人均约84亩的面积,在广谱经济条件下,基本能满足食物需求。[1] 也就是说,此时农业的地位虽有所提高,但仍然扮演着补充食物不足的角色。

考古发掘资料表明,上述4处遗址在发现大量稻作遗存的同时也发现了更多的其他植物遗存,如成堆的橡子、菱角、酸枣,以及桃子、菌类、藻类、葫芦等,在傅家山遗址甚至还发现一个盛满了菱角的陶釜。动物遗骸也不少,经鉴定有几十个种属,如象、犀牛等。淡水鱼类和贝类的遗骸数量更为惊人,在一些遗址中还发现有几十千克到几百千克成堆分布的特殊现象。此外,在河姆渡遗址中数以千计狩猎用骨镞的发现,也创下了中国考古学单个史前遗址发现骨镞数量最多的纪录。这表明当时的采集狩猎经济还是十分发达的。

当然支撑河姆渡文化上述地点采集、狩猎、渔捞全面兴旺的原因,除了较大的人均资源面积以外,还与它们所处的地理位置和环境有很大关系。如河姆渡遗址,既临近河流又背靠山地,而且经考古发掘又证明其周围还有沼泽和湿地。显然,这种优越的自然环境为人们提供了既多样化又数量众多的自然食物资源与其他生活资料;同时也说明,当时人与自然资源的关系相对宽松。也就是说,稻作农业是在广谱经济的基础上逐步积累与发展起来的。

值得一提的是,河姆渡文化的田螺山遗址,除了发现大量的稻谷、鱼骨、牛头骨、鹿角、龟甲壳、橡子、菱角等遗存外,还发现了多束人工栽种的山茶属植物根须,对其进行切片和包含的茶氨酸成分等初步检测结果表明,它们有可能是迄今发现的最早人工栽种茶树遗存。[2] 如果这一推测成立,那么这一发现将中国人工种茶的历史上推到了距今6000年前。

与此同时,家畜的饲养业也发展起来。动物的驯养也是广谱经济持续发展的一种结果。由于弓箭在狩猎中被广泛使用,提高了狩猎效率;网罟、

---

[1] 裴安平.史前广谱经济与稻作农业.中国农史,2008(2):3—13.
[2] 孙国平,郑云飞.浙江余姚田螺山遗址2012年发掘成果丰硕.中国文物报,2013-03-29(8).

陷阱、栏栅等手段在狩猎中的运用,使人们捕捉到活的动物成为一种可能经常出现和遇到的事。随着捕获量增加与食用稍有盈余的情形不断出现,就逐渐产生了"拘兽以为畜"[1]的驯养行为,从而产生了原始的家畜饲养业。

考古发现表明,浙江新石器时代文化遗址中不仅存在一定水平的原始农业,同时也存在一定水平的家畜饲养业。如从河姆渡遗址出土的遗物看,当时饲养的家畜有猪和狗,可能还有水牛和羊。其中以猪的遗存最为丰富,破碎的猪骨和牙齿在遗址中到处可见,并发现体态肥胖的陶猪和方口陶钵上刻的猪纹。一件陶盆上还刻划着稻穗猪纹图像,这大体是家畜饲养依附于农业的一种反映。特别值得一提的是,这一时期浙江先民还开始了养蚕取丝。

尽管在原始农业和家畜饲养业产生之后,采集、渔猎在一个相当长的时期内仍然存在,但河姆渡文化遗址发现的大量稻作农业遗存已表明,从距今7000年开始,浙江史前农业开始步入了发展的快车道。到良渚文化时期,稻作遗存的分布更为广泛,谷物在人们食物中所占的比例也大大增加。距今4000年左右的湖州钱山漾遗址,炭化的稻谷和稻米在发掘区内有密集的分布,甚至成堆成坑出现。不仅如此,钱山漾遗址还发现了芝麻、花生、蚕豆、甜瓜子等遗存。[2]

这些成堆成坑的稻谷、稻米出土,毫无疑问反映了水稻的产量和规模都有了重要变化,农业已经开始成为人们食物的主要来源。而支撑这一变化的耕作技术,也由锄耕或耜耕发展到了犁耕。

二、从火耕到犁耕

人类经过长期的摸索,不断积累经验,才把农作物栽培到田野上,使农业逐渐成为主要的谋生手段。与之相应,耕作技术也不断进步。从文献记载、考古发现、民族学调查等多方面考察,早期的耕作技术是逐步提高的,它大致经历了从火耕到锄耕(或耜耕),再到犁耕的发展过程。

火耕,是一种比较古老的耕作方式。它又称"刀耕火种",或称"砍倒烧光",包含了烧荒、播种两个主要作业环节。古文献中记载了这样的传说,"烈山氏之子曰柱,能植百谷、蔬果,故立以为稷"[3]。这里的"烈山",大概

---

〔1〕 (汉)刘安.淮南鸿烈解(卷8).北京:中华书局,1985:243.

〔2〕 汪济英,牟永杭.关于吴兴钱山漾遗址的发掘.考古,1980(4):353—358.

〔3〕 (汉)应劭.风俗通义.上海:商务印书馆,1937:192.

是指放火烧荒;所谓"柱",大概是指用以挖洞点种的尖木棒——木耒。这正是火耕中两个相互连接的主要作业环节,不过被神化了。由于不进行翻田,地面上的灰肥又容易流失,所以火耕地块的肥力减退很快,且土壤容易板结,通常种上一至两年就要丢荒。

与烧荒后点种相类似的另一种不翻田耕作,是直接在草地上播种。这方面,民族学的资料为我们提供了生动例证:过去云南的独龙族就是先将野生稻的种子撒在草地上,然后进行拔草作业,这样既清除了影响农作物生长的杂草,又可利用带起来的泥土掩埋种子。农作物长大后,如果附近的草木遮挡阳光,则把这些树枝和杂草折断,以利作物生长。[1]

无论是烧荒后点种还是直接在草地上撒种,这种火耕阶段的作物栽培方式,似乎并不需要专门农具。上山文化遗址虽发现稻作遗存,但没有发现典型的农业生产工具,这可能是当时种植水稻的方式与上述云南独龙族种植作物的方法相类似的缘故。

随着定居生活的普遍化和人口的不断增长,人工栽培的谷物在人们食物中的地位变得越来越重要。但是天然的适宜种植谷物的土地毕竟有限,若要扩大种植面积,则必须开辟新的耕地。开垦新土地须砍伐树木、刨掘树根、平整地面,而这些作业仅凭双手是无法完成的,必须依靠专门的工具来进行,于是就出现了用来砍伐的石斧、用来刨掘的石锛、用来修整土地的耒耜等;加之用于收割的石刀、石镰,用于脱壳加工的石磨盘、石磨棒等,此时的农具种类与数量都开始呈现迅速增多的趋向。与此同时,经过长期的栽培驯化,野生的谷物逐步进化,品质得到改良,初步脱离了野生状态,产量也相应提高。

从跨湖桥文化、河姆渡文化、马家浜文化众多遗址中出土的生产工具,发现的建筑、聚落等遗迹中可以看到,大约在六七千年前,浙江地区的原始农业已脱离了刀耕火种的生荒耕作制模式,开始进入了以耜耕为特征的熟荒耕作制阶段。[2] 耜耕农业的重要特征,一是普遍运用耒耜进行人工翻田,改变了土壤的结构;二是实行定期休耕和人工施肥,以增加地力,延长土地的使用年限。

与耜耕农业相关联的排灌、凿井等技术也开始出现。从跨湖桥文化、河姆渡文化、马家浜文化所发现的丰富的稻作农业遗存中,我们可以大胆推断,当时人们已初步掌握了根据地势高低开沟引水、排水,筑田埂拦水、蓄水

---

〔1〕 陈文华.中国原始农业的起源与发展.农业考古,2005(1):8—15.

〔2〕 游修龄.对河姆渡遗址第四文化层出土稻谷和骨耜的几点看法.文物,1976(8):20—23.

等排灌技术。事实上,在草鞋山马家浜文化遗址已发现的水稻田遗迹中,已大致可以看到这种迹象。在草鞋山遗址揭露的 1400 平方米范围内,共发现水田块 44 块、水沟 6 条、蓄水井 10 座、人工水塘 2 个、灰坑(有的可能为蓄水坑)8 座以及较多的通水口。单个田块绝大多数为浅坑式,形状呈圆角长方形、椭圆形或不规则形,面积有 0.9 平方米至 12.5 平方米不等,其中以 3 平方米至 5 平方米为最常见。水稻田使用年代距今约 6300—6000 年,属马家浜文化晚期。[1] 虽然这一遗址发现在苏南,但紧邻浙江,想必当时浙北地区,乃至浙东地区的情形也应如此。

近期考古工作者在浙江余姚施岙遗址发现了比草鞋山遗址年代更早、延续时间更长的古稻田遗存。该古稻田总面积有 90 万平方米左右,年代从距今 7000 年延续至 4500 年,展示了较为完善的河姆渡文化时期至良渚文化时期的古稻田系统。[2]

距今 5000 年以后,浙江地区的史前稻作农业在耜耕农业的基础上又有发展,开始进入了以大田加犁耕的史前农业新阶段。

关于犁耕的起源,从文献记载看,归纳起来有以下几种不同的说法:一是犁耕当始于神农,二是起源于商代,三是起源于春秋战国之际,四是汉代赵过始为牛耕。[3] 这些说法各有所据,但这一问题的最终解决,还得依靠考古发现。

从目前已有考古材料看,长江流域最早出现石犁的是太湖流域的崧泽文化,如湖州邱城遗址崧泽文化时期墓葬中就出土过石犁。不过,当时的石犁数量少,个体亦较小。随后,良渚文化遗址出土的石犁,不仅数量更多,其形状也更逼近后世的犁。目前,浙江地区发现的石犁已有数百例,仅湖州钱山漾发现的残破犁形石器即达 125 件。较多数量的石犁出土,说明当时浙江地区使用石犁有一定的普遍性。这些石犁是如何安装和使用的? 2004 年,平湖庄桥坟良渚文化遗址发现一把带木质犁底的组合式分体石犁,这为我们了解良渚文化时期石犁的安装与使用,提供了难得的材料。该木石组合犁,通长 106 厘米,石犁头由 3 件组成,总宽 44 厘米。其中,尖端呈等腰三角形,上有 3 个穿孔;两翼长 29 厘米,上各有 2 个穿孔。木质犁底长 84

---

〔1〕 谷建祥,邹厚本.对草鞋山遗址马家浜文化时期稻作农业的初步认识.东南文化,1998 (3):15—24.

〔2〕 遥想六千年前的丰收——浙江余姚发现世界上最早最大的"大规模水稻田".光明日报,2020-12-16(1).

〔3〕 牟永抗,宋兆麟.江浙的石犁和破土器——试论我国犁耕的起源.农业考古,1981(2): 75—84.

厘米,其尾端还留有安装犁辕的榫口。[1] 这种形制,非常适宜于水田耕作。

毫无疑问,对于农业生产而言,石犁的发明与使用意义重大。一方面,石犁的使用可以使土地的翻耕连续不断地进行,翻耕的质量比起以往的石锄、骨耜有了显著提升,因而它的出现不仅标志着一种生产模式的革新,更意味着劳动生产率有了较大的提高。另一方面,犁耕使用和推广,也标志着土地开垦与利用率的大幅度提高。类似上述整体1米多长的大石犁,其牵引必用牛或人,如果将牵引的牛、石犁、掌辕的人都加起来,那当时石犁使用时直线所占用的前后距离大约3—4米;即使牵引的是人,前后占用的直线距离也在3米以上。显然,隐藏在石犁背后的就是史前末期农业已采用大田作业模式。如果没有比以往更大的田块,犁耕是毫无用武之地的。大田犁耕就意味着人们必须有意识地兴修水利,开垦新地,并对那些零星的、高低不平、大小不一的土地进行整治。自然,这一切的结果,便将农业生产技术推向了新的高度。

第四节 原始工艺技术

发达的原始农业为手工业的发展提供了基础。新石器时代与旧石器时代相比,除石器、木器、骨器制造技术有很大进步外,还新出现了制陶、纺织、琢玉、髹漆等多种原始手工业门类。到了新石器时代晚期,这些手工业技术又有了明显的进步,如良渚文化的琢玉技术,已达到了令人叹为观止的地步。与此同时,蕴含在这些技术之中的数学、物理学、化学、矿物学等知识开始萌芽,并有一定程度的积累。

一、史前制陶技术

陶器的产生与发展,与农业的出现、定居生活的形成有密切关系,古老的"神农耕而种之,始作陶"[2]的传说也反映了这一点。因为随着产食经济的出现,尤其是农牧业的进一步发展,这既为人类提供了较为稳定的食物和生活资料来源,导致了定居生活的出现和巩固,也使淀粉质的粮食逐渐成为农业部落居民的基本主食。这种淀粉质的粮食,尤其是颗粒类状的谷物,既

---

〔1〕 徐新民.浙江平湖庄桥坟发现良渚文化最大墓地.中国文物报,2004-10-29(1).

〔2〕 (元)王桢.农书(卷2).北京:中华书局,1956:11.

不像采集的瓜果那样适合生食,也不再如猎获的动物那样能直接烧烤,原先的诸如石煮法等原始煮食方式也不利于谷物的煮食。因此,人们迫切需要一种新的炊器来实现相应的煮食目的。同时,定居生活也要求有更合适的容器来储存粮食等。

正是受到这种对新的加工或储存粮食器皿的强烈要求的促动,远古先民根据长期的生产和用火实践中所掌握的经验,即黏土被火烧烤后具有坚硬、牢固,且不漏水,能耐火的特点,发明和制作了陶器。于是,陶器很快取代了原先用一般泥土、皮张、木块等制成的器皿,成了新石器时代人们普遍采用的一种生活用具。

陶器的发明是人类在制造技术方面一个重大突破。它既改变了原物体的性质,又能比较容易地塑造成不同的器形、器类,以满足生活日用的需求。它的制作,既具有生活日用的价值,也呈现了新的技术意义。

在浙江地区已发现的各支新石器时代考古文化遗址中,几乎都有众多的陶器出土。这些陶器有红陶、灰陶、黑陶等不同类别。陶器之所以呈现出不同的颜色,这既与原料中本身所含有的具有呈色性的金属元素相关联,也同人们控制陶器烧制过程中的各种火焰的技术,以及在陶土中有意识地添加羼和料相联系。

如果烧窑后期选择还原焰,即燃料燃烧时令其供氧不足,燃烧不完全,那么此时陶胎中所含的金属氧化物就有可能被还原为金属或低价氧化物。随着原料中铁的氧化物大部分转化为二价铁,生成氧化亚铁,陶器就呈现灰色或灰黑色。这类陶器,被通称为灰陶。

如果采用的是氧化焰,即燃料燃烧时供氧充足,燃料完全燃烧,温度更高,那么此时陶胎中所含的金属或低价氧化物就有可能被氧化为高价氧化物。当陶土中的铁元素大部分转化为三价铁,生成三氧化二铁时,陶器便呈现土黄色或土红色。这类陶器,被通称为红陶。

有些陶器通体发黑,这主要是因为其胎体中含有大量炭微粒。这些炭微粒的形成,通常与人为地在胎料中添加有机质的羼和料有关。加之其在烧窑后期用燃烧不充分的黑烟熏炙,再经打磨,就形成了漆黑光亮的外表。这类呈黑色的陶器,人们习惯上称其为黑陶。

值得注意的是,在桐乡罗家角马家浜文化遗址中发现的白陶,胎料中氧化钙的含量在9%以上,氧化镁的含量接近20%[1],这既与用普通陶土烧造的陶器存在较大的差别,也与新石器时代晚期和商周时期出现的以瓷土

---

〔1〕 张福康.罗家角陶片的初步研究.见:浙江省文物考古所学刊.北京:文物出版社,1981:54.

为原料烧造的白陶明显不同。

陶器的烧造需经过取土、练泥、成型、烧制等多道工序。一般而言,制陶工序分得越细,其工艺越精。如果说上山文化、跨湖桥文化、河姆渡文化、马家浜文化的陶器制作工艺还带有较多的原始性,那么新石器时代晚期的良渚文化的陶器制作工艺已达到了很高的水平。

良渚文化的陶器特征明显,以夹细砂的灰黑陶和泥质灰胎的黑衣陶为主,也有少量橙色的夹砂陶和泥质陶。器壁较薄,普遍轮制。炊器均为夹砂陶,食器和水器大多为泥质陶,大型的盛储器一般夹细砂。早期的陶器以泥质灰陶和夹砂黑陶为主,有少量的夹砂红陶和夹砂红褐陶。中期的陶器,泥质黑衣陶的数量比早期增多,泥质灰陶的数量减少。晚期以泥质黑衣陶数量最多,也有少量的泥质灰陶和夹砂灰陶。

良渚文化的黑陶颇具特点。这种黑陶采用"熏烟渗碳法"使器物的表面形成一层黑衣,经过打磨,乌黑铮亮。从外表看,良渚黑陶与山东龙山黑陶相似,所以施昕更当初将良渚黑陶纳入龙山文化系列。[1]而事实上,良渚黑陶较龙山黑陶早近千年。一些学者认为,山东龙山文化的黑陶制作技术应来自中国东南沿海区域黑陶烧制技术,极有可能是受到了良渚文化的影响。

良渚文化陶器的器形丰富,典型器有鱼鳍形断面呈丁字形足的鼎、大圈足浅腹盆、竹节形把豆、高颈双鼻圈足壶、贯耳壶、带流宽把杯、三鼻圈足簋等。器形常有各种附件,如宽流、阔把、贯耳、提梁等,口部纵向贴附双鼻式或单臂式小耳等。器底多加圈足,炊器为三足,鼎、壶、杯常带器盖。这些器物造型端庄秀丽,器身浑圆规正。器表以素面为主,常经打磨,少数有精细的刻画花纹和镂孔装饰或施彩绘。纹饰的技法有刻画、压印、戳印、拍印、锥刺、镂孔等。

这些精美陶器的制作,满足了史前人类的日常需求,也显示了原始技术的长足进步。就陶器制作的技术意义而言,最突出的表现是轮制技术出现与进步。我们知道,陶器制作大致有手制和轮制两种方式。手制又可细分为捏塑法和泥条盘筑法。捏塑法用来制作炊器和小型器皿,泥条盘筑法常用以制作大型器物。轮制也可细分为慢轮制陶和快轮制陶。慢轮通常用于器物口沿的修整,其出现时间较早,到良渚文化时期发展为快轮制陶。上述良渚文化的精美、规整的泥质黑衣陶,就是采用了快轮制陶法。

无论是慢轮制陶还是快轮制陶,都需要借助轮轴装置。在慢轮装置中,

〔1〕 施昕更.良渚——杭县第二区黑陶文化遗址初步报告.杭州:浙江省教育厅,1938:43.

由于其车筒直接与车桩(车轴)相接触,接触面大,因而摩擦力也大,限制了轮盘的转速。所以,慢轮装置通常不能将泥料直接拉坯成型。快轮装置由慢轮装置改进而来,是一种更先进的轮轴机械。快轮装置与慢轮装置的主要区别在于:车筒内壁不直接与车轴接触,只有安装在车筒内壁的荡箍和轴顶碗与车轴相接触,接触面很小,因而摩擦力也小,旋转速度快,且能因惯性作用而维持较长的旋转时间。快轮的操作方法是:通常用脚蹬转盘,使其产生初速度,然后用搅棍搅动转盘,使其产生加速度。[1] 转盘快速旋转为拉坯成型创造了条件,而拉坯成型法在很大程度上提高了制陶手工业的劳动生产率。

无疑,快轮装置是新石器时代和铜石并用时代最先进的生产工具,是社会生产力发展水平提高的重要标志。从技术史视角看,快轮装置是人类制造与使用轮轴机械的最初尝试,它也成了后世各种轮轴机械的鼻祖。

二、史前纺织技术

中国最早采用的纺织原料是麻、葛等植物韧皮纤维,这一历史可追溯到远古时代。原始人最初的衣服,大概是冬披兽皮、夏穿树叶,以后逐渐学会利用野生葛、麻的纤维纺织布料,来制成衣服。当原始农业发展以后,人们在种植粮食的同时也尝试栽培麻、葛等作物,以满足制作服饰的原料需要。

大约从新石器时代中期开始,麻、葛等纤维逐渐成为纺织的主要原料。古文献中的"布",并不是指棉织品,而主要是指麻、葛等植物纤维的织成品,正如《小尔雅》中所说:"麻、纻、葛,曰布。"[2]

首先被驯化栽培的是大麻与苎麻。从考古发现看,浙江地区新石器时代栽培与利用的麻类,主要是苎麻。苎麻为荨麻科多年生草本作物,雌雄同株,喜光和温暖湿润气候,耐旱,一年可收获两三次,自古以来为主要纺织原料之一。湖州钱山漾遗址曾出土了距今4000多年前的苎麻布和苎麻绳子。[3]

除了麻,葛也是一种较早被利用与栽培的纤维作物。葛是豆科纤维作物,生长于路边、草坡、疏林中,块根含淀粉,可食用,茎皮纤维可织葛布。在

〔1〕李文杰.中国古代的轮轴机械制陶.文物春秋,2007(6):3—11.

〔2〕(清)葛其仁.小尔雅疏证(卷3).北京:中华书局,1985:61.

〔3〕浙江省文物管理委员会.吴兴钱山漾遗址第一、二次发掘报告.考古学报,1960(2):73—91.

苏州草鞋山遗址中出土过 6000 多年前的葛纤维纺织品残片。[1] 很可能，史前太湖流域的先民已经有意识地利用并保护它，从而使其成为半野生状态的纤维作物，商周以后就逐渐被培育成为栽培作物了。

大约在新石器时代中晚期，浙江地区已开始利用蚕丝织作。原始先民在采集野生桑葚中，发现桑树上野蚕所结的茧能用来抽丝纺织。于是，在利用野蚕茧丝的同时，先民开始有意识地保护、饲养野蚕。经过长期的实践，终于将野蚕驯化成家蚕。从钱山漾遗址出土的 4000 多年前的用家养蚕丝原料制造的丝带、丝线和绢片看[2]，此时先民已经熟练掌握了养蚕缫丝技术。

无论是麻、葛等植物纤维，还是丝、毛等动物纤维，若将其纺织成织品，需要经过纺纱捻线的环节。原始的纺纱方法主要有两种：一是搓捻和续接，即用双手把准备纺制的纤维搓合和连接在一起。二是坠纺，即利用原始的纺纱工具——纺坠进行纺纱。

在新石器时代考古文化遗址中出土的纺坠，已经具有加捻和合股的功能。如河姆渡遗址出土的 70 余件陶纺轮，就是如此。值得注意的是，河姆渡遗址第四文化层中发现的两件"I"字形纺轮，其形状与河北藁城商代遗址、唐山古冶夏家店遗址出土的纺轮极为相似。据鉴定，这种纺轮是一种用于捻丝的绢纺锭。[3]

有了纱线，便可织造。原始的织造方法是在编席、结网等实践基础上逐渐发展起来的，所以，古时有"编，织也"[4]的说法。最初的编织大概完全用手工编织，就像编席一样。随后，出现了原始的机织工艺，即利用原始的腰机和引纬的骨针来织作。

河姆渡遗址第四文化层曾出土了管状骨针、骨匕、木刀和小木棒等。如河姆渡遗址第一次发掘就出土骨匕 27 件，其中有柄骨匕 6 件，在其一面多有精细的刻划花纹。除骨匕外，还有 4 件木匕出土，其中刀形 2 件。这类木匕（木刀）与 20 世纪上半叶浙江地区手工织带所用的木纬刀相类似，推测它可能和当时的纺织有关。[5]

---

〔1〕 南京博物院.江苏吴县草鞋山遗址.见:文物资料丛刊(第 3 辑).北京:文物出版社,1980:1—24.

〔2〕 汪济英,牟永杭.关于吴兴钱山漾遗址的发掘.考古,1980(4):353—358;周匡明.钱山漾残绢片出土的启示.文物,1980(1):74—77.

〔3〕 王晓.建国以来我国古代纺织机具的发现与研究.中原文物,1989(3):66—77.

〔4〕 (清)孙星衍.仓颉篇(卷下).北京:中华书局,1985:83.

〔5〕 林华东.浙江通史(史前卷).杭州:浙江人民出版社,2005:137.

在河姆渡遗址第二次发掘时，出土骨机刀1件，长31.7厘米、宽3.7厘米，横断面呈月牙形，一端穿有两个小圆孔，磨制光滑。出土木卷布棍1件，其做法是将小圆木棒两端削成方形，并在同一水平方向削有斜向缺口。长24.55厘米、直径1.78厘米。木经轴1件，作齿状。残长7厘米、宽3厘米、厚0.5厘米，可能是固定经纱的工具。此外，该遗址还出土有木齿状器，柄残，残长21.73厘米、宽2.75厘米、厚1.05厘米，可能是梳整经纱的工具。

在河姆渡遗址第四文化层中出土了许多用硬木磨制成的小木棒，其中小尖头圆木棒18件，有的一端削尖，一端磨平或修圆；有的两端削尖。大多长在25厘米左右，也有长达40厘米的。带榫小木棒8件，制作较精，器身断面多方形或长方形，少数近半圆形，一端有圆锥形或圆柱形榫头。其他形状的木棒7件，其中4件近两端处有一周凹槽。有的柄部有横斜刻划线组成的花纹图案。这批大小不同的木棒，看来都不是单独使用的。据推测，尖头圆木棒可能是梭，带榫小木棒可能是经轴或布轴。[1] 由此推测，河姆渡文化时期已有原始的织机是可能的。[2] 而这种织机的构造，应与古时普遍使用的腰机相类似。

1986年良渚反山墓地的发掘有了新发现。反山M23是一座墓主具有女性特征的大墓，伴有素面玉璜的出土，还发现了织机部件遗存。墓中发现的织机部件是6件镶插端饰，可分成3对。出土时，分散于两边，两边各3件，一一对应配套，相距约35厘米，联结镶插的木把已腐朽不存。发掘者推断，此3对镶插端饰加工均较精细，外形虽不同，但相叠在一处，间距一致，其用途应是相同的，可能是纺织器具，似分别是卷布轴、机刀、分经器等。[3]

有学者对良渚文化织机做了复原，推测它们的用法：织者（通常为女子）将整好经线的织机上身，用腰背把卷布轴系于腹前，再用双脚蹬起经轴，使织机上的经线基本平齐。一手用开口刀逐一穿过经线，穿好之后竖起，使经线分组，形成开口。然后用木质的细棍（或梭子）绕线引纬，放平开口刀，轻轻打纬后抽出，再开始下一纬的织造。织造一定长度后经轴翻转一周后放

〔1〕　浙江省文物管理委员会,浙江省博物馆.河姆渡遗址第一期发掘报告.考古学报,1978(1):39—94;河姆渡遗址考古队.浙江河姆渡遗址第二期发掘的主要收获.文物,1980(5):1—15.

〔2〕　宋兆麟,牟永抗.我国远古时期的踞织机——河姆渡文化的纺织技术.见:中国纺织科技史资料(第11集).北京:北京纺织科学出版社,1982:26—43;林华东.河姆渡文化初探.杭州:浙江人民出版社,1992:126—133.

〔3〕　浙江省文物考古研究所反山考古队.浙江余杭反山良渚墓地发掘简报.文物,1988(1):1—31.

出若干经线,卷布轴则卷入一周长的织物。如此反复,可以织得具有一定长度,幅宽在 35 厘米以下的织物。[1]

有了织机,就会有成熟的纺织品。如草鞋山遗址就出土过罗纹组织的葛布残片,其双股纱线的直径(投影)是 0.45—0.9 毫米,拈向 S 拈。经纱密度大约每厘米 10 根,纬纱地部密度是每厘米 13—14 根,罗纹部分大约每厘米 26—28 根。[2] 又如钱山漾遗址也出土过属平纹组织的苎麻布片,其经纱密度每厘米 23.6—30.7 根,纬纱密度每厘米 16—20 根。[3] 可以看出,在四五千年以前,浙江地区的葛、麻纺织技术已经有相当水平了。

三、史前琢玉工艺

距今 6000—4000 年前,中国境内数个区系类型的考古学文化已显露出文明的曙光。在这些考古学文化中,大多发现了城址、大型宗教活动中心、大型墓葬、图像性文字、铜器等象征文明的因素。其中有不少考古文化与良渚文化一样,还出土了众多的精美玉制品。发达的制玉业、成组的玉礼器和"唯玉为葬"的显贵者墓葬的发现,似乎在表明一点,即玉器是孕育中华文明的重要因素。

在众多的史前文化中,良渚文化的琢玉工艺最为突出。在此,我们不妨按照琢玉的基本程序与环节,看看良渚文化琢玉工艺的特点与成就。

大的玉璞需要切锯,这是琢玉工艺的第一步,良渚人也不例外。从良渚玉器上留下的切锯痕迹推断,当时的人们已采用了多种切锯方法。[4]

硬性片状物切锯法,是以高硬度石片等硬性片状物件作为切锯工具,在玉料上加砂蘸水后,通过作往复的直线运动进行切锯的方法。"他山之石,可以攻玉"[5]说的大概就是这层意思。柔性线状物切割法,是将诸如麻纤维等韧性较大的线状物结成弓锯的弓弦,在玉料上往复拉锯,并不断添砂加水而进行切锯的方法。汉代的"马鬐截玉"[6]记载,清代至民国时代的"钢

〔1〕 赵丰.良渚织机的复原.东南文化,1992(2):108—111.

〔2〕 王裕中,裴晋昌.中国古代的葛、麻纺织.见:中国古代科技成就.北京:中国青年出版社,1978:656—661;南京博物院.江苏吴县草鞋山遗址.见:文物资料丛刊(第 3 辑).北京:文物出版社,1980:1—24.

〔3〕 汪济英,牟永抗.关于吴兴钱山漾遗址的发掘.考古,1980(4):353—358.

〔4〕 牟永抗.良渚玉器三题.文物,1989(5):64—67.

〔5〕 梁锡锋.《诗经》注说.开封:河南大学出版社,2008:224.

〔6〕 (汉)刘安.淮南鸿烈解(卷16).北京:中华书局,1985:618.

丝绞成的弓锯"[1]开锯玉料的做法,就是类似的切锯方法。

采用硬性片状物切锯法,在玉器(玉料)上会留下直线痕;采用柔性线状物切割法,在玉器(玉料)上留下的则是抛物线痕。良渚玉器上除了直线痕、抛物线痕之外,圆弧线痕也有发现。如草鞋山遗址出土的一件玉璧上,一面留有 6 条直径为 21.8 厘米的同心圆弧线切锯痕。寺墩所出 12 节玉琮和 13 节玉琮上所留切锯痕,似乎也是同心圆弧线,直径分别为 24 厘米和 12 厘米。宋应星在《天工开物》中说:"凡玉初剖时,冶铁为圆盘,以盆水盛沙,足踏圆盘使转,添沙剖玉,逐忽划断。"[2]记述的是一种圆铁盘剖玉的方法。陈廉贞在《苏州琢玉工艺》有这样的描述:"玉璞安放在架上,不时需要蘸水抹砂,并由两人慢慢拉动钢丝绞成的弓锯,把玉解成小块或片子。如欲琢成一定的形体,那就需用黑线在玉璞上划上轮廓,用附有利刃的圆铁锯装在辘轳的轴端,玉上蘸抹了砂浆,用脚踏动辘轳,依着黑线,慢慢磋切。至于轮廓曲折凸凹复杂的形体,就需用精粗不同的圆锯来修琢。"[3]这里也谈到了用圆锯加工玉器的传统方法。从已知的切锯玉器方法逆推,良渚玉器上所留圆弧线痕,或许就是一种类似后世圆盘、圆锯等工具所留下的切锯痕迹。

不管采用哪种方法,只有辅以解玉砂才能达到目的。在良渚文化墓葬中,曾发现过当时使用的解玉砂遗存。如武进寺墩 1 号墓地的一块玉璧上铺有一层砂粒,经鉴定为花岗岩风化壳粗砂粒,主要成分有钾长石、钠长石、石英和黑云母等,其中石英硬度为摩氏硬度 7 度,硬度高于制作玉琮、玉璧的玉料。

良渚文化玉器大多有大小不一的穿孔,那么这些孔又是如何加工的呢?前面我们提到,新石器时代石器的钻孔方式,主要可分为钻穿、管穿、琢穿三种,此时玉器的钻孔方式也大致如此。所不同的是,良渚人的钻孔技艺显得更加熟练与精湛。

从良渚玉器钻孔痕迹推断,钻穿、管穿、琢穿等方式在良渚玉器上均有运用。一些小件玉器上的小孔,通常是用燧石制成的细石器(石钻、尖状器)加细砂蘸水两面对钻而成。一些稍大的孔,在用燧石钻具对钻出圆孔后,再以线锯穿入孔内切割而成。玉器上的一些大孔,则是用竹管从两头蘸砂碾磨对钻而成。竹管在旋转磋碾中容易磨损,从而形成两头大、中间小的圆锥形孔壁。这一现象,在良渚文化玉琮中可以找到例证。两面对钻避免了一

〔1〕 陈廉贞.苏州琢玉工艺.文物,1959(4):37—39.
〔2〕 (明)宋应星.天工开物(卷下).上海:商务印书馆,1933:294.
〔3〕 陈廉贞.苏州琢玉工艺.文物,1959(4):37—39.

面钻穿通时的崩裂,但会因两头对得不准而造成错缝,因而在孔内壁会留下台阶和钻槽。在良渚文化的玉璧中,也常常可以找到中孔错缝的实例。

有些学者认为良渚玉器上的钻孔"或为某种金属工具所为"[1]。虽存在这种可能,但在良渚文化遗址中迄今未有金属器出土。

用形状和大小不同的砺石或其他工具,把玉器上的锯切痕、钻孔的痕迹打磨掉,也是琢玉工艺的一个重要环节。打磨时,同样需加入颗粒均匀的砂粒,且先粗后细,循序渐进,才能达到打磨光洁的目的。从草鞋山玉璧上纵横交错的细密的琢磨纹看,用作打磨的砂粒十分细小,可能事先已经过筛选。

从技术角度分析看,当时可能已采用了轮盘研磨技术。这种研磨技术显然是受到轮制陶器的启发,从而运用一种圆盘状可做圆周运动的简单研磨装置来研磨玉器。反山20号墓出土玉环上的同心圆旋纹,或许就是当时已使用简单轮磨机械的证据。

玉器打磨技术与其他琢玉工艺一样,也是逐渐进步的。这一点在良渚玉璧器形的演变上,得到了较好反映。良渚文化早期的玉璧往往厚薄不均,器表大多留有切割痕迹。到中、晚期,则出现了厚薄均匀、器表光滑平整的玉璧。

精湛的琢纹技术更是良渚玉器的一绝。良渚玉器的琢纹主要有三种方式:一是浅浮雕结合阴线刻划,这是最盛行的方法;二是纯粹的阴线刻划,线条纤细而浅显;三是透雕结合阴线刻划的镂雕。浅浮雕可通过利用中介砂不断研磨减地的手段而获得,透雕是琢孔结合线切割法而完成。那么,刻划阴线的工具是什么呢?

良渚玉器上的阴刻线往往细如毫发,有的甚至达到了微雕的程度。如汇观山2号墓出土的一件琮式镯,在宽仅3.5毫米的凸棱上镌刻了14条细密的凹弦纹,不借助高倍放大镜几乎不可能分辨出界限。又如反山出土的"琮王"上的神人的羽冠,以及神人的手、胸和神兽的头部与前肢,都用阴刻线表现。其线条细如发丝,刻画生动逼真。在高倍放大镜下,可以看到,有的甚至能在1毫米宽度内,精刻出4—5条细线。

对于这一现象,许多学者进行了探讨。丹徒磨盘墩遗址和新沂花厅遗址先后出土过一些石英质料的小工具,器端尖锐,硬度超过摩氏7度。有学者认为,这类高硬度燧石工具,应当就是良渚人的琢纹工具。[2] 也有学者

〔1〕 汪遵国.良渚文化"玉敛葬"述略.文物,1984(2):23—36.

〔2〕 林华东.浙江通史(史前卷).杭州:浙江人民出版社,2005:285—286.

认为,鲨鱼牙齿是玉器琢纹的工具。[1] 确实在福泉山、反山、瑶山等墓地中出土过鲨鱼牙齿。有学者甚至认为,只有利用天然钻石才可能在高硬度的玉器上琢出如此精细的纹线。不管运用哪种雕刻方式,当时很有可能采用了复合式工具,如将燧石钻头、鲨鱼牙齿都装上把柄,成为复合工具而使用。

抛光是琢玉工艺的最后一个环节。抛光的具体方法,良渚人可能是把玉器放在木片、竹片或兽皮上,用旋转的木圆轮(或再在其外套上兽皮)——"砣床"来摩擦玉器。兽皮中的脂肪和竹片中的竹沥皆呈酸性,在玉器上来回摩擦即可取得细腻滋润、平滑光亮的抛光效果。根据民族学材料,云南腾冲地区曾保留有一种较原始的抛光方法:将粗竹剖为两半,一半覆盖于地,将玉器在竹皮上反复摩擦,直至出现光泽。[2]

上述表明,良渚人所显示出的琢玉水平已达到了非常成熟的程度,也标志着中国新石器时代琢玉工艺水平发展到了顶峰。它为尔后玉雕工艺开拓了前景,并为古代矿物学的萌芽与产生打下了重要基础。

四、史前建筑技术

人类要生存、延续,首先要学会保护自己。居宅的发明,便是一项富有创造性意义的成果。人们通过建造居宅,把自身很大一部分社会生活与大自然隔离开来,提高了应对和防范自然界风、雨、炎、寒等气候变化和野兽、蛇虫侵害的能力。《易·系辞》说:"上古穴居而野处,后世圣人易之以宫室,上栋下宇,以待风雨。"[3]《韩非子·五蠹》说:"上古之世,人民少而禽兽众,人民不胜禽兽虫蛇。有圣人作,构木为巢,以避群害。"[4]其表达的就是这层意思。

由于自然条件的差异,造就了中国史前时期两种最主要的原始住居形式:"穴居"与"巢居"。因浙江地处湿热地区,人们最初可能是构筑巢居,此后出现了干栏式建筑。与穴居式建筑不同,构筑于树上的巢居遗迹无法长期保存,也难以通过考古发掘而发现。现今考古发现的遗迹是已属巢居进

〔1〕 张明华.良渚古玉的刻纹工具是什么.中国文物报,1990-12-06(3).
〔2〕 汪宁生.玉器如何磨光.中国文物报,1991-05-05(3).
〔3〕 宋祚胤注释.周易.长沙:岳麓书社,2001:351.
〔4〕 (战国)韩非.韩非子.上海:商务印书馆,1935:132.

一步发展的形式——干栏[1]。

干栏式建筑是一种栽立柱桩、架空居住面的建筑形式。由于居住面架空，干栏式建筑具有较好的通风、防潮性能，因而适于气候炎热或地势低下潮湿的地区。在长江流域及其以南地区，这种住居形式不仅有广泛的分布，且持续了很长的时间。直至近代，在西南地区民间仍有类似干栏的建筑存在。[2]考古发现的早期干栏式建筑实例，以余姚河姆渡遗址最为典型。

考古发现的干栏式建筑，往往只是居住面以下由桩或柱组成的建筑基础，因为居住面以上的梁架、屋面等，难以以原状的形式保存下来。河姆渡遗址发现的干栏式建筑遗存也是如此。河姆渡遗址曾发现多排以直线方向布置的木桩，考古学者将其称为排桩，桩柱间夹杂着梁、柱、板等木构件遗存，人们推测它们应该是干栏式建筑的遗留。[3]在建筑遗迹范围内，出土有芦席残片、陶片以及人们食后丢弃的大量植物皮壳、动物碎骨等。从营建方法看，河姆渡遗址的建筑先以大小木桩为支柱，其上架设承托地板的大小木梁，构成高于地面的建筑基座。然后在基座之上立柱架梁、围墙盖顶，最后形成居住面抬高的干栏式建筑。这种架空居住面的干栏式建筑，显然是为适应河姆渡遗址所处的潮湿多雨的自然环境。

河姆渡文化的干栏式建筑营造技术，大致经历了4个发展阶段。这一点在田螺山遗址中得到了较好的呈现。

第一阶段，距今7000年左右。此时的干栏式建筑以夯打密集的排桩作为建筑基础。每根桩的粗细在10厘米左右，桩与桩之间的距离较近，间隔大多仅有10—20厘米。这种以多点密集承重为技术特征的构筑方式，与早期相对低下的挖坑、木材加工等生产力水平相适应。

第二阶段，距今6500年左右。这一阶段的干栏式建筑开始以挖坑埋柱方式布置粗大柱网作为建筑基础。木柱大多为直角方体或扁方体，加工十分规整，表面还保留较多的斧、锛等工具加工痕迹。方柱单体巨大，边长大多在30—40厘米，有的达到50厘米，甚至更大。现存长度最长的木柱近3米。如此巨大的方体木柱的出土为国内史前考古所罕见，代表了当时成熟的木构建筑加工和营建技术水平。

---

〔1〕此种建筑形式除了被后世称为"干栏"外，还有"干兰""高栏""阁栏""葛栏"等名称。这些名称当是由少数民族语言转译而来。关于"干栏"的语源，目前主要有两种观点：一是源于壮语中的"上面、房屋、房上"，二是原始侗台语"房子"的汉字记音。参见：蓝庆元.也谈"干栏"的语源.民族语文,2010(4):58—61.

〔2〕安志敏."干栏"式建筑的考古研究.考古学报,1963(2):65—85.

〔3〕牟永杭.河姆渡干栏式建筑的思考和探索.史前研究,2006(1):11—28.

　　第三阶段,距今 6000 年左右。此时的干栏式建筑以挖坑、垫板再立木柱的方式布置柱网作为建筑基础。柱坑以圆角方形或长方形为主,长度和宽度在 60—100 厘米,深度多在 50—80 厘米。许多柱坑置有木垫板,垫板数量 1—6 块不等。这些柱坑和木垫板的出现,显然是第二阶段建筑技术和经验的发展,也是后代中国传统土木建筑结构中柱础技术的一个来源。

　　第四阶段,距今 5500 年左右。这一阶段的干栏式建筑通过挖浅坑,垫石块、木条等杂物,再立柱,并在其周围填塞红烧土的方式作为建筑基础。[1]

　　值得注意的是,河姆渡文化遗址所发现的干栏式建筑构件常常带有榫卯。这些榫卯构件,形式多样,有方榫、圆榫、多层榫、燕尾榫等,卯孔的形状和大小均与榫相对应。加工这些榫卯构件,对于六七千年之前的人们而言,确实是一件非常不容易的事。

　　要制作这样的榫卯,一个重要的前提是必须具备长度、宽度、角度、垂直、水平等的概念。测量好卯孔的长宽,制作榫时也要测量与之相应的长宽,并且两者长宽相交点的延长线均呈直角,制作后的榫卯才能紧密结合。尤其是燕尾榫的制作难度更大。燕尾榫是一种平面呈梯形的榫,其卯孔也要凿制成相应的梯形,这比凿制成长方形或方形的榫卯的难度要大得多。其原因是后者的四角垂直成直角,而梯形的上部两角呈钝角,下部两角呈锐角,且钝角或锐角的角度随梯形形态的不同而变化。在当时的生产条件下,要制作成燕尾榫及与榫相应的梯形燕尾卯,若没有尺,其难度可想而知。即便有了尺,如对梯形缺乏必要的认识,也是难以加工出燕尾榫、燕尾卯。

　　根据榫卯使用的部位,又有柱头和柱脚榫卯、平柱与梁枋交接榫卯、转角柱榫卯、梁串等受拉杆件带梢钉孔的榫卯等之别。无论是哪类榫卯,必须将梁柱上一端的榫卯结构与另一端的榫卯结构保持在同一水平面和垂直面上,否则,梁柱便会出现歪斜的现象。这对史前人类而言,是难度极大的一项技术。但河姆渡人做到了,且制作得相当精细。如转角柱榫卯(即在两根木梁枋成垂直交叉时需用的榫卯),在河姆渡遗址发现的 17 号木柱的残段上,在同一高标处就有两个交叉垂直的卯孔,以承接两根垂直带榫的梁枋。这类转角柱榫卯的出现,说明河姆渡人对直角、垂直、水平等概念的认识是相当明确的。

　　榫卯构件会因木材干湿变化或受某种拉力作用而脱榫。为了确保榫卯构件结合牢固,河姆渡人运用了在榫卯上穿一小孔,以安插梢钉的方法。梢

---

　　〔1〕　孙国平,郑云飞.浙江余姚田螺山遗址 2012 年发掘成果丰硕,中国文物报,2013-03-29(8).

钉虽是一个不显眼的小构件,却能很好地防止和解决榫卯脱位、房子摇晃等问题,从而大大加强建筑的牢固强度。[1]

由单体建筑到群体建筑,再到聚落、城镇,可看作是建筑发展的一条规律。20世纪初良渚文化考古又有重大发现:在余杭瓶窑莫角山四周发现了一座距今约5000年前保存较完整的良渚文化古城遗址。其平面范围略呈圆角长方形,为正南北方向,东西城墙基址长约1500—1700米,南北长约1800—1900米,面积达290多万平方米。从钻探和发掘的结果看,城墙的底部普遍铺垫石块作为墙基,墙基之上用纯净的黄色黏土堆筑成墙体。这种黄色黏土并非就地挖取,而是采自附近的山坡或山前台地。这种修筑城墙的方式属首次发现。城墙内外均有壕沟水系,城外北面、东面水域面积较宽,推测这两面城墙应是沿自然水域的边缘而修筑。[2]

良渚古城的南面和北面都是天目山脉的支脉山体,南、北面与山体的距离大致相等,东苕溪和良渚港分别从城址北、南两侧向东流过。凤山和雉山两个自然小山体,分别被利用为城墙西南角和东北角的制高点。由此来看,古城的位置显然是经过精心勘察与规划的。

良渚古城外围存在着一个由多条堤坝连接山体而构成的庞大水利系统。在良渚古城的北面和西面,已发现11条堤坝。根据形态和位置的不同,这些堤坝可分为沿山前分布的长堤和连接两山的短坝两类。大部分短坝采用黄土包裹淤泥的方式堆筑,这与良渚古城宫殿区莫角山的堆筑方式完全相同。部分关键部位则以草裹泥包堆垒予以加固,其方法是将泥土用芦荻茅草包裹,形成长圆形的泥包横竖堆砌。此种"草裹泥"工艺,是良渚时期构筑土台、河堤等普遍使用的工艺,其作用与近代营建堤坝时采用的草袋装土工艺相类似。长堤通常采用底部铺筑块石,其上堆筑黄土的构筑方式,这与良渚古城的城墙堆筑工艺相类同。研究者推测,该系统具有防洪、用水、灌溉、运输等诸方面综合功能。[3]

水利系统的确认,进一步证实良渚古城是一座具有早期都城性质的城址。它自内而外依次安排为宫城、王城、外郭城和外围水利系统,结构分明,井然有序。这种布局,成为之后中国古代都城结构的滥觞。

---

〔1〕 吴汝祚.河姆渡遗址发现的部分木制建筑构件和木器的初步研究.浙江学刊,1997(2):91—95.

〔2〕 浙江省文物考古研究所.杭州市余杭区良渚古城遗址2006—2007年的发掘.考古,2008(7):3—10.

〔3〕 王宁远.5000年前的大型水利工程——浙江余杭良渚古城外围大型水利工程的调查与发掘获重大收获.中国文物报,2016-03-11(8).

五、舟楫的出现

中国不仅陆疆广大，而且河流众多，海域辽阔，因此中华民族不仅有一部光辉的陆上发展史，而且也有一部壮阔的水上开发史。伴随水上开发史的便是一部舟楫发展史。

随着人类活动范围的扩大，寻求一种可以浮于水上的工具，以克服江河湖泊的阻碍，逐渐成为人们的一种追求。于是，古人首先创制了筏子——一种用树干或竹子并排扎在一起的能浮于水的扁平状交通工具。虽然原始，它却开启了水上交通工具进化史的帷幕。

不久，就有了《周易·系辞》所说的"刳木为舟"[1]的舟。刳，是割开、挖空的意思；舟，是指古代船舶的直系祖先——独木舟，一种用独根树干挖成的小舟。独木舟的制作过程是：先选用一棵粗大挺直的树干，将准备保留的部位涂上湿泥，然后用火烧烤未涂湿泥的部位，待其呈焦炭状后，再用石斧、石凿等工具砍凿。如此反复，疏松的焦炭层就被"刳"尽，独木便成了带槽的舟。

仅有舟，人们尚不能在水中随意行驶，还必须有推动独木舟行进的工具——桨。《周易·系辞》中的"剡木为楫"[2]，指的就是古人制桨的方法。剡，其意思便是削；楫，按《释名·释船》的解释："楫，捷也，拨水使舟捷疾也。"[3]削木而成的木桨，用以推进舟的行驶。在舵尚未出现以前，桨还有控制方向的作用。独木舟与桨相配合，使人们获得了较为自由的水上活动能力。

2001年，在萧山跨湖桥遗址中发现了一条独木舟。独木舟以松木制成，残长5.6米，宽52厘米，深15厘米，舟舷厚度约2.5厘米。该独木舟的年代距今约7000年，是中国迄今所发现的最早的独木舟。[4]

2010年，在余杭临平茅山遗址中出土了一条良渚文化中期的独木舟。独木舟尖头方尾，全长7.35米，宽45厘米，深23厘米，舟舷厚约2厘米。舟身由整段马尾松原木加工而成，是目前国内已知的保存最完整、船体最长的史前独木舟。[5]

---

〔1〕 宋祚胤注释.周易.长沙：岳麓书社，2001：349.

〔2〕 宋祚胤注释.周易.长沙：岳麓书社，2001：349.

〔3〕 （汉）刘熙.释名（卷7）.北京：中华书局，1985：123.

〔4〕 浙江省文物考古研究所，萧山博物馆.跨湖桥.北京：文物出版社，2004：42.

〔5〕 赵晔.临平茅山的先民足迹.东方博物，2012(2)：16—22.

在河姆渡文化、马家浜文化遗址中虽没有独木舟出土,但均有木桨的发现。木桨的存在,说明此时应该有舟楫的使用。

这表明,新石器时代的浙江先民,已较普遍地制作和使用独木舟之类的水上交通工具。正是有了舟楫,人们才有可能克服江河湖泊的阻隔,将活动范围从陆地扩大到水上。于是,就有了"舟楫之利,以济不通,致远以利天下"[1]的局面。

六、乐器的萌芽

在中国,新石器时代文化遗址中已较普遍地出现了乐器。其种类有:击奏乐器,包括磬、鼓、铃、钟、摇响器等;吹奏乐器,包括哨、笛、埙、角等。在浙江新石器时代文化遗址中,也有陶埙、骨哨等乐器出土。

陶埙,在河姆渡遗址曾发现过2件,为夹炭黑陶质,椭球形,顶端有一吹孔。骨哨,在河姆渡、跨湖桥、马家浜、罗家角等古文化遗址均有出土。其中河姆渡遗址出土的骨哨多达139支,数量之大,令人惊奇。骨哨的形制有无孔管、一孔管、二孔管、三孔管之别,其中以二孔管为多。河姆渡遗址还出土一支五孔管,该管除头尾二孔外,其余三孔较小,且形状也较不规范,或许是先民在钻孔取音的过程中所钻的试钻孔。不过,学术界对河姆渡遗址出土的"骨哨",是否是原始的乐器有不同的看法。如有人就认为这些"骨哨"可能是一种原始的纺织工具。[2]与之相反,良渚文化遗址出土的大量玉管,有人认为是"玉哨"[3],而不是学界通常认为的佩饰品。

河姆渡遗址还发现过25件木筒。木筒系用硬木凿磨加工制成,其形态犹如中空的毛竹筒。器壁厚薄均匀,厚度在1厘米左右,制作精良。按器形的大小,可以分为大、中、小三型。大型的长度在40厘米以上,其中最长的一件长48厘米,外径12—14厘米。中型的长度在30—40厘米之间,小型的只有1件,长27厘米,两者的外径都在6—13厘米之间。从器物形态上分,也可将其中保存基本完好的18件木筒分为三型:Ⅰ型,呈直筒形,有12件;Ⅱ型,呈扁圆形,有3件;Ⅲ型,为亚腰形,两端和中部微鼓,其间稍向内束呈束腰形,有3件。内壁凸脊的有10件,脊宽约7—8厘米。凸脊在木筒内壁所处的位置也有差异,在木筒中部的有2件,靠近木筒一端的有5件,

〔1〕 宋祚胤注释.周易.长沙:岳麓书社,2001:349.
〔2〕 李永加.河姆渡遗址出土"骨哨"研究.东南文化,2012(4):89—95.
〔3〕 郑祖襄.良渚遗址中透露出的音乐艺术曙光.文化艺术研究,2009(2):71—76.

距一端3—5厘米的有3件。其中有3件木筒出土时,凸脊上塞有1个木圆饼。据此分析,凸脊应是为承托木圆饼而设置的。木筒内有这样的设置,且制作得十分精致,它的功能是什么呢? 有学者推测这种木筒应是木制的打击乐器。[1]

　　为了验证木筒的音乐功能,研究者根据遗址出土木筒的形状和大小,仿制了其中7件进行试验,发现敲打演奏时,大号木筒发音宏沉,共振时间长,中号次之,小号木筒发音清脆而短促。其精妙之处还在于那个饼状之音塞。木筒加塞之后,敲击时发出的声音不但不同于未加塞的木筒,而且在同一个木筒的不同部位敲击,其音响也有微妙区别。将其中5件长度和圆孔直径不同的仿制木筒按次序排列,其击出之音与中国古乐中宫、商、角、徵、羽五声音阶相似。[2] 如果推测不误,那么,六七千年前的河姆渡人已能制造出五声音阶的一整套打击乐器。这表明,原始先民对声学知识已有了较多的掌握。当然,也有学者认为,"河姆渡遗址中的木筒并非打击乐器"[3]。

　　[1]　吴玉贤.谈河姆渡木筒的用途.见:浙江省文物考古所学刊.北京:文物出版社,1981:190—193.
　　[2]　吴汝祚.河姆渡遗址发现的部分木制建筑构件和木器的初步研究.浙江学刊,1997(2):91—95.
　　[3]　林华东.浙江通史(史前卷).杭州:浙江人民出版社,2005:163.

第二章

青铜时代的浙江科学技术

　　从公元前21世纪夏王朝的建立到公元前3世纪末秦始皇统一中国，即是历史学所说的"先秦时期"，考古学所定义的"中国青铜时代"。黄河流域的华夏民族经历了夏、商、周三个辉煌的朝代。此时，生活在浙江境域的于越人，也开始步入青铜时代，并建立了自己的政权。据史书记载，夏后帝少康封庶子无余于越地，号于越，为越地有国之始。周元王三年（前474）勾践灭吴，越国国势进入最强盛的时期。从越国的建立到勾践完成霸业，正值浙江青铜文化的黄金时代。

　　越国十分重视农业生产。据文献记载，越国曾将谷物分为粢、黍、赤豆、稻、粟麦、大豆、穬、果8类，并依次规定价格，鼓励种植。在山阴兴筑富中大塘，垦地作为义田。还在葛山、麻林山等地广植葛、苎麻，既作为纺织原料，也作为制作弓弦的材料。在鸡山、豕山、会稽山等地养鸡、养猪，并开池塘养鱼，开展多种经营。[1] 从"有酒流之江，与民同之"[2]的记载看，越王勾践曾酿造过大量的米酒（黄酒）。越王勾践曾与吴王阖闾战于檇李（今浙江嘉兴、桐乡间），檇李为果名，说明此时嘉兴桐乡一带不仅有檇李栽培，且已十分著名。越国还在若耶溪、赤堇山等地开山采铜、采锡，由欧冶子等名匠铸造兵器、工具。[3] 仍锋利如新的多把越王青铜剑的出土，印证了文献记载的可靠性。数量众多的印纹硬陶，烧制温度已达到1000℃，甚至更高。在此基础上，烧制出了第一批原始青瓷。此时出现不少抬梁式结构的高台、层

〔1〕 （汉）袁康. 越绝书（卷8）. 上海：上海中华书局，1936：66—67.

〔2〕 （战国）吕不韦. 吕氏春秋（卷9）. 上海：上海书店，1992：87.

〔3〕 （汉）袁康. 越绝书（卷11）. 上海：上海中华书局，1936：85.

楼建筑，且已用瓦。越王勾践在龟山（今绍兴塔山）修建高 46 丈 5 尺（15.5
米）的"怪游台"，以"仰望天气"[1]，这是中国有文献记载的最早天文气象综
合观测台之一。越国的造船业发达，还建立了相当规模的水师。古越人以
"须虑"[2]为工具，东渡到了夷州、扶桑，甚至更远。

第一节　科学技术发展的背景

繁盛一时的河姆渡文化、马家浜文化、良渚文化等新石器时代文化渐渐
远去，浙江地区也与中原地区一样开始孕育自身的青铜文化。浙江的青铜
文化虽无法与中原以及邻近的楚文化相比，却有鲜明的地方特色与独特的
成就。而这种特色与成就的获得，在很大程度上与于越人的品格和越国的
建立有关。

一、浙江青铜文化的起源与发展

80 多年来新石器时代文化的发现与研究，取得了突破性的进展。但
是，迄今为止，在新石器时代晚期的良渚文化的遗址和墓葬中，尚未发现有
青铜器遗存。这就暗示我们，在良渚文化时期，浙江地区的青铜时代尚未来
临。虽然良渚文化较之同时期的中原地区诸龙山文化，似乎居领先地位，然
而，良渚文化并没有能够"顺理成章"地率先进入青铜文明。[3] 据考古发
现，在浙江境内的新石器文化的后继者中，有一种包含有几何印纹陶的文化
遗存，即马桥文化[4]，距今约 4000—3000 年。它和良渚文化在地层上有叠
压关系，其年代上限至少可追溯到中原的商代以前。马桥文化在延续了一
部分良渚文化因素的同时，融入了大量非当地传统的新文化因素，其中在浙
江地区分布的有"马桥类型""高祭台类型"和"肩头弄类型"等。[5] 这类文
化遗存以几何印纹陶为特征，同时出现了青铜文化因素。如：1957 年，在淳

〔1〕（汉）袁康.越绝书（卷 8）.上海：上海中华书局，1936：63.

〔2〕须虑，越语，即船。《越绝书》说："越人谓船为须虑。"参见：（汉）袁康.越绝书（卷 3）.上
海：上海中华书局，1936：28.

〔3〕蒋卫东.自然环境变迁与良渚文化兴衰关系的思考.华夏考古，2003（2）：38—44.

〔4〕上海市文物保管委员会.上海马桥遗址第一、二次发掘.考古学报，1978（1）：109—137.

〔5〕对此类文化遗存的性质的认识与相关文化类型的命名，尚不统一。参见：宋建.马桥文
化的分区和类型.东南文化，1999（6）：6—14.

安进贤遗址,发现了有段石锛、半月形石刀等磨光石器以及与几何印纹硬陶伴出的小件青铜器。1983年,在嘉兴雀幕桥马桥文化遗址的上层,发现了铜渣。2008年,在嘉兴姚家村马桥文化遗址,出土了一件青铜镞。这类马桥类型、高祭台类型、肩头弄类型的文化遗址在浙江省内已发现了多处,范围遍及浙江绝大部分市县,它们常伴有青铜冶炼遗迹或使用青铜器的迹象。

不过,马桥文化出土的青铜器无论从数量还是质量上看,均远远落后于同时期的中原地区。目前发现的马桥文化青铜器物,均为造型简单的刀、凿、斤、镞等小件器物,从器物形态上也看不出其同中原青铜文化存在相关性。在合金成分上,与中原青铜器也存在明显差异。浙江出土的马桥文化青铜器未见成分分析报告。对上海马桥遗址出土的一件铜刀分析显示,其成分为73.5%的铜与2.29%的矽,另有微量钠、镁、铝、铅、锡、铁、锰、钙、银等。[1]马桥铜刀只含微量的锡、铅,说明与中原有意识地加入锡、铅元素铸造青铜完全不同。尽管如此,我们仍可以认为,马桥文化青铜器的出土,标志着浙江地区青铜时代的到来。

中原青铜文化的源头更为久远,发展到商、西周时期,中原地区的青铜文化已达到炉火纯青的地步。与中原及周边地区始终保持着联系的浙江地区的青铜文化,自然会受到来自中原文化的影响。这一点,在浙江出土的青铜礼器上有明显的表现。

例如:1959年,长兴发现的一件铜盂,内底饰一大龟纹,其纹饰可以上溯到郑州百家庄二里岗期文化出土的兽面纹铜罍。1974年,海盐出土的一件铜甗,腹部饰人字纹,三袋足直立,分档明显,和中原地区商代墓葬中出土的甗相同。1976年,安吉一座墓葬中出土的觚、爵的形制和纹饰,与中原地区商代铜器十分相似,而且在两件觚的圈足内还饰有一组族氏铭文,可见商文化影响的深远。1984年,温岭出土的一件大铜盘,通高26厘米,口径61.5厘米,重达22.5千克,腹饰夔龙纹,盘内用浮雕手法铸出一条蟠龙,龙首昂然挺出于盘心,高约10厘米。大铜盘的造型属典型的西周早期青铜器风格,这种龙首的造型曾见之于中原地区的商代铜器,龙首所饰的重斜方格也见于殷墟妇好墓出土的妇好盘内底的蟠龙及妇好鸮尊身上所饰的龙、蛇的躯体上。[2]毫无疑问,这些青铜器,从器形到纹饰,都可看成是中原地区文化影响浙江地区青铜文化的实例。

不过,我们也可看到,浙江青铜文化也呈现出鲜明的地方特色。主要表

---

〔1〕 上海市文物保管委员会.上海马桥遗址第一、二次发掘.考古学报,1978(1):109—137.

〔2〕 中国社会科学院考古研究所.殷墟妇好墓.北京:文物出版社,1980:56.

现在：一是继承了本区石器文化的传统，二是装饰风格与其同期当地的印纹陶相一致。

例如：1977 年，在长兴发现的一件铜钺，形体扁平，弧刃，两侧各有一穿，除刃部外，钺身布满叶脉纹和斜方格纹，内两面都有凹入的图案。从其形制考察，这种铜钺大体与太湖地区穿孔石钺的后期阶段可以衔接。1974 年，在湖州发现的另一件铜钺，除了钺身有凸缘透孔外，其形制与上述长兴出土的铜钺是一脉相承的。后来在湖州市袁家汇疏浚河道时发现的 3 件铜戈，也具有早期铜器的特征：直内有阑，内端微凹。其援部，一件刃如钺，中有圆孔；一件三面有刃而前刃弧出；另一件呈三角形，前锋尖锐。3 件戈的内端及阑部均饰云雷纹，其中一件援部饰有斜方格纹，与长兴出土的铜钺相类似。尤其是前两件戈，形体介于戈、钺之间。[1] 从形制、纹饰两方面考察，这些浙江地区出土的青铜器都与中原出土的商代、西周青铜戈有别。其中器表饰斜方格纹、云雷纹、叶脉纹，就是浙江商代时期印纹陶的主要特色。因此，毫无疑问，这几件铜器都属于浙江本地制品，其时代可定为商代。

即便是受中原文化影响较深的青铜礼器，仍在不同程度上保留着本地区的文化特征。

例如：长兴出土的青铜盂腹部所饰的 C 形纹（或称耳纹），只见之于长兴及湖南出土大铙的旋部，而不见于中原铜器；与盂同出的青铜铙，通体饰勾连云雷纹，与同时期的印纹硬陶纹饰十分相似，而与中原出土的商周青铜器上的勾连云雷纹不同。这种具有地方特色的勾连云雷纹，常见于浙江地区出土的青铜器，如安吉出土的分裆鼎、长兴出土的青铜盂、温岭出土的青铜盘腹部夔龙躯体等，都饰有勾连云雷纹。这种纹饰一直被沿用到春秋晚期，如绍兴市坡塘 306 号墓出土的铜质房屋模型屋面上的纹饰，就是勾连云雷纹。从温州流出境外，后为美国何母斯收藏的一件商代铜卣，其腹部兽面上也饰有勾连云雷纹。这些都是饰有具有较强地方特色纹饰的青铜器。又如温岭出土的铜盘，其盘心饰蟠旋而出的龙首，这种装饰手法在邻省出土的青铜器上也曾见到，如江苏丹徒烟墩山西周墓出土的一件青铜盉盖部[2]、安徽繁昌汤家山出土的青铜盉盖部[3]，也用类似的装饰，同属于越族风格。

───────────────

〔1〕 曹锦炎.浙江出土商周青铜器初论.见:吴越历史与考古论丛.北京:文物出版社,2007:199—215.

〔2〕 江苏省文物管理委员会.江苏丹徒县烟墩山出土的古代青铜器.文物参考资料,1955(5):58—62.

〔3〕 安徽省文物工作队,繁昌县文化馆.安徽繁昌出土一批春秋青铜器.文物,1982(12):47—51.

上海博物馆收藏的一件兽面纹龙流盉,其盖顶也作蟠旋而出的龙首,研究者认为,这也属于南方土墩墓出土的于越青铜器。[1] 这些都是极好的例证。

二、越国的建立与崛起

虽然,在商及西周时期,浙江青铜文化有了一定的发展,但这种发展仍是初步而缓慢的。原因是在春秋之前,浙江地区尚未形成统一的国家政权,各地的青铜冶铸业也停留在由分散的土著部落自行经营的阶段。因此,无论是从文献记载还是从出土的青铜器考察,浙江青铜文化的鼎盛是和越国的建立与崛起同步的。

《吴越春秋》说:"越之前君无余者,夏禹之末封也。"[2] 又说:"禹以下六世而得帝少康,少康恐禹祭之绝祀,乃封其庶子于越,号曰无余。"[3] 说的是少康登上王位后,担心先祖夏禹在会稽的陵墓无人祭祀,就封他的一个儿子到那里立国。少康的儿子到达会稽地区后,自号"无余",建立了越国。"余始受封,人民山居,虽有鸟田之利,租贡才给宗庙祭祀之费。乃复随陵陆而耕种,或逐禽鹿而给食。无余质朴,不设宫室之饰,从民所居。春秋祠禹墓于会稽。"[4] 可见,在无余立国之初,一切都显得十分简单和质朴。这些记载是否属实,已难以考证。无余之后,因史阙有间,君位的继承情况模糊不清。

《吴越春秋》说:

> 无余传世十余,末君微劣,不能自立,转从众庶为编户之民,禹祀断绝。十有余岁,有人生而言语,其语曰鸟禽呼:咽喋咽喋。指天向禹墓曰:我是无余君之苗末,我方修前君祭祀,复我禹墓之祀,为民请福于天,以通鬼神之道。众民悦喜,皆助奉禹祭,四时致贡,因共封立,以承越君之后,复夏王之祭,安集鸟田之瑞,以为百姓请命。自后稍有君臣之义,号曰无壬。[5]

据此,无余之后又传了10多代,但"末君微劣,不能自立",只得混同于众人,转为"编户之民"。禹冢的祭祀也一度中断。到无余的后代"无壬"继承越君之位后,使越国"稍有君臣之义",由此建立较为完整的国家体系。

---

〔1〕 陈佩芬.记上海博物馆所藏越族青铜器.上海博物馆集刊,1987(4):221—232.

〔2〕 (汉)赵晔.吴越春秋(卷4).北京:中华书局,1985:123.

〔3〕 (汉)赵晔.吴越春秋(卷4).北京:中华书局,1985:135.

〔4〕 (汉)赵晔.吴越春秋(卷4).北京:中华书局,1985:135.

〔5〕 (汉)赵晔.吴越春秋(卷4).北京:中华书局,1985:135—136.

越国的霸业,是从允常开始的。《越绝书》记载:"越王夫镡以上至无余,久远,世不可纪也。夫镡子允常,允常子句践,大霸称王,徙琅琊,都也。"[1]说明允常为句践之父。考古发现的印山大墓的墓主人,可能就是允常。[2]越国到允常时期发展壮大起来,与相邻的吴国发生摩擦在所难免。于是,为了争夺"三江五湖"之利,吴、越两国就成为《国语·越语上》中所说的两个"仇雠敌战之国"。《史记正义》引《舆地志》说越国自允常"拓土始大,称王"[3]。《吴越春秋》也说:"夫镡生允常,常立,当吴王寿梦、诸樊、阖闾之时,越之兴霸,自元常(允常)矣。"[4]允常即位的时间,无确切的记载。如果从"当吴王寿梦、诸樊、阖闾之时"的吴王寿梦的最后一年(前561)算起,至允常去世之年(前497),允常在位超过60年。而根据《舆地志》的说法,"至周敬王时,有越侯夫镡,子曰允常"[5],周敬王在位是公元前519—前477年,允常即位最早也在公元前519年以后。记载有所不同,但越王允常在位的时间比较长,是可以肯定的。

据《吴越春秋》记载,越国在允常晚年和句践初年时的中心统治区大致是:南至于句无(今浙江诸暨),北至于御儿(今浙江嘉兴),东至于鄞(今浙江宁波),西至于姑蔑(今浙江龙游)。清人顾栋高还考证,今江西省的余干县当时也属越地。依此,在越国的西南部,还有一条狭长的地带深入到江西境内。

句践元年(前496),吴王阖闾听说允常刚死,认为这正是进攻越国的大好机会。于是,阖闾就亲率大军,从陆路伐越。句践闻讯后立即出兵抵御,两军在吴越边界上的檇李(今浙江嘉兴、桐乡间)相遇。句践略施计谋,大败吴军。句践初试锋芒便获得胜利,但也给阅历尚浅的句践埋下了祸根。由于失去警惕,戒备松懈,终于导致了后来的夫椒(今江苏苏州吴中区太湖边)败阵。之后,虽越国得以保存,但句践却付出了极其惨重的代价。句践带着妻子、范蠡等一行人到吴国为奴,服侍吴王。

周敬王三十年(前490),也就是句践即位后的第七年,入吴为奴三年以后,吴王夫差赦免句践,并封他百里之地:东至离会稽60里的炭渎(今绍兴柯桥区上蒋乡一带),西至离会稽40里的周宗(大约在浦阳江沿岸),南到会稽山,北到杭州湾(俗称后海)。即《吴越春秋》所载:"吴封地百里于越,东至

〔1〕 (汉)袁康.越绝书(卷8).上海:上海中华书局,1936:62.

〔2〕 叶辉.印山大墓墓主是句践之父允常.光明日报,1999-02-05(1).

〔3〕 (汉)司马迁.史记(卷41).北京:中华书局,1959:1739.

〔4〕 (汉)赵晔.吴越春秋(卷4).北京:中华书局,1985:136.

〔5〕 (汉)司马迁.史记(卷41).北京:中华书局,1959:1739.

炭渎,西止周宗,南造于山,北薄于海。"〔1〕这是一个东西狭长的弹丸之地,越国做任何事情都得听命于吴国,都在吴国的监视之下,真正成了吴国的附属小国。

"知耻而后勇"一语虽语出圣贤孟子,但勾践用实践行动给"知耻而后勇"作了最好的注解。三年屈辱为奴的生涯,并没有消磨勾践的斗志,反而坚定了他灭吴雪耻的决心。为了实现灭吴复仇、称霸中原的事业,勾践不仅自己劳苦焦思、卧薪尝胆、发愤图强,而且在政治、经济、军事、外交等方面采取了一系列的改革措施。经过数年的努力,越国综合国力大大增强,于是开始在军事上采取行动。

周敬王三十八年(前 482),吴王会诸侯于黄池,吴国精兵随王北上,都城姑苏兵力空虚,唯独老弱与太子留守。越王勾践抓住战机,乘虚而入,率精兵数万开始伐吴。由相持而进攻,周元王三年(前 474),勾践终于消灭了吴国,实现了自己谋划已久的夙愿。

越国吞并吴国,占领了吴国的全部土地,疆域得到扩展。在灭吴以后的短短几年里,越国的军队横行于江、淮流域的东方,鲁、宋、卫、邾等国归附听命,郑、陈、蔡等国的国君也来朝贺。《淮南子·齐俗训》称,越王勾践是"南面而霸天下"〔2〕。为了进一步经营北方,控制中原,持续越国的霸业,勾践大约于周贞定王元年(前 468),将越国的国都从会稽(今浙江绍兴)迁至琅琊(今山东诸城东南)。〔3〕

越国自允常时始强大,至勾践灭吴,称霸中原,成为著名的春秋五霸之一。在这样的背景下,浙江的青铜文化也达到了鼎盛时期。全省出土的春秋战国青铜器,数量比上一时期大增,尤以兵器、农具为大宗。

例如:1959 年,绍兴城关西施山出土了大批青铜工具以及坩埚、炼渣,证明此地是越国都城的一处青铜冶炼遗址。1963 年,永嘉出土了一批青铜残器,有盘、鼎、盉以及兵器、生产工具等,并伴出 50 多千克经初步加工的铜块和少量锡块。1977 年,海盐也发现了一批窖藏铜块,盛放在一件印纹陶罐内。1977 年,上虞银山出土了一批青铜斧、铲、镢、削、镰以及剑、矛、镞等器物,并且伴出了 150 多千克铅块和拍印米筛纹、回纹、米字纹、方格纹、麻布纹的硬陶片。1984 年,先后两次在临海同一地点发现青铜窖藏,内涵与永嘉发现的窖藏相同,也以青铜块、残兵器、生产工具为主,重数十千克。

---

〔1〕 (汉)赵晔.吴越春秋(卷 5).北京:中华书局,1985:164.
〔2〕 (汉)刘安.淮南鸿烈解(卷 11).北京:中华书局,1985:378.
〔3〕 参见徐建春.浙江通史(先秦卷).杭州:浙江人民出版社,2005:106—133.

2003 年,瓯海仙岩出土铙、鼎、簋、剑、戈、矛等一批青铜器,2009 年又在同一地点出土 3 件青铜鼎。各地出土的青铜工具、兵器、乐器、礼器以及青铜块、铜块、锡块、铅块的数量十分可观。

这些材料表明,越国不仅具有丰富的矿产资源,而且还有着发达的青铜冶铸业。《吴越春秋》所记载的干将铸剑时,"使童女童男三百人鼓橐、装炭"[1]的情形应该并非虚言。

浙江地区青铜器在春秋中晚期形成了明显的地方风格,青铜农具和兵器是其典型代表,礼器、乐器方面也大致如此。

例如:1982 年,发掘绍兴坡塘 306 号墓时出土的青铜尊,腹部饰双钩变形兽面纹,在腹与颈、圈足相接的部位,饰有锯齿纹和勾连纹,而且在有花纹的部位,布满棘刺。这种布满棘刺纹的侈口、扁腹、筒形尊,是长江下游地区特有的器形。1969 年,长兴出土的一件铜鼎,腹部饰两道弦纹,弦纹间饰以蟠虺纹,高扁足内凹作沟槽状。这类高扁足、浅平底鼎,被称为越式鼎。另有一类盘口、束颈、釜形鼎也是具有典型越族风格的鼎。清道光年间,德清山间曾出土过一组 13 件青铜勾鑃。1977 年,绍兴市郊也出土了两件青铜勾鑃。1983 年,海盐曾出土过一批原始瓷仿铜乐器,其中勾鑃就有 14 件。[2] 勾鑃是一种宴享时使用的敲击乐器,主要出土于吴越地区。它是一种颇具地方特色的乐器器种。另外,一些特殊类别的青铜器,如铜房子模型、奏乐俑、铜镦等,在浙江地区也时有发现。

李学勤说:"长江下游的青铜器在商代受到中原文化的很大影响,西周以后逐渐创造自己独特的传统,并与长江中游渐行接近。到春秋末年,比较统一的南方系的青铜器型式,可以说已经形成了。"[3]从浙江地区历年出土的青铜器来看,这个结论无疑是正确的。

第二节　青铜冶铸技术

从全国范围看,浙江古代的青铜时代与青铜冶铸技术没有先声夺人,却有后来居上之势。越国时期,不仅铸造了大量的具有鲜明地方或区域特色

---

〔1〕 (汉)赵晔.吴越春秋(卷 2).北京:中华书局,1985:43.

〔2〕 曹锦炎.浙江出土商周青铜器初论.见:吴越历史与考古论丛.北京:文物出版社,2007:199—215.

〔3〕 李学勤.从新出青铜器看长江下游文化的发展.文物,1980(8):35—40.

的生产工具、兵器、乐器等青铜器,而且其铸造技术,尤其是青铜剑的铸造技术,达到了当时的最高水平。

一、浙江地区青铜器出土概况

浙江地区先秦时期的青铜器在杭州、嘉兴、湖州、绍兴、宁波、台州、金华、温州等地时有出土。其中以浙北的湖州、浙东的绍兴发现为多。

杭州地区,曾在余杭石濑出土过青铜铙,仇山出土过青铜凿、矛。在萧山所前杜家村出土过青铜甬钟,河庄镇、来苏乡出土过青铜矛、斧等。在富阳富春江北岸出土过青铜器戈、矛、锛、铎。在淳安左口土墩墓出土过青铜矛。在杭州市区的湖墅出土过青铜簋,西湖出土过青铜锸、铲、戈、矛等。

嘉兴地区,曾在秀城区净湘、大桥、皇坟山出土过青铜锛、剑、矛等。在嘉善丁栅采集到青铜犁沟器。在海盐通元出土过青铜瓿、锄等,龙潭港遗址第四文化层出土过青铜镞、锛、刀等。在海宁硖石采集到青铜镰、矛等,东山采集到青铜戈。

湖州地区,曾在长兴小浦出土过青铜铙、簋,长兴中学出土过青铜铙,和平镇出土过青铜鼎,李家巷出土过青铜壶。此外,历年来在长兴港、洪山港、龙溪港等水利工程中出土过青铜鼎以及大批青铜兵器、农具等。在安吉三官出土过青铜鼎、瓿等,高禹出土过青铜铙、剑、戈、盂等,良朋上马山出土过青铜盂,递铺镇出土过青铜矛、镦等。在德清武康出土过青铜勾镯、青铜鸠杖等。在吴兴毗山遗址采集到青铜尊、铙、鼎残片及锛、削、镦等,埭溪出土过青铜杖镦等。此外湖州废旧仓库拣选到铜钺等。

绍兴地区,曾在绍兴西岸头遗址出土过青铜构件,凤凰山木椁墓出土过青铜剑、戈、环、镞等,城关狗头山发现青铜勾镯,坡塘306墓出土过青铜鼎、盂、瓿罍等,漓渚出土过青铜鸠杖,若耶溪出土过青铜剑、削、斧等,齐贤镇陶里壶瓶山遗址第二文化层出土过青铜凿、锛,福泉镇出土过青铜锸,印山越王陵出土过青铜凿、锄、铎,塔山出土过青铜甬钟,任家湾战国墓出土过青铜车軎、马衔、兽形饰、镞、戈等,西施山出土过青铜鼎、盘、匜、勺等。在上虞银山冶炼遗址先后发现青铜锄、锸、铲、剑、矛等,白马湖土墩墓出土过青铜剑、镞等。在嵊州出土过青铜镰。在诸暨次坞上河村溪滩出土过青铜炭炉,城东、山下湖、陈宅出土过青铜矛、戈、锛等。

宁波地区,曾在鄞州甲村出土过青铜钺、剑、矛,钱岙遗址第一文化层出土过青铜镦、削、锛,韩岭出土过青铜甬钟,钱岙遗址春秋战国文化层出土过青铜弩、削等。鄞州境内各地陆续出土有大批兵器和农具。在慈溪彭东、东安土墩石室墓出土过青铜镞、削,横河出土过青铜矛,彭东、石堰、陈山出土过青铜剑、铲等。在余姚老虎山一号墩出土过青铜剑、戈。

舟山地区,曾发现青铜锸、耨。

金华地区,曾在金华城区出土过青铜剑,在废旧仓库拣选出青铜铙。在义乌西江桥、福田大王村、城中城大道出土过青铜矛、钺,王宅拦水坝出土过青铜剑。在东阳草干山土墩墓出土过青铜环,李宅徐田村出土过青铜鼎、车马饰等,东阳江沿岸出土过青铜勾鑃、甬钟。在磐安深泽出土过青铜铙。

台州地区,曾在仙居湫山上田村发现窖藏青铜矛、犁、蚁鼻钱及饼形铜料。在临海上山冯发现窖藏青铜矛、镰、犁、蚁鼻钱及饼形铜料。在黄岩小人尖土墩墓出土过青铜尊、杯、矛、短剑等。在温岭琛山楼旗村出土过青铜盘。在玉环三合潭遗址出土过青铜斧、锸、镞、鱼钩等。

温州地区,曾在乐清白石杨柳滩出土青铜锛、镢、铜贝等。在永嘉出土过青铜鼎、盘及铜料。在瓯海杨府山土墩墓出土过青铜鼎、簋、铙、矛、短剑等,杨府山西南侧山腰发现青铜鼎。在瑞安岱石山"石棚"墓出过土青铜铃、短剑等。

衢州地区,曾在江山出土一组青铜甬钟等。[1]

二、具有地方特色的青铜器

中原青铜文化对周边的影响,主要表现在礼器方面,至于工具、兵器、乐器等边远地区常常表现出鲜明的地方特色,这似乎是研究青铜器的一条规律。浙江地区的青铜器,自然也不例外。上述浙江出土的青铜器中,以青铜农具、兵器、乐器为多,并呈现出自身的特色。

(一)青铜农具

尽管夏商周三代是中国的青铜时代,但从目前中原地区出土和传世的青铜器来看,商周时代青铜器似乎主要服务于非生产性目的。这些非生产性青铜器可分作两个类别,一是礼仪中使用的容器和乐器,二是武器和车马器。礼器和兵器不仅数量多,而且制作精,构成了中国青铜文化的一大特色。相比之下,此时青铜似乎很少用于铸造工具,青铜农具尤少。相反,考古发现的商和西周的农业工具主要用石头制作。如20世纪30年代在对安阳小屯商代晚期遗址的多次发掘中,出土了多达3600余件石镰,其中一个

---

[1] 俞珊瑛.浙江出土青铜器研究.东方博物,2010(3):27—39.

窖穴就储存了 444 件。又如河北藁城台西村商城遗址,从 1973 年至 1997 年,前后进行了 4 次发掘,出土了数千件文物,其中的农具全为石器、骨器和蚌器。对此,有些学者甚至得出了青铜时代实质上是一个石器时代的结论。[1] 但从浙江出土的青铜器来看,至少在东周时代,长江下游地区的农业生产工具中,青铜农具占了较大的比例。

越国统治者非常重视发展农业生产,把它看作是国家生死存亡的关键。为了适应垦殖与拓荒的需要,他们用珍贵的青铜制造各种各样的农业生产工具。青铜农具的大量制造使用,为越国开发山会沼泽平原、兴修水利工程提供了重要的条件,并使于越人的耕作技术出现了质的飞跃。

浙江地区出土的青铜生产工具,品种繁多,有耨、锄、铲、镰、犁铧、破土器、锸、耘田器、斤、凿、锛、斧、削等,尤以农具为主,其数量之众多、门类之齐全,都是中原地区所无法比拟的。仅以绍兴为例,历年在西施山、都泗门、下畈、禹陵、亭山、坡塘、平水、漓渚、福全、南池、袍谷等地出土青铜镰、锸、铲等就有数十件。因用坏后可以回炉重铸等原因,出土的农具毕竟只是少数,想必其原来的数量要大得多。《考工记》在记载粤(越)地时曾说:"粤之无镈也,非无镈也,夫人而能为镈也。"郑玄注:"言其丈夫皆能作是器,不须国工。"又注粤地"山出金锡,铸冶之业,田器尤多"[2]。连民间普遍都会铸造青铜农具,可推测其数量之巨大。

这些农具按其用途可分为起土、除草、收割三大类,大致反映出越国农业"春生、夏长、秋收、冬藏"[3]的生产程序和"精耕细作"生产方式的基本面貌。

浙江出土的农具在器形、种类和地域分布方面都表现出鲜明的越文化特色,其中最引人注目的是刃部带有锯齿的农具,包括带锯齿的铜镰和铜耨等。这类器物出土较多,如 1954 年绍兴出土的铜耨、1959 年绍兴出土的铜耨和铜镰、1963 年永嘉出土的铜耨、1972 年长兴发现的铜镰、1982 年定海出土的铜耨等,均为带锯齿农具。带锯齿镰,器形呈长条形,一端较宽,有些宽端有穿,可装柄,一面有锯齿,背面无纹,锯齿有粗、细两种。这种带锯齿镰设计非常合理,器形小巧而锯齿锋利,收割作物既轻便又快捷,用钝了只需用砺石磨砺背后的平面即可重新变得锋利。创制并使用于越国崛起年代的带锯齿铜镰和铁镰,不仅流行于长江下游地区,而且影响到中原地区。如

〔1〕雷海宗.世界史分期与上古中古史中的一些问题.历史教学,1957(7):41—47.
〔2〕(清)孙诒让.周礼正义(卷74).北京:中华书局,1987:3113.
〔3〕(晋)皇甫谧.逸周书(卷6).沈阳:辽宁教育出版社,1997:44.

河北易县燕下都遗址曾出土过一件带锯齿铜镰,上有"冶尹"铭文。

耨,是除草的中耕农具,《吕氏春秋·任地》:"耨柄尺,此其度也,其耨六寸,所以间稼也。"高诱注:"耨所以耘苗也,刃广六寸,所以入苗间也。"[1] 既说明了耨的形制,也说明了耨的用途。

从浙江地区出土的铜耨来看,其形式可分为三种:一种为无銎锯齿式,器呈"V"字形,无銎,器身一面密布细锯齿,背面无纹;另一种为方銎双翼锯齿式,在銎的前端连接着一个三角形带有两翼的锋刃,在锋刃上满布齿槽,锯齿较前者略粗,背面无纹;再一种耨为无栏双翼锯齿式,齿略粗,背面亦无纹。

这些刃部制成锯齿的农业工具在当时无疑是较先进的生产工具,它的使用提高了越人垦拓、收割和加工农作物尤其是稻谷的能力,为越国的经济繁荣和国势强盛打下了坚实的物质基础。

(二)青铜兵器

春秋战国是一个战争频繁的时代,于越也是一个骁勇善战的族群。"越"者"戉"也,本身就是一种武器,反映了该民族的尚武和骁勇品格。在争霸战争中,我们经常能从史书中看到越国敢死队冲锋陷阵的英勇场面。据《左传》记载:定公十四年(前 496),"吴伐越,越子勾践御之,阵于檇李。勾践患吴之整也,使死士再禽焉,不动。使罪人三行,属剑于颈,而辞曰:二君有治,臣奸旗鼓,不敏于君之行前,不敢逃刑,敢归死。遂自刭也。师属之目,越子因而伐之,大败之"[2]。正是凭借这种视死如归的勇武之气,越国战胜了比自己强大的吴国,并染指中原 100 余年。

频繁的战争促进了越国兵器铸造业的进一步发展。特别是吴、越两国相互攻伐数十年之久,更迫使越国倾其财力于军备。兵器在越国遗存的青铜器中是数量众多的大类,当时常用的青铜兵器就有矛、戈、戟、钺、铍、剑、箭镞等。

在众多兵器中越人尤爱青铜剑。大概这种近身搏杀的短兵器,更能体现越人勇猛无畏的性格。魏文帝有诗说:"越民铸宝剑,出匣吐寒芒。"[3] 虽然青铜冶铸技术可能来自北方,但于越人在立国后以自己的聪明才智,在兵器生产上独辟蹊径,创造性地铸造出寒芒袭人、锋利无比的青铜剑,成为列

---

[1]　(战国)吕不韦.吕氏春秋(卷 26).上海:上海书店,1992:334.
[2]　李索.《左传》正宗(卷 11).北京:华夏出版社,2011:654.
[3]　(清)张英,王士祯.渊鉴类函(第 9 册).北京:北京市中国书店,1985:305.

国争相求索的宝物。相传欧冶子为越王勾践铸成著名的湛卢、纯钧、胜邪、鱼肠、巨阙等 5 柄宝剑,干将、莫邪在德清山铸成稀世名剑的故事也在民间广泛流传。《庄子・刻意》说:"夫有干越之剑者,柙而藏之,不敢用也,宝之至也。"[1]《战国策・赵策》说:"夫吴干之剑,肉试则断牛马,金试则截盘匜,薄之柱上而击之,则折为三,质之石上而击之,则碎为百。"[2]从出土及传世的越王、吴王剑来看,上述文献记载确非虚语。吴越之剑不仅成为各国君主希望得到的宝器,而且常常作为死后随葬的珍品,如在湖北楚墓中多次发现随葬的吴越名剑,就是例证。

青铜剑的铸造是一个非常复杂的过程,有制模、翻范、合范、浇注、打磨等多项工艺。青铜剑的表面常装饰精美的几何形暗纹。这些暗纹经科学测试,发现是采用多种不同工艺的结果,且具有不同的功用。如有些是用复合金属镶嵌,目的主要用于装饰;有些则进行了硫化或铬化处理,具有良好的防腐效果。越国青铜剑的类型按造型和质地的不同,可分为带箍剑、空茎剑、平脊剑、双色剑等。剑的不同造型和工艺,既象征拥有者身份地位的贵贱,也暗示着它们在时代先后上的差异。

闻名遐迩的越王勾践剑,1965 年出土于湖北江陵望山 1 号墓中。此剑通长 55.7 厘米,剑身宽 4.6 厘米;剑首向外翻卷作圆箍形,内铸 11 道极细小的同心圆圈;剑格正面用蓝色琉璃,背面用绿松石镶嵌出绚丽的花纹;剑身近格处错有"越王鸠(句)浅(践)自乍用剑"8 字鸟篆铭文;剑身满饰菱形暗纹。此剑保存完好,历经 2400 多年,刃部仍锋利无比。据质子射线荧光分析仪对该剑的成分和表面装饰进行分析的结果,表明该剑主要用锡青铜铸成,同时剑中含有少量的铝和微量的镍;灰黑色菱形花纹及黑色的剑柄、剑格,则都是含有一定量的硫所致。其制作之精湛,真可谓鬼斧神工。可以说,这件青铜武器,是集当时各种先进的青铜冶铸技术于一体的珍品,代表了当时吴越铸造技术的最高水准。

浙江省博物馆从香港征得的越王者旨於睗剑,也是一柄制作精绝的越王剑。该剑的剑主是越王者旨於睗,即《史记》记载的越王勾践之子鼫与[3]。鼫与在位的 6 年(前 464—前 459)里,冶师为他精铸了一批兵器,仅青铜剑目前就有多把发现,而保存最为完好的就是这柄越王者旨於睗剑。

---

〔1〕 (战国)庄周. 庄子. 合肥:黄山书社,2005:170.

〔2〕 (汉)刘向. 战国策. 郑州:中州古籍出版社,2007:251.

〔3〕 "者旨於睗",据学者研究,认为是越语对汉字"鼫与"发音的缓读形式。参见:曹锦炎,马承源等. 浙江省博物馆新入藏越王者旨於睗剑笔谈. 文物,1996(4):4—12.

此剑通长 52.4 厘米,剑体宽阔,中脊起线,双刃呈弧形于近锋处收狭;圆盘形剑首饰于剑茎之端,圆形的剑茎上有两道凸状剑箍,剑箍饰变形兽面纹;茎绕有丝緱;剑格两面铸双钩鸟虫书铭文,正面为"戉(越)王戉(越)王",反面为"者旨於睗";字口间镶嵌着薄如蝉翼的绿松石,现有部分脱落,脱落处可见红色黏接材料的痕迹。越王者旨於睗剑还附有完整的剑鞘。剑鞘系用两块薄木片黏合而成,外用丝线缠缚加固,再髹以黑漆。此剑完整无缺,剑刃极薄,异常犀利,吹毛可断;剑鞘齐全,缠緱完整,虽历 2400 多年的岁月,依然不锈不蚀,风采依旧。集如此多的优点于一身,在出土或传世的吴越青铜剑中,可谓绝无仅有,实属剑中极品。

浙江省博物馆征集的一把越王州勾剑,同样是一件难得的珍品。越王州勾,即朱勾,乃勾践之曾孙,其在位年代,据陈梦家《六国纪年》与范祥雍《古本竹书纪年辑校订补》等考订,为公元前 448 至前 412 年,在位时间长达 30 余年。州勾是继勾践之后,武功最为显赫的越国君王。在他统治时期,越国的国势达到了顶峰。此剑通长 57 厘米,保存完好,剑作宽从、厚格式,中脊起线,两从斜弧,双刃呈弧形于近锋处收狭;格上镶嵌绿松石,现部分绿松石已脱落;圆盘形剑首;剑身满饰交织的波状暗纹,内填鸟头状的纹饰。近格处错"戉(越)王州句自乍用剑"8 字鸟篆铭文;剑锋犀利异常,寒气逼人。该剑出土时,还附有完整的剑鞘与剑匣,极为难得。漆黑的鞘上还用朱漆绘神人操蛇图,色泽鲜艳,宛如新出。图案中的神人头饰羽毛,身有点纹,左手操蛇,右手持一兵器,为研究越人习俗提供了珍贵的实物资料。

顾颉刚曾据文献记载,认为中国古代青铜剑应起源于吴越地区。[1] 从浙江出土的实物来看,顾氏的观点是有一定道理的。1989 年,曾集中报道了长兴所出土的 32 件青铜剑,年代最早的为西周。[2] 这些剑从纹饰与形制两方面看,均具有地方特色。如长兴出土的几柄西周剑,1 号剑所饰云雷纹与长兴出土的盂、铙相同,2、3 号剑也饰有早期流行的云雷纹,3、4 号剑的形制见于安徽屯溪西周晚期墓。吴越地处江南水乡,当地土著民族习于"以船为车,以楫为马"[3],盛行于中原地区的车战在这里是行不通的。所以,步兵是吴越军队的主力。步兵所需要的是适于近战的轻便而又锋利的短兵器,剑正具有这些特点,因此剑在吴越地区最早出现并得到长足的发展是毫不奇怪的。

〔1〕　顾颉刚.吴越兵器.见:史林杂识初编.北京:中华书局,1963:163—167.

〔2〕　夏星南.浙江长兴县发现吴、越、楚铜剑.考古,1989(1):1—9.

〔3〕　(汉)袁康.越绝书(卷 8).上海:上海中华书局,1936:62.

矛、戈一类的青铜兵器,虽在浙江地区出土不多,但也有一定的地方特色。宽体、狭刃、圆本式的矛,是春秋战国时期在今浙江境域流行的典型器之一。此种矛骹部通常较为宽大,骹口平直或微弧,正面常有一小鼻纽。流传到日本的越王者旨於赐矛、长沙出土的越王矛等,也是此种形制。浙江地区出土的铜戈可早至商代,并有一定的地方特色。除了浙江省的一些博物馆的收藏品外,从出土地域和铭文可断定为越国戈的,还有出土于安徽淮南蔡家港的两件者旨於赐青铜戈,江苏六合和桥先后出土的 11 件青铜戈,江苏镇江谏壁出土的 3 件青铜戈,安徽贵池徽家冲出土的 6 件青铜戈,安徽青阳庙前龙岗出土的一件青铜戈。另外,湖南益阳战国墓出土的一件青铜戈,戈身布有菱形几何形黑色暗纹,其制作方法与勾践剑、夫差矛相同,推知其菱形暗纹也可能经过硫化处理。这种经过特殊技术处理的青铜戈,同样可以看作是吴越地区制造的具有本地特色的兵器。

历年出土的越王剑等这类具有地方特色的青铜兵器,既是越国兴盛与衰亡的重要历史见证,也是显示越人祖先绝世才智与精湛工艺的不朽实物。于越人精湛的兵器制作工艺增强了国家的防卫与攻战能力,为越国争霸战争的胜利打下了坚实的基础。而于越人骁勇善战、"轻死易发"[1]的精神也是越国成就霸业不可或缺的民族特质。

(三)青铜乐器

盛行于商周之际的铜铙,出土范围遍及现今浙江、江苏、江西、福建、湖南、广西等省区。这些地区都属历史上的"百越"范围,所以流行同一种类的乐器是完全可能的。铜铙是一种地方特色较强的乐器,它们与中原地区出土的 3 至 5 件为一组的商代小铙,无论从形体上还是从装饰纹饰上都大相径庭,故有研究者将它们改称为钲、铎等名称。

浙江地区发现的商周铜铙,见于报道的已有近 10 件。主要有:1963年,余杭石濑出土的一件商周时期的铜铙,该铙的钲部以细线勾成的兽面纹为主纹,以联珠纹作为底纹,甬部无旋,并与内腔不通,通高 29 厘米。1976年,金华地区征集到的一件铜铙,也是用细线勾成兽面纹,联珠纹衬底,由中线分成两半,甬部无旋,但与内腔相通,通高 28.5 厘米。从造型和纹饰来看,这两件铜铙都可以定在商代。1969 年,在长兴城关中学征集到的一件铜铙,其实是与 1959 年在长兴上草楼发现的铜铙同出一处,前者残高 28.5厘米,后者通高 51.4 厘米。这两件铜铙除了大小有别外,造型、纹饰如出一

---

〔1〕 (汉)班固.汉书(卷 28).北京:中华书局,2007:314.

范。从通体饰勾连云雷纹，钲部共有圆枚 36 个，枚饰圆涡纹，旋部饰 C 形纹，甬中孔与内腔通等共同特点看，两者实为一组。1986 年，在磐安深泽出土的一件铜铙，残高 27 厘米，造型和纹饰与长兴出土的两件铜铙相似。这 3 件铜铙的特征明显晚于前述 2 件商代铜铙，特别是 36 个圆枚的出现，已具甬钟的雏形。至于纹饰风格，与长兴铜铙同出的盂相同，但从形制看，其时代不会早到商代。因此，这 3 件铜铙应当是西周前期的作品。

有学者曾对南方出土的铜铙做过综合研究，将石濑的铜铙归入 B 型，时代定在商代末期；长兴的铜铙归入 D 型，时代定为西周早期[1]，这大体上是可信的。不过，浙江地区出土的这几件铜铙，与湖南地区所出的铜铙风格有所不同，或可以排除它们由浙江境域外传入的可能性。从前述浙江地区出土的商至西周的青铜器来看，在当时无论从技术上还是从原料上，浙江本地完全可以铸造出这类铜铙。至于勾鑃，是浙江地区进入春秋战国以后流行的一种乐器，它是铙演变后的另一种形式。勾鑃保持着与铙一样的敲击方式，"口向上，下有柄，手执其柄击之"[2]。

从目前出土资料看，陕西出土的西周中期甬钟，在当地找不到它的渊源，而南方出土的甬钟是从南方的铙直接发展演变而来。1981 年，在萧山发现的一件西周青铜甬钟，旋部两面都饰以圆目凸出的细线兽面纹，枚篆交界和钲边均以联珠纹作为界栏，36 个枚较尖，仅高 1.8 厘米，是甬钟的早期形态。不难看出，这件甬钟有着从长兴上草楼铜铙演化而来的蜕变痕迹。用珠联纹作为界栏，是浙江地区重要的传统装饰手法，早见于余杭石濑出土的铜铙。1974 年，在鄞县（鄞州）出土的一件西周青铜甬钟，也同样以联珠纹作为界栏。直到春秋战国时期，浙江地区出土的原始瓷钟仍喜用这类纹饰，所以，萧山出土的这件青铜甬钟，毫无疑问是本地产品。其实，长兴出土的铜铙除了旋上无干以外，作为甬钟的大部分特点已具备，只要将其执柄敲击的方式改为悬挂敲击，就和甬钟几乎一致。所以，中原及北方地区西周中期甬钟的出现，应是受了南方大铙或甬钟的影响这一结论，是合乎实际情况的。[3]

春秋战国之际《考工记》所记述的"薄厚之所震动，清浊之所由出，侈弇之所由兴，有说。钟已厚则石，已薄则播，侈则柞，弇则郁，长甬则震""大而

---

〔1〕　高至喜.中国南方出土商周铜铙概论.见：湖南考古辑刊（第 2 辑）.长沙：岳麓书社，1984：128—135.

〔2〕　沙孟海.配儿钩鑃考释.考古，1983（4）：340—342.

〔3〕　曹锦炎.浙江出土商周青铜器初论.见：吴越历史与考古论丛.北京：文物出版社，2007：199—215.

短,则其声疾而短闻;小而长,则其声舒而远闻"[1]等,表明当时人们对钟声的频率高低、音品与钟的厚薄以及形状、大小和合金成分的关系有了认识。这些认识的取得,应与吴越地区铙、钟的铸造经验也有一定的关系。

三、青铜铸造技术

考古资料表明,中国青铜时代的青铜器成形技术主要是铸造,其主流是陶范铸造。陶范铸造法的工艺流程大致可分为这样几步。

第一步为塑模。用泥土塑造出铜器的基本形状,在制好的泥模上画出铜器纹饰的轮廓,凹陷部分直接从泥模上刻出,凸起部分则另外制好后贴在泥模表面。

第二步为翻范。用事先调和均匀的细质泥土紧紧按贴在泥模表面,拍打后使泥模的外形和纹饰反印在泥片上。

第三步为合范。将翻好的泥片划成数块,取下后烧成陶质。这样的范坚硬不易变形,称为陶范。将陶范拼合形成器物外腔,称为外范。外范制成后,将翻范用的泥模均匀削去一薄层,制成器物的内表面,称为内范。铜器的铭文就刻在内范上。将内外范合成一体,内外范之间削出的空隙即为铜液留存的地方,两者的间距就是青铜器的厚度。

第四步为浇注。将铜液注入陶范,待铜液凝固后,将内外陶范打碎,取出所铸铜器。一套陶范只能铸造一件青铜器。从这个意义上说,不可能存在两件一模一样的青铜器。

第五步为打磨和整修。刚铸好的青铜器,表面粗糙,纹饰也不清晰,需要经过打磨整修,才能成为一件精致的铜器。

根据器物的大小及造型复杂程度,陶范铸造法又可分为浑铸法、分铸法两大类型。浙江地区出土的青铜器,也不例外。不过,无论是浑铸法还是分铸法,浙江出土的青铜器都呈现一定的区域特点,尤其是青铜剑的复合铸造技术,更为吴越地区所首创。

浑铸法,即将器物一次浇铸成形的铸造方式。这一方法,是浙江出土青铜器采用的主要成型技术之一。如长兴出土的一件青铜簋,由4块腹范、1块圆形底范和1块芯范浑铸成型。其腹部花纹四分,作对称状。余杭出土的一件青铜铙,由2块器范、1块芯范浑铸成型。甬部、舞部范线明显。其中舞部范线边皆可见有明显的浇铸痕迹。安吉出土的一件青铜鼎,作鬲式,

〔1〕 (清)孙诒让.周礼正义(卷78).北京:中华书局,1987:3268—3269.

其耳、足浑铸。腹范三分,不设底范。三条范缝汇于器底,三扉棱位置与足对应,可知腹范范缝与足对齐。黄岩出土的一件青铜尊,由 2 块器范、1 块芯范一体浑铸成型。器型、纹饰皆模仿西周中期器,其纹饰为变形兽面纹、凤鸟纹。瓯海出土的一件绳纹立耳青铜鼎,由 3 块器范、1 块芯范组成,不设底范。器腹与耳、足等一体浑铸成型,三扉棱抵足。三条铸缝聚在铜鼎底部,且恰好顺三足中部穿过,强调范缝与足在位置上对齐。另外鼎的两耳与其中的两足呈平行关系,这显然是在模仿殷墟文化时期铜鼎的范型,而与二里冈文化时期鼎一耳与一足相对有所不同。

浑铸法成型技术,为中原地区商代、西周时期的流行方法。浙江地区的浑铸技术,可能是受中原文化影响的结果。上述黄岩出土的一件青铜尊,器型、纹饰皆模仿西周中期器,想必其浑铸成型技术也是如此。同时,浙江地区的浑铸技术也受到周边文化的影响。如瓯海出土的另一件青铜鼎,其中足部呈现半环形内空足,原因是其在合范时足芯范与鼎底范相连。这种做法在邻近的吴地及南方地区较为常见。

当器物过大或形状过于复杂时,需要将整个器物分为数块,分别翻范浇铸,最后拼接成一个整体,这种铸造方法被称为分铸法。分铸法也是浙江出土青铜器采用的主要成型技术之一。从出土情况看,运用分铸法成型技术为主的青铜器,主要分布在曹娥江、浦阳江流域。如绍兴坡塘 306 号墓出土的青铜鼎,腹与耳、足分铸。腹范 3 块,底范作一大圆形。腹范范缝不与足对应,底范中心有一长条形的浇铸痕迹。耳、足皆为预制后再嵌铸到鼎身。306 号墓出土的青铜甗、觚形盉,皆分铸。器范 3 块,底范作三角形,连三足。其中觚形盉的流、柄,盖上的环钮皆为预制后嵌铸而成。底范中部有一长条形铸疣。此外,306 墓出土的青铜罍、盉、伎乐铜屋、方形插座等,在运用分铸法的同时,还采用了焊接技术、榫卯连接技术等。其中,伎乐铜屋内的人俑、乐器与长方形底板焊接痕迹清晰可见。方形插座的垫脚则运用了凸榫连接技术,其人俑背上可见有插孔。[1] 绍兴西施山出土的青铜鼎,也运用了分铸、焊接技术。腹范 2 块,下接 1 块圆弧形底范,一条范缝与足的位置对齐。三足则另行分铸后,再焊接到鼎腹上。

中原地区分铸技术出现在西周晚期至春秋早期,其广泛使用,则是从春秋中期开始的。这一技术使制造形制更复杂的青铜器成为可能。同时大量新式技术如焊接、锻造工艺等的运用,使得分工日趋细密、专门化。人们将

---

〔1〕 浙江省文物管理委员会,浙江省文物考古所等.绍兴 306 号战国墓发掘简报.文物,1984
(1):10—26.

广泛采用分铸法时期称为"分铸阶段"[1]。上述浙江出土的采用分铸法的青铜器,自然是"分铸阶段"的产物。不过,浙江地区出土的青铜器所采用的分铸法,除了与其他地区相似外,还呈现出一些地域性的特点。以青铜鼎为例,采用分铸时,有两种情形:一是腹范三分,腹范范缝不与足对应,这与中原地区春秋中期至战国青铜鼎的范型基本上是一致的。二是腹范二分,一条范缝与足对齐。这种情形为其他地区所少见,带有鲜明的浙江区域特色。[2]

此外,从出土的吴越时期青铜剑来看,青铜剑的复合铸造技术则是一种独具匠心的创造。青铜剑属于铜、锡合金或铜、锡、铅合金,《考工记》记载:

> 金有六齐,六分其金而锡居一,谓之钟鼎之齐;五分其金而锡居一,谓之斧斤之齐;四分其金而锡居一,谓之戈戟之齐;三分其金而锡居一,谓之大刃之齐;五分其金而锡居二,谓之削杀矢之齐;金锡半,谓之鉴燧之齐。[3]

这里所说的"大刃之齐"即指刀剑一类兵器的合金配方。按此配方,青铜剑的锡含量应为25%。但根据现代金属学对青铜机械性能的研究,青铜显微金相组织会因含锡量不同而不同,其机械性能亦随含锡量变化而变化。随着含锡量的增加,青铜的硬度增大,抗拉强度先增大而后又逐渐减小,但其延伸率却随着锡含量的增加逐渐减小,当含锡量达30%时,延伸率为零。通常,为了起到防御作用,青铜剑的刃部必须锋利,需具有相当的硬度。为了避免在格斗时发生断折,必须有一定的抗拉强度和延伸率,以防脆性。一把剑要兼顾硬度与韧性是十分困难的,但古代吴越工匠做到了。研究者曾对上海博物馆馆所藏的4把青铜复合剑残剑进行了分析,通过X—射线荧光能谱仪分析残剑的剑刃和剑脊的成分,金相显微镜分析剑刃和剑脊的组织,发现古代工匠采用低锡青铜制作韧性好的剑脊,高锡青铜制作强度和硬度高的剑从,通过榫卯结构以铸接法将剑脊与剑从结合成一体,得到刚柔兼具的青铜复合剑。

那么,古代工匠是如何铸就青铜复合剑的呢?研究者在测试分析的基础上进行了模拟实验。先以陶范铸造法铸造出两侧带榫头的青铜剑脊,剑脊的成分采用88%铜、10%锡、2%铅的低锡青铜。然后将青铜剑脊置入铸造剑从的陶范内,两侧的榫头伸入陶范型腔中,剑从的成分采用78%铜、

〔1〕 郭宝钧.商周青铜器群综合研究.北京:文物出版社,1981:124—127.

〔2〕 俞珊瑛.浙江出土青铜器研究.东方博物,2010(3):27—39.

〔3〕 (清)孙诒让.周礼正义(卷78).北京:中华书局,1987:3240.

20％锡、2％铅的高锡青铜,剑从凝固时产生的收缩使剑脊和剑从牢固地结合成整体。再分一次或多次以铸接法铸上剑格、剑茎、剑箍和剑首,成功地复制了青铜复合剑。[1]

复合铸造技术可能是吴越剑的独创,它充分说明了吴越古代工匠对铜剑合金成分比例的控制已达到了出神入化的境界。藏于上海博物馆的越王不光剑,也是用复合铸造技术铸成。越王不光,即《史记》记载的越王翳,公元前411年至公元前376年在位,为越王州勾之子。在他统治的前期,越国仍居霸主之位,但到其晚年时,因内部争斗加剧,国势渐衰。此剑通长65.6厘米,剑体宽阔,剑格薄,铭文错在剑格处。该剑共有12字鸟篆铭文,正面为“戉(越)王戉(越)王”,背面为“(嗣旨不光),自乍(作)用攻(?)”。[2]虽然越王不光见证了越国由盛至衰的历史过程,但越王不光剑的铸造技术却达到了登峰造极的地步。

第三节　印纹陶与原始瓷

印纹陶与越人的生活有不解之缘,可以说,凡有越人的地方就有可能找到印纹陶的踪迹。由印纹陶发展而来的印纹硬陶,与一般的陶器相比,它在原料和烧成温度方面都有重大的改进,由此成为由陶器向瓷器发展过程的重要中介。大约到商代时期,越地已在印纹硬陶的基础上,烧制出原始瓷器,其烧制技术在此后一段相当长的时间里独占鳌头。正是在这个基础上,于越人的后裔到东汉时终于烧制出了完全成熟的瓷器。

一、独树一帜的印纹陶

商周时期,中原地区进入了青铜文化的高峰时期,而浙江地区在出现青铜文化的同时,还流行起具有浓郁地方特色的印纹陶文化。印纹陶文化是生活在今浙江境域的于越人的一种因地制宜的创造。

考古发现表明,在进入新石器时代晚期以后,浙江地区开始流行一种器表用拍印纹装饰的陶器。这种陶器常以拍印的几何纹作为装饰,故被称为

---

〔1〕　廉海萍,谭德睿.东周青铜复合剑制作技术研究.文物保护与考古科学,2002,14(B12):319—334.

〔2〕　梁晓艳.从青铜农具、兵器看于越人的文化品格.东方博物,2004(4):53—57.

几何印纹陶,简称印纹陶。依其烧制温度的低、高,印纹陶又分为印纹软陶和印纹硬陶两大类。前者主要流行于新石器时代晚期,大多呈红褐、灰白、灰等色;后者是在前者的基础上发展起来的,主要流行于商代以后,大多呈灰色,因烧制时温度较高,故胎质坚硬。

早期的印纹陶,在浙江新石器时代晚期遗址中时有发现,象山的塔山遗址、绍兴的马鞍遗址、余杭的小古城遗址等遗址均有出土。

如:位于象山丹城东塔山南麓的塔山遗址[1],是一处内涵丰富的新石器时代遗址,面积约 1.5 万平方米。经 1990 年和 1993 年两次发掘,清理了包括河姆渡文化、马家浜文化等不同时期的文化堆积。发掘面积 500 多平方米,清理出土了大量的石器、陶器、墓葬等文化遗存。早期陶器以泥质红陶豆、夹砂釜、夹炭釜为主,中期陶器以泥质灰陶为多,晚期出现大量几何印纹陶。该遗址反映出河姆渡文化与马家浜文化交融的现象,既为钱塘江以南河姆渡文化之后的古文化研究提供了宝贵材料,也为寻找浙江地区印纹陶的源头提供了重要线索。

又如:位于绍兴柯桥的马鞍遗址[2],由仙人山与凤凰墩两处文化遗存组成,是新石器时代晚期遗址。其中仙人山遗址总面积约 8000 平方米,堆积厚约 1 米,分两个文化层:下层属良渚文化,出土有泥质灰陶、黑皮陶和夹砂红陶,器形以鱼鳍形足鼎、圈足盆、喇叭形镂孔豆为主。上层属马桥文化,出土夹砂红陶,印纹陶片和石器等。其中夹砂红陶有绳纹鼎、釜支足。印纹陶饰有方格纹、条纹、云雷纹等,器形多见凹底器、圜底器。马鞍遗址反映了良渚文化向马桥文化发展的文化继承关系。

进入商周时期,浙江地区印纹陶的烧制更加普遍,且印纹硬陶逐渐成了制陶业的主体。历年发现的长兴的牌坊沟窑址、萧山的茅湾里窑址、绍兴的富盛窑址等众多的文化遗址,集中反映了越人生产印纹硬陶的盛况。不过,此时的陶窑除了烧造印纹硬陶,许多还兼烧原始瓷。

长兴的牌坊沟窑址[3],位于长兴与安吉交界的林城龙山山脉的东北坡。窑址面积在 2500 平方米以上,堆积最厚处超过 100 厘米,地层叠压清晰,至少可分成四个大的文化层。

第四文化层,相当于商末周初,器型主要是坛与罐两类器物。坛多为直

---

〔1〕 浙江省文物考古研究所,象山县文物管理委员会.象山县塔山遗址第一、二期发掘.见:浙江省文物考古研究所学刊(第 3 辑).北京:长征出版社,1997:22—73.

〔2〕 符杏华.浙江绍兴的几处古文化遗址.南方文物,1994(4):93—94.

〔3〕 郑建民,梁奕建.浙江长兴发现龙山西周早期印纹陶礼器窑址.中国文物报,2010-12-17(4).

口或侈口高颈,平底但底腹间转角呈圆角状;罐器型较小,大平底外凸,部分呈极矮的圈足状。印纹单一,以回字纹占绝大多数,少量曲折纹,回字纹细密,回字的内外框基本平齐,部分呈棱形状,拍印较杂乱,曲折纹亦细、浅,排列杂乱。

第三、第二文化层,为西周早期。其中第三文化层器物多呈红褐色,陶片不多,说明这一时期产量仍然不高,产品单一,仍以坛与罐两类器物为主。器物口沿外侈,底与第一期相似,包括平底圆角与大平底外凸两种,但已不见浅圈足器物。纹饰仍旧以回字纹为主,少量曲折纹,但发生明显变化。回字纹不见棱形状,均为方正的回字形,内框外凸,外框弱化而明显低于内框,纹饰较粗大,排列整齐;曲折纹亦变得粗大整齐。

第二文化层为红褐色土层,夹杂有大量的陶片与红烧土块,几乎接近于纯陶片堆积,说明产量在这一时期有极大的提高。器型纹饰丰富多样,达到了印纹硬陶的鼎盛时期。器型以坛、罐、瓿类器物为主,包括少量的尊、瓮、罍等。纹饰粗大清晰,排列整齐,主要有回字纹、云雷纹、叶脉纹、重菱形纹、曲折纹,流行回字纹上间以一道或几道粗大的云雷纹或重菱形纹等纹饰。多数器物体形巨大、造型规整、纹饰繁缛,代表了印纹硬陶制作的最高水平。在这一文化层中还发现了少量的原始瓷残片,器型主要为豆,灰白色胎质细腻坚致,通体施釉,青釉施釉均匀,胎釉结合好,玻璃质感强,是西周早期为数不多的几处烧造原始瓷的窑址之一。

第一文化层,相当于西周中期,器类又回归单一,以小型罐为主,纹饰基本为回字纹,回字内外框平齐,线条较细而浅,常见在器物肩部饰一条菱形纹带,但单个纹饰较第四文化层更为粗大,排列更加整齐规则。

牌坊沟窑址产品以印纹硬陶为主,但在西周早期已兼烧原始瓷了。这种兼烧原始瓷的现象,在春秋战国的窑址中更为普遍。如绍兴的富盛窑址[1],就是原始青瓷和印纹硬陶合烧窑。

富盛窑址位于柯桥区富盛镇,面积约 4000 平方米,发现南北并列两条龙窑。印纹陶产品有坛、罐等,胎呈深紫、深灰色,外饰米筛纹、杉叶纹、回纹。原始瓷产品有碗、盘、碟等,胎质坚密,胎骨灰白,釉呈青色。叠烧时,以扁圆形垫珠间隔。萧山的茅湾里窑址[2],也是原始青瓷和印纹硬陶合烧窑。茅湾里窑址位于萧山区进化镇,面积约 2 万平方米,堆积厚 1.5 米。采集陶片有印纹硬陶罐、坛等,胎多紫褐、红褐色,烧结坚硬,饰米字、网格、方

〔1〕 绍兴县文物管理委员会.浙江绍兴富盛战国窑址.考古,1979(3):231—234.

〔2〕 王士伦.浙江萧山进化区古代窑址的发现.考古通讯,1957(2):24—29.

格、云雷纹等。原始青瓷片有盘、盅、碗等,胎灰白,施青黄色薄釉,内底多为螺旋纹。

印纹硬陶的胎土原料不同于制造普通陶器所用的黏土。根据对浙江绍兴东堡出土的春秋时期印纹硬陶片的分析得知,东堡印纹硬陶片标本的原料是浙江地区所产的紫金土,并掺有一定量的瓷石类低铁黏土。由于印纹硬陶的胎土特殊,所以它的烧成温度也高于一般陶器,须在 1100℃左右。对江山营盘山遗址出土的 2 件商代印纹硬陶片标本的分析表明,它们的烧成温度已经分别达到了 1270℃和 1280℃。[1]尽管印纹硬陶的造型和装饰与一般胎土制成的印纹陶器(即印纹软陶)基本相同,但其胎土的质地以及烧成温度与一般的陶器差别明显。印纹硬陶在原料、烧成温度等方面的指标与后来的瓷器已十分接近。

二、原始青瓷的发明

瓷器是制陶技术长期发展的产物。当商周时期青铜冶铸的炉火在神州大地广泛闪烁以后,古老的陶艺光彩则日趋黯淡,但是,原始青瓷的横空出世为陶瓷技术与文化注入了新的活力。

自 20 世纪 50 年代开始,考古工作者在黄河中下游、长江中下游的商周时期众多的遗址及墓葬中,发现了一种不同于一般陶器的青釉器物。根据分析测试的结果,这些青釉器物已大致具备了瓷器的基本要求:一是采用瓷土作胎。胎体中氧化硅和氧化铝的含量较高,氧化铁的含量较低。二是在表面施有一层玻璃质的釉。釉的主要成分是瓷土加上石灰石、草木灰,调成悬浮液状涂在瓷坯表面,它在入窑焙烧时熔化,形成玻璃状物质。三是烧成温度已经达到 1200℃左右。普通陶器的烧成温度通常只需要 800℃—900℃,极少数达到 1000℃,而瓷器烧成温度须超过 1200℃。四是烧结良好,吸水性很弱。经过 1200℃左右的高温烧焙,胎体基本烧结,且较为致密,吸水性很低,仅为 1‰左右,甚至更低。五是物理性能方面与瓷器基本一致。如比重、硬度、莫来石(也称富铝红柱石)结晶的发育程度等都和以后瓷器大致相同,敲击起来也有清脆的金属声。

不过,这些青釉器物选料不精,工艺也比较简陋,如釉层薄厚不匀,且易剥落,与后世瓷器相比显现出一定的原始性。对于这种尚不成熟的瓷器,因它的釉色多呈青绿、青黄或黄褐色,所以人们称它为"原始青

〔1〕 李家治.中国科学技术史(陶瓷卷).北京:科学出版社,1998:70—80.

瓷"，简称"原始瓷"。

原始瓷烧制工艺是从印纹硬陶烧制工艺脱胎而来。也就是说，印纹硬陶可看成是原始瓷的直接祖先。理由如下。

首先，印纹硬陶的胎质原料与原始瓷基本相同，因此印纹硬陶烧成温度比一般陶器，如泥质陶、夹砂陶要高得多。印纹硬陶烧成温度约在1050℃—1200℃之间，已接近和达到原始瓷的烧成温度——1200℃左右。因烧成温度高，有的印纹硬陶的胎质达到了完全烧结程度，吸水性很低，击之有类似原始瓷的金石声。

其次，印纹硬陶的工艺成熟较早。如1977年、1979年，浙江省文物考古所等单位对江山南区古遗址、古墓葬进行了调查试掘。根据简报，在试掘的第二单元中，共出土陶器51件，其中印纹硬陶18件，占总数的35.3%。第二单元的年代，可能早于或相当于中原的商代。[1]

再次，更重要的是，从商代到战国，印纹硬陶与原始瓷存在同窑共烧现象。如在长兴的牌坊沟窑址、绍兴富盛窑址、萧山茅湾里窑址数十座商代至战国时期较为先进的半倒焰窑的窑场遗址中，都发现印纹硬陶与原始瓷在同一窑中烧制的现象。原因在于它们的胎质、温度要求相近，从而成为同胞产品。

不过，原始瓷器与印纹硬陶毕竟有所不同，瓷器包括原始瓷器表面必须施釉。因此釉的发明与运用，成了生产瓷器的又一个重要条件。从目前的考古发现来看，浙江多地发现的泥釉黑陶可能是原始瓷釉的来源之一。如江山古遗址的泥釉黑陶是先着色、后焙烧。泥釉黑陶的涂料，经上海硅酸盐研究所的X荧光光谱分析，发现其主要呈色剂为铁和锰元素。当加热到1250℃，黑色涂层就烧熔成黑褐色的光滑的釉，吸水率随之变小。[2]可以说，泥釉黑陶与印纹硬陶分别在涂料与胎料，即表、里两方面为原始瓷的产生与发展准备了基本条件。

原始瓷发明后，很快在于越大地上得到了普及。近几十年来，考古工作者已在杭州、绍兴、湖州、衢州等地发现了为数不少的商周时期生产印纹硬陶和原始瓷的窑址。这些窑址往往范围大，堆积层厚，产量高，为其他省区所少见。

从现有的考古材料来看，以德清为中心，包括湖州南部地区在内的东苕

[1] 牟永抗,毛兆廷.江山县南区古遗址、墓葬调查试掘.见:浙江省文物考古所学刊.北京:文物出版社,1981:57—84.
[2] 李家治.浙江青瓷釉的形成和发展.硅酸盐学报,1983,11(1):1—17.

溪中游地区,是先秦时期原始瓷窑址最重要的分布区,迄今已发现窑址 100 多处,年代从商代一直持续到战国。这些窑址,至少可分成三个类型。

一是以德清水洞坞窑址为代表的水洞坞类型,以生产印纹硬陶为主,兼烧少量的原始瓷。相关窑址集中在德清的龙山窑址群内,在湖州青山窑址群的南部有少量分布。

二是以湖州南山窑址为代表的南山类型,以生产原始瓷为主,兼烧少量的印纹硬陶,相关窑址集中在湖州的青山窑址群内,在德清城西一带也有发现。

三是以德清尼姑山窑址为代表,产品主要是素面硬陶(或原始瓷)和印纹硬陶,其中部分素面硬陶(或原始瓷)有极薄釉层。[1]

近年来考古工作者在武康龙山一带进行了古窑址的考古发掘,特别是在火烧山、亭子桥窑址的发掘中,不仅发现了利用山坡斜度筑窑烧制的窑炉遗迹,还出土了大量原始青瓷。发掘出土的瓷片数以吨计,器形有碗、盘、罐、鼎、盂以及窑具等,纹饰复杂,釉层饱满,釉色丰富。尤其是大量的仿青铜礼、乐器原始青瓷出土,说明此地应是一处为越国王室和上层人士烧造高档生活用瓷和丧葬用瓷的窑场。

商周时期,印纹硬陶与原始瓷的大量烧造,表明陶瓷技术水平有了很大提高。这种技术提高的一个重要表现是新型龙窑的出现。中国古代的瓷窑,可分为圆窑和龙窑两大类。圆窑形似馒头,所以又称馒头窑,有的窑床平面呈马蹄形,故又叫马蹄形窑。景德镇等地所用的蛋壳窑,是圆窑的一种发展。龙窑窑身狭长,前后倾斜,窑头低尾高,很像向下俯冲的一条火龙,所以通称"龙窑";因像一条向下爬行的蜈蚣或蛇,所以也有叫"蜈蚣窑"或"蛇窑"的。[2]

经考古发掘的浙江商周时期的龙窑,就有德清火烧山窑址、萧山前山窑址、树牛寺窑址、安山窑址、绍兴富盛长竹园、德清亭子桥窑址等。

绍兴富盛长竹园发现的一座战国龙窑[3],这是已发现的保存相对较好的早期龙窑窑址之一。该窑东西向,方向北偏西 86 度。窑长约 6 米,宽 2.42 米,窑壁厚 0.12—0.15 米,残高 0.2 米。窑壁从底起逐渐向内弧收,说明当时窑的两旁还不用墙,而是从窑底起拱。窑室较矮,拱顶厚 0.15 米,

〔1〕 浙江省文物考古研究所,湖州市博物馆.浙江湖州南山商代原始瓷窑址发掘简报.文物, 2012(11):4—15.

〔2〕 朱伯谦.试论我国古代的龙窑.文物,1984(3):57—62.

〔3〕 绍兴县文物管理委员会.浙江绍兴富盛战国窑址.考古,1979(3):231—234.

窑底厚 0.12 米,呈斜坡状,斜度 16 度。底铺砂粒一层,厚 0.08—0.10 米,已烧结成灰黑硬块。窑尾结构已破坏,从残迹推测,这里可能有一堵挡火墙,墙下有几个烟火柱和烟火弄,挡火墙与东墙之间有长方形孔式出烟孔。在窑内堆积中发现几何印纹硬陶、原始青瓷的碎片和扁圆形托珠等。窑四周也发现有大量原始青瓷、印纹硬陶、托珠以及窑渣等废品堆积。这说明,此种龙窑是将印纹硬陶与原始青瓷同窑合烧的。在原始青瓷器皿的内外部有 3 个托珠垫隔后留下的疤痕,有的内部还黏附 1—3 颗托珠,证明当时青瓷器的烧造已采用叠烧的办法。窑底未见有使坯体升高的垫具,反映当时是把坯体放在垫有砂层的窑底装烧的。窑底呈斜坡状,有可能使用托珠或其他一类的窑具作为垫具。

德清亭子桥战国窑址[1],在发掘区内发现龙窑遗迹共 7 条,均分布在小山缓坡上,平面皆呈长条形。其中一条窑床、火膛保存基本完整。该窑东西向,方向东偏南 22 度。窑长约 8.7 米,后段宽 3.54 米,前段宽 3.32 米。窑底斜平,未见分段与分室现象。坡度不一,以中段最大,达 17 度;前段和后段较小,分别为 5 度和 7 度。窑底铺细沙,底面上残留少量小件废、次品与器物碎片,但未见支垫窑具。解剖显示,该窑共有上、中、下三层窑底,表明窑底先后经过 3 次整修。每层窑底厚 8 厘米左右,每次修建时,先垫一层厚约 5 厘米的红烧土或烧结块,然后在其上铺一层厚约 3 厘米的细沙。两侧窑壁保存较好,最高处达 0.4 米,其他部位高 0.2—0.3 米。窑壁普遍厚达 20 厘米左右,内面凹凸不平,烧结面十分坚硬,呈青黑色,烧结面外依次呈紫褐色和红色。窑壁不见用砖形土坯叠砌修建迹象,推测当时建造的长条状圆拱顶窑炉,是在事先用竹子构建的圆拱形支撑架上,反复用草拌泥糊抹并晾干后,再经火烧烤而成。在内壁烧结面上,局部可见排列紧密的横向条状凹弧形印痕,可能是一种竹条痕迹。两侧窑壁均未见开边门现象。火膛位于窑床前端,低于窑床 0.36 米,平面呈长方形。底部略向外倾斜,不铺沙,整个底面为青灰色的烧结面,极其坚硬,其上堆积有 10—15 厘米厚的黑灰。窑址废品堆积主要分布在窑后上坡处,最厚处达 50 厘米,包含大量原始瓷器、各类窑具和少量的印纹硬陶标本。其中原始瓷器大多为仿青铜器的礼、乐器,表明这是一处主要烧造高档仿青铜原始瓷器的窑场。

上述富盛长竹园龙窑、德清亭子桥龙窑,均系富有南方地区特色的龙窑,其特点是:短、矮、宽。这也正是早期龙窑的特点。尽管它和后来的龙窑

---

[1]　浙江省文物考古研究所,德清县博物馆.浙江德清亭子桥战国窑址发掘简报.文物,2009 (12):4—24.

相比,有很多的不合理性和原始性,但毕竟比新石器时代和商周时期的窑炉结构有了很大的进步。它不仅提高了窑炉的烧造温度,使之能烧至1200℃左右的高温,从而烧出比较精细的原始青瓷和坚固耐用的印纹硬陶器,而且随着装烧面积的扩大,提高了陶瓷器生产数量,可以较好地满足当时社会生产、生活的需要。从目前窑址发掘资料来看,战国时期窑场中开始出现纯粹的废品堆积层,如上述亭子桥战国窑址发现有一层厚50厘米左右、由废品和窑具构成的比较纯净的废品堆积,且其中基本不含窑壁窑顶的坍塌块。这种纯废品堆积和此前窑址中的废品往往与大量窑壁坍塌块、窑灰、红烧土、窑渣以及泥土混杂堆积的状况明显不同,而与汉代以后窑址的废品堆积状况基本一致。这说明此时龙窑的牢固程度较以前大有增强,窑炉的使用寿命已大大延长,倒塌和重修、重建的频率也大为降低,反映出此时窑炉构筑技术的进步与提高。

与此同时,装烧工艺也创造使用了用以抬高坯件窑位的大件支烧窑具,开中国支烧窑具之先河。由此成功解决了大件器物的装烧难题,为产品质量的提升提供了突破性的技术支撑。所见支烧具有喇叭形、直腹圆筒形、束腰形、倒置直筒形、托形、覆盘形、圈足形等,形式丰富多样,以往被认为到东汉时期才开始出现的各种支烧窑具,其实在战国时已基本成型和使用。

龙窑的出现与改进是中国陶瓷窑炉发展史上划时代的一件大事,它为中国陶瓷生产的进一步发展和提高开辟了广阔的前景。随着时代的前进,浙江先民经过对龙窑结构、支烧窑具不断进行改革和完善,愈益显示出这种新型窑炉的优越性。

由于原料和工艺的关系,与陶器相比,原始瓷器既呈现出高雅的气质,又具备更好的实用的价值。因此商周时期,包括浙江在内的长江南北各地出现了较多的原始青瓷,而且许多礼器也用原始瓷制作。今浙江境内的杭嘉湖、宁绍和金衢地区,是于越族的集中分布区域,区内经发掘的商周土墩墓(包括石室土墩墓)已达数百座之多,其中有不少是规模巨大的贵族墓。这数百座大大小小的土墩墓几乎没有青铜礼乐器出土,随葬的大多是尊、鼎、卣、筒形罐、簋等制作精良的原始瓷器。如长兴石狮D4M6春秋早期墓出土的42件随葬品均为原始瓷和印纹硬陶,在原始瓷中就有尊和筒形罐等大型仿铜礼器。德清皇坟堆土墩墓出土的27件原始瓷主要是以鼎、尊、簋、卣、筒形罐等为主的仿铜礼器。德清三合塔山石室土墩墓出土的随葬器物,也仅见原始瓷的鼎、尊、卣、盘、羊角形把杯等仿铜礼器和碗、盂等日用器,同样不见青铜器。德清独仓山D2M1出土的27件器物全为原始瓷,其中有仿铜的 2 件尊及 1 件内置 8 只小碟的托盘等礼器。[1]

如前文所述,浙北东苕溪中游的德清和湖州城区,就发现了不少商至春秋时期烧造此类仿铜原始瓷礼器的窑场。一方面说明,于越人在战国之前不用或少用青铜礼器随葬,而用仿铜的原始瓷礼器替代的方式,已成为特有的埋葬习俗和传统。另一方面说明,浙江地区商周时期生产的原始瓷的质量达到了很高的程度。此时,一些仿青铜礼器原始瓷,其胎质已很细腻,胎色多呈灰白色和灰黄色,少量呈青灰色;烧成温度大多在 1100℃—1250℃之间,有的甚至已达到或超过 1300℃,烧结程度高,质地显得十分坚致;吸水率很低;施釉薄而均匀,釉面匀净明亮,胎釉结合紧密,基本无脱釉现象。所有这些现象表明,一些原始瓷产品的质量已接近成熟青瓷的水平,这就预示着成熟瓷器时代即将到来。

商周时期,中原地区也出现了原始瓷。不过对这些原始瓷的原产地目前存在争论。争论的焦点是黄河流域出土的原始青瓷是本地所产还是由南方传入的。[2]

持本地生产说的学者提出四点理由:一是商周时期的原始青瓷在中原广大地区都有发现,而且时间早,数量大。如山西夏县东下冯遗址发现了距今 4000 多年前的原始青瓷;在洛阳发掘的 90 多座西周墓中,出土的原始青瓷达 400 多件。二是从器形看,中原地区发现的原始青瓷具有地方性的特点。如大口尊等器物与本地的陶器相同,而与南方的原始青瓷的器形有较大的差别。三是出土的原始瓷中有些器物造型不太规整,有些还存在开裂现象,这应为残次品。如果这些器物不是本地所产,而是从千里迢迢的南方运来,不合常理。四是河南、陕西一带有良好的制瓷条件,可以和江南一样生产原始瓷。

持由江南传入的学者则归纳了三点理由:一是尽管黄河流域有较多的原始青瓷出土,但数量远不如南方多,而且绝大部分发现于河南郑州、洛阳、安阳殷墟等都城或附近的大墓中。在洛阳一座西周时期墓葬中还发现了一件豆柄已折断原始瓷豆,但折断部位被打磨得十分光洁,并装入嵌有蚌泡的制作精美的漆器托内。这一情形表明,原始瓷对当时的中原而言,是极珍贵的器物。二是商周的势力范围已经达到了长江中下游地区,江南生产的原始青瓷供奉给中原地区的贵族享用,是完全有可能的。进入东周,由于王室衰微,此时中原一带就很少发现原始瓷了。三是最具说服力的理由是,对陕

---

[1]　陈元甫.浙江地区战国原始瓷生产高度发展的原因探析.东南文化,2014(6):53—59.
[2]　冯先铭.中国陶瓷.上海:上海古籍出版社,2001:229.

西西安、山西侯马、河南洛阳等地出土的原始青瓷测试分析,其化学成分与北方地区青瓷原料有很大的差别,而与吴越地区青瓷非常接近。

考虑到原始瓷与印纹硬陶的关系,以及最早的成熟青瓷首先在江南地区烧制成功,因此有理由推断,中原地区的早期原始瓷应是受南方影响的结果。

印纹硬陶与原始瓷是古越文化遗存的一个主要文化特征。考古发现的印纹硬陶和原始瓷,对研究商周时期浙江地区的陶瓷烧造技术,乃至社会经济发展状况有重要资料价值。仅从技术层面来看,印纹硬陶与原始瓷正处于从陶过渡到瓷的一个重要阶段,它们的制作工艺对瓷器起源和发明有着重要的研究价值和意义,在中国陶瓷史上占有至关重要的地位。夏鼐就认为,原始瓷(Proto-Porcelain 即加釉硬陶)的烧造,当为南方长江下游地区的发明。[1] 这里所说的"南方长江下游地区",应该是指南方的古越人居住区,其中浙江地区占有重要地位。原始瓷器的烧制,为东汉成熟青瓷的产生奠定了坚实的基础。

第四节　古越文化:技术的流播与影响

文化的交流促进技术的传播。古越文化是一种具有开拓、进取、创新特质的海洋文化。她不仅善于吸收中原、齐鲁、荆楚等周边地区的先进文化因素发展壮大自己,而且还向外传播,并在太平洋西岸的一大串群岛链上,留下其光辉足迹。

日本学者在研究日本古代史时,曾推测中国大陆的猿人向日本列岛迁徙的可能性。[2] 因为受冰川作用引起的海平面升降以及新构造运动等因素的影响,中国东部进入第四纪后曾发生过多次海侵和海退现象。[3] 在晚更新世低海面时期,海平面要比现今低 130 多米,因此哺乳动物和人类可以从东亚大陆分别通过几条路线向台湾澎湖列岛、日本列岛等岛屿迁徙。随着全新世的到来,气候变暖,海平面回升,一些陆地又重新被海水淹没,东亚大陆与沿海岛屿之间的陆桥受到阻隔。不过,东南沿海与岛屿间的水上联

---

〔1〕 夏鼐. 中国文明的起源. 文物,1985(8):1—8.

〔2〕 [日]井上清著,闫伯纬译. 日本历史. 西安:陕西人民出版社,2010:1—2.

〔3〕 王靖泰,汪品先. 中国东部晚更新世以来海面升降与气候变化的关系. 地理学报,1980,35(4):299—312.

系并没有完全中断。

从跨湖桥文化、河姆渡文化、马家浜文化、良渚文化等史前遗址出土的木桨、独木舟等水上航行工具表明,浙江先民是一个善于舟楫的民族。古文献中,有关吴越人善于舟楫水斗的记载也不胜枚举。如《越绝书》说古越人"水行而山处,以船为车,以楫为马,往若飘风,去则难从"[1];《淮南子》中也有"胡人便于马,越人便于舟"[2]之说。古越人就是发挥他们"习水便舟","以船为车,以楫为马"的水上航行技能,在广阔的海面上进行了持续的、较大规模的航行与地理大迁徙。

蒙文通早年著有《外越与澎湖、台湾》[3]一文,文中广征博引,力辨外越早已活动在澎湖、台湾诸岛之上。现在看来,蒙文通的这种观点是十分谨慎的。根据现今的研究成果,外越的分布范围要比原先认识的广泛得多。从文献记载并结合考古材料推测,外越分布范围从北而南大致是:日本列岛、舟山群岛、琉球群岛、台湾澎湖列岛。有人甚至认为,外越还到达过南海诸岛、菲律宾群岛乃至于南沙群岛。

因此,可以这么说,当世界其他大洋、大海尚是一片沉寂平静的时候,古越人却早已在太平洋的西部逐岛漂移。与世界其他地区的海域相比,当时这片海域上可谓是楫桨飞舞、人欢鱼跃。古越文化无愧为一种勇于开拓进取的海洋文化。古越文化对外的传播,早先主要就是通过外越这一文化载体而实现的。

一、古越文化在我国台湾地区的流播

台湾与大陆的文化交流源远流长、影响深远。20 世纪初期,由于台湾地区的史前考古近乎空白,大陆的考古发现亦十分缺乏,加之文献记载极为简略,因而许多东西方学者便断言台湾土著来自马来群岛,且经过琉球,北至日本南部,而与中国大陆没有太多的关系。20 世纪中期以后,随着海峡两岸考古发现的增加和对文献材料发掘的深入,又经金关丈夫、国分直一、鹿野忠雄、凌纯声、林惠祥、蒙文通等学者的不懈努力,上述观点已被否定。台湾文化深受大陆文化影响的观点已经建立起来。且台湾岛已被视为一座天然的桥梁,正是通过它将中国大陆的文化传播到马来群岛、南洋群岛等

〔1〕 (汉)袁康.越绝书(卷 8).上海:上海中华书局,1936:62.

〔2〕 (汉)刘安.淮南鸿烈解(卷 11).北京:中华书局,1985:396.

〔3〕 蒙文通.越史丛考.北京:人民出版社,1983:102—108.

地,而不是相反。

先秦时期古越文化对台湾的影响可以台湾的圆山文化为例证。圆山文化是以台北盆地为中心,在台湾北部地区广为发展的文化,其延续的时间较长(约距今4160—3190年),代表性的遗址有台北圆山贝丘遗址上层和大坌坑遗址上层等。圆山文化的遗物有陶器、石器、骨角器、玉器和少量的青铜器。[1] 石器多为磨制,有锄、铲、圆刃的斧、有肩石斧、有段石锛和小型石凿等。台湾的有段石锛,主要见于圆山文化中,典型的遗址还有基隆社寮岛、大坌坑上层以及江头、花岗山等遗址,有台阶型和凹槽型,横剖面多呈梯形,也有少量近似三角形。同时还有小型有段石锛和小石锛。特别是在圆山文化遗址中出土的有段石锛,与大陆浙、闽、赣等地出土的有段石锛极为相似。在浙南瑞安和福建沿海地区发现的彩绘陶,在台湾的芝山岩文化(下层)和圆山文化(相当于芝山岩文化上层)及稍晚的遗址中,如屏东的鹅銮鼻、高雄的凤鼻头、台中社脚以及澎湖果叶A遗址(属大坌坑文化晚期)中都有发现。从出土的双翼型青铜镞看,也具有商至西周时期的特点,显然是与大陆文化交流的产物。因此,圆山文化的渊源应当是来自大陆沿海,特别是吴越文化区。

从文献记载看,成书于战国时期的古地理书《尚书·禹贡》记载:"淮海惟扬州……岛夷卉服,厥篚织贝,厥包橘柚锡贡。"[2] 有些学者认为"岛夷卉服"中的"岛夷",就是今日的台湾。《汉书·地理志》说:"会稽海外有东鳀人,分为二十余国,以岁时来献见云。"[3] 有些学者认为"东鳀"就是今日的台湾。不过,也有不少学者并不赞同上述观点。[4] 如果说《禹贡》的"岛夷"与《汉书·地理志》的"东鳀"并不一定确指台湾,那么,三国时沈莹所撰《临海水土志》中的"夷州"指的是台湾,则确切无疑。[5]

《临海水土志》,是中国古籍中记载"夷州"最详细的一部文献,其中不少文字涉及台湾与吴越文化的渊源关系。《临海水土志》说:

> 夷州在临海东南,去郡二千里,土地无霜雪,草木不死。四面是山(溪),众山夷所居。山顶有越王射的,正白,乃是石也。此夷各号为王,

---

[1] 董允.圆山文化初论.东南文化,1989(3):120—124.

[2] 王世舜.《尚书》译注.四川人民出版社,1982:53.

[3] (汉)班固.汉书(卷28).北京:中华书局,2007:314.

[4] 罗香林.古代百越分布考.见:南方民族史论文选集(一).中南民族学院民族研究所资料室编,1982:1—79.

[5] 凌纯声.古代闽越人与台湾土著族.见:南方民族史论文选集(一).中南民族学院民族研究所资料室编,1982:114—147.

分画土地人民，各自别异，人皆髡头穿耳，女人不穿耳。作室居，种荆为蕃鄣。土地饶沃，既生五谷，又多鱼肉。舅姑子妇男女卧息，共一大床，交会之时，各不相避。能作细布，亦作斑文布，刻画其内有文章，以为饰好也。其地亦出铜铁，唯用鹿骼（为）矛以战斗耳。磨砺青石以作矢镞刃斧、环贯珠珰。饮食不洁。取生鱼肉杂贮大（瓦）器中，以（盐）卤之，历日月乃啖食之，以为上肴。呼民人为弥麟。如有所召，取大空材，材十余丈，以着中庭。又以大杵旁舂之，闻四五里如鼓。民人闻之，皆往驰赴会。饮食皆踞相对，凿床作器如稀槽状，以鱼肉腥臊安中，十十五五共食之。以粟为酒，木槽贮之，用大竹筒长七寸许饮之。歌似犬嗥，以相娱乐。得人头，斫去脑，驳其面肉，留置骨，取犬毛染之以作鬓眉发编，具齿以作口，自临战时用之，如假面状。此是夷王所服，战得头，着首还。于中庭建一大材，高十余丈，以所得头差次挂之，历年不下，彰示其功。又甲家有女，乙家有男，仍委父母，往就之居，与作夫妻，同牢而食。女以嫁，皆缺去前上一齿。[1]

从这则文献记载内容可知，台湾土著民族的断发文身、凿齿、猎头、犬祭、从妻居、喜食鱼腥等习俗，与古越族的习俗基本相同，因此可以认为，夷州土著居民应当是古越族的一支。说得谨慎一些，也可认为吴越文化对夷州土著文化有着深刻的影响，这种深刻性甚至包含了人种方面的因素。有学者甚至认为，台湾、澎湖早在春秋末世或已成为大陆之吴、越所统属。凌纯声说："在一千七百年前，住在台湾岛上的夷州和大陆浙闽沿岸的安家民是同一民族，由他们的六种文化特质，可以证明二者是属于大陆上古代的越獠民族。远在纪元以前，越人已由大陆移居台湾，海上早有往来。"[2]台湾土著居民与古越人相似的风俗习惯，一直延续到后代。

应当指出的是，台湾高山族的断发文身、干栏式建筑、蛇图腾、黑齿等风俗习惯，也与菲律宾群岛的马来人相似。然而学者们认为，大约从新石器时期开始，大陆东南沿海地区的古越人，除一支（或几支）直接横渡台湾海峡到达台湾定居，并与矮黑人融合，形成泰雅、赛夏、布衣、曹等高山族祖先之外，还有一支经中印半岛而至南洋群岛，最后经菲律宾群岛迁徙到台湾，成为排湾、阿美、卑南、雅美和平埔人的祖先。[3]如果真的如此，那么，无论是由大

〔1〕（三国）沈莹.临海水土志.北京:中央民族大学出版社,1998:1—2.

〔2〕凌纯声.古代闽越人与台湾土著族.见:南方民族史论文选集（一）.中南民族学院民族研究所资料室编,1982:145.

〔3〕陈碧笙.台湾地方史.北京:中国社会科学出版社,1982:18.

陆东南地区直接迁徙到台湾的移民,还是辗转从菲律宾群岛迁徙到台湾的移民,均与古越人有关。[1] 在这一过程中,吴越文化向外传播并影响了台湾的早期文化。

二、古越文化对日本的影响

中国古代文化对日本的影响可谓是源远流长,其中日本早期文化深受古越文化的影响。从技术史的角度来看,日本的稻作农业、青铜冶铸、琢玉、髹漆、制陶、干栏式建筑等均带有古越文化的影子。

关于日本农耕起源问题,学界曾经争论不休,主要观点有绳纹前期农耕论、绳纹中期农耕论、绳纹晚期农耕论和照叶树林文化论。[2] 1951—1954年,日本考古协会在九州北部的福冈县福冈市板付发掘出距今 2300 年前的弥生文化早期种植水稻的遗迹,从此,日本学术界普遍认为日本农耕起源于弥生文化早期。[3] 农学史家进一步研究认为,由于日本岛内原先并没有野生稻分布,因此,日本的稻作文化必定是从外部传入的。那么,稻作文化究竟是从哪里传入日本列岛,传播的路线又是如何? 对此,学术界观点不一,主要有以下几种认识。

一是华北说(又称陆路说)。认为水稻是从中国的河北、辽宁一带通过朝鲜半岛到达日本九州,再由九州沿濑户内海向畿内扩展。

二是华东说。此说又包括了四种不同的传播路径:第一种观点认为水稻从长江下游经朝鲜半岛南部传到日本九州,然后再传到日本各地;第二种观点认为水稻从长江下游传到山东半岛,再渡海传到日本;第三种观点认为水稻从长江口直接传到日本中部地区;第四种观点认为水稻是从长江下游→山东半岛→辽东半岛→朝鲜半岛→日本九州再到丰州这样一条以陆路为主,并有短程航海的弧形路线,以接力棒的方式传播过去的。

三是华南说。认为水稻是由中国的华南经南岛(琉球、宫古岛等地)传入北九州,再进一步扩展到日本内地。

---

〔1〕 徐建春.浙江通史(先秦卷).杭州:浙江人民出版社,2005:310—315.

〔2〕 [日]佐佐木高明著,金少萍译.日本农耕文化源流论的观点.民族译丛,1989(5):25—30.

〔3〕 弥生文化始于公元前 3 世纪,延续至公元 3 世纪,是一种金石并用的考古文化。日本学者将弥生文化的内涵归纳为三个方面:一是从绳纹文化中继承的要素,如打制石器、竖穴住居、骨角制品、拔齿习俗等;二是从大陆传来的新文化要素,如水稻农耕、金属器皿、高床建筑、卜骨习俗等;三是弥生文化内部萌发的新要素,如铜铎器皿、青铜武器形祭器、方形周沟墓等。参见:王勇."水稻之路"与弥生文化.浙江社会科学,2002(4):146—149.

　　四是多源说。认为华北、华东、华南三种传播途径可能同时存在。不过,此说在承认三条途径同时存在的前提下,对三条途径的主次的认识则有所差异,有的认为华北是主要途径,有的认为华东是主要途径,有的认为华南是主要途径。[1]

　　从现有资料考察,我们认为稻作文化传入日本的路线,华北、华东、华南三种途径应当同时存在,但以华东为主要途径。主要理由有如下两点。

　　一是华东地区尤其是江浙地区是稻作文化的起源地之一,很早便形成了发达的稻作农业。早在距今10000—7000年前的上山、跨湖桥、河姆渡、罗家角、马家浜等遗址中,就已发现了稻谷遗存。到了春秋战国时期,吴、越两国稻作农业的生产技术达到了当时的一流水平。

　　二是从海流、季风及兹后将述及的古代日本与浙江地区早期稻作文化的相似性也可证明这一点。日本学者也认为,"从育种学的观点看,……最恰当的路线是从中国长江下游的浙江省到日本九州西北",再经济州岛传到朝鲜半岛的西南端;"从航海的观点看,许多考古学者都认为,……在海浪平静的时候,乘着海流,从浙江省的杭州湾出发",直达日本九州,是比较容易的路径,"只要有航海知识的人,谁都能理解"[2]。

　　日本东京大学的赤泽建在《日本的水稻栽培》一文中说:"一般认为,(日本的)水稻栽培之始首先是受大陆影响的刺激。关于从哪里和通过哪条路线水稻栽培得以传播,则在日本史前史的研究中争论激烈。不过,根据最近的研究,已得出结论认为,最有可能的路线是从中国的南方的长江中下游地区,经过朝鲜南部直至九州北部,或者是从长江下游地区直接到达九州北部。"[3]有的日本学者还收集了亚洲不同地区的766个水稻品种,通过分析其酯酶同工酶的酶谱,并根据酶谱的变异范围和"地理渐变"的特征,推测日本的水稻品种很可能是由中国的长江口传至日本的。[4]毛昭晰指出,稻作东传的最可能的路线,"是从江南地区渡海直接到达朝鲜半岛和日本。由于这条路线海上航程较远,所以有些人认为先秦时代的人要越过这样的大海进行交往是不可能的事。但是分析各方面的因素这条路线实在比其他各条路线具备更优越的条件"[5]。

　　稻作文化自然也包括了与稻作有关的工具及耕作方式。如日本弥生时

〔1〕　徐建春:浙江通史(先秦卷).杭州:浙江人民出版社,2005:315—319.
〔2〕　张建世.日本学者对绳纹时代从中国传去农作物的追溯.农业考古,1985(2):353—357.
〔3〕　赤泽建,戴国华.日本的水稻栽培.农业考古,1985(2):358—365.
〔4〕　林华东.河姆渡文化初探.杭州:浙江人民出版社,1992:327.
〔5〕　毛昭晰.先秦时代中国江南和朝鲜半岛海上交通初探.东方博物,2004(1):8—17.

代的特征物——日本石镰(呈半月形),不仅广泛分布在日本列岛,而且在朝鲜、中国太湖地区也有发现。日本考古学者认为,这种石镰是从太湖地区传入日本的。又如与水稻农耕密切相关的分布在日本九州的磨光石锛和石斧,也与太湖地区的石锛、石斧相类似。特别是中国江南五六千年前的新石器遗址中出现的以耜、锄为代表的木制农具,同样在日本的弥生文化遗址中有大量发现。日本学者甚至认为,日本古代九州等地盛行的踏耕技术亦系由越族地区传入。水稻自绳纹文化[1]晚期自吴越地区传入日本九州后,史前的九州人便自然从迁徙渔猎生活转向饭稻羹鱼生活,并逐渐向本州推进。稻作传入日本以后,由于其海产资源的丰富多彩,日本的饭稻羹鱼较之中国东南沿海更为典型。它对日本人口的增殖、日本文化的孕育发展具有深远的影响。总之,吴越地区稻作文化的传入,极大地促进了日本经济、社会的发展。伴随稻作文化的传播,葫芦、绿豆、构树、芋头、菱角等作物,也从吴越之地渡海传到日本九州西北部。

稻作农业如此,青铜冶铸技术也深受古越文化的影响。在日本,发现青铜器最多的地区是出云地区。出云地区发现的青铜器有青铜铎、青铜剑、青铜矛等,数量不少。1984年,在荒神谷遗址出土了大量的青铜器,共有铜剑358把,铜铎6个、铜矛16把。1996年,又在加茂岩仓遗迹发现了一批青铜铎,共39个。两个遗址相距仅3千米,埋藏方式一致。荒神谷遗址出土的358把铜剑中,有334把在茎部刻有"×"标记。加茂岩仓出土的铜铎中,也有几个铜铎刻有"×"标记。由此推测,这两处青铜器应属于同一批所有者。问题在于,这批青铜器的铸造技术究竟是从何处传入日本的?有学者认为,这些青铜器的铸造技术"都是从朝鲜半岛首先传入日本九州北部,此后,向西传至日本本州西部的中国和近畿地区"[2]。那么,是否存在另一种可能,即这些青铜器是受吴越文化影响的结果呢?我们认为存在这种可能,理由有三。

一是日本的出云地区与古越文化关系密切。在日本历史上,有一个古老的传说:在日本的出云地区,早在弥生时代,就出现过一个强盛的出云王国。出云王国的出现,可能是由于在公元前200年左右,吴越地区大批越人带着先进的科技和文化渡海来此定居的结果。日本《出云国风土记》记载:

---

[1] 日本历史始于石器的出现,绳纹时代即是日本的石器时代。那个时期的陶器表面带有丰富多彩的草绳模样,史称绳纹陶器。绳纹文化的时间大约是公元前5500—公元前200年。

[2] 王巍.出云与东亚的青铜文化.考古,2003(8):84—91.

"古志,是越国的人们来此筑堤定居后,把此地命名为古志。"[1]"古志"为表音字,其日语发音"こし"与越人的发音"勾"相同。古越人常用"勾"于地名、人名,如人们所熟悉的"勾章""勾践"等。大概是越人来到当地,按惯例取一地名"GoXi",译音后成为现古志。

二是吴越之地,是中国古代青铜冶铸技术较为发达的地区之一。在 20世纪 30 年代,郭沫若甚至认为,吴越地区可能是中国青铜冶炼技术的起源地,青铜冶炼技术从南方的江淮流域输入黄河流域是比较有可能的,因为古来相传江南是金锡的名产地,因此也可能被商人所学去。[2] 这一观点现在看来不一定准确,但从考古材料来看,至少在夏商时代,吴越地区已有了青铜文化萌芽,春秋战国时期的吴戈越剑的铸造技术已超越中原地区,则是事实。

三是出云地区青铜器埋藏方式与古越人的传统相近。青铜器不是作为墓葬的随葬品而被有意地埋藏于地下的现象,在中国境内时有发现。将出云地区的青铜器埋藏与中国境内发现的青铜器窖藏相比较,不难看出,其与黄河流域的窖藏差别较大,而与长江流域的窖藏较为接近,特别是与此地盛行的大型铜铙的埋藏相比,两者不仅在埋藏的位置方面较为接近,而且铜铎和铜铙都是形体逐渐增大,作为响器的功能逐渐丧失,演变成为纯粹的祭器。因此,这些青铜器是古越人迁徙至日本出云地区后铸造、使用并埋藏的可能是存在的。[3]

此外,从琢玉、髹漆、制陶、干栏式建筑也能看到古越技术流播的印迹。古吴越之地是中国古代玉石文化发达的地区之一,玉石文化对日本列岛也有一定的影响。在日本绳纹时代和弥生时代的玉石器中,有的与太湖流域的玉玦、玉管、玉角形器相似。玉玦是日本绳纹时代的代表性遗物之一,其孔眼的"喇叭形"口,极似太湖流域玉器中用非金属穿钻的痕迹。

浙江地区是中国髹漆的起源地之一,在跨湖桥文化、河姆渡文化、良渚文化等史前遗址中曾出土过漆器,春秋战国时期髹漆工艺更为发达。在日本的早期文化中也有漆器出土,如果追溯它们的来源,也当和中国的长江流域有着密切的联系。如日本的唐津菜畑遗址出土的漆绘花纹黑陶,似乎与良渚文化的黑陶上常见有漆绘花纹的方式存在某种联系。

〔1〕《出云国风土记·神门郡》"古志乡"条。转引自:刘伟文.从日本出云的考古发现看中国越文化东播.浙江大学学报(人文社会科学版),1999(4):45—50.

〔2〕 郭沫若.中国古代社会研究.上海:上海书店,1989:220.

〔3〕 刘伟文.从日本出云的考古发现看中国越文化东播.浙江大学学报(人文社会科学版),1999(4):45—50.

　　浙江先民烧制陶器历史也十分悠久,商周时期已出现了结构完整、装烧量大、窑温较高的烧制印纹硬陶和原始瓷的龙窑。从日本青森县今津出土的鬲形陶器来看,其器形与浙江出土的鬲形陶器相类似,鬲形陶器上的纹饰与太湖地区西周晚期至春秋前期的一些器物也很相似。看来,日本青森县今津出土的鬲形陶器有可能是模仿浙江地区的陶器制作的。另外,日本长崎福江市发现的印纹陶罐,无论是器形还是纹饰都带有明显的吴越文化特色,而不同于日本绳纹文化时期的陶器,说明其祖型应当来自中国大陆。

　　干栏式建筑是吴越地区别具特色的一种建筑形式,这种形式在日本也有发现,表明两者的密切关系。在日本传赞歧出土的铜铎和奈良佐味田宝冢古坟出土的铜镜上,都有表现底架桩柱和长脊短檐式屋顶的干栏式建筑形制。在奈良唐古遗址出土的弥生陶片上,也刻画了与铜铎上基本相似的干栏式建筑图案。因此,安志敏推断,日本至少从弥生文化以来,已经出现了长脊短檐的干栏式建筑,古坟时代的埴轮中还保留了同样的形制,因而表现了与长江流域的密切联系。[1] 不过汉时干栏式建筑的陶屋已不见长脊短檐的屋顶,那么日本所接受到的影响显然是在汉代以前。

　　古越语与日本语有许多相似之处,这从一个侧面反映了吴越文化对日本的影响。[2] 陈桥驿对宁绍地区方言俚语做了调查并与日语比较后认为,日语音读数字:一、二、三、四、五等,其中"二"读作"ni",现主要流行于宁绍地区。[3] 宁绍地区正是古越人的活动中心。

　　日本学者西村真次《文化移动论》一书中说:"出云的中海,有所谓梭利科船。"[4]这里的"梭利科",当为越语"须虑"的译音。《越绝书》说:"越人谓船为须虑。"[5]既说明古越人的船的确曾到达过出云地区,也表明古越文化确实具有极强的传播力。古越人就是利用"须虑"东渡扶桑,在当时的西太平洋上开辟出一条灿烂的"海上文化交流之路"。

〔1〕　安志敏.长江下游史前文化对海东的影响.考古,1984(5):439—448.

〔2〕　夏恒翔,孟宪仁.从语言化石看吴越人东渡日本.辽宁大学学报,1987(4):63—69.

〔3〕　陈桥驿.吴越文化和中日两国的史前交流.浙江学刊,1990(4):94—97.

〔4〕　[日]西村真次著,李宝碹译.文化移动论.上海:上海文化出版社,1989:170.

〔5〕　(汉)袁康.越绝书(卷3).上海:上海中华书局,1936:28.

第三章

秦汉时期的浙江科学技术

　　周显王三十五年(前334),越国为楚国所败。司马迁在《史记》中说:
"楚威王兴兵而伐之,大败越,杀王无强,尽取故吴地至浙江,北破齐于徐州。
而越以此散,诸族子争立,或为王,或为君,滨于江南海上,服朝于楚。"[1]于
越人的大量逃亡与流散,使浙江境域的经济文化一度进入低迷时期。秦与
西汉的基本国策以西北为重,对于东南地区的开发投入很少。因此在司马
迁的笔下,浙江地区仍是地广人稀、火耕水耨之地。东汉是浙江经济文化由
低迷逐渐走向高扬的重要时期,此时农业、手工业等得到了较快的发展,科
学技术领域也有不少创新。

　　从文献记载和出土实物来看,秦汉时期,尤其是到了东汉,浙江地区的
牛耕与铁制农具得到了推广,以会稽(今浙江绍兴)镜湖为代表的一批水利
工程建设在很大程度上保障了农业生产。临海盖竹山有道士葛玄(164—
244)植茶之圃,是文献中浙江最早的种茶记录。[2]绍兴漓渚等地冶铁遗址
的发现,全省各地众多铁质农具的出土,说明当时的冶铁业已有一定的发
展。此时,铜镜制造业发达,产品别具一格,会稽成为当时全国的铸镜中心
之一。以"海滨广斥,盐田相望"[3]而设置海盐县表明,秦汉时期浙江地区
煎盐业已十分繁盛。东汉时成熟瓷器的烧制成功,是浙江古代技术史乃至
中国古代技术史上的一大成就。流传至今的王充《论衡》、魏伯阳《周易参同

---

　　[1] (汉)司马迁.史记(卷41).北京:中华书局,2006:275.
　　[2] 嘉定《赤城志》记载:"临海盖竹山,在县南三十里。……《抱朴子》云,此山可合神丹,有
仙翁茶园。旧传葛玄植茗于此。"见:宋元浙江方志集成(第11册).杭州:杭州出版社,2009:5277.
　　[3] (唐)徐坚.初学记(卷8).北京:中华书局,1962:187.

契》等文献所蕴含的价值,在中国古代科学文化史上的影响更是深远。值得
注意的是,王充、魏伯阳均为会稽上虞(今浙江上虞)人,而会稽上虞一带恰
恰是成熟瓷器的诞生地和会稽铜镜铸造中心。

第一节　科学技术发展的背景

秦初在今浙江境域设立会稽郡、鄣郡二郡,浙江大部分地区进入秦帝国
权力控制的范围。汉初的浙江地区是一个郡国并存的地方。汉武帝元封二
年(前 109),鄣郡更名为丹阳郡[1],并直属中央政府,从此结束了诸侯王国
与郡县制并行局面。随着东瓯国的内迁和会稽郡的南扩,被称为"不可郡
县"的浙江南部地区最终纳入帝国的郡县体系。东汉实行"吴会分治",直接
反映了江浙地区人口的增加与社会的发展。

一、秦朝的浙江

秦时浙江历史发展的最大特点,是中原文化的传播及其与浙江土著文
化——吴越文化的冲突与融合。秦始皇兼并各国以后,全面推行民族文化
融合政策,在实行"书同文""车同轨"的同时,在全国推行郡县制。最初分设
36 郡,后增至 40 郡。今浙江境域属于会稽郡、鄣郡以及闽中郡。会稽郡辖
地北起今江苏镇江一带,南至浙江金衢盆地,郡治在吴县(今江苏苏州)。鄣
郡分会稽郡而置,辖地包括现今的江苏东南、安徽西南和浙江西北地区,郡
治在今浙江安吉安城镇古城村[2]。闽中郡的郡治在东冶(今福建福州),今
浙江的椒江流域、瓯江流域属闽中郡管辖。[3]

秦在越国故地上设县大致有两次:一次是秦置会稽郡时,一次是秦始皇
上会稽祭大禹时。由于《史记》《汉书》等文献对置县数目和时间没有明确的

---

〔1〕　丹阳郡,亦作丹扬郡。

〔2〕　另一说在今浙江长兴西南故鄣城。《读史方舆纪要》说:"故鄣城县西南八十里。秦灭
楚,置鄣县,为鄣郡治。汉为故鄣县,属丹阳郡。吴属吴兴郡。晋以后因之。隋废。杜佑曰:今土人
谓故鄣城为府头,盖以秦鄣郡治此也。"参见:(清)顾祖禹.读史方舆纪要(卷 91).上海:商务印书
馆,1937:3814.

〔3〕　公元前 222 年至公元前 221 年间,秦在平定楚国的江南和越国旧地之后,其势力就进入
了今浙江省南部和福建省,征服了当地的越人政权。闽越王无诸被废为君长,以其地归属闽中郡。
但秦的控制点相当少,闽中郡中几乎没有设县。史书没有记载闽中郡的废除时间。而后无诸北上
助汉击楚,汉高祖封无诸为闽王,封国闽越国,闽中郡的建置不再出现。

记载,因此后世众说纷纭。

清雍正《浙江通志》说会稽郡共领 24 县,其中 17 县在浙江境内,加上浙江境域另属鄣郡的故鄣 1 县,凡 18 县。

谭其骧在《中国历史地图集》中收录浙江境内的县有鄣、乌程、由拳、海盐、余杭、钱唐、山阴、诸暨、句章、鄞、乌伤、太末,凡 12 县,并认为浙江"省境内秦县可考者共十五个"[1]。

现较常见的说法是,会稽郡、鄣郡在浙江境域的县有乌程、由拳、海盐、余杭、钱唐、山阴、诸暨、上虞、余姚、句章、鄞、鄮、乌伤、太末、故鄣、于潜,凡 16 县。[2] 此外,今淳安县当时属鄣郡歙县地域。此 16 县中,除上虞、余姚外,其余都可从《越绝书》《水经注》等汉六朝文献中找到秦时已置县的佐证。

县的幅员大体按照"大率方百里"这一标准设定,但平原与山区有较大差别,而且当时县与县之间的界线并不像今日的界线这样明晰。但有一点可以明确的,即以上 16 县几乎都设在故吴、越两国重要的聚落点上,且县治也大多坐落在故吴、越两国已形成的交通干线上,甚至有的城池亦为原吴、越两国所筑。

从地域分布看,秦初在今浙江地区所设 2 郡 16 县中,浙北与浙东各有 7 个,浙中和浙西南有 2 个,浙东南和浙南无一县设置,这反映了当时浙江各地社会发展存在明显不平衡的情况。

郡县的设置在行政上解决了浙江地域上的归属,使之成为统一政权的一个地方行政组成部分。然而,文化的融合与归化并不是行政手段能够完全解决的,它涉及民俗习惯、文化心理与思想观念等更复杂、更深层的因素。我们注意到,秦时所置各县,除海盐、钱唐以及由大越改名而来的山阴属于华夏语地名外,其他都是越语地名。而且连郡的名称也采用了一个与大禹联系在一起的越语地名——会稽。这从一个侧面说明了秦军南下初期,越人的习惯势力仍相当强大。不过,这一情形在秦始皇南下东巡会稽后渐渐发生了改变。

秦始皇曾 5 次到各地巡视。公元前 210 年,秦始皇最后一次出巡时,曾从云梦沿长江东下,经丹阳,抵钱唐,渡江到达会稽。这次出巡在浙江留下一些带有传说成分的遗迹。如相传秦始皇在由拳(今浙江嘉兴)乘舟过长水时斩马祭河神,后人称此地为马塘堰。再如秦始皇途经钱唐时,因钱塘江口

〔1〕 谭其骧.浙江各地区的开发过程与省界、地区界的形成.见:历史地理研究(第 1 辑).上海:复旦大学出版社,1986:1—11.(文中注:浙江省境内秦县或不止十五个,但不会相差太多。)

〔2〕 王志邦.浙江通史(秦汉六朝卷).杭州:浙江人民出版社,2005:10.

风恶浪高无法前进,便泊舟于宝石山下,将船缆系在突出水面的山石上,留下了所谓的"秦始皇缆船石"[1]。到达会稽后,秦始皇亲祭大禹陵,并登临天柱峰,天柱山因此被称为秦望山。秦始皇登上天柱山巅,命丞相李斯铭文刻石,称颂秦始皇功德。秦始皇对这片新征服的土地原本就充满戒心,到达越国故地后,目睹了越地的风土人情,发现越人的地方势力依然强大,深感仅仅通过祭祀越人所奉祖先——大禹和立石刻颂秦德是远远不够的。于是,有了改大越为山阴、大规模移民等强硬的措施。

越国故都在秦军南下时,仍是越人和越文化的中心区,称为大越。秦设会稽郡之初,仍保留了大越这个地名,并以此为县名。秦始皇按"水南山北为阴"的惯例改大越为山阴,以期消弭越人对故国的记忆。这一事件,对于于越人来说是刻骨铭心的事件。另一方面,秦始皇强制推行政治性移民,以此改变越地的民族结构。据《越绝书》等文献所记,秦始皇迫使越人迁徙浙西、皖南等荒僻之地,同时以越地中心为北方"有罪吏民"的流放之所。[2]这一移民政策,使越国故地中心区的居民成分发生了根本性的变化,几乎使上述的山阴、上虞、余姚、句章、鄞、鄮等越人居住的核心地区由此"换了人间"[3]。

这些政策措施对于于越人而言,无疑是残酷和痛苦的。毕竟历史的进程并不都是含情脉脉的田园牧歌,秦始皇的这些残酷的举措对于传播中原文化、发展越地生产却起到了积极作用。从此,越人进一步与华夏人杂居,并渐渐融为一体。原越国地区已不是形式上加入全国版图,而是"于越文化也与中原文化趋于同一了"[4]。不过,这些政策也导致了于越人的大量流散与逃亡,加之长期的战争所带来的人口剧减和经济、文化的破坏,致使浙江地区在很长一个时期内,一直是国内人口稀少,经济与文化较落后的地区之一。

二、两汉时期的浙江

楚汉之争,汉王刘邦打败项羽,建立汉朝政权。汉既继承秦郡县制,又在部分地域恢复封建制,即实行郡国并行之制。刘邦登上皇帝宝座后,就曾

---

〔1〕 (清)嵇曾筠.浙江通志(卷9).上海:商务印书馆,1934:373.

〔2〕 (汉)袁康.越绝书(卷8).上海:上海中华书局,1936:72.

〔3〕 王志邦.浙江通史(秦汉六朝卷).杭州:浙江人民出版社,2005:17.

〔4〕 白寿彝,高敏等主编.中国通史(第4卷).上海:上海人民出版社,1995:192.

分封了 7 位功臣、降将为王,建立了 7 个异姓诸侯王国;又分封 100 多位功臣为彻侯,建立与县级政区相当、直属中央的侯国。诸侯王国下领有若干郡县,受封的诸侯王和列侯享有"自置吏,得赋敛"[1]两大特权,即可以自行任命二千石以下官员,收取算赋与田租,在行政和财政方面有相对的独立性。自汉高祖五年(前 202)开始,会稽郡、鄣郡先后属楚、荆、吴、江都等诸侯王国。今浙江北部至中部的大部分地区,相继为上述诸侯王国的封域之一。景帝五年(前 152),会稽郡直属中央政府。汉武帝元封二年(前 109),鄣郡更名为丹阳郡,直属中央政府。至此,诸侯王国与郡县制并行局面结束。从全国范围看,西汉郡的幅员要比秦郡小。但会稽郡的幅员不仅没有缩小,反而增大。原因是会稽郡地处东南边疆,不是汉朝重心所在。西汉末年,王莽篡汉,分天下为 125 郡,会稽郡、丹阳郡不变。

于越民族与中原汉民族文化的真正融合,从根本上说,有赖于这一地区经济与文化的开发。事实上,秦汉时期,浙江文化在许多方面仍留有原始民族的特色,如"信巫鬼、重淫祀"[2]等风俗与观念即是一例。此时,西汉政府经营的重点在西北,对于南方的开拓未能引起足够的重视。虽然汉武帝以后,曾制定政策开发江南,吴王刘濞也在浙江"即山铸钱,煮海水为盐"[3],这使浙江经济、文化得到一些发展,但由于交通的艰难和自然环境的影响,中原文化对浙江的影响仍十分有限。整个西汉时期,浙江地区文化的发展较为缓慢,因而当时江浙地区被中原视为蛮荒之地。

更始三年(25),刘秀即皇帝位。重建的东汉王朝以西汉郡国为版图,会稽、丹阳两郡政区依旧。此时,杭州湾以南的原越国中心区,随着人口增加和经济发展,将越国故都设为会稽郡郡治,逐渐成为山阴人的一种政治诉求。同时,会稽郡因地域范围过大,政令不便传达,吴、会分治,成为一种必然选择。东汉永建四年(129),遂以钱塘江为界,将原会稽郡析为会稽郡、吴郡二郡。钱塘江以南 13 个县属会稽郡,治山阴(今浙江绍兴);以北 13 个县属吴郡,治吴县(今江苏苏州)。由此实现了吴、会分治的愿望,也开创了浙江历史上浙西、浙东分郡而治的局面。

会稽郡的设置,使山阴成为浙东、闽北的行政中心。会稽郡治山阴后,遂析上虞县地置始宁县,析章安县地置永宁县。这样,会稽郡所辖由 13 县增至 15 县。

---

〔1〕 (汉)班固.汉书(卷 1).北京:中华书局,2007:19.

〔2〕 (汉)班固.汉书(卷 28).北京:中华书局,2007:313.

〔3〕 (汉)司马迁.史记(卷 106).北京:中华书局,2006:616.

自吴、会分治，至汉献帝建安十三年(208)孙权分丹阳郡置新都郡之前，今浙江境域分属会稽、吴郡、丹阳三郡，隶属扬州刺史部。

会稽郡：所辖属今浙江境域的有山阴、鄮、乌伤、诸暨、余暨、太末、上虞、始宁、剡、余姚、句章、鄞、章安、永宁 14 个县，占会稽郡总县数的 93.33%。

吴郡：所辖属今浙江境域的有乌程、海盐、余杭、由拳、富春、钱唐 6 个县，占吴郡总县数的 42.86%。

丹阳郡：所辖属今浙江境域的有故鄣、于潜 2 个县，占丹阳郡总县数的 12.50%。此外，今淳安地域归属丹阳郡歙县。[1]

东汉是浙江文化走出低谷的开始，这一定程度上是由西汉末年中原及北方地区战乱所促成，而此时的江南没有卷入战争的洪流，社会相对安定。当时大批北方士族避乱江南，随之南下的还有大量的农民和手工业者。这是中国历史上第一次大规模的北方人口南移，浙江地区是这次北人南移的主要接纳地之一。其结果是既带来了大量的北方劳动力人口，也带来了与此相应的先进的农业、手工业技术，还带来了先进的学术思想与文化观念。这次文化南移不仅刺激了浙江地区经济的开发，并且加快了浙江文化与中原文化同化的步伐，基本完成了从一个相对落后、偏僻且一直保持自身原始内涵的地方民族文化，向与先进的文化共同体同构的区域文化的大转变。

第二节　水利工程与农业生产技术

"以农为本"可以说是中国古代社会基本国策。秦汉时期浙江科学技术的发展，首先就是在各种水利工程建设和农业生产技术改进中得到体现的。此时，南迁的汉人与汉化的越人开始成为浙江地区开发的主力；一些郡县长官，如会稽郡太守第五伦[2]、余杭县令陈浑[3]等，也开始致力于兴修水利、引进先进的农业生产技术。这些均为这一地区的土地开垦和农业生产的发

---

[1] 王志邦.浙江通史(秦汉六朝卷).杭州:浙江人民出版社,2005:35—36.
[2] 《后汉书》记载:"第五伦,字伯鱼,京兆长陵人也。……会稽俗多淫祀,好卜筮。民常以牛祭神,百姓财产以之困匮。……伦到官,移书属县,晓告百姓,其巫祝有托鬼怪怖愚民,皆案论之。有妄屠牛者,吏辄行罚。民初颇恐惧,或祝诅妄言,伦案之愈急。后遂断绝,百姓以安。"参见:(南朝)范晔.后汉书(卷41).北京:中华书局,2007:406—407.
[3] 咸淳《临安志》记载:"陈浑,东汉熹平间为令,尝徙置县治,筑南湖塘,凿石门以御水患,百姓为之立祠。今太平灵卫王是也。"参见:(宋)潜说友.咸淳《临安志》(卷51).杭州:杭州出版社,2009:923.

展带来了契机。其中,东汉会稽郡太守马臻的贡献最为突出。

一、马臻与水利工程

越国故地河网稠密,湖泊众多。稠密的河湖给农业的发展创造了有利条件,也带来了一些如洪涝易发、交通不便等不利因素。为兴利除弊,秦汉时期浙江各地先后兴建了不少水利工程。这些水利工程,遍及太湖流域、宁绍平原、金衢盆地、新安江流域,其中以太湖流域、宁绍平原最为集中。它们或利用原有的湖泊作为水库,或在溪流中筑堰引水灌溉,既保持了因地制宜的传统,又呈现高超的水利工程技术。

吴、会分治后的会稽郡治所在地山阴县,水利建设成就最为突出。山阴濒海依山,地势起伏多变,江河湖泊交织其间。主要河流多具山溪性,源短而流急,且枯、洪期流量变幅大。曹娥江、浦阳江还是潮汐河流,江道曲窄,河口易受钱塘江水流、潮汐影响,造成泄水不畅。平原地区常为山洪、海潮所夹击,农业发展受到制约。秦以前,越人为求生存发展,曾修筑了不少水利工程,如在山阴北部,越王勾践时就筑有富中大塘、练塘等。虽然通过筑塘围涂,在一定程度上达到了外御洪潮、内增垦殖的目的,但此时的水利工程规模与效果毕竟有限。东汉时,回涌湖、镜湖等大型水利工程的兴建,最终奠定了会稽北部平原大规模开发经营的基础。

马臻,字叔荐,东汉茂陵人,一说山阴人[1]。东汉顺帝永和五年(140)为会稽郡太守。因史籍缺载,其生卒、生平都不详。史书中凡是提到马臻的,均与回涌湖、镜湖等水利工程联系在一起。

回涌湖是马臻就任会稽郡太守后,首先实施的大型水利工程。回涌湖,又名回踵湖。南宋嘉泰《会稽志》说:"回涌湖,在县东四里,一作回踵。旧经云:汉马臻所筑。以防若耶溪溪水暴至,以塘湾回,故曰回涌。"[2]记述虽然简略,但基本道明了回涌湖的由来。即回涌湖为马臻主持修筑,目的是拦截山会平原最大之溪河——若耶溪的洪水,其方法是通过修筑弯回的堤坝,迫使盛发的山水形成回涌之势,使洪水相对平缓地泄向下游。经过回涌湖拦截、调蓄,减轻了若耶溪对下游郡城及平原的冲击,使流域的生产、生活条件得到极大改善。因此《南史·谢灵运传》有了这样的记载:"会稽东郭有回踵湖,灵运求决以为田,文帝令州郡履行。此湖去郭近,水物所出,百姓惜之,

---

〔1〕　林正秋.浙江历史上的科技人物(二).杭州师范学院学报(自然科学版),1980(1):69—76.

〔2〕　(宋)施宿.嘉泰《会稽志》(卷10).合肥:安徽文艺出版社,2012:186.

颛坚执不与。"[1]

不过,就整个山会平原而言,回涌湖还只是一项局部工程。若要从根本上改善和解决拦截、调蓄、灌溉以及水上交通等问题,还得做整体性的谋划。于是,马臻经过实地调查、勘察,在回涌湖等新、旧水利工程基础上,实施了更大工程——镜湖工程。唐代杜佑说:"马臻为会稽太守,始立镜湖,筑塘周回三百十里,灌田九千余顷,至今人获其利。"[2]确实,镜湖的工程宏大,"筑塘周回三百十里"并非虚言。马臻依据地形、地貌,加高培厚旧堤,设计增筑新堤,从而构筑了一条以会稽郡城为中心长堤。长堤东段起五云门至曹娥江,长72里;西段起常禧门到浦阳江,长55里。这条人工大堤与南边自然的会稽山麓相呼应,从而围成了周长310里、宽约5里的狭长形人工湖泊。这就是镜湖,又名长湖、鉴湖。镜湖的面积约190平方千米,正常库容约2.68亿立方米,总库容则不少于4.4亿立方米。这无疑是当时江南规模最大的水利工程。

与回涌湖一样,镜湖既具有拦洪、排洪作用,也具有蓄水、灌溉的功能。但其控制的流域面积要比回涌湖大得多。蓄水后的镜湖,其水面高出堤外农田丈余,而农田又高出杭州湾海面丈余,这为自流灌溉创造了条件。于是,马臻在镜湖周边,设置了斗门、闸、堰与涵管等一整套水利设施,以充分发挥镜湖的调蓄、灌溉功能。天旱时,打开闸门,用湖水灌田。山洪到来时,关闭闸门,把洪水蓄入湖中。如水势过大,则可打开下泄斗门,将洪水泄入杭州湾。从此,镜湖"灌田九千余顷",农业收成大增。宋人王十朋说:"东坡先生尝谓杭之有西湖,如人之有目;某亦谓越之有鉴湖,如人之有肠胃。目瞖则不可以视,肠胃秘则不可以生。"[3]比喻稍显夸张,却道出了镜湖对山阴平原的重要作用。

惜马臻最终含冤而死。南宋嘉泰《会稽志》引《会稽记》云:"创湖之始,多淹冢宅,有千余人怨诉,臻遂被刑于市。及遣使按覆,总不见人籍,皆是先死亡者。然越人至今庙祀之。"[4]正是因为马臻的贡献,越地人们对其"庙祀"持续不绝。现今,古镜湖残留河网水面面积尚有30.44平方千米,蓄水量约6100万立方米,仍对当地的生产与生活起着重要作用。

与宁绍平原一样,太湖流域也是水利建设的重点地区。先秦时期吴、越

〔1〕 (唐)李延寿.南史(卷19).北京:中华书局,1975:541.

〔2〕 (唐)杜佑.通典(卷2).北京:中华书局,1984:17.

〔3〕 (宋)王十朋.王十朋全集(卷23).上海:上海古籍出版社,2012:971.

〔4〕 (宋)施宿.嘉泰《会稽志》(卷2).合肥:安徽文艺出版社,2012:31.

两国曾在此区域兴建了不少水利工程。如：今长兴境内，虹星桥的蠡塘港，相传为范蠡所筑；吕山乡的胥仓港，又名胥塘，相传为伍子胥所筑；城西有吴城湖，为吴王阖闾之弟夫概所筑等。入秦后，尤其是进入东汉时期，太湖流域的水利工程更是犹如雨后春笋，数量与质量有了大幅度的提升。如：秦始皇在由拳筑马塘堰，治陵水道，构筑起吴——由拳——钱唐的运河水道。汉高祖时期荆王刘贾在乌程西部筑荆塘；元始二年(2)吴县人皋伯通在乌程西北筑皋塘，以御太湖之水。东汉时，在乌程西南筑有黄蘗涧陂塘。在余杭县城附近沿溪一带，设有斗门、塘堤、堰坝等数十处，其中在县东 10 里建有高 2.2 丈、宽 1.5 丈的西涵斗门，在南渠河置东郭堰、筑千秋堰。[1] 可以说，此时的太湖流域已是水利工程密集的地区。这些水利工程中，最突出的当属东汉余杭县令陈浑主持建设的东苕溪分洪工程。

天目山是浙江境域暴雨中心之一，而东苕溪广汇天目山之水，建瓴而下，入余杭县境后因河床趋向平缓，暴涨的洪水难以急泄，极易造成洪涝灾害。东汉熹平二年(173)，余杭县令发民 10 万，在大涤山之北、苕溪之南，开筑上、下南湖，目的是分流洪水，防止东苕溪水患。这显然是一个按地势坡降而建的两级分洪水库，其设计独具匠心。当洪水暴发时可以分级蓄留东苕溪上游来水，以最大程度削减洪峰。同时，它还有蓄水灌溉功能。干旱时，湖中所蓄之水先导入干渠，再通过干渠流入附近农田。"南下湖，在溪南旧县西二里六十五步。塘高一丈四尺，上广一丈五尺，下广二丈五尺，周回三十四里一百八十一步。旧志云：按《舆地志》：后汉熹平二年，县令陈浑修堤防、开湖，灌溉县境公私田一千余顷，所利七千余户。"[2] 东苕溪分洪工程的兴建，使周边及下游的余杭、钱唐、乌程等县的生存、生产环境得到很大的改善。

山阴镜湖、余杭南湖的建设重在防"内水"，海塘的构筑则旨在于防"海潮"。东汉时会稽郡的地方官华信，就曾倡导钱唐县以东筑防海大塘。"防海大塘在县东一里许，郡议曹华信家议立此塘，以防海水。"[3]这是见于文献记载的浙江古代最早的海塘工程。

　　〔1〕 (宋)潜说友.咸淳《临安志》(卷39).见：宋元浙江方志集成(第 2 册).杭州：杭州出版社，2009：769.

　　〔2〕 (宋)潜说友.咸淳《临安志》(卷34).见：宋元浙江方志集成(第 2 册).杭州：杭州出版社，2009：720—721.

　　〔3〕 (北魏)郦道元.水经注(卷40).长沙：岳麓书社，1995：582.

二、农业生产技术

秦汉时期,越国故地的农业生产技术发生了划时代的变化。这种变化主要是通过农具的铁器化和牛耕技术的推广而实现的。与此同时,有关水稻栽培技术有了初步的总结。

第一,开启了农具铁器化的进程。

从全国范围来看,汉代中原地区基本完成了农具的铁器化进程。桓宽在《盐铁论》说:"铁器,民之大用也。器用便利,则用力少而得作多,农夫乐事劝功。用不具,则田畴荒,谷不殖。"[1]这便反映了当时农具的铁器化情况。汉末刘熙作《释名》,其《释器用》中所涉及的工具有斧、镰、斤、锥、椎、凿、镌、耒、犁、檀、锄、枷、锸、耙、柫、耨、镈、钺、铚、锄、锯等,其中大多是农业生产用具。

虽然在春秋战国时期,浙江地区已有铁器的使用,如绍兴的西施山遗址就出土过铁鼎、权、矛、镤、镰、削、铧等[2],但并不普遍。入汉以后,铁器的使用逐渐增多,如在对安吉上马山西汉墓葬的一次抢救性发掘中,曾出土鼎、釜、三足架、剑、环首刀等铁器。[3] 到了东汉,从太湖流域到钱塘江南岸,铁器已是一些遗址、墓葬中常见的遗物。湖州市博物馆曾征集到一批出土于市区的铁制农具,包括铁镰、铁凿、铁锹、铁犁、铁铡刀等 14 个种类 55 件。工具的变化,使过去未曾开垦的荒地、沼泽变为良田成为可能。

第二,牛耕得到初步的推广。

东汉初年,会稽郡仍盛行"民常以牛祭神"的风俗。建武时第五伦任会稽太守,这一情况发生了改变。南朝范晔在《后汉书》中说:

> 会稽俗多淫祀,好卜筮。民常以牛祭神,百姓财产以之困匮。其自食牛肉而不以荐祠者,发病且死先为牛鸣,前后郡将莫敢禁。伦到官,移书属县,晓告百姓。其巫祝有依托鬼神诈怖愚民,皆案论之。有妄屠牛者,吏辄行罚。民初颇恐惧,或祝诅妄言,伦案之愈急,后遂断绝,百姓以安。[4]

第五伦力革旧习,禁止以牛祭神,目的是保护耕牛,以促进农业的发展。

---

〔1〕 (汉)桓宽.盐铁论(卷1).上海:上海人民出版社,1974:79.
〔2〕 刘侃.绍兴西施山遗址出土文物研究.东方博物,2009(2):6—22.
〔3〕 安吉县博物馆.浙江安吉县上马山西汉墓的发掘.考古,1996(7):46—59.
〔4〕 (南朝)范晔.后汉书(卷41).北京:中华书局,2007:406—407.

这种措施对于发展牛耕,无疑具有积极的意义。

从考古发现来看,在太湖流域,长兴小浦镇画溪桥村就曾出土过东汉铁犁,这证明乌程县境内在东汉已用耕牛拉犁犁田。在金衢盆地,龙游东华山汉墓曾出土陶牛,这表明当时此地已开始推广牛耕。牛耕的推广有助深耕,并减轻人的劳动强度,有助于粮食单位面积产量的提高和民众生活的改善。

第三,土地的有效利用得到加强。

家庭背景为"以农桑为业""以贾贩为事"的王充,在其所著《论衡》中说,"春种谷生,秋刈谷收",要获得"春种秋收",需要有多道生产环节作保证,并就此作了如下总结:

> 夫肥沃墝埆,土地之本性也。肥而沃者性美,树稼丰茂。墝而埆者性恶,深耕细锄,厚加粪壤,勉致人功,以助地力,其树稼与彼肥沃者相似类也。地之高下,亦如此焉。以锸、锸凿地,以埤增下,则其下与高者齐。如复增锸、锸,则夫下者不徒齐者也,反更为高,而其高者反为下。[1]

这里,王充谈到了深耕细锄、平整土地、用粪肥田等环节,所反映的是当时人们充分利用土地资源进行耕种的实情。

第四,水稻栽培技术有了初步的总结。

从流传下来的农书看,水稻的播种时令、播种量等,在汉代都有了文字的总结。如《氾胜之书》就说:"三月种粳稻,四月种秫稻。"[2]又说:"种稻,春冻解,耕反其土。种稻区不欲大,大则水深浅不适。冬至后一百一十日可种稻。稻地美,用种亩四升。始种稻欲温,温者缺其塍,令水道相直。夏至后大热,令水道错。"[3]崔寔在《四民月令》说:"三月可种粳稻,稻,美田欲稀,薄田欲稠。五月可别稻及蓝,尽夏至后二十日止。"[4]

可见,当时的人们已知道水稻必须及时播种,同时需要注意不同品种的不同播种时间。为使水稻生长过程中获得适宜的温度,人们已掌握了利用流水来调节稻田温度的技术。"五月可别稻",已掌握和运用了移栽、插秧等栽培环节。《氾胜之书》《四民月令》有关水稻种植的记载,其经验来源应包括越国故地的生产实践。

第五,对农作物病虫害防治有了一定的经验积累。

---

〔1〕　(汉)王充.论衡(卷2).上海:上海人民出版社,1974:25.

〔2〕　(宋)罗愿.尔雅翼(卷1).上海:商务印书馆,1939:3.

〔3〕　(北魏)贾思勰.齐民要术(卷2).北京:中华书局,1956:24.

〔4〕　(北魏)贾思勰.齐民要术(卷2).北京:中华书局,1956:24.

当时人们对水稻虫害已有较深的认识。水稻的生长过程易受虫害,正如王充所说"稻时有虫"[1]。其中,螟虫、蝗虫是最常见的,会严重威胁水稻生长与收成的害虫。对此,王充在《论衡》中专门记述了当时人们用马屎浸种消毒以防治螟虫的方法,以及采取驱蝗入沟的消灭蝗虫的方法。

蚕桑生产方面,当时人们对蚕的生活形态、桑树有桑天牛为害的现象,已有较深入的观察,并已注意到蚕茧出丝率高低与茧层厚薄的关系。这些经验,也开始见诸文字。如《论衡》所说的"桑有蝎"宜治和"虫茧重厚,称其出丝,孰为多者"[2],便是最早提出要重视桑树虫害防治,并以出丝多少来衡量蚕茧质量的记载。[3]

以上这些表明,秦汉时期浙江地区的农业生产技术,在继承越国农业生产技术和引入中原农业生产技术的基础上,有了较大的提高。由此看来,史书所记述的"火耕水耨",可能并不完全是一种落后耕作方式的代称。

在此,我们不妨就"火耕水耨"的含义,作一简要分析。史籍中有关"火耕水耨"的记述主要有这样几条。

一是《史记·平准书》说:

> 是时(汉武帝元鼎年间——引者)山东被河灾,及岁不登数年,人或相食,方一二千里。天子怜之,诏曰:江南火耕水耨,令饥民得流就食江淮间,欲留,留处。遣使冠盖相属于道,护之,下巴蜀粟以振之。[4]

二是《史记·货殖列传》记载:

> 总之,楚越之地,地广人稀,饭稻羹鱼,或火耕而水耨,果隋嬴蛤,不待贾而足。地势饶食,无饥馑之患,以故呰窳偷生,无积聚而多贫。是故江淮以南,无冻饿之人,亦无千金之家。[5]

三是《汉书·武帝纪》记载:

> (元鼎二年)夏大水,关东饿死者以千数。秋九月诏曰……今水潦移于江南,迫隆冬至,朕惧其饥寒不活。江南之地,火耕水耨,方下巴蜀之粟致之江陵……谕告所抵,无令重困。[6]

〔1〕 (汉)王充.论衡(卷16).上海:上海人民出版社,1974:253.
〔2〕 (汉)王充.论衡(卷30).上海:上海人民出版社,1974:454.
〔3〕 王志邦.浙江通史(秦汉六朝卷).杭州:浙江人民出版社,2005:111—113.
〔4〕 (汉)司马迁.史记(卷30).北京:中华书局,2006:187.
〔5〕 (汉)司马迁.史记(卷129).北京:中华书局,2006:754.
〔6〕 (汉)班固.汉书(卷6).北京:中华书局,2007:45.

四是《汉书·地理志》说：

> 楚有江汉川泽山林之饶。江南地广，或火耕水耨，民食鱼稻，以渔猎山伐为业，果蓏蠃蛤，食物常足。故呰窳偷生，而亡积聚，饮食还给，不忧冻饿，亦亡千金之家。[1]

五是《盐铁论·通有》说：

> 文学曰：荆、扬，南有桂林之饶，内有江湖之利，左陵阳之金，右蜀汉之材。伐木而树谷，燔莱而播粟，火耕而水耨，地广而饶财。然民窳窳偷生，好衣甘食，虽白屋草庐，歌讴鼓琴，日给月单，朝歌暮戚。[2]

对上述文中所提到的关键词组"火耕水耨"，虽然古人有不同的理解和诠释，但大多参照东汉应劭的解释：

> 烧草下水种稻。草与稻并生，高七八寸，因悉芟去。复下水灌之，草死，独稻长。所谓火耕水耨也。[3]

显然，这是一种中性的解释。其实，所谓火耕，即放火焚烧。其目的大致有二：一是放火焚烧树木杂草，以便垦荒耕地；二是放火焚烧已耕稻田中上年遗留的稻秆与杂草，起到除草、施肥、防治稻田病虫害等多种功效。所谓水耨，即在稻田有水的情况下中耕除草。通过水耨，既能去除影响水稻生产的杂草，又能疏松泥土，改善土壤的通气性能，促使水稻根系的发达。

因此，此时江南稻作农业中的"火耕水耨"方式，与北方中原地区旱作农业的耕作方式在技术水平上并无落后与先进之分，所不同的只是因彼此农业种植种类的不同而导致的形式上的差异而已。[4] 由此看来，尽管秦汉时期的"火耕水耨"与原始的火耕有千丝万缕的联系，但它并非一种绝对落后的耕作方式，而是可理解为一种由原始火耕方式改进、发展而来的，适合江南水田稻作的耕作方式。

〔1〕（汉）班固.汉书（卷28）.北京：中华书局，2007：313.
〔2〕（汉）桓宽.盐铁论（卷1）.上海：上海人民出版社，1974：7.
〔3〕（汉）班固.汉书（卷6）.北京：中华书局，1962：183.
〔4〕陈国灿."火耕水耨"新探——兼谈六朝以前江南地区的水稻耕作技术.中国农史，1999（1）：86—92.

第三节　陶瓷烧造技术

越国故地,早在商周时期,已在印纹硬陶的基础上生产出原始瓷器。春秋战国,原始瓷生产进入鼎盛时期,出现了专门烧造原始瓷的窑址。楚败越后,原始瓷的生产一度中断。秦汉一统天下之后,浙江地区的原始瓷烧制得以复兴。在今上虞、绍兴、诸暨、慈溪、鄞州等地,都有原始瓷窑址的分布。此时的陶瓷生产,注重原料的精选,釉料配置和施釉技术也有改进,加之窑炉结构的逐步完善,原始瓷开始向成熟瓷转变。

一、陶器烧制的新进展

秦汉时期,会稽郡窑场增加迅速,龙窑结构更为完善,高温硬陶和釉陶大量出现。随着印纹硬陶、原始瓷烧制的增加,罐、豆、盆、钵等泥质陶日渐减少,壶、罐等施釉器皿大量出现。陶制明器,也由仿铜礼器变为与人间日常生活密切相关的仓、灶、井、家畜以及猪圈、鸡笼等模型。从各地的考古调查、发掘情况看,今浙江地区秦汉时期陶器烧造,大致呈现出如下几个特点。

第一,种类多、数量大、地域分布广。

在会稽郡,今绍兴市发掘的汉墓中出土有大量的陶制罐、壶、瓶、杯、井圈等器皿和随葬明器,如20世纪50年代在漓渚发掘的31座两汉时期墓葬中,出土的陶器制品多达250件。[1]今义乌市汉墓出土有陶瓿、壶、鼎、罐、碗、瓶、盒、灶、纺轮、勺、豆、羊厩、井、牛、羊、鸡、人俑等陶器,超过千件。今永康市汉墓出土有陶罍、锅、壶、钵、碗、盂等。今武义县汉墓出土有陶罍、罐、灶、釜等。今龙游县汉墓出土有陶罐、壶、钵、碗、鼎、猪圈、井、罍、五管瓶、熏、钫、灶、谷仓、猪圈、羊、牛、马、狗等。今宁波鄞州、奉化、宁海、象山、台州椒江、温州鹿城等地汉墓也均有陶器出土。

在吴郡,今长兴县画溪桥遗址出土有汉代的陶井、陶井圈、吸水壶、直口双耳弦纹陶壶、直口双耳印纹釉陶罐,以及黑陶盘、黑陶洗、黑陶罐、黑陶碗、黑陶豆、黑陶盆等。今嘉兴市秀洲区皇坟山东汉墓出土有侈口陶钟、陶灶、陶罐、五管壶等。今海宁市长安镇东汉画像石墓出土有陶案、钵、奁、樽、盘、盆、勺、耳杯、男跪拜俑、女抚琴俑等。今桐乡市宋家桥汉墓群和徐文兜西汉

---

〔1〕　浙江省文物管理委员会.绍兴漓渚的汉墓.考古学报,1957(1):133—140.

墓群出土有青釉陶瓿、壶、罐等。

此外，在丹阳郡，今安吉县内也有汉代釉陶壶、瓿、鼎、盒、匜、熏炉等众多器物的出土。[1]

第二，窑址增多，并呈区域性密集分布。

吴郡，乌程县，今长兴县境内陶窑业就有一定的规模。雉城镇西郊高山岭村长岭山南麓的东汉窑址，面积 5000 平方米，陶具残件堆积层厚达 60 余厘米。其产品以壶、罐为主。余杭县，在今余杭区境域发现的东汉陶窑址有良渚镇馒头山、官窑里、邱家坞和瓶窑镇毛园岭鸡笼山等处，出土器物有陶壶、罐、坛等。

会稽郡，上虞县，今上虞区发现汉代窑址 50 余处[2]，以生产高温硬陶和釉陶为主，器物有罍、瓿、罐、壶和盆等。乌伤县，地处南马盆地的今东阳市横店街道光田村方岩山汉代窑址，为地穴窑，烧制产品以印纹硬陶罐为主，器形较大，采用泥条盘筑法成型。太末县，在今龙游县城南 6 千米横路祝村白洋垄发现东汉窑址群，分布面积约 1.5 平方千米。由白洋垄、鸡头垄、三石垄、小垄等窑址组成的窑址群落，初步调查有窑址 11 座。有的窑具上刻有"寿""大吉""福"等字样。以各式陶罐为主，兼有壶、钵、碗等及少量原始瓷器。白洋垄发掘清理出东汉斜坡式龙窑遗址一座，龙窑顶部已塌，底部保存较为完整，窑头、窑床、窑尾三部分结构清晰。[3] 章安县，今椒江两岸已发现陶窑数处，如下坦印纹陶窑址（西汉）、太和山陶瓷混烧窑址（东汉）、溪口——涌泉窑址群（东汉至南朝）、呑里坑窑址（东汉后期至三国吴）等。这些窑址，以烧制陶器为主，但也兼烧少量瓷器。

第三，砖瓦、井圈等建筑用陶的发展迅速。

吴郡，乌程县，今长兴县画溪桥遗址出土有汉代板瓦、筒瓦、瓦当等，计 20 余件。在九女冢，附近农民曾从墓穴中取出汉砖，建屋 3 间，足见其用砖数量之多。从九女冢汉砖上印有"万岁不败""坚牢"等字样看，这些砖很可能出自专门烧制砖瓦的砖瓦窑。由拳县，今嘉善县，秦汉已有砖瓦业。

会稽郡，今绍兴柯桥区漓渚等地出土汉代方砖和长方砖；今宁波市域，汉代也设窑制砖，产品有花纹砖、人面砖、兽纹砖等多种。椒江流域，章安县治所在地域，砖瓦业有所发展。今章安镇一带曾先后出土有西汉昭帝元平元年（前 74）、东汉安帝永宁元年（120）及桓帝延熹四年（161）纪年残砖。

---

〔1〕　王志邦.浙江通史（秦汉六朝卷）.杭州:浙江人民出版社,2005:125.

〔2〕　杜伟.上虞越窑址调查.东方博物,2007(3):6—15.

〔3〕　浙江省文物考古研究所.浙江龙游白羊垅东汉窑址发掘简报.东南文化,2014(3):53—58.

丹阳郡,故鄣县,今安吉县东汉也已有砖瓦制作。

此时砖的主要用途是建墓。同时,石料开采有所发展,如会稽郡山阴县,今绍兴柯桥区一带已有石料开采。吴郡有用石材建墓的,如今长兴县境内的九女冢,在近代修水利时,从中挖出青石板多达数吨。今海宁长安镇有画像石墓发现[1],墓中保存了长江以南罕见的内容丰富的东汉画像石刻。

陶器无论是作为生活用具、建筑用陶,还是作为随葬的明器,其出土数量都比前代有明显的增加。与之相应,烧制这些陶器的窑址数量,也呈大幅度增长趋势。这表明,此时的越国故地人口、聚落有了较大的增长。从出土的器物和发现的窑址来看,高温硬陶、釉陶的大量出现和窑床结构的改进,说明此时的制陶技术比前代有了较大的进步。

二、成熟瓷器的烧制成功

按理,商周时期出现的原始瓷烧制技术,发展到秦汉时应该有较大的进步。但事实却并非如此。原因在于战国末年空前的征战与动乱,导致原始瓷烧制技术发展出现停顿,甚至中断。秦汉时期的原始瓷似乎是另起炉灶的,看不到与前代直接的传承关系。虽然质料中氧化铝的含量较高,但烧成温度却没有相应的提高,故此时的原始瓷,从严格意义上讲,大多只能称其为釉陶。此外,从器物种类上看,秦汉的原始瓷以仿铜礼器的鼎、盒、壶、钟为常见,很少发现战国时盛行的碗、钵、盘、盅等这一类的饮食器。从装饰纹样看,秦汉的原始瓷的装饰以弦纹、水波纹、云气纹等为主,几乎不见战国时常用的 S 纹等装饰。

但是,此时原始瓷在越国故地的复兴,又似乎说明原始瓷的工艺传统和影响并未完全断绝。在经历战国秦汉数百年的动荡与停滞以后,到东汉中晚期,以上虞小仙坛窑址为代表的宁绍平原东部地区陶瓷业,在原先发达的印纹硬陶、原始青瓷制作工艺的基础上,率先烧制出了具有胎质细腻、火候较高、施釉晶莹、吸水性低等特点的成熟瓷器。

上虞曹娥江中游地区,在东汉中晚期涌现了大批生产青釉及黑釉器物的窑场。许多窑场烧制的青釉器物,质量很高。其中小仙坛窑场烧造的青釉器物,经测试,胎中主要助熔物质的含量为 3.95%,烧成温度高达1310℃。0.8 毫米厚的胎质可微透光。胎的抗弯强度为每平方厘米 710 千

---

〔1〕 嘉兴地区文管会,海宁县博物馆.浙江海宁东汉画像石墓发掘简报,文物,1983(5):1—20.

克,超过清康熙五彩觚每平方厘米 700 千克、青花觚每平方厘米 650 千克的抗弯强度。平均吸水率为 0.28%,最低的仅为 0.16%。这些测试数据均达到甚至超过现代瓷器的标准。[1] 因此,成熟瓷器至迟在东汉中晚期已出现的结论,得到了海内外学术界的一致认可。

从出土器物上看,此时瓷器的类别、造型与装饰,均直接来源于原始瓷。如奉化白杜东汉熹平四年(175)砖室墓出土的五联罐[2],颈肩贴堆纹,这显然是对褐釉原始瓷五联罐的模仿。瓷器的装饰花纹,仍旧为弦纹、水波纹和贴印铺首等几种,与原始青瓷的装饰手法无太多差异。用泥条盘筑法成型的瓿、罍等器物,外壁拍印麻布纹、窗棂纹、网纹、杉叶纹、重线三角纹、方格纹和蝶形纹等,这也与印纹硬陶的装饰图样基本相似。这些都说明东汉时期的瓷器,从造型艺术到装饰手法,均明显带着原始瓷和印纹硬陶的烙印,尚未形成自己特有的风格。这似乎也向我们说明,此时的瓷器刚从原始瓷中脱胎而来。

由于最先烧制成功的瓷器,其釉料以一定量的铁元素作为呈色剂,故釉色呈现青绿或青褐色,人们遂将这种青釉瓷器简称为青瓷。稍后又出现了黑釉瓷器,即黑瓷。会稽郡是青瓷的发源地,也是最先生产黑瓷的区域。

烧制瓷器所用的主要原料为瓷土或瓷石。瓷土、瓷石是一种含石英、高岭土、绢云母类型的伟晶花岗岩风化后的岩石矿物,是瓷坯和釉的主要原料。瓷坯多呈灰色和灰白色。瓷胎外施釉,釉中通常含有 16%—20% 氧化钙。钙在釉料中的作用是助熔,能使釉在较低温度下溶解。在釉料中还有一定的氧化铁。铁是从施釉用的矿物原料中带入,在釉中,铁离子是主要呈色剂。因此,釉料中铁离子含量的高低,直接影响釉的着色。青瓷与黑瓷都是以铁为主要色剂,生产工艺基本相同,其区别仅在于釉料氧化铁含量的高低。氧化铁含量在 3% 以下时,烧成的是青瓷;含量为 4%—9% 时就有可能烧出黑釉瓷器,在这中间还可能出现青黄釉、青灰釉、酱色釉等瓷器。此外,窑中气氛变化也会直接影响到釉的呈色。所以,在东汉晚期窑址中往往可以看到大量的青、青灰、青黄、灰黑、黑等釉色的瓷片。

此时的瓷器,普遍采用龙窑烧制,烧成温度有较大的提高。新石器时代河姆渡遗址的早期陶器的烧成温度可低到 800℃ 左右,晚期的也不超过 1000℃。商周时期的印纹陶和原始瓷的烧成温度已提高到 1200℃ 以上,其

〔1〕 李刚.由陶到瓷.东方博物,2014(2):51—62.
〔2〕 王利华.奉化白杜汉熹平四年墓清理简报.见:浙江省文物考古所学刊.北京:文物出版社,1981:207—211.

至接近 1300℃。东汉时期,青瓷的烧成温度进一步提高,普遍超过了 1300℃。[1] 商周以后陶瓷烧成温度的提高,在很大程度上与龙窑的运用与改进有关。

两汉时期的龙窑窑址已发现多处。西汉窑址集中在上虞、慈溪和龙游等地,目前都未做过考古发掘。东汉窑址广泛分布于绍兴、宁波、衢州、湖州等地,其中上虞帐子山窑址、大园坪窑址、龙游白羊垅窑址等做了考古发掘。此时的龙窑大多建在山坡上,这样的好处颇多:一是山坡地势高,不受地下水的影响,可保持必要的干燥;二是容易使龙窑的窑床自然形成一定的倾斜度,不必垫筑斜长的窑基,省工省事;三是有利于就地取材,尤其是方便木柴、瓷土的获取,节约成本;四是充分利用山坡地,避免占用宝贵的耕田。此外,大量的窑渣和废品可随时倒弃在窑旁的山坡上,处理方便。[2]

从考古发掘的结果来看,先秦时期的窑炉结构一般分为火膛和窑床两部分,东汉时期则普遍出现火膛、窑室、排烟坑三部分结构。

春秋战国时期的龙窑结构,除了富盛的龙窑外,其余均只见火膛和窑床两个部分,发掘时在窑尾段均未发现挡火墙和排烟系统遗迹,而且窑尾平面均呈长方形。这种情形,虽然不能断定那时确实没有设置具有增加抽力和排烟双重作用的功能性窑尾结构,但可以肯定的是,当时尚缺乏通过设置挡火墙和调节排烟坑倾斜度,对尾部火焰实施有效控制的认识和能力。而东汉至六朝时期的龙窑结构则可以明显地分为火膛、窑室和排烟坑三个部分,且与倾斜度的变化有着相似的同步性,这显然是为了某种目的有意识地对窑炉结构进行探索和改革的结果。[3]

此时的龙窑长度大约在 10—15 米之间,如上虞大园坪龙窑全长 10 余米,龙游白羊垅龙窑全长 14.8 米。龙窑的窑床呈 20 度左右的倾斜度。这个倾斜度与先秦时期龙窑以及唐宋时期龙窑均十分近似,所不同的是,无论是先秦时期龙窑还是隋唐时期龙窑,从窑头到窑尾,呈同一倾斜角度,而东汉时期及六朝时期龙窑,则呈分段式的倾斜。如保存较为完整的龙游白羊垅龙窑,前段 12 度,中段 21 度,后段 3 度。[4] 一定的倾斜度,能使"火气又循级透上"[5],有利于加大抽力,并充分利用余热,达到减少能耗的目的。

东汉时期龙窑窑身的加长和结构的改变,既增加了装烧量,又提高了热

〔1〕 李家治,罗宏杰.浙江地区古陶瓷工艺发展过程的研究.硅酸盐学报,1993,21(2):143—148.

〔2〕 朱伯谦.试论我国古代的龙窑.文物,1984(3):57—62.

〔3〕 王屹峰.中国古代青瓷中心产区早期龙窑研究.东方博物,2010(1):27—39.

〔4〕 沈岳明.龙窑生产中的几个问题.文物,2009(9):55—64.

〔5〕 (明)宋应星.天工开物(卷中).上海:商务印书馆,1933:138.

量利用率,为成熟瓷器的批量烧制创造了条件。在上虞帐子山东汉窑址中曾出土过陶车上的构件——瓷质轴顶碗(也称轴顶帽),该轴顶碗作臼状,壁面施以均匀的青釉,显得十分光滑;外壁呈八角形,上小而下大。当它镶嵌于旋轮背面的正中,覆置在插埋于土中的直轴顶端时,一经外力推动,即可使旋轮作快速而连续的旋转。这说明在东汉晚期,陶瓷成型技术已有较大改进和提高。在窑中对坯件起支垫、间隔、保护作用的窑具,通常用耐火的黏土制成,常见的有斜底直筒状垫具、束腰喇叭形垫具、三足支钉等。窑具的普遍使用,对保证瓷器的质量也起了重要作用。

吴、会分治后的会稽郡,在其北部和东部,今诸暨、绍兴、上虞、慈溪、宁波江北和鄞州等地都发现有东汉中、晚期的青瓷窑址。这一地域唐代初期同属越州(后析分为越州、明州),故其窑被称为越窑。[1] 已经发现的汉代青瓷窑址,以今上虞境域最多。据《上虞县志》记载,上虞有东汉窑址 37 处,实际数量更多。[2] 早期主要分布在今梁湖镇拗花山光相寺岙、华光村陶岙;中期转到梁湖镇柴岙村窑山、沿山村曹方岙、平地山,上浦镇大湖岙、凤山等地;晚期主要分布于上浦镇石浦村小仙坛、龙池庙后山、帐子山、窑山,杨浦镇白鹤等地。器物有罍、罐、碗、盘、耳杯、泡菜罐、唾壶、洗、虎子、五管瓶等。釉色分青、赤两种。青瓷胎色灰白,质地细腻,胎釉结合紧密,釉色晶莹光亮。此外,在绍兴柯桥区发现的青瓷窑址有车水岭窑址、窑灶头山窑址等。诸暨店口镇枫山坞等地亦发现东汉青瓷窑址。余姚低塘镇黄沙湖村南九缸岭也发现青瓷窑址。慈溪上林湖,东汉已开始烧制青瓷。宁波鄞州区有玉缸山、上刀子山、郭童岙等多处东汉青瓷窑址。在江北区慈城镇郭塘岙村长溪山南麓,发现汉代青瓷窑址多处,其中属东汉的有 3 处。

会稽郡东南部椒江流域,发现的东汉窑址有台州椒江区太和山、路桥区桐屿茅草山和临海岙里坑、鲶鱼坑口等窑址。这些瓷窑已完全脱离原始青瓷胎坯,以瓷土为原料,高温焙烧,吸水率低,胎骨坚硬呈灰白色,击之声音铿锵。胎釉结合紧密,釉面平整均匀,完全达到成熟瓷水平。产品有青釉瓷和褐黑釉两类。青瓷釉色淡青,青中泛黄,玻化程度较强,色泽光洁透明。1956 年在黄岩秀岭水库发掘的汉建初六年(81)纪年墓和 1990 年发掘的临海黄土岭东汉大墓,出土五管瓶、双耳罐、碗、钵、洗、盂等青瓷,均为当地瓷窑生产。[3]

会稽郡南部瓯江流域,永宁县境内,至东汉晚期,也开始烧制青瓷和黑

〔1〕 陆龟蒙.《秘色越器》诗.见:甫里集.长春:吉林出版集团有限责任公司,2005:79.
〔2〕 杜伟.上虞越窑窑址调查.东方博物,2007(3):6—15.
〔3〕 临海市博物馆.浙江临海黄土岭东汉砖室墓发掘简报.东南文化,1991(5):191—192.

瓷两类瓷器。窑址分布在永嘉楠溪江下游东岸的箬岙后背山、殿岭山、小坟山一带。因此地为东瓯故地,故称瓯窑。基本窑形为依山而建的龙窑,底端为火膛,顶端开排烟孔,中段为窑室,隔数米设置投柴孔。烧制的瓷器虽仍存在原始瓷的某些缺陷,但它以高岭土作坯体,以石灰釉做罩釉,经高温焙烧,瓷化程度很高,发声清脆,不吸水或吸水很弱,这说明它已成功地完成了从原始瓷向真正瓷器的转变。日用陶瓷,出土器物有罐、钵、碗、罍、瓿、洗等。烧制的五联罐,呈葫芦形,上部作五个敞口的束腰小罐,中罐略大,环置四罐,束腰处堆塑三熊,耸耳伸肢,形象生动。这类器物虽大多作为明器,但兼具日用功能与欣赏价值。

金衢盆地,乌伤、太末县,陶瓷业同样获得发展。因唐代金衢盆地东部属婺州,故称婺州窑(或婺窑)。[1]西汉已经烧制原始瓷。此时的原始瓷多仿青铜器,常见产品有鼎、瓿、盒、壶、瓶等,并有不少明器。西汉早期原始瓷装饰有少量的刻画纹饰,到中、晚期,刻画纹饰增多,并出现用粘贴细扁泥条的装饰手法。进入东汉晚期,婺州窑也成功地烧制出青瓷。在义乌、东阳、武义、金华、龙游、兰溪等地都发现了不少东汉及以后的窑址。如武义管湖窑,在东汉晚期开始烧制青瓷,一直延续到南朝。同时,东阳、永康、武义、金华、兰溪、龙游等地的东汉墓中,出土了与这一地区窑址中瓷器标本基本相同的瓷器。如在龙游东华山汉墓中,曾经出土有成熟的青瓷器壶、瓿等。这一区域出土的器物有壶、钟、瓿、簋、钵、碗、耳杯、灶、五联罐等。这些瓷器器形比较规整,制作精细,表面平整光洁。出现菱形纹、叶脉纹及几何形图案纹等新的装饰纹样。器表罩以青釉或褐色釉,烧成后显得清晰晶莹。

越窑瓷器素以青釉制品闻名于世,但在宁绍一带的东汉窑址中却发现它还同时烧制黑釉瓷器。虽然黑釉瓷用料要求不严,胎质较粗,但因在器表施有黑褐色的深色釉,粗糙而灰黑的胎体得以覆盖,表面光洁。这为瓷器生产扩大原料使用范围,开辟了一条新的途径。所以这种黑釉瓷器的出现,同样是汉代瓷业中的一项重要的成就。

黑瓷由酱褐色原始瓷发展而来。在上虞龙松林、乌贼山等地东汉窑址中出土的碗、洗、耳杯、罍、敛口双系罐等原始瓷,施酱色釉,经化验,釉料以氧化铁为着色剂,且坯体含铁量也较高。安徽亳县发掘的元宝坑一号曹操宗族墓,出土黑釉印纹瓷罍、罐等器皿,墓砖上刻有"会稽曹君""会稽曹君丧躯"和"建宁三年四月四日"等铭文[2],说明这些瓷器系东汉建宁年间(或以

〔1〕(唐)陆羽撰,沈冬梅校注.茶经校注(卷中).北京:中国农业出版社,2006:24.

〔2〕安徽省亳县博物馆.亳县曹操宗族墓葬.文物,1978(8):32—45.

前)的产品。在新昌城关镇凤凰村所发现的两座东汉墓中,出土有通体施酱色釉的瓷盘、镳斗等随葬器皿,经鉴定为东汉晚期产品。在上虞帐子山,发现了既烧青瓷又烧黑瓷的东汉窑址,出土的器物品种有壶、罐、瓿、罍、洗、碗等,其黑瓷标本与安徽亳县曹氏宗族墓出土器物相一致。帐子山黑瓷采用还原焰烧制,烧成温度为 $1200℃±20℃$ ——$1240℃±20℃$,釉内氧化铁的含量达 4% —5%,所以釉呈绿褐色乃至黑色。胎釉之间尚未形成明显的中间层,但已出现少量的束状霓辉石,所以剥釉的现象少见,说明当时制瓷技术已有相当高的水平。[1] 宁波鄞州区也发现有生产青瓷、黑瓷的窑址。

吴郡,太湖南岸苕溪流域也开始烧制瓷器。东苕溪支流湘溪流域,在德清三合乡联胜村北青山坞发现的东汉窑址,以生产青瓷为主,兼烧黑瓷。该窑址碎片散布面积约 500 平方米,堆积层厚近 1 米,出土器物有罐、罍、钟、壶、碗等。器表纹饰有弦纹、水波纹、菱形纹、窗棂纹、叶脉纹等;器胎坚致,呈青灰或灰白色;釉色青黄或青,或酱黑。在装烧时使用多种垫具、间隔具等窑具,垫具有斜面直筒形垫具、双足斜面垫具等,间隔具有大小垫圈、垫饼、三足支钉等。与此同类型的,在德清境内还有上渚山窑址、荷花塘窑址等。

刚从原始瓷演变而来的东汉瓷器,在造型技术和装饰手段等方面,还存在一些不足,但瓷器毕竟比陶器、原始瓷更坚固耐用、清洁美观,又比青铜器、漆器造价低廉,而且原料分布极广,蕴藏丰富,所以这种新兴的事物一经出现,即迅速获得人们的喜爱。它很快成为人们日常生活广为使用的器具,也成为墓葬中常见的明器。于是,瓷器很快成为浙江境域生产和输出的大宗商品,促进了区域社会经济的发展。

由原始瓷发展到成熟瓷器,是中国陶瓷史上的里程碑,此后瓷器烧制走进了建章立制的新时代。

第四节　铜镜铸造技术

秦汉 400 多年间,越国故地铜铁的开采、冶炼和铸造等矿冶业获得了新的发展。根据考古发现与文献记载,此时越国故地生产的最著名的产品,已不是寒光逼人的青铜剑,而是生活气息浓厚的青铜镜。越国故地的金属冶铸业由兵器转变为日常生活器具,既表明了融入秦汉大一统政权后的社会

〔1〕 浙江省文物考古所,上虞县文化馆.浙江上虞县发现的东汉瓷窑址.文物,1981(10):33—35.

相对安定,也昭示了此时人们对美好生活的追求与向往。

一、金属矿产采冶技术

吴、会稽、丹阳等郡交界地带,是当时江南主要的铜、铁产区。东汉末年至三国初年,生活在这里的山越,依然是"山出铜铁,自铸甲兵,俗好武习战"[1]。丹阳的铜矿名闻天下。裴骃《史记集解》引《汉书音义》云:"赤金,丹阳铜也。"[2]考古出土的铜器上屡见"汉有嘉铜出丹阳"等铭文。三国东吴的韦昭认为《汉书》所记述的"吴有豫章郡铜山"[3],实际上"豫章郡"是"鄣郡"之误,"铜山"就在汉丹阳郡故鄣县。浙江境域见于方志的秦汉时期铜矿,广泛分布于浙北、浙西等地。如德清有水坞里矿井遗址、前山冶炼场遗址等。凭借铜矿资源丰富和善于冶炼青铜的优势,秦汉时期越国故地的铜器铸造业取得新的突破。吴王刘濞"采山铜以为钱"[4],所铸铜钱的数量在全国名列前茅。据史书记载,新莽时期,王莽曾遣谏大夫50人分别铸钱于各郡国。在萧山闻堰曾发现一个装有"大泉五十"叠铸铜母范、"大泉五十"铜钱、金属锤子的陶罐。[5]王莽所派遣谏大夫在会稽郡铸钱作坊,可能就在这一带。

从铜制品上看,除了大量的钱币出土,其他铜器在浙江发现也不少。主要有弩机、矛、戟、刀、镞、戈、削、剑、钺、环、鼓、灯、镳斗、带钩、香炉、洗、鉴、壶、釜、甑、尊、鼎、锅、盆、碗、盉、勺、奁、钚、印、镜等。如钱唐县,今杭州古荡发现的朱乐昌夫妇墓,随葬有箭、矛、弩机、镜、壶、奁、印等。乌伤县,今义乌境内仅在《义乌县志》中著录的就有:弩机、矛、戟、釜、壶、奁、碗、镜、镳斗等多种。太末县,在今龙游县龙游镇出土的有鼎、钚、鉴、镜、镳斗、带钩等。

在汉代,铁器制造业获得很大的发展,所见铁制工具、兵器不断增多。在今长兴、嘉兴、杭州、余杭、萧山、绍兴、嵊州、新昌、上虞、余姚、象山、诸暨、永康、武义、龙游、衢州、常山、松阳等地都有汉代铁器出土。其中,钱塘江以北太湖流域,是出土铁器较多的区域。据《长兴县志》,长兴馆藏的县域内出土的汉代铁制兵器,就有剑、矛、戟、刀、镞等40余件。上述杭州古荡的朱乐昌夫妇墓,也发现铁制的剑、刀、戟等兵器。钱塘江以南地区,发现的铁制品

〔1〕 (晋)陈寿.三国志(卷64).郑州:中州古籍出版社,1996:639.
〔2〕 (宋)王钦若.册府元龟(卷499).北京:中华书局,2007:5977.
〔3〕 (汉)班固.汉书(卷35).北京:中华书局,2007:388.
〔4〕 (汉)班固.汉书(卷45).北京:中华书局,2007:469.
〔5〕 施加农.新莽大泉五十叠铸铜母范.收藏家,1997(2):50—51.

也有不少。如绍兴漓渚曾发现汉代的冶铁遗址，出土了锄、镢等生产工具；在当地的汉墓中也曾出土了剑、矛、釜、镶斗等铁制品 20 余件。在今上虞，也出土了诸如剑、刀、戟、矛、削、凿、鼎、釜、锅、支架等铁制品。金衢盆地，以龙游县出土较多，有釜、剑、钺、戟等。[1]

从铜、铁矿的开采到冶铸遗址的发现，说明浙江境域内发现的铜、铁产品大多应是本地制造。这表明，秦汉时期，尤其是汉，浙江地区的矿冶技术有了新的发展。但就铜制品而言，此时，铜制品中生产工具、兵器逐渐被铁制品所替代，铜制日用品则逐渐被瓷器所替代，只有铜镜一枝独秀。

二、会稽铜镜铸造技艺

铜镜，即青铜镜，是古代用青铜铸造的镜子，是当时人们不可缺少的生活用具。铜镜是古代浙江继青铜剑之后的又一种著名的青铜产品。大约在西汉中叶，浙江出现了铜镜铸造业，到东汉，会稽郡已成为全国铜镜铸造业中心之一。会稽镜中的画像镜和神兽镜，在中国铜镜发展史上独创一格。三国时期，当中原铜镜生产走向衰微之际，浙江的铜镜生产达到了辉煌的顶峰。

中国的铜镜出现颇早，距今 4000 年前的齐家文化墓葬中就出土过一面小型铜镜。经过商、西周和春秋时期的发展，铜镜在战国开始盛行，产量大增。到了汉代，由于日常生活的需求，加之西汉经济快速发展，铜镜铸造技术产生了质的飞跃。汉代的铜镜，工艺精良，质地厚重，镜背铭文、图案丰富多样。后经唐宋时期两次发展高峰，到明清时期，随着近代玻璃的诞生，铜镜逐渐淡出历史舞台。从其流行程度、铸造技术、艺术风格及其成就等几个方面来看，战国、两汉、唐代、宋代是四个最重要的发展时期。会稽铜镜是两汉以及三国时期中国铜镜技术与艺术的杰出代表。

汉代铜镜在浙江境域时有出土，如安吉县历年出土的铜镜近 300 件，其中大多数为汉代铜镜；[2]绍兴市文物中心库房收藏汉代铜镜 300 多件，这些铜镜大多为绍兴市域所出土。[3] 这些出土和收藏的汉代铜镜，以会稽镜为大宗，且以画像镜、神兽镜、龙虎镜、规矩镜为特色。

画像镜，装饰题材以神仙车马画像、传说故事画像为典型。通常以东王

〔1〕 王志邦.浙江通史（秦汉六朝卷）.杭州：浙江人民出版社,2005:117—120.

〔2〕 程永军.浙江安吉出土汉代铜镜选粹.文物,2011(1):75—79.

〔3〕 蒋明明.对绍兴出土汉代铜镜的探讨.东方博物,2011(3):105—112.

公、西王母这类神仙题材,来展现诸如"瑶池相会"等传说故事。画像的表现手法一改以往简单的线条勾勒,采用了复杂的高圆浮雕法,因而纹饰高低起伏,表现力大大增强。所附带的铭文详略不一,内容以企求国泰民安、五谷丰登等吉祥语为主,西王母、东王公题榜也较多见,其他还有纪氏、纪地等。如绍兴平水镇出土的一面东汉车马神仙画像镜,圆形,半圆钮。内区主纹分为四个部分,以四乳钉间隔。其中两个部分用以表现车马,车后还立有一侍者;另两部分为西王母、东王公坐像,两旁站立小侍。外为一周镜铭带,铭文较长,内容为"吴向阳周是作镜四夷服,多贺国家人民息,胡虏殄灭天下复,风雨时节五谷孰,长保二亲得天力,传告后世乐无极"。内外区以一周栉齿纹作分隔。外区为简单的画纹带,饰有锯齿纹、双线波浪纹等。该镜直径22.2厘米、钮径3.5厘米、厚0.5厘米。

神兽镜,以神像、仙人、神兽、禽鸟等为其主题纹饰,尤以道家神仙题材最为多见。其装饰纹样的结构布局,大致可分为环绕式和分段式两种。环绕式中的神兽等题材纹样,都以镜钮为中心,呈环绕式排列。分段式(或称重列式)中的题材画面,被分为三至五段不等,作由上而下的分段式排列。神兽镜中的铭文内容多样,既乐用"君宜高官""位至三公""长宜子孙""子孙番昌"等企求高官厚禄、祝愿子孙昌盛的吉祥语,也盛行"建安十年""吴郡胡阳"等用以纪年、纪氏和纪地的铭文。如绍兴兰亭镇出土的一面东汉神兽镜,圆形,圆钮,草节纹钮座。神兽作环绕式布局,另有圆轮8个,饰于神兽下部。其铭文为:"吾自作明镜,幽涑商三,雕刻万疆,四夷□易青□吉羊,其师命长。"外区为兽纹带。该镜直径12.9厘米、钮径1.9厘米、厚0.4厘米。

龙虎镜,以龙、虎纹为主题纹饰,与画像镜、神兽镜同时盛行于会稽。其表现手法以圆浮雕为多见,强调突出龙、虎的头部,立体感较强。如湖州南湖监狱工地出土的一面四乳龙虎纹镜,圆形,圆钮,钮座外用短线连接一凸弦纹圈带。两周斜栉齿纹之间是主纹,四乳和二龙、二虎环绕其间。该镜直径11.8厘米。浙江省博物馆收藏一面龙虎镜,圆形,圆钮,直径9.7厘米。区内所饰龙、虎纹,盘曲对峙,雄健有力,部分身躯压于钮下,富有动感。其旁有"青羊口兮"铭文。区外饰蓂纹、锯齿纹、双波折纹一周。

规矩镜,此类铜镜主要特征是在镜背有"⊤""∟""⌐"三种符号组成了规矩、六博纹饰,故称规矩镜或博局镜。浙江出土的规矩镜,其图案主要有青龙、白虎、朱雀、玄武、神兽、异鸟等,另外再配置规矩、乳钉等纹饰图案。铭文以"尚方"铭最多,内容虽以反映长生不老、高官厚禄等吉祥语为主,但常常配以"尚方作镜真大巧"等语,这也表明当时具有商品广告性质的语言在镜铭中已广泛使用。这类铜镜主题纹饰装饰精美,构图精巧,铭文端庄秀丽,铸造精细。镜缘部分也一反西汉时期的素宽平缘的状况,开始注重装饰。如湖州高禹五福墓出土的一面规矩镜,圆形,半球形圆钮,柿蒂纹钮座。座外方格内,十二乳与十二地支间隔排列。镜背主纹繁复,包括六博棋上的曲道图案、8枚带圆座乳丁和神兽纹。神兽纹以青龙和禽鸟、白虎和独角兽、玄武和羽人、朱雀和神兽的搭配呈现。外有一圈铭文,为"尚方作镜真大巧,上有仙人不知老,渴饮玉泉饥食枣,□□天下□"。铭文外饰一圈栉齿纹。宽缘有两周三角纹,间以一组波折纹。该直径18.4厘米。[1]

古代铸镜,曾经历过一个曲折且又漫长的合金配比摸索过程。如果只用纯铜来铸镜,制造的镜子镜面呈红色,映照效果模糊而不实用。如加入锡,随着锡含量的不断增加,合金的颜色会由红色变为黄色而逐渐至白色。当含锡量增加到24%左右时,所铸铜镜的镜面就有了与今天玻璃镜一样的映照效果。但是,高锡的青铜脆性高,所铸铜镜容易破碎,且不宜铸造出镜背图案复杂的铜镜。这些不足,当加入一定量的铅后就会有所克服和改善。我们注意到,战国铜镜中含铅量虽然较少,但这些铅应该不是铜或锡原料里的夹杂,很可能是经过对各种合金性能的不断摸索之后而有意加入的。由于战国铜镜的剖面较平,镜钮较小,所以战国铜镜含铅量通常不超过3%。从现代铸造实验看,铜镜原料中铅的加入量,小型镜以2%、大型镜以3%左右为最佳。说明,战国时期的铸镜师对合金配比中加入铅的作用已有了理性的认识。[2]这种铸造铜镜的合金配比持续了数百年。

越国青铜器铸造,尤其是青铜剑的铸造达到了极高的水平,这为入汉以后铜镜的铸造打下了厚实的技术基础。虽然目前尚没有专门针对会稽镜成分分析的资料,但从已有的汉代铜镜成分分析资料来看,此时铜镜的合金配比均为铜、锡、铅三元配方,且比例相对稳定。其中会稽镜的合金配比为:铜为70%左右,锡为24%左右,铅为6%左右。[3]这一比例的确立,说明此时越地匠师对铜镜合金性能的认识有了进一步的提高。

含铅量的提高,在于入汉以后,此时铜镜的镜体大小、厚薄等均发生了较大变化,低铅合金配比已不再适用。西汉铜镜的缘部一改战国铜镜那种较薄的内凹式弧形缘,而成为又宽又厚的平缘;战国铜镜常见的弦纹式钮,

〔1〕 蒋明明.对绍兴出土汉代铜镜的探讨.东方博物,2011(3):105—112.

〔2〕 董亚巍.论古代铜镜合金成分与镜体剖面几何形状的关系.中国历史博物馆馆刊,2000(2):114—121.

〔3〕 孔祥星,刘一曼.中国古代铜镜.北京:文物出版社,1984:115;王士伦.浙江出土铜镜.北京:文物出版社,1987:1—2;何堂坤.中国古代铜镜的技术研究.北京:中国科学技术出版社,1992:34—43.

此时也被改变成了半圆钮。由于镜体的背纹及镜体剖面几何形状的改变，带来了镜体铸后收缩、凝固的不平衡，即薄处先凝固、厚处后凝固，由此造成补缩量的变化。如果此时还保持战国铜镜的合金配比不变，势必会产生铸造缺陷。因此，铸镜师们又开始了新的合金配比摸索实践。

会稽镜大多属于大钮镜种，如半圆方枚神兽镜、三角缘禽兽镜及画像镜等。这类铜镜不仅有较大的镜钮，而且有着又高又厚的外缘。所以，这类铜镜的含铜铅量通常较高，大多在 6% 上下，有些禽兽镜、画像镜的含铅量甚至超过 7%。此时，一些半圆钮镜，如昭明镜、四神镜、云雷连弧纹镜等，虽然钮形有所改变，但其大小、厚薄与战国铜镜相差不大，因此其合金中的含铅量通常不高，大致介于 3%—5% 之间。[1]

会稽镜铸造工艺脱胎于青铜时代的陶范铸造法，并与之后的钱币铸造工艺同步发展。其工艺流程同样包括：塑模、翻范、合范、浇注、打磨和整修等环节。所不同的是，会稽镜在塑模、翻范环节，较多地采用了浮雕手法来塑造画像纹、神兽纹等，开创了铜镜装饰的新技法，具有鲜明的时代特点和很高的科学价值。此外，与一般的青铜器、钱币铸造不同，铜镜铸造成型后，还要进行细致的铸件加工，包括镜体热处理、机械加工和镜面处理等。只有经过这些后期加工，铜镜才真正制作完成并可以使用。《淮南子·修务训》记载铜镜铸造好后还有"粉以玄锡"[2]等工序。对一些会稽镜等汉镜的成分检测和分析结果也表明，镜面上多有一个富锡的表面层，系铜镜铸造成型后表面加工处理所形成。[3]

由于质量与工艺上乘，会稽镜畅销各地。如会稽镜的代表性产品神兽镜除在浙江境内的绍兴、宁波、黄岩、浦江、武义、龙游、瑞安、安吉等地的汉、六朝墓中时有出土外，在湖北鄂州，江苏南京、扬州、泰州、无锡，安徽芜湖，江西南昌，湖南长沙、浏阳、常德，广东广州，广西金州、贵县，河南洛阳等各地也有出土。会稽工匠还陆续到会稽以外地区铸造铜镜，如鄂州出土的黄初二年(221)镜，其铭文为："黄初二年，十一月丁卯朔，廿七日癸巳，扬州会稽山阴师唐豫命作镜，大六寸清冒，服者高迁，秩公美，宜侯王，子孙藩昌。"说明此镜为会稽山阴工匠所铸，至于是不是在鄂州产生，镜铭没有明确的交代。鄂州出土的黄武六年(227)镜，则明确点明了铸造地。其铭文为："黄武

〔1〕 董亚巍.论古代铜镜合金成分与镜体剖面几何形状的关系.中国历史博物馆馆刊,2000 (2):114—121.

〔2〕 (汉)刘安.淮南鸿烈解(卷19).北京:中华书局,1985:479.

〔3〕 杨勇.汉代铜镜铸造工艺技术略说.中国文物报,2014-12-05(6).

六年,十一月丁巳朔,七日丙辰,会稽山阴作师鲍唐,镜照明,服者也宜子孙,阳燧,富贵老寿□□,牛马羊,家在武昌,思其少天下命吉服,吾王干昔□□□。"这就证明会稽工匠到鄂城铸镜的事实。[1] 这一段铭文还说明了会稽铸镜师除了铸镜以外,还兼铸阳燧,即凹面镜。

不仅如此,会稽镜还输往日本。日本发现的许多中国的神兽镜和画像镜,其形制、纹饰和吴镜相同,并有"赤乌元年""赤乌七年"等纪年铭文。王仲殊认为,作为中国东汉、三国时代的铜镜,日本山梨县鸟居原古坟出土的赤乌元年铭对置式神兽镜、兵库县安仓古坟出土的赤乌七年铭对置式神兽镜、冈山市庚申山古坟出土的对置式神兽镜、京都府椿井大塚山古坟出土的画文带对置式神兽镜、神户市梦野丸山古坟出土的重列式神兽镜、大阪府和泉黄金塚古坟出土的画文带环状乳神兽镜、福井县泰远寺山古坟出土的环状乳神兽镜、姬路市奥山大塚古坟出土的佛像夔凤镜、熊本县江田船山古坟出土的神人车马画像镜等铜镜,其产地多在当时中国江南地方的吴郡和会稽郡。[2] 同时,吴国工匠东渡日本,在日本将吴镜中的画像镜与神兽镜结合,铸出了其主要特点仍然是神兽镜的日本三角缘神兽镜。[3] 可以推测,东渡日本的吴国工匠中不乏会稽工匠,会稽工匠不仅在国内鄂城等地铸镜,而且到了日本,对日本铸镜业发展做出了重要贡献。

第五节　王充与《论衡》

秦汉时期,北人南迁增多,中原文化南传加快。"换了人间"的越国故地随之出现了重视教育、崇尚知识的风气。博览群书、著书立说成为当时文人的一种追求。王充就是这样一个典型。他所著的《论衡》不仅震动了汉末的京城,而且为后人留下了宝贵精神财富。

一、王充生平与著述

王充,字仲任,上虞人。生于东汉光武帝建武三年(27),卒于和帝永元

---

〔1〕 王仲殊.吴县、山阴和武昌——从铭文看三国时代吴的铜镜产地.考古,1985(11):1025—1031.

〔2〕 王仲殊.论日本出土的吴镜.考古,1989(2):161—177.

〔3〕 王仲殊.关于日本三角缘神兽镜的问题.考古,1981(4):346—358.

年间(89—104),终年 70 岁左右。一生历光武帝、明帝、章帝、和帝四朝。关于王充的家世,王充在《自纪篇》中有这样的记述:

> 其先本魏郡元城,一姓孙。几世尝从军有功,封会稽阳亭。一岁仓卒国绝,因家焉。以农桑为业。世祖勇任气,卒咸不揆于人。岁凶,横道伤杀,怨仇众多。会世扰乱,恐为怨仇所擒,祖父汎举家檐载,就安会稽,留钱唐县,以贾贩为事。生子二人,长曰蒙,少曰诵。诵即充父。祖世任气,至蒙、诵滋甚,故蒙、诵在钱唐,勇势凌人,末复与豪家丁伯等结怨,举家徙处上虞。[1]

王诵即王充之父。到王充出世时,已是"贫无一亩庇身","贱无斗石之秩",再加"宗祖无淑懿之基",故王充自称出身"细族孤门"[2]。虽然家道破落,但其父王诵还是为王充创造了较好的就学条件。6 岁便教他读书写字,8 岁送他上学堂,从小接受良好的教育。王充在《自纪篇》中说:"手书既成,辞师受《论语》《尚书》,日讽千字。经明德就,谢师而专门,援笔而众奇。"[3]可见王充接受的正规教育仍然是儒家的伦理,使用的教材也是儒家的经典《论语》《尚书》等,与常人并无两样。乡学既成,王充乃负笈千里,游学于京都洛阳。在洛阳,王充入太学,访名儒,阅百家,观大礼,开阔了眼界也增长了学问,这为他博大求实的学术风格的形成,打下了基础。

整个东汉 200 年间,能称得上思想家的,大概有这样三位:王充、王符、仲长统。王符(85—162),字节信,著有《潜夫论》,对东汉前期各种社会病端进了抨击,其议论恺切明理,温柔敦厚。仲长统(180—220),字公理,著有《昌言》,对东汉后期的社会百病进行了剖析,其见解危言峻发,振聋发聩。王充则著《论衡》一书,对当时社会的许多学术问题进行探讨,特别是对社会的颓风陋俗进行了针砭,许多观点鞭辟入里,石破天惊。范晔《后汉书》将三者立为合传,后世学者更誉之为"后汉三杰"。三杰之中,王充的年辈最长,著作最早,在许多观点上,王充对后二家的影响是十分明显的。

范晔在《后汉书》中用 200 多字概括了他的一生:

> 王充,字仲任,会稽上虞人也。其先自魏郡元城徙焉。充少孤,乡里称孝。后到京师,受业太学,师事扶风班彪。好博览而不守章句。家贫无书,常游洛阳市肆,阅所卖书,一见辄能诵忆,遂博通众流百家之

---

[1] (汉)王充.论衡(卷 30).上海:上海人民出版社,1974:447.

[2] (汉)王充.论衡(卷 30).上海:上海人民出版社,1974:454.

[3] (汉)王充.论衡(卷 30).上海:上海人民出版社,1974:447.

言。后归乡里，屏居教授。仕郡为功曹，以数谏争不合去。

充好论说，始若诡异，终有理实。以为俗儒守文，多失其真，乃闭门潜思，绝庆吊之礼，户牖墙壁各置刀笔。著《论衡》八十五篇，二十余万言，释物类同异，正时俗嫌疑。

刺史董勤辟为从事，转治中，自免还家。友人同郡谢夷吾上书荐充才学，肃宗特诏公车征，病不行。年渐七十，志力衰耗，乃造《养性书》十六篇，裁节嗜欲，颐神自守。永元中，病卒于家。[1]

虽然范晔对王充的生平着墨不多，但一部《论衡》足以使王充彪炳千秋。据《自纪篇》所述："充既疾俗情，作《讥俗》之书；又闵人君之政，徒欲治人，不得其宜，不晓其务，愁精苦思，不睹所趋，故作《政务》之书。又伤伪书俗文，多不实诚，故为《论衡》之书。"[2]又说："历数冉冉，庚辛域际，虽惧终徂，愚犹沛沛，乃作《养性》之书，凡十六篇。"[3]也就是说，王充一生著述，除了《论衡》，还有《讥俗》《节义》《政务》《养性》等，但今仅存《论衡》一部。[4]

《论衡》85篇[5]，其内容为：一是论述天人关系，评论当时儒家的阴阳灾异、天人感应诸说和当时各种瑞应，占21篇；二是评论书传中的天人感应说及虚妄之言，占24篇；三是论述性命问题，占14篇；四是论述人鬼关系及当时各种禁忌，从生活常识、事实效验、自然知识、逻辑推论以及形神关系等方面阐明人死无知，不能为鬼，不能致人祸福，提倡薄葬，有16篇；五是论述区分贤佞才智和用人制度，有8篇；此外可当作自序和自传的有《对作篇》与《自纪篇》2篇。

《论衡》历来被认为是一部"博杂"[6]之书，涉及的面非常广博，王充自谓："上自黄、唐，下臻秦、汉而来，折衷以圣道，析理于通材，如衡之平，如鉴之开。幼老生死古今，罔不详该。"[7]确实，王充以他的经验、知识和态度，对众多的问题，做了记述、评论与分析，使《论衡》成为反映当时各种情况的综合性巨著。对此，东汉末年，王充的同乡虞翻评价说："有道山阴赵晔，征士上虞王充，各洪才渊懿，学究道源，著书垂藻，骆驿百篇，释经传之宿疑，解

〔1〕　(南朝)范晔.后汉书(卷49).北京:中华书局,2007:479.

〔2〕　(汉)王充.论衡(卷30).上海:上海人民出版社,1974:450.

〔3〕　(汉)王充.论衡(卷30).上海:上海人民出版社,1974:455.

〔4〕　邵毅平.论衡研究.上海:复旦大学出版社,2009:41.

〔5〕　《论衡》原来应在百篇左右,到范晔作《后汉书》时仅存85篇。现存《论衡》85篇中的《招致篇》存目佚文。参见:田昌五.国学经典导读——《论衡》.北京:中国国际广播出版社,2011:3—5.

〔6〕　田昌五.国学经典导读——《论衡》.北京:中国国际广播出版社,2011:5.

〔7〕　(汉)王充.论衡(卷30).上海:上海人民出版社,1974:455.

当世之槃结,或上穷阴阳之奥秘,下撼人情之归极。"[1]东晋葛洪称"王仲任作《论衡》八十余篇,为冠伦大才"[2],是"一代英伟,汉兴以来,未有充比"[3]。虞翻、葛洪的评价并不过分。

二、《论衡》的自然科学价值

《论衡》所涉及的自然知识极为丰富,按现代科学门类划分,包括了天文、地理、气象、物理、医学、生物学等众多学科知识。透过《论衡》,确实可以发现,王充是一位"冠伦大才"。

(一)物理学知识

《论衡》涉及的物理学知识尤多,包括力学、热学、声学、光学、电学和磁学等多个方面的内容。

第一,有关电学和磁学方面的知识。

古代人们在生产与生活中,认识与积累了不少电磁学方面的知识,特别是磁学方面,中国古代在很长时间里都处于世界领先地位。王充在《论衡》中记述有不少电学和磁学方面的知识。

如:对雷电成因的认识,王充说:"夫雷之发动,一气一声也。"[4]即在王充看来,雷的产生,只是一种气、一种声音而已。同时他又指出:"盛夏之时,太阳用事,阴气乘之。阴阳分争,则相校轸。校轸则激射。"[5]意思是说,夏天阳气占支配地位,阴气与它相争,于是便发生碰撞、摩擦、爆炸,从而形成雷鸣电闪之景象。王充又指出:"试以一斗水灌冶铸之火,气激裥裂,若雷之音矣。"[6]在此,王充以水浇进正在冶炼的炉火做比喻,形象地说明雷电产生现象。

又如:对静电吸物的看法,王充说:"顿牟(玳瑁——引者)掇芥,磁石引针,皆以其真是,不假他类。他类肖似,不能掇取者,何也? 气性异殊,不能相感动也。"[7]意思是说,经过摩擦的玳瑁之所以能够吸引芥籽,铁针之所

[1] (晋)陈寿.三国志(卷57).郑州:中州古籍出版社,1996:598.

[2] (晋)葛洪.抱朴子内外篇(卷43).北京:中华书局,1985:745.

[3] (唐)虞世南.北堂书钞(卷100).天津:天津古籍出版社,1988:417.

[4] (汉)王充.论衡(卷6).上海:上海人民出版社,1974:97.

[5] (汉)王充.论衡(卷6).上海:上海人民出版社,1974:102.

[6] (汉)王充.论衡(卷6).上海:上海人民出版社,1974:102.

[7] (汉)王充.论衡(卷16).上海:上海人民出版社,1974:245.

以能被磁石吸引,是由于芥籽与玳瑁、铁针与磁石各具有相同的"气性",故能相互感动。它类物体,看起来似乎分别与芥籽、铁针相似,由于它们各与玳瑁、磁石"气性"相异,因此不能相互吸引。王充的解释虽然模糊,但仍不失为一种理论的探究。

再如:对司南的记述,王充说:"司南之杓,投之于地,其柢指南。"[1]文中的"杓"即勺子,"地"是指中央光滑,四周刻有八干、十二支和四维共二十四个方向的地盘,"柢"是勺子的长柄。用此装置,可以确定方向。近人王振铎曾根据这段描述,参以其他资料,复制出古代司南的原型。

第二,有关光学方面的知识。

早在春秋战国时期,人们对光学知识已有较多的积累,尤其是《墨经》中的光学知识,达到了极高的水平。此后,历代人们对光学问题时有关注,王充的《论衡》便是其中之一。

譬如阳燧取火问题,王充在《论衡》中就有多处记述。他说:"铸阳燧取飞火于日,……阳燧取火于天,五月丙午日中之时,消炼五石,铸以为器,乃能得火。"[2]"阳燧乡日,火从天来。"[3]"人用阳燧取火于天,消炼五石,五月盛夏铸以为器,乃能得火。今人但取刀剑铜钩之属,切磨以向日,亦得火焉。"[4]从这几段记述就可看出,当时人们对"阳燧取火"研究已比较透彻,制作阳燧的方法也非常熟练。制作阳燧的材料有多种,文中所说的五石,大概是指丹砂、雄黄、曾青、磁石和白矾,消炼后得到的有可能是一种玻璃状的透明物,再磨成凸透镜形状以便聚光。若是,则说明当时的人们已能用透明的类玻璃物质制成聚光取火的凸透镜。除此之外,金属也可制阳燧,因为"刀剑铜钩"切磨后均可向日取火。"阳燧取火"是人类利用人工的光学仪器来汇聚太阳能的先驱,是中国古代光学史的突出成就之一。

"阳燧取火"属几何光学,物理光学知识在《论衡》中也有论述。如《论死篇》就有磷光光源的内容,王充说:"人夜行见磷,不象人形,浑沌积聚,若火光之状。"[5]又说:"天下无独燃之火。"[6]王充指出,人们夜间行路看到的青色的光,并不是什么"鬼灯笼儿",而是磷所发之光,因为天下没有脱离开物质而独燃之火,这种发光物质就是磷。

---

[1]　(汉)王充.论衡(卷17).上海:上海人民出版社,1974:270.

[2]　(汉)王充.论衡(卷16).上海:上海人民出版社,1974:246.

[3]　(汉)王充.论衡(卷25).上海:上海人民出版社,1974:382.

[4]　(汉)王充.论衡(卷27).上海:上海人民出版社,1974:414.

[5]　(汉)王充.论衡(卷20).上海:上海人民出版社,1974:316.

[6]　(汉)王充.论衡(卷20).上海:上海人民出版社,1974:317.

第三,有关声学方面的知识。

关于人体和乐器的发声原因,是古代探究音乐和声学的人们迫切需要解决的问题。王充在《论衡》中第一次讲到人声是因喉舌鼓动空气而发出的,箫笙之声也是使空气振动的结果。

他说:"生人所以言语吁呼者,气括口喉之中,动摇其舌,张歙其口,故能成言。譬犹吹箫笙,箫笙折破,气越不括,手无所弄,则不成音。夫箫笙之管,犹人之口喉也;手弄其孔,犹人之动舌也。"[1]王充认为人的言语形成的原因,乃是"气括口喉"所致,由于喉舌鼓动着空气,故张合其口,就能发出声音。他又同时把箫笙之管和人之口喉、手弄其孔与人之动舌进行类比,从而得出了箫笙之管发声也是由于空气振动的正确结论。

在《论衡》中王充还提到:"人坐楼台之上,察地之蝼蚁,尚不见其体,安能闻其声。何则?蝼蚁之体细,不若人形大,声音孔气不能达也。……鱼长一尺,动于水中,振旁侧之水,不过数尺,大若不过与人同,所振荡者不过百步,而一里之外淡然澄静,离之远也。"[2]就是说,声音的振动和传播是有一定范围的,人坐在楼台上,观察地面上的蝼蚁,既看不见它的身体,也听不到它的声音,其中原因就是蝼蚁的身体很小,发出的声音即微弱振动的"气"达不到人耳。同样,鱼长一尺,在水中游动,振动旁侧的水,也不过数尺,即使像人那样大的鱼,它能振动的水面也不过百步远,因此,一里之外,依然清澈平静。由此说明,声音和鱼在水中振荡一样,远离振荡的地方就达不到了。我们知道,由于发声体的振动能量是有限的,同时还有振荡阻尼的存在,因此,一定大小的声音只能在一定的范围内被听到。可见王充已在一定程度上解释了声音大小和传播远近的关系,即声强和声源距离的关系。

特别值得注意的是王充对声音形成后如何传播的探讨。他说:"今人操行变气远近,宜与鱼等;气应而变,宜与水均。"[3]王充认为,人的动作,使气在近处和远处发生振动变化,这与鱼的游动使水振动一样。人在气中的声音传播变化和水波是一样的。这里王充一方面提出了声波犹如水波的见解;另一方面他的话中还包含了这样一个思想:人和鱼的动作所发出的声音是要通过空气或水这样的中间物质来传递的。这样的认识是极为难得的。

第四,有关热学方面的知识。

《论衡》中所包含的热学知识是较为丰富的。王充说:"倚一尺冰置庖厨

---

〔1〕 (汉)王充.论衡(卷20).上海:上海人民出版社,1974:319.

〔2〕 (汉)王充.论衡(卷4).上海:上海人民出版社,1974:66.

〔3〕 (汉)王充.论衡(卷4).上海:上海人民出版社,1974:66.

中,终夜不能寒也。"〔1〕这既驳斥所谓"庖厨中能长出来寒冷食物"的错误说法,同时也记载了当时人们用冰来冷藏食品的事实。王充对热传递提出了自己的看法,同样用"气"来对热现象进行了解释。王充说:"夫近水则寒,近火则温,远之渐微。何则?气之所加,远近有差也。"〔2〕我们知道热传递产生的条件是两个物体的温度不一致,而热传递通常以传导、对流、辐射等方式进行。王充认为,"近水则寒,近火则温",乃是"气"的作用所致。认为热传导是"气"的作用,而且"远近有差",这是一个了不起的见解,反映了王充把"气"作为物体之间进行"温""寒"热传递的物质承担者。同时,王充还指出了物体"温""寒"的传递与距离之间的关系。也就是当距离短时,"近水则寒,近火则温";当距离增大时,热的传递也就"远之渐微",即热传递和距离呈相反的变化。

对于自然界中的雨、露、雪、霜和温度的关系,即蒸发、凝结与温度的关系,王充在《论衡》中也作了记载:"云雾,雨之征也,夏则为露,冬则为霜,温则为雨,寒则为雪。雨露冻凝者,皆由地发,不从天降也。"〔3〕并认为"寒不累时则霜不降,温不兼日则冰不释"〔4〕。从上述这些记载中可以清楚地看出,王充对于雨、露、雪、霜的解释,比较正确地反映了自然界中的冷热现象和物态变化,并认识到物态变化与热量的吸放有关,所谓"冰冻三尺,非一日之寒"。特别是他指出从现象看雨是从天而降,但从本质来看,乃是地面上水汽蒸发所致,这是很难得的。

第五,有关力学方面的知识。

王充对物体的运动进行了仔细地观察,指出了人的视觉在观察运动的快慢时会造成错觉的原因。他在《论衡》中说:"天行已疾,去人高远,视之若迟。盖望远物者,动若不动,行若不行。何以验之?乘船江海之中,顺风而驱,近岸则行疾,远岸则行迟。船行一实也,或疾或迟,远近之视,使之然也。"〔5〕这里王充以船在江海中航行为例,从船靠近岸边时,看上去就行驶得快,反之则觉得它行驶得慢的现象,说明了由于观察者离运动物体远近不同,而感觉到它的快慢也就不同的道理,实际上已涉及视差角原理对于观察物体运动快慢的影响问题。

对于物体运动快慢的量度,王充也有了"速率"概念的萌芽。他还写道:

〔1〕 (汉)王充.论衡(卷5).上海:上海人民出版社,1974:77.

〔2〕 (汉)王充.论衡(卷14).上海:上海人民出版社,1974:220.

〔3〕 (汉)王充.论衡(卷11).上海:上海人民出版社,1974:179.

〔4〕 (汉)王充.论衡(卷5).上海:上海人民出版社,1974:78.

〔5〕 (汉)王充.论衡(卷11).上海:上海人民出版社,1974:173.

"日昼行千里,夜行千里,骐骥昼日亦行千里。然则日行舒疾,与骐骥之步相类似也。"[1]意思是说,如果太阳日间行一千里,夜间行一千里,骐骥日间也能行一千里,那么在相同的时间里走了相等的路程,则其快慢舒疾相同,即"速率"一样。王充还说"是故车行于陆,船行于沟,其满而重者行迟,空而轻者行疾","任重,其进取疾速,难矣"[2]。意在说明在一定的外力条件下,较重的物体运动较慢,其开始运动和加快运动也难些。相反,较轻的物体运动较快,其开始运动和加快运动就不难。这里涉及力和运动的关系,并已初具动力学的思想萌芽。

说到力和运动的关系,王充有许多考察与思考。他在《论衡》中说:"干将之刃,人不推顿,孤弧不能伤;筱籁之箭,机不动发,鲁缟不能穿。"[3]说的是,锋利的良剑剑刃,如果没有人用力,连草本植物都不能砍断;优良竹子削成的良箭,不扣弩机,连白色细绢都穿不透。说明在没有人力或弩力引发之前,物体的运动表现不出来。进而又写道:"凿所以入木者,槌叩之也;锸所以能撅地者,跖蹈之也。诸有锋刃之器,所以能断斩割削者,手能把持之也,力能推引之也。"[4]说明力对工具有作用力,且导致了工具的运动。然而他又指出"力重不能自称",并举例说:"夑、育,古之多力者,身能负荷千钧,手能决角伸钩,使之自举,不能离地。"[5]十分精辟地指出内力与外力的区别,内力是不能使物体产生运动的。

王充还写道:"且圆物投之于地,东西南北,无之不可;策杖叩动,才微辄停。方物集地,壹投而止;及其移徙,须人动举。"[6]意思是说,圆球投在地上,东西南北,没有不能滚动的地方,只有拿个棍子去阻挡它滚动,才使它的运动在短时间内停止下来,而方的物体投在地上,由于其底面的关系,一扔下去就停止了,至于要使它改变位置,就必须用人力去移动或上举。这段话的含义是相当深刻的。经典物理学认为,物体具有保持原有运动状态的惯性,在不受外力作用的情况下,这种惯性就表现为物体保持原来运动状态不变,即保持静止或匀速直线运动。王充的上述论述,仔细推敲,可以说在某种程度上与经典物理学中对惯性的论述相似。即:王充观察并叙述了圆球投在地上的运动趋势,在没有拿棍子阻挡它滚动时,也就是没有外力作用它

---

〔1〕 (汉)王充.论衡(卷11).上海:上海人民出版社,1974:173.

〔2〕 (汉)王充.论衡(卷14).上海:上海人民出版社,1974:220.

〔3〕 (汉)王充.论衡(卷13).上海:上海人民出版社,1974:204.

〔4〕 (汉)王充.论衡(卷13).上海:上海人民出版社,1974:205.

〔5〕 (汉)王充.论衡(卷13).上海:上海人民出版社,1974:203.

〔6〕 (汉)王充.论衡(卷14).上海:上海人民出版社,1974:219.

时,圆球将继续运动,东西南北,没有不能滚动的地方。紧接着,王充又对比方物的情况,进一步说明圆球的位置改变,不必"使人动举"。《论衡》中的这段话,已隐含着惯性运动与位移的概念,并对力是物体运动变化的原因也做了说明。[1]

(二)其他科学知识

除了物理学,《论衡》还涉及包括天文、地理、气象、医学、生物学等。

第一,对天地关系问题的思考。

北人南下,或会稽人往北而行,或会稽人从南方而回,仰望星空,由于所处方位不同、地形有别,细心观察,会感到南北星空有所不同。于是,诸如天是什么? 地有多大? 天与地的关系如何? 成为人们常常追问的问题。

对此,王充专门写有《谈天篇》《说日篇》来探讨这类问题。如他认为:"天体非气也。"[2]天是固体,不是气;天体带着日月旋转,对"日月之行,不系于天,各自旋转"[3]的说法进行了反驳。观点可能并不正确,但王充的此类思考,仍然有积极意义。

第二,关于潮汐现象成因的思考。

会稽郡东部濒临大海,江海的潮汐,直接影响着此地人们的繁衍生息。因此,潮汐现象也就成为人们关注的一个问题。当时,民间流行的说法是伍子胥冤魂"驱水为涛"[4]。但定居于浙江沿海地区居民,日复一日地面对有规律的涌潮现象,不能不思考这样一个问题:为什么伍子胥的冤魂要到越国的土地上"驱水为涛"呢? 从情理上说,伍子胥怨恚吴王,却在越地的江海上发怒,是违背常理的。生活于上虞的王充通过长期观察发现,潮汐现象实际上是与月亮的圆缺以及河口地形浅狭有关,伍子胥冤魂"驱水为涛"的说法是虚妄的。他说:

> 夫地之有百川也,犹人之有血脉也。血脉流行,泛扬动静,自有节度。百川亦然,其朝夕往来,犹人之呼吸气出入也。……其发海中之时,漾驰而已;入三江之中,殆小浅狭,水激沸起,故腾为涛。广陵曲江有涛,文人赋之。大江浩洋,曲江有涛,竟以隘狭也。吴杀其身,为涛广

[1] 张焕平.王充物理思想对科学发展的贡献.晋中师范高等专科学校学报,2003(2):116—118;李仓.《论衡》中的热学、电磁学及光学知识.中州大学学报(综合版),1995(1):63—65.
[2] (汉)王充.论衡(卷11).上海:上海人民出版社,1974:168.
[3] (汉)王充.论衡(卷11).上海:上海人民出版社,1974:173.
[4] (汉)王充.论衡(卷4).上海:上海人民出版社,1974:58.

陵,子胥之神,竟无知也。溪谷之深,流者安洋;浅多沙石,激扬为濑。夫涛濑,一也。谓子胥为涛,谁居溪谷为濑者乎? ……涛之起也,随月盛衰,小大满损不齐同。如子胥为涛,子胥之怒,以月为节也。三江时风,扬疾之波亦溺杀人。子胥之神,复为风也?[1]

王充的这一解释,从现今看来并不十分准确,但这是中国历史上试图从天文、地理两个方面对潮汐现象做出科学解释的最初尝试。

第三,关于气候变化的成因及影响。

气候变化影响着人类的生产、生活活动。王充在细心观察的基础上,形成了自己有关风、雨、雪、云、霜等的一套理论。如:关于雨雪的形成,王充认为,雨雪都不是从天上降下来的,是由地上蒸发的云气生成而降散下来的。而晴雨变化,王充认为"旸久自雨,雨久自旸"[2],是自然现象。"水旱之至,自有期节"[3]"夫天之运气,时当自然。虽雩祭请求,终无补益"[4],自然界的"灾异"是"气"变化的结果,与人事无关,明确提出"水旱不可以祷谢去"[5]。关于风,王充认为风是气体流动的结果。他说:"夫风者,气也。"[6]而不像当时流行的说法"天地之号令"。关于打雷,王充专门写了《雷虚篇》,驳斥打雷是上天发怒的说法。他说:

> 雷者太阳之激气也。何以明之? 正月阳动,故正月始雷。五月阳盛,故五月雷迅。秋冬阳衰,故秋冬雷潜。盛夏之时,太阳用事,阴气乘之。阴阳分争,则相校轸。校轸则激射。激射为毒,中人辄死,中木木折,中屋屋坏。人在木下屋间,偶中而死矣。何以验之? 试以一斗水灌冶铸之火,气激裓裂,若雷之音矣。或近之,必灼人体。天地为炉大矣,阳气为火猛矣,云雨为水多矣,分争激射,安得不迅? 中伤人身,安得不死?[7]

他又指出:

> 雷者火也。以人中雷而死,即诇其身,中头则须发烧焦,中身则皮肤灼焚,临其尸上闻火气,一验也。道术之家,以为雷烧石色赤,投于井

---

〔1〕 (汉)王充.论衡(卷4).上海:上海人民出版社,1974:59—60.
〔2〕 (汉)王充.论衡(卷15).上海:上海人民出版社,1974:234.
〔3〕 (汉)王充.论衡(卷14).上海:上海人民出版社,1974:223.
〔4〕 (汉)王充.论衡(卷15).上海:上海人民出版社,1974:236.
〔5〕 (汉)王充.论衡(卷5).上海:上海人民出版社,1974:79.
〔6〕 (汉)王充.论衡(卷5).上海:上海人民出版社,1974:74.
〔7〕 (汉)王充.论衡(卷6).上海:上海人民出版社,1974:101—102.

中,石焦井寒,激声大鸣,若雷之状,二验也。人伤于寒,寒气入腹,腹中
素温,温寒分争,激气雷鸣,三验也。当雷之时,电光时见,大若火之耀,
四验也。当雷之击,时或燔人室屋及地草木,五验也。夫论雷之为火有
五验,言雷为天怒无一效。然则雷电为天怒,虚妄之言。[1]

在此,王充用五个例证说明雷电就是火,并用此驳斥雷电是"天公发怒"
的迷信之说。这一段约两千年前的话用验尸、投石、肠胃病、电闪、雷击等物
质现象说明雷电的本质,批驳迷信,写得极为精彩。特别是能把对各种物质
现象的观察联系起来思考,并做出概括,反驳谬论,实属不易。就方法而言,
他既采用了观察、类比的方法,又运用了归纳、综合的方法,虽然并不像今天
这样完备,但从科学史的角度来看,确实是很可贵的。这种解析虽有直观朴
素之嫌,但对当时社会上流行的"天怒"是有力的抨击。

此外,关于气温的变化现象,王充在《论衡》中多次涉及,他说:"春温夏
暑,秋凉冬寒,人君无事,四时自然。""寒温,天地节气,非人所为,明矣。"[2]
"寒暑有节,不为人变改也。"[3]"寒温自有时。""寒不累时则霜不降,温不兼
日则冰不释。"[4]也就是说,在王充看来,气温的变化只是一种自然变化现
象,且有一定规律的。王充还注意到气候的变化现象,他说:"天且雨,蝼蚁
徙,蚯蚓出,琴弦缓,固疾发,此物为天所动之验也。"[5]又说:"南方至热,煎
沙烂石,父子同水而浴。北方至寒,凝冰坼土,父子同穴而处。"[6]王充已注
意到,气候变化会引起许多事物的变化,南北气候差异影响到人们的生活
方式。

第四,关于某些生物学现象的观察与分析。

会稽气候温暖湿润,动植物资源丰富。《论衡》中记述了不少王充对植
物、动物现象的观察与分析。如:关于植物的生长环境,王充说:"地性生草,
山性生木。"[7]"地力盛者,草木畅茂。"[8]他认为草木的生长与地势、土壤
等环境因素有关。王充还注意到树木的生长速度与其坚硬度的关系,他说:
"枫桐之树,生而速长,故其皮肌不能坚刚。树檀以五月生叶,后彼春荣之

〔1〕 (汉)王充.论衡(卷6).上海:上海人民出版社,1974:102.

〔2〕 (汉)王充.论衡(卷14).上海:上海人民出版社,1974:222.

〔3〕 (汉)王充.论衡(卷15).上海:上海人民出版社,1974:231.

〔4〕 (汉)王充.论衡(卷5).上海:上海人民出版社,1974:78.

〔5〕 (汉)王充.论衡(卷15).上海:上海人民出版社,1974:229.

〔6〕 (汉)王充.论衡(卷15).上海:上海人民出版社,1974:232.

〔7〕 (汉)王充.论衡(卷12).上海:上海人民出版社,1974:192.

〔8〕 (汉)王充.论衡(卷13).上海:上海人民出版社,1974:202.

木,其材强劲,车以为轴。"[1]通过观察,王充发现枫树、桐树生长速度快,所以其树枝不坚硬;檀树到五月才长叶子,而其木质强劲,可以用来做车轴。

又如:关于动物的生存环境,王充说:"江北地燥,故多蜂虿;江南地湿,故多蝮蛇。"[2]将蜂、蛇的区域分布与环境的燥、湿联系起来。关于动物的习性,王充说:"鱼鳖匿渊,捕渔者知其源;禽兽藏山,畋猎者见其脉。"[3]这是各种动物有其习性的概括性的表述。

针对自然界的弱肉强食现象,王充有一大段议论:

> 寅,木也,其禽虎也。戌,土也,其禽犬也。丑未亦土也,丑禽牛,未禽羊也。木胜土,故犬与牛羊为虎所服也。亥,水也,其禽豕也。巳,火也,其禽蛇也。子亦水也,其禽鼠也。午亦火也,其禽马也。水胜火,故豕食蛇。火为水所害,故马食鼠屎而腹胀。审如论者之言,含血之虫,亦有(不)相胜之效。午,马也;子,鼠也;酉,鸡也;卯,兔也。水胜火,鼠何不逐马?金胜木,鸡何不啄兔? 亥,豕也;未,羊也;丑,牛也。土胜水,牛羊何不杀豕?巳,蛇也;申,猴也。火胜金,蛇何不食猕猴?猕猴者,畏鼠也。啮猕猴者,犬也。鼠,水;猕猴,金也。水不胜金,猕猴何故畏鼠也?戌,土也;申,猴也。土不胜金,猴何故畏犬?[4]

王充以为,果真像议论者说的,午属马,子属鼠,酉属鸡,卯属兔,水克火,那么鼠为什么不去追赶马?金克木,那么鸡为什么不去啄食兔子?亥属猪,未属羊,丑属牛,土克水,那么牛羊为什么不杀死猪?巳属蛇,申属猴,火克金,那么蛇为什么不吃猕猴?鼠属水,猕猴属金,水不能克制金,那么猕猴为什么害怕老鼠?戌属土,申属猴,土不胜金,那么猴何故畏惧犬狗?最后的结论是:"以十二辰之禽效之,五行之虫以气性相刻,则尤不相应。"[5]在王充看来,自然界确实存在弱肉强食的现象,但如果按五行的性质来解释动物的相互克制,显然是不妥当的,更是不符合事实的。

王充还认为,各种各样的草类对人都是有益处的,他说:"夫百草之类,皆有补益。遭医人采掇,成为良药。"[6]王充还提醒人们注意饮食卫生,他说:"虫堕一器,酒弃不饮。鼠涉一筐,饭捐不食。"[7]"鼠涉饭中,捐而不食。

---

[1] (汉)王充.论衡(卷14).上海:上海人民出版社,1974:218.
[2] (汉)王充.论衡(卷23).上海:上海人民出版社,1974:351.
[3] (汉)王充.论衡(卷11).上海:上海人民出版社,1974:182.
[4] (汉)王充.论衡(卷3).上海:上海人民出版社,1974:48—49.
[5] (汉)王充.论衡(卷3).上海:上海人民出版社,1974:49.
[6] (汉)王充.论衡(卷2).上海:上海人民出版社,1974:17.
[7] (汉)王充.论衡(卷2).上海:上海人民出版社,1974:17.

捐饭之味,与彼不污者钧,以鼠为害,弃而不御。"〔1〕被老鼠爬过的饭,应扔掉不吃。这也说明,当时人们在治病、防病方面已积累了较为丰富的知识。

上述《论衡》中的描述与分析,集中反映了王充"对自然客观性的信仰、对描述精确性的偏爱、对理论实证性的注重和对科学创造性的追求等"〔2〕,更体现出王充锐利的批判意识和超前的科学精神。

第六节　魏伯阳与《周易参同契》

东汉桓帝时,魏伯阳所撰的《周易参同契》,是世界上现存最古的一部炼丹术著作。〔3〕该书总结了当时方士炼丹的经验,也记载了一些矿物和化学反应的知识。因而在被称为"万古丹经王"〔4〕的同时,《周易参同契》也在科技史上占有重要地位。

一、魏伯阳其人及著述

魏伯阳的生平事迹未见于正史,其他史籍也记载不多。只有晋代葛洪的《神仙传》、五代彭晓的《周易参同契通真义序》中,对魏伯阳的介绍着墨稍多。葛洪在《神仙传》中说:"魏伯阳者,吴人也,本高门之子,而性好道术。后与弟子三人,入山作神丹。"又说:"伯阳作《参同契五行相类》,凡三卷,其说是《周易》,其实假借爻象,以论作丹之意。而世之儒者,不知神丹之事,多作阴阳注之,殊失其旨矣。"〔5〕

五代彭晓根据《神仙传》,在《周易参同契通真义序》进一步介绍说:

> 按《神仙传》,真人魏伯阳者,会稽上虞人也。世袭簪裾,唯公不仕,修真潜默,养志虚无。博赡文词,通诸纬候。恬淡守素,唯道是从,每视轩裳如糠秕焉。不知师授谁氏,得《古文龙虎经》,尽获妙旨,乃约《周易》撰《参同契》三篇。又云未尽纤微,复作《补塞遗脱》一篇,继演丹经之玄奥。所述多以寓言借事,隐显异文,密示青州徐从事。徐乃隐名而

---

〔1〕　(汉)王充.论衡(卷1).上海:上海人民出版社,1974:5.

〔2〕　以上参见朱亚宗.王充:近代科学精神的超前觉醒.求索,1990(1):60—66.

〔3〕　袁翰青.《周易参同契》——世界炼丹史上最古的著作.化学通报,1954(8):401—406.

〔4〕　(清)胡渭.易图明辨(卷3).成都:巴蜀书社,1991:57.

〔5〕　(晋)葛洪.神仙传(卷1).北京:中华书局,1991:7—8.

注之。至后汉孝桓帝时,公复传授于同郡淳于叔通,遂行于世。[1]

这里既提到了"魏伯阳者,会稽上虞人也",也提到"后汉孝桓帝时"等有关魏伯阳生平的关键性资料。因此,我们大致可得到这样的认识:魏伯阳,会稽上虞(今浙江上虞)人,出身高门望族。世袭簪缨,但他生性好道,不肯仕宦,闲居养性,时人莫知之。他生活于东汉桓帝(147—167)前后,其弟子有徐从事、淳于叔通等人。

关于魏伯阳的著述,史籍多有涉及。除了上述葛洪说"伯阳作《参同契》《五相类》,凡三卷",彭晓说魏伯阳"撰《参同契》三篇"外,《旧唐书》《郡斋读书志》等文献也有记述。如:《旧唐书》载:"《周易参同契》二卷,魏伯阳撰,《参同契五相类》一卷,魏伯阳撰。"《新唐书》载:"魏伯阳《周易参同契》二卷,又《参同契五相类》一卷。"《宋史》载:"魏伯阳《周易参同契》三卷。"宋代晁公武的《郡斋读书志》载:"彭晓注《参同契》三卷,后汉魏伯阳撰。"陈振孙的《直斋书录解题》载:"《周易参同契》三卷,后汉上虞魏伯阳撰。"郑樵的《通志》载:"《周易参同契》三卷,汉魏伯阳撰,抱素子注。"今仅存《周易参同契》,卷数视版本而异,或作三卷,或作二卷,或不分卷而作上、中、下三篇。

对《周易参同契》书名中参、同、契的解释,历来存在不同的观点。[2] 按彭晓的解释是:"《参同契》者,参,杂也;同,通也;契,合也。谓与诸丹经理通而契合也。"[3]也就是说,《周易参同契》是一部用《周易》理论、道家哲学与炼丹术(炉火)三者参合而成的炼丹修仙类著作。《周易参同契》篇幅不大,全书共 6000 余字,用四字一句、五字一句的韵文及少数长短不齐的散文体和离骚体写成。该书采用许多隐语,"词韵皆古,奥雅难通"[4],所以历代有很多不同见解的注本行世,仅《正统道藏》就收入唐宋以后注本 11 种之多。

道教所述的丹,分外丹与内丹。外丹,指用炉鼎烧炼丹砂等矿石药物而成之物,谓食之可长生不老。内丹,指以身体为炉灶,修炼精、气、神而在体内结成之物,谓丹成可为仙。历代注释名家对《周易参同契》的基本内容的理解存在着分歧,有的认为魏伯阳讲的是烧炼金丹以求仙药的外丹说;有的认为魏伯阳主张调和阴阳,讲的是靠自身修炼精、气、神的内养术,即后世所谓的内丹说;有的认为在《周易参同契》中,外丹说、内丹说两者兼而有之。

但人们注意到,历代对《周易参同契》的阐释,似乎存在一种从外丹经典

〔1〕 (五代)彭晓.周易参同契通真义序.见:全唐文(卷891).北京:中华书局,1983:9306.
〔2〕 孟乃昌.《周易参同契》解题.学术月刊,1990(9):41.
〔3〕 (五代)彭晓.参同契通真义后序.见:全唐文(卷891).北京:中华书局,1983:9308.
〔4〕 (宋)陈振孙.直斋书录解题(卷12).北京:中华书局,1985:334.

逐渐走向内丹经典的演化轨迹。唐以前,人们提到《周易参同契》,大多将其看成外丹著作。五代彭晓注本亦主要作外丹注,但已将外丹术语转向内丹化的解释。此后,将《周易参同契》作内丹解释的注本渐多。

这一认识变化的轨迹,也与内外丹关系的三个主要阶段的总体面目相吻合。大致而言,汉至南北朝时期,以外丹为主,尚未借用外丹理论而形成内丹学。隋唐时期是内丹与外丹交融阶段,内丹开始移植外丹理论而形成系统的内丹学。宋元以降,内丹学代替外丹占主导地位,内丹学开始以内丹观点解释外丹经典。[1]

从现存的《周易参同契》版本看,其主要内容大致可分为三部分:一是以易道、黄老阐述外丹炉火理论,如以乾坤为鼎炉,以坎离为药物,以阴阳喻变化,以爻象喻火候等,意在为实践提供一种炼丹的理论基础。二是所开展的外丹炉火实践,如"知白守黑""金为水母""金入于猛火""胡粉投火中""太阳流珠""河上姹女"等内容,均为炼丹实践经验的总结。三是有关人体内修的原理和练功景象的阐述,涉及道家内修功法及境界。

二、《周易参同契》的科学成就

中国炼丹术有着悠久的历史。早在公元前三四世纪的战国时代,就有关于方士求"不死之药"的记载。自从秦始皇、汉武帝招致方士,讲求长生不老之术之后,炼丹的风气便开始盛行。魏晋南北朝时期,方士演变成符水治病的道士,他们把先秦的道家创始人老子认作始祖。从此,道教成为我国主要宗教之一,与儒、释并行于世。由于当时社会动荡,人们为了寻求精神的寄托,纷纷崇信道教,求取丹药,妄想通过炼丹服药,解脱厄运,得道成仙;或者借助于丹药,醉生梦生,寻求刺激,由此炼丹活动更加风行起来。

炼丹术所追求的目标不可能达到,但他们在炼丹基础上发现物质变化的种种现象,并对各种现象进行了探究,为初期阶段的化学、冶金做出了一定的贡献。他们还把大量的炼丹药物引入医疗实践中,从而丰富了传统的药物学内容。

进入20世纪以后,《周易参同契》作为一部难得的历史文献,受到学术界的高度重视,对此许多学者从目录学和文献学、外丹与科学史、内丹思想等方面进行了研究,取得不少成果。[2]尽管因《周易参同契》的文字深奥难

---

〔1〕 戈国龙.《周易参同契》与内丹学的形成.宗教学研究,2004(2):23—30.

〔2〕 马宗军.周易参同契研究.济南:齐鲁书社,2013:5—13.

通,加上章节错乱,目前,学术界对《周易参同契》的金丹术还存在许多不同见解,但有一点是共同的,那就是《周易参同契》在人类化学史、冶金史、医药史上均有重要的价值。[1]

第一,对黄金、铅、汞以及一些矿物的化学性质有了一定认识。

"金"是在《周易参同契》中运用频率极高的一个字,出现达300多次。其含义大致包含两个方面的意思。

一是泛指金属,如"五金之主""金石不朽""金华"等。对此,魏伯阳不仅注意到了各种金属及金属矿物的金属性,即"金精",并与非金属性的"木精"相对,还注意到金属可熔性("水基")和挥发性("火精")等。由此,魏伯阳提出了只有"名类"相同的物质才能起化学反应的思想,并注意到反应物间量的关系。魏伯阳说:

> 若药物非种,名类不同。分剂参差,失其纲纪。虽黄帝临炉,太乙执火。八公捣炼,淮南调合。立宇崇坛,玉为阶陛。麟脯凤腊,把籍长跪。祷祝神祇,请哀诸鬼。沐浴斋戒,冀有所望。亦犹和胶补釜,以硇涂疮。去冷加冰,除热用汤。飞龟舞蛇,愈见乖张。[2]

意思是说,若物不类从,即便是请来黄帝、太一、八公、淮南等诸仙亲自临炉,即便是广置坛墠,丰备酒肴,敬跪祝辞,告诸神鬼以求还丹,均犹如"和胶补釜","以硇涂疮","飞龟舞蛇",终无济于事。这种"同类者相从"的化学观点,是中国炼丹术特有的"种类学说"。

二是特指某种金属,如黄金、银、铅等。如"金计有十五","丹砂木精,得金乃并"中的"金",专指铅;如"金入于猛火,色不夺精光"中的"金",专指黄金等。魏伯阳在《周易参同契》中,专门阐释了黄金的特性:

> 金入于猛火,色不夺精光。自开辟以来,日月不亏明。金不失其重,日月形如常。金本从月生,朔旦受日符;金返归其母,月晦日相包。隐藏其匡郭,沉沦于洞虚。金复其故性,威光鼎乃熹。[3]

这里,作者已注意到黄金化学性质的稳定性,指出即使是在高温,即"金入猛火"的条件下,"色不夺精光""金不失其重"。这就是后世所谓"真金不怕火炼"的试金法先声。同时还指出,当金汞齐加热除汞后,便"金复其故

〔1〕 [英]李约瑟著,陈立夫主译.中国之科学与文明(第15册).台北:台北商务印书馆,1985:57—83.

〔2〕 (五代)彭晓.周易参同契通真义(卷下).郑州:中州古籍出版社,1988:140.

〔3〕 (五代)彭晓.周易参同契通真义(卷上).郑州:中州古籍出版社,1988:58.

性,盛光鼎乃熺",又得到了熠熠发光且重量如初的黄金。

第二,对铅的化学反应有了一定了解。

《周易参同契》中叙述最详细的部分,也是书中的核心内容,是炼制"还丹"。炼制"还丹"的主要配药,便是铅及铅的化合物。魏伯阳说:

> 胡粉投火中,色坏还为铅。冰雪得温汤,解释成太玄。金以砂为主,禀和于水银。变化由其真,终始自相因。欲作服食仙,宜以同类者。植禾当以黍,覆鸡用其卵。以类辅自然,物成易陶冶。鱼目岂为珠,蓬蒿不成槚。类同者相从,事乖不成宝。是以燕雀不生凤,狐兔不乳马。水流不炎上,火动不润下。[1]

这里所提到"胡粉",即碳酸铅($PbCO_3$),其色白,又称铅粉、水粉,古人常用作化妆品和绘画颜料。胡粉在火中受热分解,释放出二氧化碳,生成一氧化铅,即密陀僧,其色黄。这一过程的化学反应式为:$PbCO_3 + C + O_2 \rightarrow PbO + 2CO_2$。如继续加热,则一氧化铅进一步与木火之碳和空气中之氧反应,还原出铅。其反应为:$2PbO + 2C + O_2 \rightarrow 2Pb + 2CO_2$。虽然,纯铅的提炼要更早得多,但此种提取纯铅的工艺,之前的史籍尚无记载,《周易参同契》属首次。

经过提炼的纯铅,即真铅,又称为金华、金精。将真铅捣成碎粒,然后在炒锅中加热炒炼,即可制成黄丹(Pb_3O_4)。黄丹,又称铅丹,实际上是一种铅酸铅盐(Pb_2PbO_4),其色橘红。

魏伯阳还说:

> 先白而后黄兮,赤黑达表里。名曰第一鼎兮,食如大黍米。自然之所为兮,非有邪伪道。若山泽气相蒸兮,兴云而为雨。泥竭遂成尘兮,火灭化为土。若檗染为黄兮,似蓝成绿组。皮革煮成胶兮,曲糵化为酒。同类易施功兮,非种难为巧。惟斯之妙术兮,审谛不诳语。传于亿世后兮,昭然自可考。焕若星经汉兮,㫺如水宗海。思之务令熟兮,反覆视上下。千周灿彬彬兮,万遍将可睹。神明或告人兮,心灵乍自悟。探端索其绪兮,必得其门户。天道无适莫兮,常传与贤者。[2]

这里所说的头几句,是说真铅在炒锅内随氧化程度的加深而产生的颜色变化,其反应式为:$2Pb + O_2 \rightarrow 2PbO$(黄色),$6PbO + O_2 \rightarrow 2Pb_3CO_4$(深红色)。按《黄帝九鼎神丹经诀》的说法,铅粒在炒锅内须经过"二宿三日炒",

---

[1]　(五代)彭晓.周易参同契通真义(卷上).郑州:中州古籍出版社,1988:63—64.

[2]　(五代)彭晓.周易参同契通真义(卷下).郑州:中州古籍出版社,1988:151—152.

方能"令赤乃止"。尽管如此,黄丹中的氧化铅含量仍然不会很高,据有关测定报告,至多在 26.2%左右。[1] 不过,这种炒铅方法一直延续到唐代。宋以后始改用添加硝石、硫黄等氧化剂同炒,氧化铅的含量有所提高,但反应中生成的硫酸铅等杂质又掺杂其中,影响了黄丹的纯度。

炒炼黄丹为第一步,属于采药,即提炼真铅;第二步为归护,即将真铅炼制成黄丹。在公元 100 年前,将铅的还原、氧化反应以文字的形式记载下来,无疑是一项十分了不起的贡献,是冶金史、化学史上值得大书特书的成就。

第三,对水银的化学反应有一定的掌握。

与铅一样,水银即汞,也是炼丹家常用的丹药原料,在《周易参同契》中多次提及。魏伯阳有这样的记述:

> 河上姹女,灵而最神,得火则飞,不见埃尘,鬼隐龙匿,莫知所存。将欲制之,黄芽为根。[2]

文中的"姹女",即少女,也就是指汞。意思是说,汞易挥发,遇火即转变成气态,弥散进入空气中,如果要回收,就得利用硫黄(黄芽)使其化合。其反应式为:$Hg+S→HgS$,这个反应是可逆的。生成的 HgS,即灵丹,呈红色,又被称为灵砂、金砂、丹砂。HgS 可能是人类合成的第一种化合物。《周易参同契》中炼制灵丹的方法,是将水银(Hg)和硫黄(S)置于密封的鼎器内,然后进行加热、冷却,再加热、再冷却,进行反复精炼。

魏伯阳还说:

> 捣治并合之,持入赤色门。固塞其际会,务令致完坚。炎火张于下,昼夜声正勤。始文使可修,终竟武乃陈。候视加谨慎,审察调寒温。周旋十二节,节尽更须亲。气索命将绝,体死亡魄魂。色转更为紫,赫然成还丹。粉提以一丸,刀圭最为神。[3]

将丹砂捣碎,置入反应器中,然后务必将反应器密固坚实。加温时开始用文火,促使 HgS 缓慢熔化分解。等到熔化分解到一定程度,再用武火,确保其充分分解,即所谓"终竟武乃陈"。然后抽薪降温,令其冷却,使分解出来的 Hg 和 S 蒸气在升炼装置中重新合成,再度凝结成 HgS。当时尚没有类似玻璃器的透明器皿作为反应器,因此,"候视加谨慎,密察调寒温"之类

〔1〕 郭东升.论《周易参同契》的外丹术.江汉大学学报,1994(6):40—43.
〔2〕 (五代)彭晓.周易参同契通义(卷中).郑州:中州古籍出版社,1988:130.
〔3〕 (五代)彭晓.周易参同契通义(卷上).郑州:中州古籍出版社,1988:73.

的反应观测与添薪抽薪的寒温调节,就得完全依赖于鼎器内反应的声响状况来把握。所谓"炎火张于下,昼夜声正勤",便是指硫黄分解以后至冷却化合之前炉中发出的声响状况。我们知道,硫黄的导热性能差,受热后由于内外体积膨胀不一致,会不停地发出破裂之声。因此,有经验的炼丹术士,可以根据这种声音的强弱变化来掌握火候。硫化汞分解与化合,在鼎器内要反复进行12次,即"周旋十二节"。经过12次的周旋,到出炉之时,反应器中分解出来的水银和硫黄都已不复存在,即所谓"气索命将绝,体死亡魂魄",两者已经化合,于是"色转更为紫,赫然成还丹"。这便是灵丹炼制的全过程。

第四,铅汞齐的制造。

上述的铅丹、灵丹,在真人术士们看来,还不是最理想的丹药。其中一个重要原因,可能是在《周易参同契》之前,铅丹、灵丹已经出现,甚至开始流行。从文献记载来看,铅丹、灵丹的炼制传说甚早。如晋张华《博物志》有"纣烧铅作粉,谓之胡粉"[1]的记载,先秦时期有可能运用胡粉,并烧成铅丹。又如《计然万物录》中有"黑铅之错(醋),化成黄丹,丹再化之,成水粉"[2]之说,说明灵丹可能在秦汉之际已流行。

也就是说,从冶金史看,魏伯阳所记载的铅丹、灵丹的炼制工艺虽然详细而先进,但炼制铅丹、灵丹并不是始于此。而将真铅与真汞合炼而成的玄黄丹(铅汞齐),则最早见于《周易参同契》。铅汞齐可能是《周易参同契》的首创,这在中国冶金史上占有重要地位。

关于玄黄丹,《周易参同契》用了大量笔墨进行描述。魏伯阳说:

> 天地媾其精,日月相撢持。雄阳播玄施,雌阴化黄包。混沌相交接,权舆树根基。经营养鄞鄂,凝神以成躯。众夫蹈以出,蠕动莫不由。[3]

丹成而以"玄黄"命之,原因是它属于"天地媾精"的产物。其配方是真铅与真汞,合炼前先当提纯铅和汞。反应式 $2PbO+2C+O_2 \rightarrow 2Pb+2CO_2$,可提纯铅;反应式 $HgS \rightarrow Hg+S$,可提纯汞。

魏伯阳在《周易参同契》中,对提纯后真铅与真汞的合炼作了如下说明:

> 以金为堤防,水入乃优游。金计有十五,水数亦如之。临炉定铢

〔1〕 (明)王三聘.古今事物考(卷六).上海:上海书店出版社,1987:127.
〔2〕 (清)茆泮林辑.计然万物录.北京:中华书局,1985:4.
〔3〕 (五代)彭晓.周易参同契通真义(卷上).郑州:中州古籍出版社,1988:22.

两,五分水有余。二者以为真,金重如本初。其三遂不入,火二与之俱。三物相含受,变化状若神。下有火阳气,伏蒸须臾间。先液而后凝,号曰黄舆焉。岁月将欲讫,毁性伤寿年。形体如灰土,状若明窗尘。[1]

这里所说的金,即指真铅;水,即指真汞。将铅布于鼎内四壁,以为堤防,然后将汞注入鼎内,其量约占鼎容量之"五分",即一半。据五行之数,木为三,火为二,木在鼎下,不入鼎内,燃木生火,鼎内升温,故谓"其三遂不入,火二与之俱"。铅布鼎之四壁,进火时先得温而熔。因铅的熔点为328℃,汞的沸点为357℃,待铅全部熔化后,就抽薪退符,使铅汞混合物凝聚,结成黄舆。黄舆就是玄黄丹,色黄如金。这种金丹即现代冶金中的铅汞齐。

第五,炼丹工艺方面的成就。

《周易参同契》所描述的三种丹,铅丹、灵丹、玄黄丹的炼制,都以严格提纯参加反应的原料为前提。这一前提本身说明,到东汉末期,中国早期炼丹术已经结束了盲目的摸索阶段,进入到有目标、有用料比例、有专用的反应器、有周密的操作程序的新阶段。从这一角度上看,魏伯阳的炼丹活动,已经具有了近代化学实验的意义。特别在炼制含汞成分的原料与丹药时,对鼎器设备的要求很高。如在炼制玄黄丹时,魏伯阳说:

旁有垣阙,状似蓬壶。环匝关闭,四通踟蹰。守御密固,阏绝奸邪。曲阁相通,以戒不虞。可以无思,难以愁劳。神气满室,莫之能留。守之者昌,失之者亡。动静休息,常与人俱。[2]

蓬为炉,壶为鼎。鼎炉悬中,鼎与炉之间可容炉火周旋四通,并将炉子外围"环匝关闭",以保证炭火在鼎器周围"四通踟蹰"。炉置灶上,灶下筑坛,即所谓"旁有垣阙",防止走火。同时要求"守御密固,阏绝奸邪",以防鼎器泄漏,水银挥发走失。既然《周易参同契》中已对绝对密封反应器提出了要求,那么就不是像有的学者所认定的那样,密封的反应器迟至宋代才出现。此外,从工艺流程设计上说,以挥发法提纯和精炼 HgS 的方法,直到今天还在应用。所以,称《周易参同契》的相关记述已具备近代化学实验的意义,并不为过。[3]

第六,医药史上的价值。

〔1〕 (五代)彭晓.周易参同契通真义(卷上).郑州:中州古籍出版社,1988:71.

〔2〕 (五代)彭晓.周易参同契通真义(卷上).郑州:中州古籍出版社,1988:49—50.

〔3〕 孟乃昌.《周易参同契》的实验和理论.太原工学院学报,1983(3):129—146;郭东升.论《周易参同契》的外丹术.江汉大学学报,1994(6):40—43.

在药物学史上,铅丹、灵丹是最早通过人工制成的具有药物价值的化学制品。炼丹术士们认为铅丹、灵丹以及玄黄丹,具有延年益寿甚至成仙的功效,因此不顾其毒性,均提倡可以服食。虽然结果常常适得其反,但其对之后的药物学的探索的确产生过重要作用。魏伯阳说:

> 巨胜尚延年,还丹可入口。金性不败朽,故为万物宝。术士服食之,寿命得长久。土游于四季,守界定规矩。金砂入五内,雾散若风雨。熏蒸达四肢,颜色悦泽好。发白皆变黑,齿落生旧所。老翁复丁壮,耆妪成姹女。改形免世厄,号之曰真人。[1]

这或许是魏伯阳观察了术士服用灵丹后效果的记录。其实,丹砂确实具有安神、解毒等功效。李时珍在《本草纲目·丹砂》中说:

> 其气不热而寒,离中有阴也。其味不苦而甘,火中有土也。是以同远志、龙骨之类,则养心气;同当归、丹参之类,则养心血;同枸杞、地黄之类,则养肾;同浓朴、川椒之类,则养脾;同南星、川乌之类,则祛风。可以明目,可以安胎,可以解毒,可以发汗,随佐使而见功,无所往而不可。[2]

也就是说,丹砂只要运用得当,不仅可以明目、安胎、解毒、发汗,而且"随佐使而见功,无所往而不可",可见其功效之确凿,使用之广泛。

第七节　《桐君采药录》与《越绝书》

尽管学术界对《桐君采药录》《越绝书》这两部著作的作者、年代乃至性质均存在不小的争议,但是它们在浙江古代文献中的地位是不容忽视的。在此,我们就《桐君采药录》《越绝书》在科技史上的价值做一番分析。

一、《桐君采药录》的药物学贡献

《桐君采药录》,又称《桐君药录》《桐君录》等。此书早已亡佚,但在《隋书》《旧唐书》《新唐书》《神农本草经集注》《证类本草》《本草纲目》等文献中,

---

〔1〕 (五代)彭晓.周易参同契通真义(卷上).郑州:中州古籍出版社,1988:61—62.

〔2〕 (明)李时珍.本草纲目(卷9).北京:人民卫生出版社,1977:520.

均有《桐君采药录》的著录或引用。如:《旧唐书》载:"《桐君药录》三卷,桐君撰。"[1]《本草纲目》说:"《桐君采药录》,时珍曰:桐君,黄帝时臣也。书凡二卷,纪其花叶形色。今已不传。"[2]《桐君采药录》的卷目是"二卷"还是"三卷",今难以判明。至于作者桐君,正如李时珍所言,"黄帝时臣也",显然是一个传说性的人物。相传桐君结庐于浙江桐庐东山隈桐树下,其桐枝荫蔽数亩,远看如同庐舍。有人问他姓名,他指桐树,人们便称他为桐君。此时,时值上古,尚无文字记载,因而《桐君采药录》类似《神农本草经》,属于后世托名之作,但其撰写时代应在秦汉时期。

《证类本草》说:"《吴氏本草》,魏广陵人吴普撰。普,华佗弟子,修《神农本草》成四百四十一种。"[3]吴普为东汉末至三国时人,而《桐君采药录》的内容多次为《吴普本草》所引用,这说明《桐君采药录》成书于《吴氏本草》之前,很有可能是公元一二世纪的作品。从李时珍的"纪其花叶形色"判断,《桐君采药录》应是一部早期的本草学的著作。它在中国古代本草学上的价值与贡献,可做如下分析与概括。

第一,《桐君采药录》是中国早期著名的本草学著作之一。

一提到中国早期的本草著作,人们一定会联想到《神农本草经》。其实,古人在谈及《神农本草经》时,通常会提及《桐君采药录》。

唐代孔志约在《新修本草序》中说:"梁陶弘景,雅好摄生,研精药术。以为《本草经》者,神农之所作,不刊之书也。惜其年代浸远,简编残蠹,与桐、雷众记,颇或踳驳。兴言撰缉,勒成一家,亦以雕琢经方,润色医业。"[4]在孔志约看来,陶弘景撰《本草经集注》,既本于《神农本草经》,也参考了"桐、雷众记"。陶弘景本人对《桐君采药录》《雷公药对》,更是倍加推崇。陶弘景说:"上古神农作为《本草》,凡著三百六十五种,以配一岁,岁有三百六十五日……其后雷公、桐君更增演《本草》,二家药对,广其主治,繁其类族。"[5]在陶弘景看来,《桐君采药录》《雷公药对》以《神农本草经》为基础,通过"广其主治,繁其类族",达到了本草学的新高度。仅从这一点看,《桐君采药录》在中国本草学上的地位就不容低估。

第二,《桐君采药录》记述了中国古代第一批本草药物。

---

〔1〕（五代）刘昫.旧唐书（卷47）.长春:吉林人民出版社,1995:1277.

〔2〕（明）李时珍.本草纲目（卷1）.北京:人民卫生出版社,1977:2.

〔3〕（宋）唐慎微.证类本草（卷1）.北京:华夏出版社,1993:20.

〔4〕（明）李时珍.本草纲目（卷1）.北京:人民卫生出版社,1977:4.

〔5〕（南朝）陶弘景.药总诀序.见:（清）严可均.全上古三代秦汉在三国六朝文（全梁文卷47）.北京:中华书局,1958:3219.

由于《桐君采药录》流传到宋代已极少见,到明人李时珍撰写《本草纲目》时"今已不传",因此,我们只能从历代文献片断零散的记述中推断其大致内容。尽管如此,我们发现,《桐君采药录》的内容是较为丰富的。

以《太平御览》所引为例,其所引《桐君采药录》的药物就有40多种。其中直接引《桐君采药录》的,有茗、茶花等。《太平御览》说:"《桐君录》曰:西阳、武昌、晋陵皆出好茗,巴东别有真香茗,煎饮令人不眠。又曰:茶花状如栀子,其色稍白。"[1]

不过,大多数条目转引自《吴氏本草》,包括斑猫、石胆、黄符、白符、黑符、阳起石、麦门冬、茯苓、卷柏、当归、细辛、署预、乌头、乌喙、提母、雷丸、虎掌、贯众、芍药、泽兰、狗脊、人参、丹参、玄参、木防己、奄闾、委萎、黄芩、恒山、防风、牡丹、巴豆、莽草、狼牙、落石、鬼箭、房葵、蜀黄环、甘遂、马刀等多种药物。

如,虎掌:

　　《本草经》曰:虎掌,味苦温,生山谷,治心痛寒热。《吴氏本草》曰:虎掌,《神农》《雷公》,无毒;《岐伯》《桐君》,辛、有毒。[2]

又如,黄芩:

　　《吴氏本草》曰:黄芩,一名黄文,一名妒妇,一名虹胜,一名红芩,一名印头,一名内虚。《神农》《桐君》《黄帝》《雷公》《扁鹊》,苦、无毒。[3]

日本医家丹波康赖的《医心方》(成书于984年)还引用了《桐君采药录》的一条医方佚文,如其所引不误,那么《桐君采药录》的内容,至少包括了药物与方剂两大部分。[4]

第三,《桐君采药录》对药物的性味做了最初的探究。

据《吴氏本草》所引,东汉之前的有关本草学的著作除了《神农本草经》《桐君采药录》《雷公药对》之外,尚有《黄帝(本草)》[5]《岐伯(本草)》《扁鹊(本草)》《医和(本草)》和《李当之(本草)》数种。这些本草著作对一些药物的性味记述不尽相同,譬如以下内容。

莽草,《桐君采药录》:苦、有毒;《神农本草经》:辛。

---

〔1〕　(宋)李昉.太平御览(卷867).北京:中华书局,1960:3845.
〔2〕　(宋)李昉.太平御览(卷990).北京:中华书局,1960:4381.
〔3〕　(宋)李昉.太平御览(卷992).北京:中华书局,1960:4390.
〔4〕　马继兴.《桐君采药录》考察.中医文献杂志,2005(3):6—9.
〔5〕　此书原名全称不详,今暂附以"本草"二字,下同。

狼牙,《桐君采药录》:咸;《神农本草经》:苦。

落石(络石),《桐君采药录》:甘、无毒;《神农本草经》:苦。

虎掌,《桐君采药录》:辛、有毒;《神农本草经》:无毒。

牡丹,《桐君采药录》:苦、无毒;《黄帝(本草)》:苦、有毒。

丹参,《桐君采药录》:苦;《岐伯(本草)》:咸。

石胆,《桐君采药录》:辛、有毒;《扁鹊(本草)》:苦、无毒。[1]

从这些不同甚至相反的记述中,我们可以领悟到,《桐君采药录》对药物性味的探究尚处于初始阶段,而这种探究正是后世药物性味认识不可或缺的基础。

第四,《桐君采药录》对后世本草学影响深远。

三国两晋南北朝时期,吴普的《吴氏本草》、陈延之的《小品方》、陶弘景的《本草经集注》等著作均引用了《桐君采药录》的内容。唐宋时期,在《隋书·经籍志》《旧唐书·经籍志》《新唐书·艺文志》《通志》《玉海》等史书中,均可见到《桐君采药录》的著录。除上述《太平御览》直接、间接引用《桐君采药录》的内容外,《嘉祐本草》《证类本草》等本草著作,也转引了《吴氏本草》《本草经集注》中有关《桐君采药录》的部分佚文。如:"《桐君录》云:苦菜,三月生扶疏,六月花从叶出,茎直花黄,八月实黑,实落根复生,冬不枯。今茗极似此。"[2]

李时珍在撰写《本草纲目》时,虽已见不到《桐君采药录》原文,但对《桐君采药录》还是做了尽可能的介绍与引用。如:"《桐君药录》云:续断,生蔓延,叶细,茎如荏大,根本黄白,有汁。七月八月采根,今皆用茎叶,节节断,皮黄皱,状如鸡脚者;又呼为桑上寄生,恐皆非真。时人又有接骨树,高丈余许,叶似蒴藋,皮主金疮。"[3]

不仅如此,《桐君采药录》还对日本、朝鲜古代的药物学产生影响。如在9世纪末的日本书目学著作《日本国见在书目录》中已载有"《桐君药录》二卷"[4]之目。

---

[1] 马继兴.《桐君采药录》考察.中医文献杂志,2005(3):6—9.

[2] (宋)唐慎微.证类本草(卷27).北京:华夏出版社,1993:612.

[3] (明)李时珍.本草纲目(卷15),北京:人民卫生出版社,1979:971.

[4] 据[日]富士川游《日本医学史》转引.参见:马继兴.《桐君采药录》考察.中医文献杂志,2005(3):7.

二、《越绝书》的地理学价值

《越绝书》是一部十分奇特的古代文献。明代杨慎根据"隐语"分析,认定《越绝书》为东汉袁康、吴平所作。此后,虽然众说纷纭,但大多沿袭杨慎之说。

清代《四库全书总目提要》说:

> 《越绝书》,十五卷,不著撰人名氏。书中《吴地传》称勾践徙琅琊,到建武二十八年,凡五百六十七年,则后汉初人也。书末《叙外传记》以廋词隐其姓名。其云以去为姓,得衣乃成,是袁字也。厥名有米,覆之以庚,是康字也。禹来东征,死葬其疆,是会稽人也。又云文词属定,自於邦贤,以口为姓,承之以天,是吴字也。楚相屈原,与之同名,是平字也。然则此书为会稽袁康所作,同郡吴平所定也。[1]

这里,《四库全书总目提要》从杨慎之说,也认为,《越绝书》是东汉时期袁康、吴平的作品。《越绝书》的奇特,不仅表现在它不注作者姓名和成书时代,而且更表现在体例上的与众不同。它既不是编年体,也不是纪传体,虽然有些类似《国语》《战国策》,但又不尽相同,因而使历来目录学家在分类上无所适从。目前,有人认为《越绝书》是一部地方志,也有人认为它只是一部地方史。[2] 不管是地方志还是地方史,其所蕴含的地理学价值同样不容忽视。

现存的《越绝书》共 15 卷 19 篇。即:卷 1:越绝外传本事第一、越绝荆平王内传第二;卷 2:越绝外传记吴地传第三;卷 3:越绝吴内传第四;卷 4:越绝计倪内经第五;卷 5:越绝请籴内传第六;卷 6:越绝外传纪策考第七;卷 7:越绝外传记范伯第八、越绝内传陈成恒第九;卷 8:越绝外传记地传第十;卷 9:越绝外传计倪第十一;卷 10:越绝外传记吴王占梦第十二;卷 11:越绝外传记宝剑第十三;卷 12:越绝内经九术第十四、越绝外传记军气第十五;卷 13:越绝外传枕中第十六;卷 14:越绝外传春申君第十七、越绝德序外传记第十八;卷 15:越绝篇叙外传记第十九。其篇名较为繁杂,但主要是杂记春秋战国时期吴越两国的史实。

从内容上看,《越绝书》上溯夏禹,下迄两汉,旁及诸侯列国,对这一历史时期吴、越地区的政治、经济、军事、天文、地理、历法、语言等均有所涉及,因

---

〔1〕 (清)永瑢.四库全书总目(卷 66).北京:中华书局,1965:583.

〔2〕 陈桥驿.关于《越绝书》及其作者.杭州大学学报,1979(4):36—40;仓修良.《越绝书》是一部地方史.历史研究,1990(4):145—148.

此受到史家的重视。特别是从宋代各府县兴起修撰地方志的热潮以后,《越绝书》中的"越绝外传记吴地传"和"越绝外传记地传"备受志书修撰者的青睐。清人毕沅在序乾隆《礼泉县志》时说,"一方之志,始于《越绝》"。因此《越绝书》提到过的任何一个事件,一位人物,一处地名,一条河流等,几乎无一例外被有关的府县方志所转引。如宋代的嘉泰《会稽志》引《越绝书》达62条之多。清代雍正《浙江通志》,引《越绝书》也有59条。如:在谈到会稽的沿革时,嘉泰《会稽志》引《越绝书》:"汉孝景五年,会稽属汉。"[1]在介绍海盐县时,雍正《浙江通志》引《越绝书》:"海盐县,始为武原乡。"[2]

与中国古代众多的历史文献一样,《越绝书》所包含的主要是人文地理方面的材料,所蕴含的自然地理方面的信息比较少,但如果我们认真挖掘,仍可整理出一些颇有价值的自然地理方面的材料。如:有关太湖,《越绝书》有4条记述:"胥门外有九曲路,阖庐造以游姑胥之台,以望太湖中,窥百姓,去县三十里。""秦余杭山者,越王栖吴夫差山也,去县五十里,山有湖水,近太湖。""夫差冢,在犹亭西卑犹位,越王候干戈人一累土以葬之,近太湖,去县十七里。""太湖周三万六千顷,其千顷乌程也,去县五十里。"[3]这些记述,对于了解两汉及以前的太湖自然面貌,显然有所帮助。又如《越绝书》记载:"昔者,吴王夫差兴师伐越,败兵就李。大风发狂,日夜不止。车败马失,骑士堕死。大船陵居,小船没水。"[4]这里说的是一场战争,但也可看成早期人们对大风灾害的一种描述性记录。

---

〔1〕 (宋)施宿.嘉泰《会稽志》(卷1).合肥:安徽文艺出版社,2012:5.参见:越绝书(卷2).上海:上海中华书局,1936:21.

〔2〕 (清)嵇曾筠.浙江通志(卷6).上海:商务印书馆,1934:313.参见:越绝书(卷2).上海:上海中华书局,1936:15.

〔3〕 (汉)袁康.越绝书(卷2).上海:上海中华书局,1936:15—21.

〔4〕 (汉)袁康.越绝书(卷6).上海:上海中华书局,1936:46.

第四章

六朝时期的浙江科学技术

东汉建安二十五年(220),是秦汉大一统后,天下由合到分的一个转折年。此后,中国历史进入三国两晋南北朝时期。从公元 3 世纪初到 6 世纪末,中国南方先后有孙吴、东晋和宋、齐、梁、陈 6 个政权在今南京(孙吴时称建业,东晋、南朝称建康)建都,史称"六朝"。今浙江境域,在六朝版图之内,故本书以六朝称之。无论是三国两晋时期的孙吴、东晋,还是南朝时期的宋、齐、梁、陈,它们为巩固自己的政权,均重视江南地区的经营与开发。此时又是一个人口大迁徙时期,大量中原及北方地区人口在落户江南的同时,也带来了先进的文化。这些都为这一时期浙江地区科学技术的发展,注入了新的动力。

六朝时期浙江地区的农业生产从水稻区开始向稻麦共作区过渡,水利工程的空间布局也扩大到瓯江流域。逐步开浚成型的太湖溇港,始建于南朝的丽水通济堰展现了高超的水利工程技术。会稽铜镜铸造技艺趋向成熟,南朝时上虞人谢平曾创制刚朴(灌钢法),被誉"中国绝手"[1]。龙窑的改进,化妆土的运用等,将瓷器烧制技术推向新的高度。会稽郡的剡县(今浙江嵊州)藤纸已名闻天下。东晋的虞喜不仅提出了安天说,而且发现了岁差现象,在中国乃至世界天文史上占有一席之地。孙吴时曾任乌程(今浙江湖州)令的陆玑,以一部《毛诗草木鸟兽虫鱼疏》为传统经学增添了不少生物学的色彩。流寓浙江的葛洪、陶弘景,对浙江的文化发展产生过重要影响。

---

〔1〕 (宋)李昉. 太平御览(卷 665). 北京:中华书局,1960:2970.

第一节　科学技术发展的背景

从黄武八年(229)孙权称帝,到晋太康元年(280)晋灭吴,长江中下游的开发已经能够维系孙吴政权达半个世纪以上。东晋及南朝的宋、齐、梁、陈也都建立在这一地区,时间更是长达 270 年之久。这说明,此时江南或者说长江中下游地区的经济文化有了长足的发展。以现今行政区划而言,吴国的建立者孙权是浙江人,出生在吴郡富春县(今浙江富阳);陈朝的建立者陈霸先也是浙江人,出生在吴兴郡长城县(今浙江长兴)。这从一个侧面表明,浙江地区在孙吴、东晋、南朝时期已具有十分突出的地位。

一、孙吴时期的浙江

吴的统治者孙氏,是江南吴郡富春县豪族。东汉末年,在群雄混战中,孙坚、孙策依靠周瑜、张昭等南北士族的支持,在江东建立起割据政权。建安五年(200),孙权继位。赤壁之战后,孙权的势力扩展到长江中游及岭南地区。建安十六年(211),孙权将吴的政治中心自京口(今江苏镇江)迁到秣陵(今江苏南京),次年建石头城,改秣陵为建业。建安二十四年(219),孙权派吕蒙袭取公安、江陵,占据荆州。自此,孙权统治的疆域包括今江苏、安徽、湖北的南部,浙江、福建、江西、湖南、广东 5 省的全部,广西的大部和贵州的东部及越南的东北部。曹魏黄初二年(221),孙权将统治中心迁至武昌(今湖北鄂城)。次年,孙权称吴王,年号黄武。黄武八年(229),孙权在武昌称帝,改年号为黄龙。同年秋,迁都建业。孙权经过 20 余年的经营,终于建立起吴国政权,实现了三分天下有其一的目标。此时的长江中下游地区,再不是无足轻重之地,而成为鼎立天下的三足之一。吴自孙权建号立国,到天纪四年即晋太康元年(280)被晋所灭,共历三代四帝共 52 年。吴国因江东是其根本所在,史称东吴;又因是孙氏天下,也称孙吴。

为了巩固政权,孙权在重用北方豪族张昭、周瑜、鲁肃等人的同时,注意笼络江南的大族,给予世家大族种种特权,以求得他们的支持。孙吴的军队实行世袭领兵制,士兵成了将领的私家部曲,父子相承。世袭制的士兵既打仗,又生产。孙吴还在建业和沿江地区大规模屯田,以解决军粮不足的问题。这些措施,在一定程度上减低了战争对民众生产、生活的影响。同时,由于北人南来,山越出居平地,劳动力增多,长江中下游沿岸和太湖、钱塘江流域得到进一步开发,这极大地促进了江南地区农业生产的发展。农业的发展,又促进手工业的发展。丝织业开始在江南兴起,织造技术有所提高。铜铁冶铸在东汉基础上又有发展,青瓷业也在东汉出现成熟瓷的基础上进一步发展。由于河海交通的需要,孙吴的造船业也很兴旺,海船经常北航辽东,南通南海诸国。黄龙二年(230)更有万人船队到达夷洲[1],即今台湾地区。孙吴使臣朱应、康泰,曾泛海至林邑(在今越南南部)、扶南(在今柬埔寨境)诸国[2]。大秦商人和林邑使臣也曾到达建业。

孙吴政权通过拓地盘、置郡县,揭开了江东政治地理的新画卷,也为江南经济文化发展提供了相对安定的环境。孙吴的行政区划大体沿袭了东汉的州、郡、县三级制。至宝鼎元年(266),孙吴之扬州已统丹阳、吴、会稽、吴兴、新都、东阳、临海、建安、豫章、鄱阳、临川、安成、庐陵、南部14郡。在今浙江境域者有吴兴、会稽、东阳、临海4郡,又吴郡所辖8县,新都郡所辖2县,共计43个县。其中:

会稽郡:郡治山阴,辖10县,即山阴、永兴、上虞、余姚、剡、诸暨、始宁、句章、鄮、鄞。

吴兴郡:郡治乌程,辖9县,在今浙江境内的有乌程、永安、原乡、故鄣、安吉、余杭、临水、于潜8县。

吴郡,郡治吴,辖9县,在今浙江境内的有嘉兴、海盐、盐官、钱唐、富春、桐庐、建德、寿昌8县。

东阳郡:郡治长山,辖9县,即长山、太末、乌伤、永康、新安、吴宁、丰安、定阳、平昌。

临海郡:郡治章安,辖7县,在今浙江境内的有章安、临海、始平、永宁、安阳、松阳6县。

新都郡,郡治始新,辖6县,在今浙江境内的有始新、新定2个县。[3]

以上6郡中,郡治在今浙江境域的就有5郡。吴郡的郡治虽不在今浙江境域,但其所辖9个县中有8个县在今浙江境内。这6郡及其所辖县,大体为日后浙江省境奠定了基础。

二、东晋与南朝时期的浙江

咸熙二年(265),司马炎逼迫魏元帝曹奂禅位,建元泰始,国号晋,史称

〔1〕 (晋)陈寿.三国志(卷47).郑州:中州古籍出版社,1996:501.
〔2〕 (唐)姚思廉.梁书(卷54).北京:中华书局,1973:784—793.
〔3〕 王志邦.浙江通史(秦汉六朝卷).杭州:浙江人民出版社,2005:201.

西晋。太康元年(280),晋灭吴,一统天下。今浙江境域由孙氏的吴天下变为司马氏的晋天下。司马炎病卒后,皇室与宗室之间为争夺帝位,相互残杀,天下大乱。建兴四年(316),司马睿在建康称晋王,次年正式称帝,改元建武,是为晋元帝。这个建都建康的政权,史称东晋。东晋历十一帝,共104年。

东晋地方行政区划依旧分为州、郡、县三级。当时,北方人口大量南迁,侨居江东,出现了"一郡分为四五,一县割成两三"[1]的局面,但今浙江境域,自明帝太宁元年(323)分临海立永嘉郡后,地属吴、吴兴、会稽、东阳、临海、永嘉、新安 7 郡,郡县建制相对稳定。直至南朝梁前期,郡无增置,县仅在富春江、椒江、瓯江等流域有个别增置。

宁康二年(374),扬州统丹阳、吴、吴兴、会稽、新安、东阳、临海、永嘉、宣城、义兴、晋陵 11 郡,其中一半以上郡县在今浙江境域。在今浙江境域者有吴兴、会稽、东阳、临海、永嘉 5 郡 39 县,又吴郡 9 县,新安郡 2 县,共计 50 个县。其中:

会稽国[2]:郡治山阴,辖 10 县,即山阴、上虞、余姚、句章、鄞、鄮、始宁、剡、永兴、诸暨。

吴兴郡:郡治乌程,辖 10 县,即乌程、临安、余杭、武康、东迁、于潜、故鄣、安吉、原乡、长城。

东阳郡:郡治长山,辖 9 县,即长山、永康、乌伤、吴宁、太末、信安、丰安、定阳、遂昌。

临海郡:郡治章安,辖 5 县,即章安、临海、始丰、宁海、乐安。

永嘉郡:郡治永宁,辖 5 县,即永宁、松阳、安固、横阳、乐成。

吴郡:郡治吴,辖 12 县,在今浙江境内的有嘉兴、海盐、盐官、钱唐、富阳、桐庐、建德、寿昌、新城 9 个县。

新安郡,郡治始新,辖 6 县,在今浙江境内的有始新、遂安 2 个县。[3]

永嘉之乱后,黄河流域陷入大混乱中,而江东是较为安定之处,北方大批世族和民众纷纷渡江南下,出现了"中州士女避乱江左者十六七"[4]的局面。其中流寓江东的北方移民、难民,多聚居于都城建康(今江苏南京)以东至晋陵(今江苏常州)一带。为安置北方移民、难民,东晋朝廷开始侨置州、

〔1〕 (南朝)沈约.宋书(卷 11).北京:中华书局,1973:784—793.

〔2〕 东晋太元十七年(392)封司马道子为会稽王。南朝宋永初二年(421),废王国为郡。陈后主至德四年(586),立皇子陈庄为会稽王。589 年(隋开皇九年,陈祯明三年)隋平陈,国废。

〔3〕 王志邦.浙江通史(秦汉六朝卷).杭州:浙江人民出版社,2005:209.

〔4〕 (唐)房玄龄.晋书(卷 65).北京:中华书局,1974:1746.

郡、县。今浙江境域虽然没有侨置州、郡、县,但同样吸纳大量的北方移民、难民。陆续迁入浙江境域的北方移民、难民,集中在会稽、吴兴和吴郡的余杭、钱唐、海盐、嘉兴等地。北人南来后,南北技术相互融合,使东晋的农业、手工业水平比西晋有了大幅度的提高。

东晋后期,政局不稳。元熙二年(420),已控制了朝廷大权的刘裕迫使晋恭帝禅位,自立为帝,国号宋,是为宋武帝,都建康,史称刘宋。刘宋历九帝,共 60 年。刘宋政权吸取东晋灭亡的教训,通过重用寒门,压抑豪门士族,限制土地兼并,减轻社会矛盾;并劝课农桑,奖励垦荒,发展生产,以求经济的发展。刘宋前期,出现了"元嘉之治"的繁荣景象。

刘宋末年,皇室争斗不断。升明三年(479),掌握兵权的萧道成废宋顺帝刘准自立,国号齐,是为齐高帝,都建康,史称萧齐。萧齐历七帝,共 24 年。萧齐初期,对外通好,对内宽政,民众得到 10 多年休养生息的时机,由此促进了江南经济的发展。

萧齐末年,皇室内部又为争权夺利而相互倾轧。永元三年(501),萧衍起兵,攻入建康。此年,萧衍援例"受禅",自立为帝,国号梁,是为梁武帝,都建康,史称萧梁。萧梁历六帝,共 56 年。梁武帝既尊儒更崇佛,广建佛寺,仅建康就有佛寺 500 余所。他一再诏令招募流民垦荒,减轻租赋,发展农业生产。在他统治的 40 多年间,社会安定,为经济文化的发展提供了良好的环境。

太清二年(548),东魏降将侯景叛乱,攻占都城。次年,梁武帝饿死台城。太平二年(557),已实际控制朝廷大权的陈霸先,废梁敬帝萧方智自立,国号陈,是为陈武帝,都建康。陈政权历五帝,共 33 年。陈武帝及后继的陈文帝、陈宣帝,都重视农业生产,江南经济又得到了恢复和发展。

末代皇帝后主陈叔宝,纵情声色,不理政事,又造成百姓流离,国家空虚。隋开皇九年(589),已统一北方的隋政权发兵南下,陈灭。由此南北统一,结束了长期分裂的局面。

南朝虽改朝换代频繁,但今浙江境域行政区划变化不大。

第二节　水利工程与农业生产技术

六朝时期今浙江境域水利工程的数量显然比汉代增加许多,空间布局也扩大到瓯江流域。不少水利工程既用于农田灌溉,又是水上交通网的有机组成部分,有的还是郡治、县治城防的一部分。众多的水利工程,为农业生产提供了很好的保障。在重视粮食生产基础上,人们还利用平原、山区等各种不同地理条件,开展多种经营。蚕桑、果品、水产、畜牧等生产都有所发展,开始真正显示出江南地方经济的特点。

一、水利工程

先秦、秦汉时期,浙江境域的水利工程大多集中在浙北的太湖流域和浙东的宁绍平原。虽然,六朝时期这一态势没有发生根本的变化,但也呈现了一些新的特点。

第一,水利工程兴建频繁,数量增多。

在太湖流域,先秦、汉代创建的水利工程,六朝大多加以维护或扩建。如:在乌程县,孙吴黄龙元年(229),乌程侯孙晧在乌程县西(今浙江长兴境内)筑塘,在郡城凿井,人称孙塘、乌程侯井。永安年间(258—264),孙休主持筑青塘。东晋咸和年间(326—334),都督郗鉴在乌程县南50步开河,又在乌程县西27里开官渎。永和年间(345—356),太守殷康主持修筑荻塘。咸安年间(371—372),太守谢安在乌程县西10里筑谢塘。刘宋大明七年(463),太守沈攸之筑吴兴塘(今双林塘),溉田2000顷。这些所谓的塘,按南宋谈钥的解释:"湖之城卑,凡为塘岸,皆筑以捍水。"[1]这既解决了水陆交通,又改善了低湿洼地的水土状况。在长城县,春秋时期吴王阖闾之弟夫概修筑的西湖(吴城湖),"南朝疏凿,溉田三十(千)顷"[2]。可见西湖的规模、效益在南朝有了扩大。此外还有官塘、方塘、盘塘等的修筑。在余杭县,东汉南湖的修建,解决了余杭县境东苕溪的蓄水、排洪问题之后,使生存环境大大改善。这一水利工程在南朝得到了很好的维护,依然发挥着作用。"县后溪南大塘,即浑立以防水也。"[3]除了原有水利工程的维护或扩建,六朝时期通过筑湖堤、开塘河,又新修了一大批水利工程。在武康县,有五官渎、鄱阳汀等水利工程。在安吉县,有邸阁池,溉田50余顷。其时,太湖溇港逐步开浚成型。

在宁绍平原,维护、扩建和兴建了不少兼具蓄水、溉田、排泄的水利工程。如:在山阴县,东晋会稽内史谢辅在山阴县西南25里筑塘,后称古塘。在上虞县,刘宋时,会稽太守孔灵符"遏蜂山前湖以为埭,埭下开渎,直指南

〔1〕 (宋)谈钥.嘉泰《吴兴志》(卷19).台北:成文出版社,1983:6899.

〔2〕 (宋)王溥.唐会要(卷89).北京:中华书局,1955:1621.

〔3〕 (北魏)郦道元.水经注(卷40).长沙:岳麓书社,1998:580.

津;又作水楗两所"[1],使这里免遭江水淹溃之害。在余姚县,南朝有穴湖塘,周6里,西有土门,"湖水沃其一县,并为良畴"[2]。这里的豪门世族势力强大,水利建设往往与私家庄园的发展相同步。谢灵运《山居赋》对其庄园及周边的一些水利设施状况有所描述。在句章县,东晋时,会稽内史孔愉修复汉代旧陂,溉田200余顷,皆成良业。齐、梁间,罂豆湖开成。在鄮县,东钱湖已见记载,时称钱湖,并筑有钱埭。在鄞县,刘宋元嘉年间(424—453),筑有青锦塘、方胜溪。

第二,水利工程的地域分布扩大,工程技术有所提高。

除了上述的吴兴郡、会稽郡等,其他郡县的水利工程也有兴建。在东阳郡,金华江支流白沙溪上,创建于东汉的白沙36堰,六朝仍是重要水利工程。其灌溉区域,据明代赵崇善《白沙水利碑记》所述,包括汤溪县十都、十一都、十二都,金华县三十四都、三十六都和兰溪县三十一都,涵盖了明朝行政区划的3县6都。在吴宁县,东汉始修的洲义堰,得到维护、维修,此时仍是重要的引水工程。在长山县,刘峻在《东阳金华山栖志》中称,南朝梁时金华山下"漕渎通引,交渠绮错","山泉膏液,郁润肥腴,郑白决漳,莫之能拟"[3]。在新安郡,东汉末年,新安太守贺齐挖城中壕渠,疏通城西之水,灌溉城东之田。东晋,鲍弘在郡西15里处修水利,至其四世孙安国兄弟筑鲍南场。南朝梁天监年间,胡明星在郭外开渠,溉田千余顷。在临海郡,也有水利的兴修,如乐安县在南朝梁时"堰谷为六陂,以溉田"[4]。在永嘉郡,水利工程建设日趋频繁,并出现较大规模的治水工程,最著名的是通济堰的建设。

通济堰位于丽水市莲都区松阴溪入瓯江汇合口上游1.2千米处。有关通济堰的文献记载,初见于北宋后期关景辉撰《丽水县通济堰詹南二司马庙记》,其文称:"谓梁有司马詹氏,始谋为堰,而请于朝,又遣司马南氏共治其事。"[5]清同治《通济堰志》、光绪《通济堰志》,录有自宋至清有关通济堰的资料,这些资料凡是谈到通济堰的历史沿革,都说是南朝萧梁时詹、南二司马创建。其中,明代《通济堰》和清光绪《重修通济堰志》记载得更为具体,说通济堰始建于梁天监四年(505)。通济堰工程体系由四大部分构成。

一是渠首枢纽,由拦河坝、进水闸、冲沙闸、通船闸等组成,是具有蓄水、

〔1〕　(北魏)郦道元.水经注(卷40).长沙:岳麓书社,1998:598.

〔2〕　(北魏)郦道元.水经注(卷40).长沙:岳麓书社,1998:439.

〔3〕　(清)李兆洛.骈体文抄(卷21).上海:上海书店,1988:429—430.

〔4〕　(宋)乐史.太平寰宇记(卷127).北京:中华书局,2007:2514.

〔5〕　(清)嵇曾筠.浙江通志(卷225).上海:商务印书馆,1934:3857.

引水、溢洪、排沙、通航等功能的综合性水利枢纽。

二是干渠防沙排沙工程,由"叶穴"及三洞桥构成。在距渠首约 1 千米的总干渠右岸,建有一座泄洪排沙闸,泄洪口直通瓯江,溪水暴涨时可开闸泄洪排沙,平时则闭闸。因其修建在叶姓土地上,故称"叶穴"。在一条名为"泉坑"的山溪与干渠的相交处,建有"三洞桥",将山溪水与干渠水上下分隔,泉坑水从桥上直入瓯江,灌溉渠水从桥下穿流,两者互不干扰,避免了泉坑水的沙石堵塞堰渠。

三是灌排渠系及配套工程,由干渠、支渠、毛渠及田间渠道构成。渠系呈竹枝状分布,灌溉面积约 3 万亩。渠系各关键节点均建有水闸控制,当地称作"概",发挥分水、节制、退水等功能。

四是灌区调蓄工程。在通济堰灌区内,还有众多的湖塘分布,均是在天然的湖泊、河流及洼地的基础上,略加改造或挖掘而成的。它们与渠系连通,经过对灌溉用水的调蓄,提高了灌溉供水保证率,部分湖塘还兼有为所在村落提供生活用水的功能。[1]

虽然,通济堰这一完备的工程体系到宋代才最终形成,但是,六朝时期的首创功不可没。1400 年后的今天,通济堰仍是丽水碧湖平原的主要引水灌溉工程。

第三,水利与交通建设并举,影响深远。

六朝时新修的水利工程,尤其是在太湖流域、宁绍平原地区兴建的水利工程,往往将水利工程与交通建设相结合。在宁绍平原,自马臻创建镜湖之后,山阴平原这块沼泽地的开垦便与河湖网建设同步展开,一些水利工程常常兼顾农田灌溉与舟楫交通的需要。西晋末年,会稽郡贺循主持疏凿了自郡城郭至永兴县(今萧山)的河道。据宋嘉泰《会稽志》载:"运河在府西一里,属山阴县,自会稽东流县界五十余里,入萧山县。旧经云:晋司徒贺循临郡,凿此以溉田。"[2]虽说是为"溉田",但同时也改善了交通条件。它通过郡城东郭都赐埭,进入镜湖,既可与山阴平原任何一个山麓冲积扇的港埠通航,还可缘东而达曹娥江边,然后经上虞与余姚江连接,直达鄞、鄮等县。它还与镜湖西段湖堤上各涵闸相接,与山阴平原南北向的河流相接,由此山阴平原形成一片纵横交错、稠密有序的河湖网,从而极大地改善了这一区域的农田垦殖和灌溉、交通条件。唐代以后的浙东运河,就是在春秋末期越国开

---

〔1〕 李云鹏,陈方舟等.灌溉工程遗产特性、价值及其保护策略探讨——以丽水通济堰为例.中国水利,2015(1):61—64.

〔2〕 (宋)施宿.嘉泰《会稽志》(卷10).合肥:安徽文艺出版社,2012:177.

凿的山阴故水道、东汉马臻创建的镜湖、西晋贺循开凿的河道基础上逐步形成发展起来的。

　　太湖流域修筑的塘类水利工程，数量众多，其中以青塘、获塘影响最大。青塘，孙吴永安年间(258—264)，孙休发民丁3000人，在乌程县北沿太湖筑堤以防水患，成青塘。梁天监年间(502—519)，太守柳恽重修青塘，易名柳塘(又名法华塘)。青塘东起自吴兴城北迎禧门外，西入今长兴境内数十里。目的是"以绝水势之奔溃，以卫沿堤之良田"，并"以通往来之行旅"[1]。获塘，始筑于东晋永和年间(345—356)，由吴兴太守殷康主持修筑，以其地多芦获，故名获塘。后太守沈嘉重修，更名吴兴塘。南朝齐时，吴兴太守李安人又开一径，泄水入太湖。宋嘉泰《吴兴志》引《续图经》说："以今地形考之，获塘在州城内，东枕民居，余三面溪环之，傍无可溉之田。况濒湖之地，形势卑下，苦水不苦旱，初无藉于灌溉。意当时取土以捍民田耳，非溉田也。"[2]虽然最初是一项围堤工程，但获塘建成后，却成为一条集防洪、排涝、灌溉、航运等功能于一体的河道。它既可御太湖之水，又可往来舟楫，并旁溉田千顷。它西起今湖州城东二里桥，向东经生山、旧馆、南浔，至今江苏平望莺脰湖与京杭大运河会合，全长58.7千米，其中湖州城区至南浔段37千米。直至今日，获塘还是湖州市郊北部主要的排水、水运河道。

二、农业生产技术

　　孙吴的经济重心，集中于太湖流域以及杭州湾南岸的山阴、上虞、余姚、句章等县。丘陵山地地广人稀，尚未得到很好的开发。此时虽然有了"稻田沃野"[3]之称，但农作物相对单一。进入东晋后，随着山泽、海涂的逐步开垦，不仅耕地面积远远超过前代，而且农作物种植从水稻区向稻麦共作区过渡。

　　第一，土地开垦面积的增加。

　　六朝时期，土地开垦面积的增加与各类水利工程的建设密切相关。孙吴时较大的水利工程，主要集中在太湖流域、宁绍平原。到两晋南朝，各郡水利工程都有所兴建。这意味着平原水乡的农田得到进一步的垦殖，丘陵山地也得到一定程度的开发。值得注意的是，孙吴时设有海昌都尉，开始对

---

〔1〕（清）嵇曾筠.浙江通志(卷55).上海：商务印书馆,1934：1138.

〔2〕（宋）谈钥.嘉泰《吴兴志》(卷19).台北：成文出版社,1983：6898.

〔3〕（晋）陈寿.三国志(卷47).郑州：中州古籍出版社,1996：509.

涨出的海涂进行屯垦。这为农田的增加找到了一个新来源。

刘宋景平元年(423)，永嘉太守谢灵运到乐成县巡视农田，曾写下了《白石岩下径行田》一诗。诗云：

> 小邑居易贫，灾年民无生。
> 知浅惧不周，爱深忧在情。
> 莓蓿横海外，芜秽积颓龄。
> 饥馑不可久，甘心务经营。
> 千顷带远堤，万里泻长汀。
> 洲流涓浍合，连统塍垺并。
> 虽非楚宫化，荒阙亦黎萌。
> 虽非郑白渠，每岁望东京。
> 天鉴傥不孤，来兹验微诚。[1]

在这首诗中，谢灵运将水利建设和扩大耕地面积与农业收成、百姓生活、国家赋税收入的关系，生动而凝练地刻画了出来。

第二，从水稻区向稻麦共作区的过渡。

六朝时期随着北人南来，南北农作物的品种和农业生产技术交流更为直接，加之侨人生活习俗上的一些差异，为麦、粟、菽等农作物在江南的种植与推广提供了动力。东晋时，在余杭大辟山隐居的郭文，就以区种菽麦谋生。此时流行的"犁牛耕御路，白门种小麦"[2]的童谣，说明太湖流域和江南地区小麦种植已十分普遍。王洽在《临吴郡上表》中说："前民辞求相鬻卖，一则救命，二则供官。方今之要，当课功受业。又虫鼠为害，瓜麦荡尽"[3]，"编户僵尸，葬埋无主，或阖门饿馁，烟火不举"[4]。这进一步说明此时麦类作物的丰歉与否，已影响到江南人们的生活。谢灵运作赋说："阡陌纵横，塍垺交经。导渠引流，脉散沟并。蔚蔚丰秫，苾苾香秔。送夏蚤秀，迎秋晚成。兼有陵陆，麻麦粟菽。候时觇节，递艺递熟。"[5]也提到了麦、粟、菽等本属北方的粮食作物。

麦、粟、菽等旱地作物的引进与推广，一方面满足了人们多样化的食物

〔1〕 李运富编注.谢灵运集(上编).长沙：岳麓书社,1999：58.
〔2〕 (南朝)沈约.宋书(卷31).北京：中华书局,1974：917.
〔3〕 (唐)虞世南.北堂书钞(卷156).天津：天津古籍出版社,1988：717.
〔4〕 (宋)李昉.太平御览(卷35).北京：中华书局,1960：166.
〔5〕 李运富编注.谢灵运集(下编).长沙：岳麓书社,1999：242.

需求,另一方面能"继新故之交,于以周济,所益甚大"[1],增强了农民的生存能力。同时,"诸山陵近邑、高危倾阪及丘城上,皆可为区田"[2]。这些旱地作物的种植,也促进了丘陵山地的开发。

第三,生产技术有所提高。

这一时期,农业生产技术延续东汉的发展势头。

一是农具铁器化、多样化。汉末刘熙作《释名》,其《释用器》中所列器具有许多是农业器具。孙吴时,吴郡人韦昭曾见此书,并作《辨释名》。由此推知,当时的江南地区也已使用这些器具。

二是牛耕得到推广。牛,是古代人们使用的主要畜力,如世族出行往往用牛车,船只过埭用牛牵引,水田耕作中牛作为畜力。六朝政府对牛耕的推广和耕牛的保护非常重视。在东晋,即便老牛也不能随意屠宰。南朝时,吴兴项羽庙祭祀,太守萧琛颁布"禁杀牛解祀,以脯代肉"[3]令。耕牛的保护和牛耕的推广,减轻了农民劳动强度,加快了耕田速度,且通过深耕,使地力得到较为充分的利用,从而提高单位面积的粮食产量。同时,牛耕也使人们开垦更多的土地成为可能。

三是粮食单位面积产量有了提高。孙吴时,钟离意在永兴种稻 20 余亩,得 60 斛米。按此,亩产米约 3 斛。按汉制,斛有大小之分,大斛、小斛分别约 30 斤、18 斤;又当时 1 亩约相当于今 0.7 亩,出米率按七二折折算,钟离意亩产稻谷 178 斤或 107 斤左右。随着生产经验的进一步积累和生产技术的进步,东晋南朝时的粮食产量有明显提高。南朝时,周朗曾说:"今自江以南,在所皆穰。"[4]稻米、小麦等丰收的年份,粮价便宜,如梁天监四年(505),"是岁大穰,米斛三十"[5],斗米只要三钱。沈约的一句"一岁或稔,则数郡忘饥"[6],很好地概括了当时的农业及粮食生产状况。[7]

四是养蚕技术有了重大突破。南梁大通年间(527—529),永嘉郡(今温州)用低温催青法制取生种,饲育了"八辈蚕"。西晋左思在《吴都赋》中曾说:"国税再熟之稻,乡贡八蚕之绵。"[8]可见当时江浙地区,已经能在一年

〔1〕 (唐)房玄龄.晋书(卷26).北京:中华书局,1974:791.

〔2〕 (北魏)贾思勰.齐民要术(卷1).北京:中华书局,1956:10.

〔3〕 (唐)李延寿.南史(卷18).北京:中华书局,1975:506—507.

〔4〕 (南朝)沈约.宋书(卷82).北京:中华书局,1974:2095.

〔5〕 (唐)李延寿.南史(卷6).北京:中华书局,1975:189.

〔6〕 (南朝)沈约.宋书(卷54).北京:中华书局,1974:1540.

〔7〕 王志邦.浙江通史(秦汉六朝卷).杭州:浙江人民出版社,2005:387—391.

〔8〕 王海燕,尚晓阳注释.历代赋选.海口:海南出版公司,2007:215.

内饲育多批蚕。刘宋郑辑之在他所著的《永嘉郡记》中,则明确记载了当时永嘉一年能养八批蚕的情况。

《永嘉郡记》原文虽已经失传,但在《齐民要术》的引载中仍能看到大概:

> 永嘉有八辈蚕:蚖珍蚕,三月绩;柘蚕,四月初绩;蚖蚕,四月末绩;爱珍,五月绩;爱蚕,六月末绩;寒珍,七月末绩;四出蚕,九月初绩;寒蚕,十月绩。凡蚕再熟者,前辈皆谓之珍。养珍者少养之。爱蚕者,故蚖蚕种也。蚖珍三月既绩,出蛾取卵,七八日便剖卵蚕生,多养之,是为蚖蚕。欲作爱者,取蚖珍之卵,藏内罋中,(随器大小,亦可十纸)。盖覆器口,安硎泉冷水中,使冷气折其出势。得三七日,然后剖生,少养之,谓为爱珍,亦呼爱子。绩成茧,出蛾,生卵。卵七日又剖成蚕,多养之,此则爱蚕也。[1]

在这段记载中,我们不仅可以看到,当时已有了蚖珍蚕、柘蚕、蚖蚕、爱珍蚕、爱蚕、寒珍、四出蚕、寒蚕等"八辈蚕",而且可以推知,这些"八辈蚕"是通过运用低温人工抑制蚕卵的孵化技术而获得的。[2] 这不能不说是养蚕技术的重大进步。

第三节　手工业技术

六朝,北方人口大批南下,江东人口增加迅速,由此刺激了冶炼业、陶瓷业、食品业、纺织业、编织业、造纸业、建筑业、造船业等各种手工业的发展。其中最明显的是冶铸技术、造纸技术、制瓷技术和建筑技术的进步。

一、矿冶业与灌钢技术

(一)矿冶业的发展

六朝时期浙江境域的较大规模的水利建设和土地开垦,与铁器农具的锻造和使用是分不开的。此时的冶炼业中,铁矿的开采和冶炼已与铜矿一样,成了金属矿冶业的重要组成部分。

---

〔1〕 (北魏)贾思勰.齐民要术(卷5).北京:中华书局,1956:63.
〔2〕 汪子春.我国古代养蚕技术上的一项重要发明——人工低温催青制取生种.昆虫学报,1979,22(1):53—59.

　　吴兴郡西部山区是江南重要的矿区之一,金属矿物以铜、铁为主。阳羡铜官山、乌程铜山、武康铜官山皆产铜。会稽郡剡县(今浙江嵊州)有三白山,"出铁,常供戎器"[1]。《宋书》说:"江南诸郡县有铁者或置冶令,或置丞,多是吴所置。"[2]东吴以来政府对铜、铁采冶业专设职官管理。同时,豪门世族占山泽,从事开发性经营,其中一项就是冶炼业。如他们所铸造的生产工具,既提供给庄园的生产者,也投放市场。南朝史籍中出现的"传、屯、邸、冶"组织,其中冶就是鼓冶场所。南朝梁大同七年(541)诏:"又复公私传、屯、邸、冶,爰至僧尼,当其地界,止应依限守规。"[3]默许人们私自冶炼。

　　《晋书·食货志》说:"晋自中原丧乱,元帝过江,用孙氏旧钱,轻重杂行。大者谓之比轮,中者谓之四文;吴兴沈充又铸小钱,谓之沈郎钱。"[4]该钱的钱文"五朱"2字横读,面有外郭。钱径1.9厘米,重约1.15克。不难看出,东晋时期对于货币的管制是十分松弛的,自行铸造地方货币的也绝不止沈充一个。

　　会稽郡是当时冶铜业、冶铁业都较发达的地区之一。会稽铜镜铸造,东吴时达到极盛期。这里铸造的各种神兽镜和画像镜,数量之多,远非其他地区所能比,在中国工艺发展史上占有极其重要的地位。[5]冶铁业发展迅速,在技术上也有创新。据《晋书》记载,东晋咸康年间(335—342),"时东土多赋役,百姓乃从海道入广州,刺史邓岳大开鼓铸,诸夷因此知造兵器"[6]。东土,即会稽郡一带。这表明,岭南一带的冶铁技术很可能是由逃亡广州的会稽人传去的。时任荆州刺史的庾翼获悉这一情况后,对铸铁技术传播出去很是担忧,他"表陈东境国家所资,侵扰不已,逃逸渐多,夷人常伺隙,若知造铸之利,将不可禁"[7]。这从一个侧面反映了会稽郡冶铁业的发展状况。

(二)灌钢技术的运用

　　灌钢技术是中国古代一项重要的制钢工艺。其方法是利用生铁含碳量高、熟铁含碳量低的特点,将熔化的生铁灌到熟铁里去,使碳分达到预期的要求而成为钢。

〔1〕(宋)李昉.太平御览(卷46).北京:中华书局,1960:223.
〔2〕(南朝)沈约.宋书(卷39).北京:中华书局,1974:1232.
〔3〕(唐)姚思廉.梁书(卷3).北京:中华书局,1974:86.
〔4〕(唐)房玄龄.晋书(卷26).北京:中华书局,1974:795.
〔5〕详见上一章相关内容.
〔6〕(唐)房玄龄.晋书(卷73).北京:中华书局,1974:1932.
〔7〕(唐)房玄龄.晋书(卷73).北京:中华书局,1974:1932.

　　东汉末年王粲在《刀铭》说:"相时阴阳,制兹利兵;和诸色剂,考诸浊清。灌襞以数,质象有呈。"[1]这里讲的是制作刀剑的情况。有人认为,"灌襞以数"说的就是制灌钢的方法。其中"襞"指多层积迭起来的熟铁料,"灌"指把生铁水灌到熟铁料上,"以数"是多次的意思。也就是说,灌钢技术在东汉晚期已经出现。不过,这毕竟只是一种推测而已。现存文献中比较明确的记载,是《北史·艺术列传》里所说的:"怀文造宿铁刀,其法烧生铁精,以重柔铤,数宿则成刚(钢)。以柔铁为刀脊,浴以五牲之溺,淬以五牲之脂,斩甲过三十札。"[2]这段话的意思是说,綦毋怀文制造有宿铁刀。他的方法是,选用品位比较高的铁矿石,冶炼出优质生铁,然后把液态生铁灌注到熟铁上,这样几度熔炼,就成了钢。钢炼成之后,他便以熟铁作刀背,用钢作刀锋,并用动物的尿和油脂来淬火。用这种方法制造的宿铁刀,能一下砍断30多块叠放在一起的胄甲片。这一技术,无疑是一种十分高超的制钢技术。

　　从稍后的文献记载看,这一技术似乎在南朝也已出现,并在冶炼中得到了较普遍的运用。《证类本草》在铁精条下引陶隐居(陶弘景)说:"杂炼生鍒,作刀镰者。"[3]"杂炼生(生铁)鍒(熟铁)"方法后世一直保持着。《天工开物》说,这种炼法是在熔铁炉中将生铁和熟铁混合在一起,火力到时,生铁熔化,包裹和渗入熟铁,生铁多余的碳素被缺少碳素的熟铁所吸收,也排挤出一些熟铁所含的熔渣,生熟铁都成为钢。取出加锻,再炼再锻,反复数次,就成质量较纯的钢。这显然是灌钢法。陶弘景(456—536)一生历宋、齐、梁三朝,如果"杂炼生鍒"方法确实出自陶弘景之口,那么这种方法的应用,当与陶弘景同时或之前。

　　《太平御览》中也有一段引自陶弘景的话:

　　　　近造神剑,斫十五芒。观其铁色青激,光彩有异,盖薛烛所谓涣如冰之将释者矣。顷来有作者十余人,皆不及此。作刚(钢)朴是上虞谢平,凿镂装治是石(右)尚方师黄文庆,并是中国绝手。以齐建武元年甲戌岁八月十九日辛酉,建于茅山,造至梁天监四年乙酉岁敕令造刀剑形供御用,穷极精功,奇丽绝世,别有横法刚(钢)。公家自作百炼,黄文庆因此得免隶役,为山馆道士也。[4]

　　这里说的是,南朝萧齐时上虞人谢平曾创制刚(钢)朴,被誉"中国绝手"

〔1〕(宋)章樵.古文苑(卷13).北京:中华书局,1985:320.
〔2〕(唐)李延寿.北史(卷89).北京:中华书局,1974:2940.
〔3〕(宋)唐慎微.证类本草(卷4).北京:华夏出版社,1993:110.
〔4〕(宋)李昉.太平御览(卷665).北京:中华书局,1960:2970.

一事。钢朴不知是何物,按朴原意为树皮,钢朴可能是指生铁熔液包裹熟铁(像树皮包裹树干)而成钢,如果真是如此,那么,谢平似乎就是"杂炼生鍒"方法(灌钢法)的发明人了。即便不是发明人,至少也是当时熟练掌握"杂炼生鍒"法的名匠。南朝著名制造兵器的冶所,就是在会稽郡所属的剡县(今浙江嵊州)三白山。看来会稽郡冶炼技术较高,出现谢平那样冶炼技术尤高的名匠,是完全有可能的。

与之前的"百炼钢""炒钢"相比,灌钢技术有明显的优点:一是可以根据需要改变生铁和熟铁的配比,从而比较容易地控制成分,得到含碳量较高的钢。二是因冶炼是在液态、半液态下进行的,生铁中的硅、锰、碳等与熟铁和空气中的氧剧烈作用,故而易于排除夹杂物。三是操作较为简便,产量较高。[1] 灌钢技术的发明,使中国古代钢的生产水平更加提高,在较大程度上满足了古代对含碳量较高的钢,特别是刃钢的需要,促进了社会生产力的发展。

二、制瓷业与制瓷技术

(一)制瓷业的发展

六朝,制瓷业迅猛发展,窑场遍布今浙江北部、中部和东南部广大地区,初步形成各具特色的瓷业体系。考古发现的六朝瓷窑,主要分布在当时的会稽郡、永嘉郡、东阳郡、吴兴郡以及临海郡,瓷器生产成为这些地方的一大产业。所出土的瓷器,绝大多数在窑址所在地及六朝墓中。根据产品的釉色差异和入唐以后的行政区划,后人将会稽郡、永嘉郡、东阳郡的瓷窑分别称为越窑、瓯窑、婺州窑。随着制瓷业的发展,器物种类不断增多,原为铜器、漆器的器皿不少已为瓷器所代替,成为这一地区最广泛使用的日常生活器具和明器。

孙吴时,会稽郡上虞、始宁、山阴等县是烧制青瓷的中心地区。青瓷较多保留东汉青瓷的特点,常见器形有钵、双耳或四耳的罐、双耳或四耳的盘口壶、双沿罐、水盂、灯、香熏、唾壶等日用瓷器;专供随葬用的明器,如谷仓罐、尊、虎子、灶、碓、鸡笼等。胎质坚硬细腻,呈淡灰白色,釉色灰青。装饰纹样有弦纹和模印的斜方格回纹、斜方格井字纹,还采用雕刻、镂空、堆贴等技艺。

---

〔1〕　庚晋,白杉.中国古代灌钢法冶炼技术.铸造技术,2003(4):349—350.

西晋灭吴后,青瓷生产没有出现像原始青瓷那样因越被楚所败而一度中断的现象。相反,改朝换代后,青瓷业取得的成就十分突出。青瓷窑址主要分布在会稽郡上虞、始宁、山阴等县以及吴兴郡北部(今属江苏宜兴)。临海、东阳等郡的青瓷业也获得发展。当时,青瓷工艺技术、器形种类以及装饰等,都比孙吴时期有了明显的发展。常见器形,出现了不少新的造型,如筒形罐、鸡头或虎头的双耳罐、扁壶、圈足唾壶、兽形尊、三足盘、镂空香熏、熊头或兔头水注;明器中新出现的有男女俑、尖头形灶、猪圈、狗圈等。有的造型直接采用动物形象,有的用动物形象作装饰。一些器皿流行模印的饰带,如细小斜方格纹、井字菱形纹、联珠纹;盆、钵、洗等流行用竹刀刻画海星纹和水波纹。谷仓罐的装饰尤为突出,其肩部以上,堆塑各种形象的人物,并饰以阙楼馆阁,长廊列舍等。西晋晚期还出现在青釉上点染酱褐色斑纹的做法,从而打破青瓷重单色釉的传统作风,丰富了釉的装饰效果。东阳郡的青瓷窑(婺州窑)还在粗质瓷胎上首先应用了化妆土。

随着瓷制品在人们日常生活、墓葬随葬中的广泛应用,人们终于不再将瓷器与陶器视为一体[1],赋予“瓷”以相应独立的概念。“瓷”字最早出现在西晋潘岳的《笙赋》:“披黄包以授甘,倾缥瓷以酌酃。”[2]李善注说:“瓷,白瓶长颈。”[3]张铣注:“倾碧瓷之器以酌酒也。”[4]缥瓷为永嘉郡永宁县生产的瓷器。

东晋南朝是青瓷大发展时期,会稽、东阳、永嘉、临海、吴兴等郡都出现了新的青瓷产地。青瓷瓷器造型趋向简朴、实用,装饰大大减少,模型明器衰落,瓷器生产进入普及阶段。常见产品有罐、壶、盘、碗、钵、盆、洗、灯、砚、水盂、香熏、唾壶、虎子和烛台等。饮食器皿大多大小配套。纹饰以弦纹为主,少数器物上仍可见到水波纹。受佛教影响,到东晋晚期开始出现莲瓣纹。南朝承袭东晋制瓷工艺,多数胎质致密,呈灰色,通体施青釉。器形较小,产品以鸡头壶、盘口壶和四系罐为最具特点。由于当时佛教盛行,浮雕莲瓣和刻画莲花纹成为当时青瓷的主要纹饰。西晋后期产生的褐色点彩工艺,继续运用,并呈现出褐色点彩小而密的特点。吴兴郡瓷窑的产品中出现了光亮如漆的黑釉瓷。[5]

---

〔1〕《说文解字》原书不见“瓷”字,到《说文新附》(五代末徐铉撰)才收:“瓷,瓦器,从瓦,次声.”

〔2〕(南朝)萧统.文选(卷18).北京:中华书局,1977:261.

〔3〕(南朝)萧统.文选(卷18).北京:中华书局,1977:261.

〔4〕(南朝)萧统编,李善等注《六臣注文选》卷18,北京:中华书局,1987:342.

〔5〕何兹全主编.中国通史(第5卷上册).上海:上海人民出版社,1995:81—85.

(二)制瓷技术的提高

第一,胎料选择和加工技术有了稳步发展。

由现有资料看,东汉至五代,乃至北宋,南方青瓷烧制通常采用本地瓷石、瓷土为原料,即就地取材,原料成分总体变化不大。浙江地区也是如此。如有学者做过越窑青瓷的成分分析,东汉晚期的越窑产品,其瓷胎成分为:SiO_2:75.40%—78.47%,Al_2O_3:15.26%—17.73%。六朝时期的越窑产品,其瓷胎成分为:SiO_2:73.51%—78.00%,Al_2O_3:14.85%—18.06%。可见从东汉到六朝,瓷胎中的 SiO_2 和 Al_2O_3 含量变化不大。不过,胎体中 Fe_2O_3 含量却有较大的变化。东汉晚期越窑青瓷的 Fe_2O_3 含量为:1.56%—2.42%,平均含量为 1.778%。而六朝时期越窑青瓷的 Fe_2O_3 含量为:1.63%—3.02%,平均为 2.143%。且六朝时期的有的试样所含 TiO_2 量亦较高。[1] 这说明,六朝时期的窑工很可能有意识地选用了含铁、钛较高的瓷石、瓷土,或是在胎中加入了少量紫金土之故。目的是通过较深的胎色来衬托釉色,使青瓷器青中带灰,沉静内敛。

如果说此时的越窑是通过增加含铁量使胎体变深,那么婺州窑则相反,它是通过化妆土使深色的胎体变淡。化妆土工艺最先是在婺州窑尝试并取得成功的。婺州窑在西晋晚期便采用了红色黏土来作瓷坯,从而开拓了新的制瓷原料来源。但红色黏土毕竟不是瓷土,它既没有瓷土的细腻,也没有瓷土烧成后能呈现一定的白度。为克服这些不足,窑工们尝试在坯体上施一层化妆土,使原先表面粗糙的坯体变得较为光滑整洁,同时使胎体本身较深的颜色得以覆盖。为扩大烧瓷原料,到东晋,越窑、德清窑也部分地采用了化妆土;南朝时,湖南、四川一带瓷器烧造也采用了化妆土。不过,使用化妆土也带来一些不足:一是增加了淘洗和化妆工序;二是器胎、化妆土、釉三者的烧结温度、膨胀系数等,需控制在大抵一致的范围之内,否则釉容易脱落。南朝以后,浙江青瓷的烧造已很少采用这一工艺。

第二,成形技术上也有了重要的进步。

此时的碗、盏、钵、壶、罐等圆形器都已采用了拉坯成型。拉坯用的陶车也普遍地采用了比较先进的瓷质轴顶碗装置,使装在轴承上的轮盘能转动自如,提高了生产率。一些扁壶、方壶、榼、狮形烛台等式样特殊的器物,则用拍片、模印、镂雕、手捏等工艺,从而满足了不同的需要。如扁壶和方壶,

---

〔1〕 郭演仪,王寿英,陈尧成.中国历代南北方青瓷的研究.硅酸盐学报,1980(3):232—243＋327—328.

是先拍成所需器物的方形、长方形或椭圆形薄片,然后黏合成器身,再黏结口、耳、足等附件。为使器形规整,扁壶的腹片可在外模中修整。三国西晋时常见的谷仓罐成型尤为复杂,其口、腹部系分段拉坯,之后再黏在一起,底和屋檐等则用拍片,各式人物、禽兽,则用模印和手捏,仓口和器腹的小圆孔则雕镂而成。上虞宋家山晋代瓷窑出土过狮形水注陶模和鸡首壶的鸡首陶模,这为我们了解当时陶瓷成型技术提供了实物依据。

第三,制釉和施釉技艺的发展。

中国古代瓷釉技艺的发展大约经历了三个主要阶段,即:形成期——商周,成熟期——汉唐,提高期——宋代以后。从对考古出土的瓷器实物的成分分析看,六朝时期浙江地区青瓷的釉料成分与东汉时期相差不大,唯 CaO 含量稍有提高。釉料中的成分大致为:SiO_2 为 52.96%—62.60%,大多处于 56%—62% 间;Al_2O_3 为 9.99%—16.17%,大多处于 11%—14% 间;Fe_2O_3 为 1.87%—3.34%,平均为 2.425%;CaO 为 13.25%—20.85%,平均为 19.162%。六朝青瓷的釉料中 CaO 含量较东汉稍高,但仍是典型的石灰釉,其原料主要是釉石和草木灰。[1]

中国历代青瓷都是以铁为着色剂,用还原焰烧成。因此含铁量的多少对釉的呈色有着十分明显的影响。一般而言,当氧化铁含量在 0.8% 左右时,釉呈影青色;随含铁量增加,呈色逐步加深,当含铁量达 1%—3% 时,釉呈青绿色;含量达 4%—5% 时,呈灰青色、茶叶末或墨绿色;含量达 8% 左右时,釉呈赤褐色乃至暗褐色,当厚度达 1.0 毫米以上,或含铁量增加至 10% 左右时,便呈现黑色。除铁之外,石灰釉中的钛和锰也是很强的着色元素,钛可使釉呈黄色或紫色,锰可使之呈棕色或紫色,若釉内同时含有铁、钛、锰的氧化物,即使含量较低,也会呈现出青中带黄或灰黄微绿;若含量较高,则呈暗褐色或黑色。东汉时,上虞地区越窑就使用了石灰石和紫金土来配制酱色釉;到了晋代,德清窑又利用含铁量很高的紫金土,甚至掺入了含锰黏土来配制黑釉,这是制釉工艺一个大的进步。瓷器的施釉方法,大约在汉代已出现了浸釉法,但当时仍以涂刷法为主。三国西晋后,浸釉法得到推广。浸釉法的采用,使瓷器的釉层较为均匀,呈色亦较稳定,且胎釉结合好,流釉现象也较少。

浙江出土的西晋青瓷的釉厚度已多在 0.1 毫米以上,且胎釉结合牢固,无剥落现象,说明胎、釉的烧成温度、膨胀系数都是匹配的。湘、鄂、蜀、赣等

---

〔1〕 李家治.原始瓷器的形成和发展.见:中国古代陶瓷科学技术成就.上海:上海科学技术出版社,1985:132—145.

地瓷窑的产品,可能采用了含铝量较高、含铁量较低的瓷土作为胎料,胎的烧成温度提高,但其釉料未做相应调整,故常出现釉层已经玻化、胎未烧好,胎釉结合不佳的现象。

第四,龙窑技术的改进。

东汉时期的龙窑已出现火膛、窑床、排烟道三部分结构,六朝时期一方面延续东汉的做法,另一方面继续探索和改进龙窑结构。如上虞鞍山曾发现一座保存较好的孙吴时期龙窑,全长 13.32 米,宽 2.1—2.4 米,由火膛、窑床、排烟道三部分组成。窑底前段倾斜 13 度,后段 23 度,中段凹下。窑墙用黏土筑成,高 30—37 厘米,用黏土砖坯砌筑拱顶。在窑床与烟道间有一道高 10 厘米的挡火墙,墙后设 6 个排烟孔。此窑的窑床内遗留有大量用来装烧坯件的垫具,以中段最为密集。该窑结构与东汉时期龙窑较为相似,但其前段宽后段窄的设置显得更为科学合理,有利于产品的烧成。

这种改进在两晋、南朝时期表现得更为明显。如上虞帐子山发现的一座晋代龙窑,仅存窑床后段和出烟坑部分,残长 3.27 米,宽 2.4 米。该窑的结构和建筑用料与汉代、三国时相同,但值得注意的是窑床后段的倾斜度约为 10 度,与现代龙窑十分相似。同时窑底的砂层上所置窑具纵横成行,排列有序,但行距疏密不同,可调节火焰分布状况。有人推测,该窑很可能已采用了分段烧成法。在丽水发掘的一座南朝龙窑,只发掘了中间一段,长已达 10.5 米,但宽只有 2.0 米,比晋代的稍窄。因拱顶已毁,投柴孔情况不明,但如此长度的龙窑,不实行分段投柴是不能把中后段产品烧成的。[1]

采用分段烧成后,龙窑长度可视需而定。加大长度的优点是:一可增加装烧面积,从而增加装烧量;二可提高热利用率;三可使窑身宽度变小,从而可延长窑顶寿命,因当时的窑顶是用土坯砌造的,过宽则易倒塌;四可使窑内温度分布更为均匀。这样,龙窑结构就一步步走向了更为科学化、定型化的阶段。

第五,装烧技术的提高。

当时的窑具主要有两种:一是垫具,它是置于窑底,用来把坯件装到窑内最好烧成的部位,一般较为高大粗壮。二是间隔具,用于叠装,通常制作较为精细。三国时,有的垫具作直筒形,腰部作弧形微束,托内有内折平唇,晋时改作了喇叭形和钵形。间隔具在三国时多用三足支钉,西晋时窑工们又发明了一种锯齿状口的盂形隔具。东晋之后,德清窑和一部分越窑窑场已不再采用隔具,而是在坯件间放置几粒扁圆形泥点("托珠")垫隔,这不但

〔1〕 朱伯谦.试论我国古代的龙窑.文物,1984(3):57—62.

增加了装烧量,而且节省了原料和制作窑具的工时。

第六,烧成技术有了较大的提高。

李家治分析过一件上虞西晋元康七年墓出土的越窑双系罐瓷片,知其烧成温度已达 1300℃,吸水率为 0.42%,显气孔率为 0.92%。胎内有发育较好的莫来石晶体,石英颗粒较细,并有较多的玻璃态。其釉色青灰,厚薄均匀,胎釉结合较好,无剥落现象,0.5 毫米厚时便可微微透光,瓷片击之锵锵有声。除了 Fe_2O_3 和 TiO_2 含量稍高,分别为 2.72% 和 1.11%,使胎呈现较深的灰白色外,已接近宋、元、明瓷器的组成。[1]

郭演仪等也分析过越窑瓷片,其中上虞帐子山三国青瓷碗残片,其显气孔率为 1.06%,吸水率为 0.45%,烧成温度为 1240℃。上虞西晋青瓷洗口残片的显气孔率为 1.06%,吸水率为 0.5%,烧成温度 1220℃。皆在弱还原性气氛中烧成,烧结程度较好,薄片可微透光,亦基本上达到了现代瓷标准。[2]

其时,坯件尚无匣钵等保护体,以明火烧造,但熏烟现象很少,过烧和流釉现象亦很少看到。所有这些均说明,六朝时期的瓷器烧成技术比前代有了较大的提高。

三、造纸业与造纸技术

汉代造纸技术发明后,今浙江境域何时开始应用这一技术发展造纸业,史籍无明确记载。1996 年,在湖南长沙走马楼的古井中一次发现 10 多万枚属于三国孙吴时的简册。[3] 简册上的文字约 150 万,超过《三国志·吴书》的总字数,可见孙吴时的文字主要还是写在竹简木牍之上。

从东汉蔡伦改进造纸技术,到东晋王羲之在纸上写字,经历了大约 250 年。从今所见史籍记载看,孙吴时,已有土纸、楮皮纸。西晋时,会稽郡剡县已开始用藤造纸。东晋,浙江造纸业有了很大的发展。这一时期,云集会稽的名士多,对纸的需求量也大,这无疑刺激了造纸业的发展。造纸业的发展使得纸不再是贵重难得的物品,竹简木牍渐渐被纸所替代。王羲之在会稽内史任上,曾经一次从库存中拨出 9 万枚给了谢安。《裴子语林》载:"王右

〔1〕 李家治.我国瓷器出现时期的研究.硅酸盐学报,1978,6(3):190—198.

〔2〕 郭演仪,王寿英,陈尧成.中国历代南方青瓷的研究.硅酸盐学报,1980(3):232—243＋327—328.

〔3〕 长沙市文物工作队,长沙市文物考古研究所.长沙走马楼 J22 发掘简报.文物,1999(5):4—25.

军为会稽令,谢公就乞笺纸,检校库中,有九万枚,悉以与谢公。桓宣武云:逸少不节。"〔1〕南宋嘉泰《会稽志》也载:"王右军为会稽内史,谢公(一作桓温)就乞陟厘纸(一作侧厘),库内有九万枚(一作五十万),悉与之,以此知会稽出纸尚矣。"〔2〕又庾冰《与王羲之书》:"得示连纸一丈,致辞一千,只增其叹耳,了无解于往怀。"〔3〕这些对纸张的量化表述,说明当时纸张已较为丰富。轻便易折的纸作为书写之物,流传方便,使得人们便于沟通信息往来,对知识的传播、书法艺术的发展意义重大。

纸张已成为当时浙江地区重要商品之一,除供应本地所需外,还输往外地销售。南朝刘宋时,山阴人孔道存、孔徽从会稽回到都城建康的时候,所带辎重十余船,其中纸张是主要货物之一,与绢、绵、席并列。

造纸业的发展是与浙江地区造纸原料的丰富分不开的。这里出产的苎麻、藤、楮、桑、竹等,都是可用来造纸的原料。

用麻类纤维造的纸为麻纸,如王羲之拨给谢安的纸,可能就是麻纸。用木本韧皮纤维造的纸为皮纸,其中用楮类木本韧皮提取纤维造的为楮皮纸,用野生藤本植物纤维造的为藤皮纸。楮,孙吴末年到西晋初,根据陆玑《毛诗草木鸟兽虫鱼疏》记载,当时江南人称榖,"江南人绩其皮以为布,又捣以为纸,谓之榖皮纸"〔4〕。可能因麻料不足,此时不但以楮以代麻造纸,还以楮织布。陆玑对江南相当熟悉,其记载应是可信的。〔5〕《余杭县志》记载,吴兴郡余杭县所产藤角纸,东晋已颇为著名,尤以由拳山产者最佳,其纸细密结实,坚韧光滑,被选为书画用纸,称由拳纸。由拳纸有黄、白之分。葛洪在余杭以蘗汁涂于白由拳纸,创黄蘗染纸法,所染由拳纸专供抄写经书之用。咸安年间(371—372),余杭县令范宁以"土纸不可以作文书,皆令用藤角纸"〔6〕。南朝宋时,山谦之在《吴兴记》中说:"今傍有由拳村,出藤纸。"〔7〕藤纸的制作,显然是在已知藤皮纤维同麻一样可以织布后完成的。由此,古人摸索出一条规律,那就是凡是能用于纺织的植物纤维均可造纸。

中国境内桑树,多为桑科的木本植物真桑及其变种,主要产于江浙、川

〔1〕 (清)张英,王士祯.渊鉴类函(第8册).北京:北京市中国书店,1985:457.

〔2〕 (宋)施宿.嘉泰《会稽志》(卷17).合肥:安徽文艺出版社,2012:340.

〔3〕 (唐)欧阳询.艺文类聚(卷31).北京:中华书局,1965:560.

〔4〕 (三国)陆玑.毛诗草木鸟兽鱼疏广要(卷上).北京:中华书局,1985:29—30.

〔5〕 潘吉星.中国科学技术史(造纸与印刷卷).北京:科学出版社,1998:114.

〔6〕 (清)严可均.全上古三代秦汉三国六朝文(全晋文卷125).北京:中华书局,1958:2177.

〔7〕 (宋)乐史.太平寰宇记(卷93).北京:中华书局,2007:1868.

陕、鲁冀等地区。[1] 其皮可造纸,即桑皮纸。竹类纤维造也可造纸,即竹纸。据南宋赵希鹄《洞天清录集》记载:"南纸用竖帘,纹必竖。若二王真迹,多是会稽竖纹竹纸。盖东晋南渡后,难得北纸,又右军父子多在会稽故也。"[2]《富阳县志》说,富阳竹纸始于东晋南北朝时期。

此外,与书法艺术发展和造纸业发展相呼应的是制墨、造砚业的发展。从沈约《宋书》记载吴郡吴县人张永"纸及墨皆自营造"[3]的情况来看,当时浙江地区有的世族庄园也从事纸墨制造。

第四节　虞喜与天文学

古人说:"四方上下曰宇,古往今来曰宙,以喻天地。"[4]因此,宇宙成了天地万物的总称。它的结构和演化,也成了古今人们关注的热点。谈到中国古代有关宇宙结构的学说,人们通常会想到盖天说、浑天说和宣夜说。其实,除了这三派学说之外,还有昕天说、穹天说、安天说等。虽然昕天说、穹天说、安天说的影响力不如盖天说、浑天说和宣夜说,但它们同样是有价值的宇宙结构论说。我们注意到,昕天说、穹天说、安天说均为六朝时期浙江学者所提出。其中,昕天说的创立者为孙吴时湖州人姚信,穹天说与安天说的创立者为东晋时余姚虞氏家族的虞耸、虞昺与虞喜。虞喜不仅提出了安天说,而且发现了岁差现象。

一、虞喜其人及著述

虞喜(281—356),字仲宁,会稽郡余姚(今浙江余姚)人。会稽虞氏是六朝时期江东世家大族。自两汉之际南迁会稽余姚后,东汉末开始迅速发展,历六朝而不衰。虞氏家族允文允武,凭借道德、事功、学术以及强大的宗族和经济力量,巧妙处理与各种势力的关系,从而维持家族势力长期不坠。虞喜就出身于这样一个世代不衰的官宦之家。[5]

虞喜的族曾祖父虞翻(164—233),是东吴的大臣,曾任孙策手下的功

〔1〕 孙宝明,李钟凯.中国造纸植物原料志.北京:轻工业出版社,1959:312—317.

〔2〕 (宋)赵希鹄.洞天清录集.北京:中华书局,1985:18.

〔3〕 (南朝)沈约.宋书(卷53).北京:中华书局,1974:1511.

〔4〕 (战国)尸佼.尸子(卷下).北京:中华书局,1991:26.

〔5〕 闻人军,张锦波.科学家虞喜,他的世族、成就和思想.自然辩证法通讯,1986(2):56—61.

曹,后被孙权任命为骑都尉。他是一位著名的易学家,以玄释易开江东玄学先河。曾注过《易经》及魏伯阳的《周易参同契》,后世葛洪的《神山传》中提到魏伯阳有得意门生虞生,很有可能就是指虞翻。虞翻少时聪颖,12 岁就已知道"虎魄不取腐芥,磁石不受曲针"[1]此类物理现象。后来,他还掌握了"观象云物"的本领,据说达到"察应寒温,原其祸福,与神合契"[2]的程度,在天文星占方面颇有造诣。他在文坛上与名儒孔融齐名,其文采被孔融誉为"东南之美"。虞翻因得罪孙权,又遭毁谤,后被发落到交州,仍然"讲学不倦,门徒常数百人"[3]。

清代邵晋涵赞道:"山水中开文献邦,明流竹箭世无双。"[4]虞翻有 11 个儿子,大都是知书达礼、才华横溢的学者。其中第六子虞耸、第八子虞昺,所提出的穹天说,在中国古代宇宙观史上占有一定的地位。虞喜的父亲虞察,曾是东吴的征虏将军。虞喜还有一个弟弟叫虞预,也是东晋时的知名学者,他"雅好经史,憎疾玄虚"[5],曾担任县功曹、秘书承著作郎、散骑常侍等官职,著有《晋书》40 余卷、《会稽典录》24 卷、《诸虞传》12 篇等。

在庞大的虞氏家族中,虞喜无疑是继虞翻之后又一位杰出的学者。《晋书》说:

> 虞喜,字仲宁,会稽余姚人,光禄潭之族也。父察,吴征虏将军。喜少立操行,博学好古。诸葛恢临郡,屈为功曹。察孝廉,州举秀才,司徒辟,皆不就。元帝初镇江左,上疏荐喜。怀帝即位,公车征拜博士,不就。喜邑人贺循为司空,先达贵显,每诣喜,信宿忘归,自云不能测也。[6]

他多次被朝廷征聘,但每一次都未应征。除了上述"怀帝即位,公车征拜博士,不就"之外,文献中还有"太宁中,与临海任旭俱以博士征,不就";咸康初,由内史何充上疏推荐,"以散骑常侍征之,又不起"等记载。由此,虞喜给后人留下了"天挺贞素,高尚遐世"[7]的印象。

虞喜"少立操行,博学好古","束修立德,皓首不倦",一生著述宏富。

〔1〕 (晋)陈寿.三国志(卷 57).郑州:中州古籍出版社,1996:595.

〔2〕 (晋)陈寿.三国志(卷 57).郑州:中州古籍出版社,1996:589.

〔3〕 (晋)陈寿.三国志(卷 57).郑州:中州古籍出版社,1996:590.

〔4〕 (清)邵晋涵.姚江棹歌一百首.见:邵晋涵集(第 8 册).杭州:浙江古籍出版社,2016:2111.

〔5〕 (唐)房玄龄.晋书(卷 82).北京:中华书局,1974:2147.

〔6〕 (唐)房玄龄.晋书(卷 91).北京:中华书局,1974:2348.

〔7〕 (唐)房玄龄.晋书(卷 91).北京:中华书局,1974:2349.

《晋书》说:"喜专心经传,兼览谶纬,乃著《安天论》以难浑、盖,又释《毛诗略》,注《孝经》,为《志林》三十篇。凡所注述数十万言,行于世。"[1]清光绪《余姚县志·艺文志》说虞喜曾著有《尚书·释问》1卷、《毛词释》18卷、《周官驳难》5卷、《赞郑玄论语注》9卷、《论语新书对张论》10卷、《考经注》3卷、《志林新书》20卷、《广林》1卷、《释滞》1卷、《通疑》1卷、《集》11卷。

可见,虞喜毕生所从事的学术工作,乃是继承家学,偏重对经典著作的研究和训注。可惜其著述大多已经散佚,仅有一小部分以辑本的形式流传至今,如鲁迅从《通典》辑出《释滞》《释疑》《通疑》数则成《志林》1卷,又据《通典》《后汉书》和《路史余论》辑成《广林》1卷。虞喜的一篇天文学论文《安天论》,尚有部分内容流传至今,成为我们研究虞喜科学思想的重要文献。

二、虞喜的科学成就

虞喜博学多才,但其在科学上的贡献主要体现在天文学上。其最突出的成就是:一是提出安天说,二是发现岁差。

(一)安天说的提出

中国古代的宇宙理论,可远溯到春秋战国时期,至汉代,盖天、浑天和宣夜三家学说并存。三国孙吴时,姚信创立昕天说,以人形喻天形,提出了"天之体南低入地,北则偏高"的观点。两晋时,先由虞喜的族祖虞耸、虞昺提出穹天说,继承盖天说的遗风;后又由虞喜创立安天说,追宣夜说的故法。还有一些科学家如葛洪仍坚持张衡的浑天说,可谓众家争鸣,各执一词。

提出昕天说的姚信,为吴兴(今浙江湖州)人。《三国志》《晋书》未列其传,故其生平事迹不详。《全三国文》说:"信,字元道,宝鼎初为太常,有《士纬》十卷,《姚氏新书》二卷,《集》二卷。"[2]《册府元龟》载:"姚信,字德佑,吴兴人,为太常卿,注《易》十卷。"[3]《经典释文》称:"字元直,吴兴人,吴太常卿。"[4]姚信的著述多失传,幸好其所提出的昕天说,在《晋书·天文志上》《宋书·天文志一》《隋书·天文志上》及《太平御览》等文献中有所保留,使后人能了解其大概。姚信说:

〔1〕 (唐)房玄龄.晋书(卷91).北京:中华书局,1974:2349.

〔2〕 (清)严可均.全上古三代秦汉三国六朝文(全三国文卷71).北京:中华书局,1958:1435.

〔3〕 (宋)王钦若.册府元龟(卷605).北京:中华书局,1960:7263.

〔4〕 (唐)陆德明.经典释文(卷1).北京:中华书局,1960:6.

人为灵虫,形最似天。今人颐前侈临胸,而项不能覆背。近取诸身,故知天之体南低入地,北则偏高。又冬至极低,而天运近南,故日去人远,而斗去人近,北天气至,故冰寒也。夏至极起,而天运近北,故斗去人远,日去人近,南天气至,故蒸热也。极之高时,日行地中浅,故夜短;天去地高,故昼长也。极之低时,日行地中深,故夜长;天去地下,故昼短也。[1]

也就是说,在姚信看来,人有灵性,形最像天。人的身体前后不对称,前面的下颌可低到胸上,后脑勺却碰不到背上去。天似乎也应当这样,南北不对称,南低北高。这实际上是第二种盖天说——"天如欹车盖"[2]的另一种说法。但他偏重说明冬夏气候变化与昼夜长短的不同,认为冬至时,天极在极轴上很低,天在转动中靠近南方运行,所以太阳离人远,而北斗离人近。这时北天的"气"到来了,因而天气变冷。夏至时,天极在极轴上升高,天在转动中靠近北方运行,所以北斗离人远,而太阳离人近。这时南天的"气"到来了,因而天气变热。当天极在极轴上上升时,太阳运行的路线低于我们在地上的位置不多,所以夜短而昼长,当天极在极轴上下降时,太阳运行的路线有一段深深地低于地,所以昼短而夜长。因此,"天行寒依于浑,夏依于盖也"[3]。即天在冬天近于浑天说,夏天近于盖天说。

尽管姚信的昕天说并不完美,但其影响深远。清代袁枚说:"测天者,宣夜、浑天、昕天三家,人皆知之。"[4]将昕天说替代盖天说,与宣夜说、浑天说并称,可见其影响确实不小。

随着天文学的发展,盖天说遇到了越来越大的困难。从姚信的昕天说已可以看出,此时的盖天说已经呈现出与浑天说合流的趋向。所谓"寒依于浑,夏俯于盖",就透露了这种发展的趋势。东晋虞耸、虞昺提出的穹天说,也是一种盖天结合浑天的学说。虞耸说:

天形穹隆如鸡子,幂其际,周接四海之表,浮于元气之上。譬如覆奁以抑水,而不没者,气充其中故也。日绕辰极,没西而还东,不出入地中。天之有极,犹盖之有斗也。天北下于地三十度,极之倾在地卯酉之北亦三十度,人在卯酉之南十余万里,故斗极之下不为地中,当对天地卯酉之位耳。日行黄道绕极,极北去黄道百一十五度,南去黄道六十七

[1] (唐)房玄龄.晋书(卷11).北京:中华书局,1974:280.
[2] (宋)李昉.太平御览(卷2).北京:中华书局,1960:9.
[3] (南朝)沈约.宋书(卷23).北京:中华书局,1974:680.
[4] (清)袁枚.随园随笔(卷6).上海:广益书局,1936:69.

度,二至之所舍以为长短也。[1]

也就是说,天很高,呈拱形,像一个鸡蛋壳,其边缘连接着四海的表面,浮在元气之上。它又像一个翻过来的镜匣扣在水面上,不会下沉,因为其中充满了空气。太阳绕着极而运转,没入西方而复从东方升起,但它既不是出自地中,也不会没入地中。天有极,正像盖子有圆顶一样。天的北方低于地30度,天极的轴向北倾斜,从正东向西看,也呈30度角。现在的人居住在天极的东西向直线的南面十余万里的地方,所以地的中心不是直接在天极的下面,而是这个中心正好在天地的正东西向线和主垂直线上。太阳沿黄道的轨道绕天极运行。冬至时天极的位置在黄道之北115度,而黄道的另一端在极之南67度,这些数据是从二至点的位置测出的。由此可见,穹天说在沿袭盖天说观点的同时,也借用了浑天说的一些概念。虞喜也持类似的观点,他说:"天形穹隆如笠,而冒地之表,浮元气之上。譬覆奁以抑水而不没者,气充其中也。日绕辰极,没西而还东,不入地中也。"[2]

穹天说究竟是虞耸所创立还是虞喜所提出,历来存在争论。《晋书·天文志》说穹天说为虞耸所创立,《太平御览》则说虞喜曾作穹天说。但就上述文献记载来看,虞喜的穹天说与虞耸的穹天说既存在共同点,又有明显的差异。两者的共同之处主要有:天在上,地在下,天并不绕到地底下去,两者均带有鲜明的盖天说的印记。同时,两者都试图给盖天说的天地结构,找到一个物理的解释,他们都认为在天之内充满了元气,天又有地或水承托,所以天地结构是稳定的。虞耸的穹天说还涉及地之所以不坠不陷的载体问题,不过他是从当时流行的浑天说那里借用来的。两者的不同之处如下。

一是虞喜的穹天说把天看成是"天形如笠",虞耸的穹天说则认为"天形如鸡子"。显然,前者与《周髀算经》中盖天说的"天似盖笠"的说法一脉相承,没有本质的区别;后者则借用了浑天说的"天如鸡子"的概念,但又从中砍了一刀,剩下半个鸡子。

二是虞喜的穹天说是一种天覆盖于地之上的模式,虞耸的穹天说是一种天浮于四海和元气之上模式,并认为地也浮于海上。前者与周髀盖天说的天地相互承接的说法相同,后者则借用了浑天说的天地均浮于水、气之上的假说。

虞耸的穹天说还吸收了浑天说的其他一些概念与说法。例如,虞耸说"极之倾在地卯酉之北亦三十度",这与王蕃在《浑天象说》中的"北极在正

---

[1]（唐）房玄龄.晋书(卷11).北京:中华书局,1974:280.

[2]（宋）李昉.太平御览(卷2).北京:中华书局,1960:9.

北,出地三十六度"[1]之说相似,只是把 36 度改为了 30 度。这一数值,更接近孙吴都城建业一带北极出地高度的实际情况。再如,虞耸在论说穹天时,采用的是浑天说日行黄道的概念,这与周髀盖天说日行七衡六间的说法全然不同。

　　然而,在虞喜看来,无论是盖天说、浑天说,还是昕天说、穹天说,均存在致命的弱点,而东汉郗萌所提出的宣夜说更接近天地结构的固有模型。不过,宣夜说在发展过程中,也遇到了一些需要进一步解释的疑点。一个有趣的问题是"杞人忧天倾",既然日月众星都飘浮在空气中,那它们会不会掉下来呢?唐代李白所谓"杞国无事忧天倾"[2],指的就是这件事。为了回答杞人忧天这一类问题,"虞喜因宣夜之说作《安天论》"[3]。显然,虞喜的"安天"针对的就是"忧天"。虞喜说:

　　　　天高穷于无穷,地深测于不测。天确乎在上,有常安之形,地魄焉在下,有居静之体。当相覆冒,方则俱方,圆则俱圆,无方圆不同之义也。其光曜布列,各自运行,犹江海之有潮汐,万品之有行藏也。[4]

　　这是说,天是无限的高,地是不可测的深。毫无疑问,上面天的形状是处于永久安定的状态,而下面的地体,也是保持静止不动的。天和地互相包围覆盖着,如果有一个是方的,那另一个也应该是方的;如果有一个是圆的,那另一个也应该是圆的,没有方圆不同的道理。七曜是分散的,各按自己的轨道运转,就像江海的潮水一样,有涨有落;又如同万物一般,时隐时现。在这短短的一段文字中,虞喜既否定了天圆地方说,又批判了天球具有固体壳层的思想,同时也回答了"杞人忧天倾"的疑虑。《晋书·虞喜传》中说虞喜"乃著《安天论》,以难浑、盖"[5],说的就是这个意思。

　　但是,虞喜的观点却受到同时代学者葛洪的批驳,葛洪说:"苟辰宿不丽于天,天为无用,便可言无,何必复云有之而不动乎?"[6]这里提供了两方面信息,一是在虞喜看来,天只是包围着大地的元气,天体各自按自己的轨道在元气间运动。正是这个观点,才引起葛洪的反驳。二是虞喜的这一看法,在现有的文献中没有明确记载。这说明虞喜的《安天论》,不会仅仅只有《晋

〔1〕（唐）瞿昙悉达.开元占经（卷1）.北京:中央编译出版社,2006:5.
〔2〕（唐）李白.李太白集（卷2）.沈阳:辽宁教育出版社,1997:13.
〔3〕（唐）房玄龄.晋书（卷11）.北京:中华书局,1974:279.
〔4〕（唐）房玄龄.晋书（卷11）.北京:中华书局,1974:279—280.
〔5〕（唐）房玄龄.晋书（卷91）.北京:中华书局,1974:2349.
〔6〕（唐）房玄龄.晋书（卷11）.北京:中华书局,1974:280.

书》中所录的这些文字。虽然受到葛洪的批驳,但虞喜的《安天论》显然要比葛洪的硬壳天球概念要高明一些。他所提出"天高穷于无穷"的观点,比郄萌的宣夜说更明确地点出了宇宙的无限性。他还认为日月星辰的运行是有规律的,犹如海洋的潮汐和万物秩序之井然,这无疑是出色的解释。所以,有学者认为"宣夜说至此,可以说进入它的极盛时代"[1]。

(二)岁差的发现

岁差是一种客观存在于地球——太阳运动体系的现象。根据天文学理论,发生岁差的原因是:地球自转轴系在其公转平面上存在一个周期为25800年的陀螺摆动,天文学上称为进动,结果造成了地球冬至点逐年发生微小的偏差,也就是回归年与恒星年之间的微小差别。由于中国古时的度量系统是赤道式的,而且采用二十八宿入宿度这种以赤经差计量的特殊表述方式,致使岁差发现较晚。由于地球绕日自转轴与公转轴倾斜,使地球上日照的倾角发生周期性的变化,从而发生季节变化,其变化周期可用中午日影长度的变化度量。然而,中国天文学产生的初期,却是利用季节星象判断季节的。前者为回归年,后者为恒星年。由于每年相差不到一分,古人不知存在差异,直至约公元330年时,虞喜将这两种结果进行对比才发现了岁差的存在。据历史文献记载,公元前2世纪,古希腊天文学家喜帕恰斯最早发现了这种现象。

虞喜发现岁差,无疑在中国天文学发展史上是具有划时代意义的大事。令人遗憾的是,这一发现,在《晋书》《宋书》中却没有任何反映。之所以产生这种现象,这可能与《晋书》《宋书》的作者有关。后世流传的《晋书》,为唐初房玄龄等人所修撰,其中的《天文志》《律历志》由李淳风撰写。由于李淳风不相信有岁差,他与王孝通一起责难《戊寅元历》考虑岁差,致使"岁差之术,由此不行"[2]。因此,在《晋书》的《天文志》和《虞喜传》中,在谈及虞喜在天文学上的贡献时,都只记载《安天论》,而对虞喜的这一重大发现未予记述。《宋书》由沈约著于南齐,那正是祖冲之《大明历》受阻,众人附和戴法兴之说,即认为祖冲之引进岁差、改革闰周是"诬天背经"[3]之后不久的事。直到唐代,张遂(683—727)即僧一行在《大衍历议·日度议》中才提到:

---

〔1〕 郑文光.中国古代的宇宙无限理论和现代宇宙学.见:科技史文集(第1辑).上海:上海科学技术出版社,1978:47.

〔2〕 (宋)欧阳修.新唐书(卷27).北京:中华书局,1975:617.

〔3〕 (南朝)沈约.宋书(卷13).北京:中华书局,1974:305.

古历,日有常度,天周为岁终,故系星度于节气。其说似是而非,故久而益差。虞喜觉之,使天为天,岁为岁,乃立差以追其变,使五十年退一度。[1]

这段话告诉我们,虞喜发现了岁差现象。虞喜认为,古历将节气与星度相等同是不正确的,寒暑变化一周不等于太阳在恒星间运行一周。因此便分清了周天与周岁的不同概念,并且求出了二者具体的差数为 50 年退 1 度。这个差数便是岁差。其含义是,太阳在黄道上运动,经过一岁之后并未回到原处,尚差 1/50 度(赤经差)。这一岁差概念,与近现代所理解的赤道岁差相当。

虞喜是如何发现岁差的,僧一行并未做出交代。《宋史·律历志》引北宋周琮《明天历》说:“虞喜云:尧时冬至日短星昴,今二千七百余年,乃东壁中,则知每岁渐差之所至。”[2]由此得知,虞喜发现岁差,大概是通过冬至昏中星的对比得到的。依《尧典》所载冬至昏中星为昴星,在虞喜的时代,冬至昏中星为壁宿 9 度。这就是说,从帝尧至东晋这段时间内,冬至昏中星已从昴宿,经胃宿 14 度、娄宿 12 度、奎宿 16 度,退行至壁宿 9 度,合计退行 51 度。虞喜估计唐尧时代相距 2700 余年,由此可求得约 53 年岁差 1 度,与一行所说大体相合。[3] 岁差,在现代天文观测上最直接的表达方式是:大约每 25800/365.25＝70.6 年,冬至点在二十八宿分度(365.25 度)上逆向漂移一宿度(相当于 25800/360＝71.7 年漂移 1 度)。虞喜估计每 50 年左右岁差 1 度,虽然与现代天文观测的数值尚有较大的差距,但此发现对以后天文学影响颇大。可以说,虞喜开创了中国天文学的新纪元。

在虞喜发现岁差 100 多年后,南北朝时的天文学家何承天(370—447)又提起此事。“古之为历,未知有岁差之法。其论冬至日躔之宿,一定而不移。”不知“今岁之日躔在冬至者,视去岁冬至之日躔,常有不齐之分。至虞喜始觉其差”,遂立岁差之法。“以五十年日退一度,然失之太过,宋何承天倍增其数,约以百年退一度,而又不及至。至隋刘焯,取二家中数以七十五年为近之。”较之二家之历,虽为差近,亦未甚密。因此“唐一行乃以《大衍历》推之,得八十三年而差一度。自唐以来历家皆宗其法”[4]。

[1]　(宋)欧阳修.新唐书(卷 27).北京:中华书局,1975:600.

[2]　(元)脱脱.宋史(卷 74).北京:中华书局,1977:1689.

[3]　闻人军,张锦波.科学家虞喜,他的世族、成就和思想.自然辩证法通讯,1986(2):56—61.

[4]　(清)龙文彬.明会要(卷 27).北京:中华书局,1956:440.

虽说"何承天倍增其数,以百年退一度",但何承天是怎样看待岁差的,文献无记载,无法评说。再过约 20 年,祖冲之(429—500)则清楚地讲述了岁差的重要性,并把它引进历法之中。在《大明历》中,祖冲之把岁差列为两种必须"改易"的内容之一,指出:

> 旧法并令冬至日有定处,天数既差,则七曜宿度渐与历舛。乖谬既著,辄应改制,仅合一时,莫能通远,迁革不已,又由此条。今令冬至所在,岁岁微差,却检汉注,并皆审密,将来久用,无烦屡改。[1]

这里说的是岁差在历法中的重要作用,前人不知道有岁差,规定了冬至点的位置,可是实际上冬至点是移动的,时间一久,历法便与实际天象不符,只好去改革历法,使之一时合于实际。假如把岁差引进历法,就是规定冬至点"岁岁微差",用以校正历法,这样便可使历法长久使用,不需要经常改革了。祖冲之既驳斥了戴法兴的诘难,也维护了岁差的地位。

到了唐代,僧一行对岁差有了更清晰的认识。他在所撰《大衍历》中有详细论证:

> 今岁差,引而退之,则辛酉冬至,日在斗二十度,合于密率,而有验于今。推而进之,则甲子冬至,日在斗二十四度,昏奎八度中,而有证于古。其虚退之度,又适及牵牛之初。[2]

所说"辛酉"是指汉太初元年(前 104)的冬至日,用岁差计算冬至点应在斗宿 20 度;"甲子"是指太初元年以前的一个冬至日是甲子,用岁差计算冬至点应在斗宿 24 度,这些都合于实际。僧一行还举了大量事实,都用岁差给予了圆满的解释,说明了岁差的价值和重要性。他在谈及开元十二年(724)所测 28 度的宿度时,又说"若上考往古,下验将来,当据岁差,每移一度,各依术算,使得当时度分,然后可以步三辰矣"[3]。对于岁差的作用,僧一行的认识可以说是相当清楚的。虽然在僧一行以前的王孝通、李淳风没有认识到岁差的重要性,因而不顾隋代刘焯(544—610)的做法,在历法中抛弃岁差不用,但经过僧一行的提倡与实践,从此岁差在中国历法中的应用被固定下来。

到明末时,崇祯二年(1629)徐光启向明廷提出《条议历法修正岁差疏》,其中列举修改历法的十项主要措施,而测定岁差值是其中的首项,可见徐光

---

〔1〕(南朝)沈约.宋书(卷 13).北京:中华书局,1974:289—290.

〔2〕(宋)欧阳修.新唐书(卷 27).北京:中华书局,1975:613—614.

〔3〕(五代)刘昫.旧唐书(卷 34).长春:吉林人民出版社,1995:782.

启对岁差的重要性有了更深刻的认识。[1]

第五节　陆玑与生物学

汉经学时代之后,学术丕变。一种新的学术潮流是讲求广征博采,博物学便成了魏晋新学术的重要内容。所谓博物学,是指关于现实生活中具体物质世界的综合实用知识。陆玑的《毛诗草木鸟兽虫鱼疏》就是博物学的代表性著作。由于陆玑在《毛诗草木鸟兽虫鱼疏》既解释动、植物名,又关注自然物本身,在实际观察的基础上对动、植物形态进行详细描述,并指出生长地及其效用等。因此,陆玑的《毛诗草木鸟兽虫鱼疏》具有很高的生物学价值。

一、陆玑其人及著述

因正史无传,其他史籍也缺乏记载,因此陆玑的生卒年及生平事迹已难以考订。[2] 目前能找到的有关陆玑生平较为详细的记述,为唐人陆德明在《经典释文》中的一段记述。陆德明在《经典释文》中说:"陆玑《毛诗草木鸟兽虫鱼疏》二卷。字元恪,吴郡人。吴太子中庶子,乌程令。"[3]此后,许多文献从陆德明说。如宋人王钦若在《册府元龟》中说:"陆机,字元恪,吴郡人,为太子中庶子,乌程令。作《毛诗草木鸟兽虫鱼疏》二卷。"[4]由此我们知道,陆玑,又称陆机,字元恪,是三国时吴郡人,做过太子中庶子,官至乌程令。孙吴时期的吴郡,郡治吴(今江苏苏州),辖 9 县,在今浙江境内的有嘉兴、海盐、盐官、钱唐、富春、桐庐、建德、寿昌 8 县。乌程,今浙江湖州,东吴时为吴兴郡的郡治所在地。因此即便陆玑非浙江人,也因其有"乌程令"的经历与浙江产生了密切的关系。

吴郡的陆氏家族,在孙吴时地位显赫。孙吴政权是靠南北世家大族支撑起来的。吴郡的顾、陆、朱、张在孙吴政权中占有重要地位,特别是在孙权统治时期(200—256),孙权与顾、陆联姻,更加深化了这种政治依赖性。顾雍

---

〔1〕　白尚恕,李迪.中国历史上对岁差的研究.内蒙古师院学报(自然科学),1982(1):84—88.

〔2〕　夏纬瑛.《毛诗草木鸟兽虫鱼疏》的作者——陆机.自然科学史研究,1982(2):176—178.

〔3〕　(唐)陆德明.经典释文(卷1).北京:中华书局,1960:10.

〔4〕　(宋)王钦若.册府元龟(卷 605).北京:中华书局,1960:7264.

掌管朝廷政权,陆逊掌管吴国兵权,朱治为吴郡太守。此时,孙氏子弟及顾、陆、朱、张四姓子弟做大小官吏者数以千计。而且每过几年,就有几百人被送到中央去做官。陆玑可能是在这个时期成为太子中庶子,并出任乌程令的。

据《毛诗草木鸟兽虫鱼疏》的内容,陆玑对北方的动植物颇为熟悉,也了解北方某些地方的俚语、方俗,书中所提到的地名,也多属长江以北、黄河流域中下游地区。可以推断他在早年曾游学于北方,到过北方很多地方。[1]期间,陆玑是否从师郑玄(127—200),由于史料缺乏,不便妄测。但可肯定的是,东汉末年,北海(今山东)郑玄杂糅今古文经学,以其门徒多、著述富,成为当时"天下所宗"的儒学。陆玑即便不是郑玄的入室弟子,至少也是深受郑学影响的儒者。

陆玑的著述文献记载不多,现今所能见到的仅有《毛诗草木鸟兽虫鱼疏》,其书名又有《草木疏》《毛诗义疏》《草虫经》等之称。《毛诗草木鸟兽虫鱼疏》分上、下2卷,上卷为植物部分,计有草本植物80种,木本植物34种;下卷为动物部分,其中涉及鸟类23种,兽类9种,虫类18种,鱼类10种。该书对动植物形态、生态习性、地理分布,以及栽培、驯化和利用等,具有一定程度的认识,类似于近代的"自然历史"。

关于《毛诗草木鸟兽虫鱼疏》的作者,也有学者认为是晋代的陆机。陆机,字士衡,吴郡人,曾任太子洗马、著作郎、郎中令、殿中郎,除诗、赋名动于世外,另著《晋纪》《洛阳记》《要览》等。

清钱大昕认为:

> 陆氏《草木疏》,其名皆从木旁,与今本异。考古书机与玑通,马郑《尚书》睿玑字,皆作机。《隋书·经籍志》乌程令吴郡陆机,本从木旁。元恪与士衡同时,又同姓名,古人不以为嫌也。自李济翁强作解事,谓元恪名当从玉旁。晁氏《读书志》承其说,以或题陆机者为非。自后经史刊本,遇元恪名辄改从玉旁。予谓考古者,但当定《草木疏》为元恪作,非士衡作。若其名则皆从木旁,而士衡名字尤与《尚书》相应,果欲示别,何不改士衡名耶? 即此可征邢叔明诸人,识字犹胜于李济翁也。[2]

在钱大昕看来,陆玑(字元恪)与陆机(字士衡),实为同一人。文中所提到的李济翁,即唐代的李匡义。李匡义在《资暇集》中说:"陆玑,字从玉旁,

---

〔1〕 夏纬瑛.《毛诗草木鸟兽虫鱼疏》的作者——陆机.自然科学史研究,1982(2):176—178.
〔2〕 (清)钱大昕.潜研堂文集(卷27).上海:商务印书馆,1935:408.

非士衡也。"〔1〕这与陆德明在《经典释文》中的记述相印证。之后,晁公武、陈振孙等人在藏书目录中也从此说。晁公武《郡斋读书志》载:"《毛诗草木鸟兽虫鱼疏》二卷,吴陆玑撰。或题曰陆机,非也。玑仕至乌程令。"〔2〕陈振孙《直斋书录解题》说:"《毛诗草木鸟兽虫鱼疏》二卷,题吴郡庶子陆玑撰。案《馆阁书目》称吴中庶子乌程令,字元恪,吴郡人,据陆氏《释文》也。其名从"玉",固非晋之士衡。"〔3〕

《四库全书总目提要》说:

> 《毛诗草木鸟兽虫鱼疏》二卷,吴陆玑撰。明北监本《诗正义》全部所引,皆作陆机。考《隋书·经籍志》《毛诗草木虫鱼疏》二卷,注云:乌程令吴郡陆玑撰。陆德明《经典释文·序录》:陆玑《毛诗草木鸟兽虫鱼疏》二卷。注云:字元恪,吴郡人。吴太子中庶子、乌程令。《资暇集》亦辨玑字从玉,则监本为误。又毛晋《津逮秘书》所刻,援陈振孙之言,谓其书引《尔雅》郭璞注,当在郭后,未必吴人,因而题曰唐陆玑。夫唐代之书,《隋志》乌能著录?〔4〕

显然,《四库全书总目提要》也认为,《毛诗草木鸟兽虫鱼疏》为孙吴时陆玑所撰。

二、《毛诗草木鸟兽虫鱼疏》中的生物学知识

《诗经》是儒家经典之一。《诗经》中所涉及的动植物多为春秋以前长江以北、黄河流域中下游地区的动植物,名称古老。战国以来,释《诗经》者往往以一物之别名来解释《诗经》中的动植物古名。如果学《诗经》者不了解"别名"所指为何物,则《诗经》中之动植物名仍令人费解。陆玑参考前人的著述,并根据自己在北方的实地考察所得的"活材料",运用写实和类比的方法,生动具体地解释《诗经》中的动植物古名,大大地超越了前人注释的水平,在古代生物学史上做出了特殊的贡献。〔5〕

第一,陆玑对动植物的形态描述翔实,突出动植物的形态特征,后人可

---

〔1〕（唐）李匡义.资暇集（卷上）.北京:中华书局,2012:172.
〔2〕（宋）晁公武.郡斋读书志（卷1）.上海:上海书店,1985:43.
〔3〕（宋）陈振孙.直斋书录解题（卷2）.北京:中华书局,1985:34.
〔4〕（清）永瑢.四库全书总目（卷15）.北京:中华书局,1965:120.
〔5〕罗桂环.古代一部重要的生物学著作——《毛诗草木鸟兽虫鱼疏》.古今农业,1997(2):31—36.

据之以辨别其种属。

如,他对"鹭"的描述:

> 鹭,水鸟也,好而洁白,故汶阳谓之白鸟,齐鲁之间谓之春鉏,辽东乐浪吴扬人皆谓之白鹭。大小如鸱,青脚,高尺七八寸,尾如鹰尾,喙长三寸,头上有毛十数枚,长尺余,毨毨然与众毛异,甚好,将欲取鱼时则弭之。今吴人亦养焉,好群飞鸣,楚威王时有朱鹭合沓飞翔而来舞,则复有赤者,旧鼓吹朱鹭曲是也。然则鸟名白鹭,赤者少耳,此舞所持,持其白羽也。[1]

从"水鸟",羽毛"洁白","青脚高七八寸,尾如鹰尾,喙长三寸余。头上有长毛十数尾,长尺余,毨毨然与众毛异"等描述中,我们可以断定,"鹭"为今鹳形目的白鹭。

又如,他对"鹈"的描述:"鹈,水鸟,形如鹗而极大,喙长尺余,直而广,口中正赤,颌下胡大如数升囊,好群飞,若小泽中有鱼,便群共抒水满其胡而弃之,令水竭尽,鱼在陆地,乃共食之,故曰淘河。"[2]从"水鸟","颌下胡大如数升囊"等描述中,可以推定,"鹈"为今鹈鹕属的水禽。

再如,他对"鼍"的描述:"鼍形似蜥蜴,四足长丈余,生卵大如鹅卵,甲如铠,今合药鼍鱼甲是也。其皮坚厚,可以冒鼓。"[3]从其"形似水蜥蜴""长丈余""卵生"等描述中,可以知道,他所指的"鼍",即今之扬子鳄。

至于植物的形态特征,陆玑描述得更为详尽。如:"蝱,今药草贝母也。其叶如栝楼而细小,其子在根下,如芋子,正白,四方连累相著,有分解也。"[4]其所指,显然是葫芦科的贝母。如:"薇,山菜也。茎叶皆似小豆,蔓生,其味亦如小豆。藿可作羹,亦可生食。今官园种之,以供宗庙祭祀。"[5]这里所指的"薇",即为今豆科植物大巢菜。

正是基于对形态特征的认识,陆玑对一些植物进行了归类。如:"榛,栗属。有两种,其一种之皮叶皆如栗,其子小形似杼子,味亦如栗,所谓树之榛栗者也。其一种枝叶如木蓼,生高丈余,作胡桃味,辽东上党皆饶。"[6]之所以说"榛,栗属",是以榛、栗果实相似而定。又如:"梅,杏类也,树及叶皆如

〔1〕 (三国)陆玑.毛诗草木鸟兽虫鱼疏广要(卷下).北京:中华书局,1985:46—47.

〔2〕 (三国)陆玑.毛诗草木鸟兽虫鱼疏广要(卷下).北京:中华书局,1985:47.

〔3〕 (三国)陆玑.毛诗草木鸟兽虫鱼疏广要(卷下).北京:中华书局,1985:55—56.

〔4〕 (三国)陆玑.毛诗草木鸟兽虫鱼疏广要(卷上).北京:中华书局,1985:2.

〔5〕 (三国)陆玑.毛诗草木鸟兽虫鱼疏广要(卷上).北京:中华书局,1985:13.

〔6〕 (三国)陆玑.毛诗草木鸟兽虫鱼疏广要(卷上).北京:中华书局,1985:33.

杏而黑耳。曝干为腊,置羹臛齑中,又可含以香口。"〔1〕其得出"梅,杏类"的结论,也是以其树、叶、果实相似而推定。

尤为重要的是,陆玑根据植物的形态特征正确地辨识了一些《诗经》中的同名异物植物。

如:他认为"苕之华"的"苕"和"邛有旨苕"的"苕",是两种不同种属的植物。前者,"苕,一名陵时,一名鼠尾,似王刍。生下湿水中,七八月中华紫似今紫草,华可染皂,煮以沐发即黑。叶青如蓝而多华"〔2〕。所指似为今紫葳科植物。后者,"苕,苕饶也,幽州人谓之翘饶。蔓生,茎如劳豆而细,叶似蒺藜而青,其茎叶绿色,可生食,如小豆藿也"〔3〕。显然是指豆科黄芪属植物紫云英。

又如:他认为"标有梅"的"梅",是"杏类也",即如今蔷薇科植物;而"终南何有"的"梅",却是荆州人所说的"梅",也即"楠"。他说:"条,槄也,今山楸也,亦如下田楸耳。皮叶白,色亦白,材理好,宜为车板,能湿又可为棺木,宜阳共北山多有之。梅树皮叶似豫章,豫章叶大如牛耳,一头尖赤心,花赤黄子,青不可食,楠叶大可三四叶一丛,木理细致于豫章,子赤者材坚,子白者材脆,荆州人曰梅,终南及新城上庸皆多樟楠,终南与上庸新城通,故亦有楠也。"〔4〕荆州人所说的"梅",即为今樟科润楠属植物楠。

再如:他认为"有蒲与荷"与"唯笋及蒲"的"蒲"为水生植物。蒲"始出地长数寸,鬻以苦酒豉汁浸之,可以就酒及食"〔5〕,如食笋法。即如今生于浅水中的香蒲。而"扬之水不流束蒲"的"蒲",却是"柳",他说:"蒲柳有两种,皮正青者曰小杨,其一种皮红正白者曰大杨,其叶皆长广似柳叶,皆可以为箭干,故《春秋传》曰董泽之蒲,可胜既乎,今人又以为箕罐之杨也。"〔6〕即为今杨柳科的蒲柳。

其他如"集于苞杞"的"杞",认为是枸杞即"地骨"。他说:"杞,其树如樗,一名苦杞,一名地骨。春生作羹茹,微苦。其茎似莓子,秋熟正赤,茎叶及子服之轻身益气。"〔7〕而"无折我树杞"的"杞",则是生于"水旁"的"柳属也"。他说:"杞,柳属也,生水傍,树如柳叶,粗而白色,木理微赤,故今人以

〔1〕 (三国)陆玑.毛诗草木鸟兽虫鱼疏广要(卷上).北京:中华书局,1985:34.

〔2〕 (三国)陆玑.毛诗草木鸟兽虫鱼疏广要(卷上).北京:中华书局,1985:8—9.

〔3〕 (三国)陆玑.毛诗草木鸟兽虫鱼疏广要(卷上).北京:中华书局,1985:15.

〔4〕 (三国)陆玑.毛诗草木鸟兽虫鱼疏广要(卷上).北京:中华书局,1985:23—24.

〔5〕 (三国)陆玑.毛诗草木鸟兽虫鱼疏广要(卷上).北京:中华书局,1985:37.

〔6〕 (三国)陆玑.毛诗草木鸟兽虫鱼疏广要(卷上).北京:中华书局,1985:30—31.

〔7〕 (三国)陆玑.毛诗草木鸟兽虫鱼疏广要(卷上).北京:中华书局,1985:3.

为车毂。今共北淇水傍、鲁国泰山汶水边,纯杞也。"[1]即如今杨柳科植物杞柳。

第二,陆玑在《毛诗草木鸟兽虫鱼疏》中不仅记载了动植物的生长地和栖息地,而且着重记载了动物的种群生态现象。

如白鹳"树上作巢,大如车轮"[2],即言其树栖,集群营巢。再如苍鹭"泥其巢,一傍为池,含水满之,取鱼置池中,稍稍以食其雏"[3],亦言集群营巢,群栖共食。又如鹈鹕也具有群栖共食的特性,"好群飞,若小泽中有鱼,便群共抒水,满其胡而弃之,令水竭尽,鱼在陆地,乃共食之,故曰淘河"[4]。

如果说白鹳营巢简陋的话,那么鸥鹎(巧妇鸟)营巢可谓精巧。他说:"鸥鹎似黄雀而小,其喙尖如锥,取茅莠为巢,以麻纻之,如刺袜然,县着树枝,或一房,或二房,幽州人谓之鸋鴂,或曰巧妇,或曰女匠,关东谓之工雀,或谓之过赢,关西谓之桑飞,或谓之袜雀,或曰巧女。"[5]

至于黄鸟,他说:"黄鸟,黄鹂留也,或谓之黄栗留,幽州人谓之黄莺,或谓之黄鸟,一名仓庚,一名商庚,一名鵹黄,一名楚雀,齐人谓之抟黍,关西谓之黄鸟,一作鹂黄。当葚熟时来,在桑间,故里语曰黄栗留看我,麦黄葚熟不,亦是应节趋时之鸟也,或谓之黄袍。"[6]这里既言其栖息地,又说明其迁移的季节。

此外,陆玑还注意到某些鸟类的雌雄关系,如"鹁鸠灰色,无绣项,阴则屏逐其匹,晴则呼之"[7]等。

陆玑对鱼类也有类似的记述。如:鳣(鲟鱼)、鲔(白鲟),他这样记述:

> 鳣、鲔出江海,三月中,从河下头来上。鳣身形似龙,锐头,口在颌下,背上腹下,皆有甲,纵广四五尺。今于盟津东石碛上钓取之,大者千余斤,可蒸为臛,又可为鲊,鱼子可为酱。鲔,鱼形,似鳣而青黑,头小而尖,似铁兜鍪,口亦在颌下。其甲可以摩姜,大者不过七八尺。益州人谓之鳣。鲔大者为王鲔,小者为叔鲔。一名鮥,肉色白,味不如鳣也。今东莱辽东人谓之尉鱼,或谓之仲明。仲明者,乐浪尉也,溺死海中,化为此鱼。又河南巩县东北崖上山腹有穴,旧说此穴与江湖通,鲔从此穴

〔1〕 (三国)陆玑.毛诗草木鸟兽虫鱼疏广要(卷上).北京:中华书局,1985:29.
〔2〕 (三国)陆玑.毛诗草木鸟兽虫鱼疏广要(卷下).北京:中华书局,1985:40.
〔3〕 (三国)陆玑.毛诗草木鸟兽虫鱼疏广要(卷下).北京:中华书局,1985:40.
〔4〕 (三国)陆玑.毛诗草木鸟兽虫鱼疏广要(卷下).北京:中华书局,1985:47.
〔5〕 (三国)陆玑.毛诗草木鸟兽虫鱼疏广要(卷下).北京:中华书局,1985:45.
〔6〕 (三国)陆玑.毛诗草木鸟兽虫鱼疏广要(卷下).北京:中华书局,1985:44.
〔7〕 (三国)陆玑.毛诗草木鸟兽虫鱼疏广要(卷下).北京:中华书局,1985:43.

而来,北入河西上龙门,入漆、沮。[1]

即言鳣、鲔是生活于淡水和海水中的底栖鱼类;"旧说"虽不可信,但却言明鳣、鲔由海入河的洄游路线及其洄游季节。

又如,鲂(鲂鱼),他说:"鲂,今伊洛济颍鲂鱼也。广而薄肥,恬而少肉,细鳞,鱼之美者,渔阳、泉州及辽东梁水,鲂特肥而厚,尤美于中国鲂。故其乡语曰:居就粮,梁水鲂。"[2]可见,陆玑颇有生态地理的观念。

第三,陆玑不但对于动植物的形态、生态习性等描述真实,而且还特别注意到动植物的经济用途。

一些动物,上述已提到的鼍(扬子鳄),"其皮坚厚,可以冒鼓"。鱼貍,即斑海豹,"其皮背上斑文,腹下纯青,今以为弓鞬步叉者也"[3]。对植物利用的描述更为突出,可供食用的植物,大都指出可食用部位,并注明食用方法。如:薇,"藿可作羹,亦可生食"。

还提到一些木材的特点与用途。山楸"皮叶白,色亦白,材理好,宜为车板,能湿又可为棺木"[4]。柞木"其材理全白无赤心者为白桜。直理易破,可为犊车轴,又可为矛戟鋊"[5]。楝木"其木理赤者为赤楝,一名栜。白者为楝,其木皆坚韧,今人以为车毂"[6]。杻木"材可为弓弩干也"[7]。

对一些草本植物如纻麻、台(莎草)、菅的用途也有记载。

如:纻麻,他说:"纻,亦麻也。科生数十茎,宿根在地中,至春自生,不岁种也。荆、扬之间,一岁三收,今官园种之,岁再刈。刈便生剥之,以铁若竹刮其表,厚皮自脱,但得其里韧如筋者,谓之徽纻。今南越纻布皆用此麻。"[8]

又如:台,即(莎草),他说:"台,旧说夫须,莎草也,可为襄笠,《都人士》云:台笠缁撮。或云:台草有皮,坚细滑致,可为箦笠。南山多有。"[9]

再如:菅,他说:"菅似茅而滑泽,无毛,根下五寸中有白粉者,柔韧宜为索,沤乃尤善矣。"[10]

〔1〕 (三国)陆玑.毛诗草木鸟兽虫鱼疏广要(卷下).北京:中华书局,1985:52—53.
〔2〕 (三国)陆玑.毛诗草木鸟兽虫鱼疏广要(卷下).北京:中华书局,1985:53.
〔3〕 (三国)陆玑.毛诗草木鸟兽虫鱼疏广要(卷下).北京:中华书局,1985:55—56.
〔4〕 (三国)陆玑.毛诗草木鸟兽虫鱼疏广要(卷上).北京:中华书局,1985:23.
〔5〕 (三国)陆玑.毛诗草木鸟兽虫鱼疏广要(卷上).北京:中华书局,1985:26.
〔6〕 (三国)陆玑.毛诗草木鸟兽虫鱼疏广要(卷上).北京:中华书局,1985:26.
〔7〕 (三国)陆玑.毛诗草木鸟兽虫鱼疏广要(卷上).北京:中华书局,1985:26—27.
〔8〕 (三国)陆玑.毛诗草木鸟兽虫鱼疏广要(卷上).北京:中华书局,1985:18.
〔9〕 (三国)陆玑.毛诗草木鸟兽虫鱼疏广要(卷上).北京:中华书局,1985:19.
〔10〕 (三国)陆玑.毛诗草木鸟兽虫鱼疏广要(卷上).北京:中华书局,1985:20.

此外,陆玑还谈到一些野生植物已为人们栽培的情况。

如:常棣,他说:"常棣,许慎曰:白棣树也。如李而小,如樱桃正白,今官园种之。又有赤棣树,亦似白棣,叶如刺榆叶而微圆,子正赤,如郁李而小,五月始熟,自关西天水陇西多有之。"〔1〕

又如:薇,"今官园种之,以供宗庙祭祀"。

再如:榽,即鹿梨、鼠梨,他说:"榽,一名赤罗,一名山梨,今人谓之杨榽。其实如梨,但实甘小异耳。一名鹿梨,一名鼠梨。齐郡广饶县尧山、鲁国河内共北山中有,今人亦种之。极有脆美者,亦如梨之美者。"〔2〕

同时,记述了一些动物已被人们驯养的情况。

如:鹤,他说:"鹤,形状大如鹅,长脚青黑,高三尺余。赤顶赤目,喙长四寸余。多纯白,亦有苍色。苍色者人谓之赤颊。常夜半鸣,《淮南子》亦云:鸡知将旦,鹤知夜半。其鸣高亮,闻八九里,雌者声差下。今吴人园囿中及士大夫家,皆养之。鸡鸣时鹤亦鸣。"〔3〕。

又如:白鹭,"今吴人亦养焉"〔4〕。

第四,陆玑治诗,将动植物知识分列出来单独成册,著成《毛诗草木鸟兽虫鱼疏》,这本身就是史无前例的创举。

《毛诗草木鸟兽虫鱼疏》的出现,使古典博物学开始从儒家经典注疏中分离出来,成为一门专门的学问。此前的《尔雅》《神农本草经》和杨孚的《南裔异物志》都是包含较多生物学知识的著作。但《尔雅》等字书一般只是用当时的名称解释古名,没有具体的记述,其生物学价值主要体现在分类方面。《神农本草经》包括许多生物药,仅植物药就有250多种。不过对生物本身的记述也很少,除名称和产地以及药性外,其他的信息很少,其主要意义在于它在本草学上的开创之功。稍早于陆机的杨孚《南裔异物志》和基本与陆玑同时的《南州异物志》及《临海异物志》等,虽都有相当的生物学价值,但它们之间是有差别的。《南裔异物志》记的生物种类少,描述亦简单。《南州异物志》和《临海异物志》记载的生物种类不少,有些动植物的描述很详尽,但它们是方物著作,不是专记生物的,地域也较窄。因此,陆玑的著作确实在生物学史上占有不容忽视的地位。〔5〕

---

〔1〕 (三国)陆玑.毛诗草木鸟兽虫鱼疏广要(卷上).北京:中华书局,1985:24.

〔2〕 (三国)陆玑.毛诗草木鸟兽虫鱼疏广要(卷上).北京:中华书局,1985:35—36.

〔3〕 (三国)陆玑.毛诗草木鸟兽虫鱼疏广要(卷下).北京:中华书局,1985:39—40.

〔4〕 (三国)陆玑.毛诗草木鸟兽虫鱼疏广要(卷下).北京:中华书局,1985:46.

〔5〕 罗桂环.古代一部重要的生物学著作——《毛诗草木鸟兽虫鱼疏》.古今农业,1997(2):31—36.

宋人郑樵说:"古人之言所以难明者,非为书之理意难明也,实为书之事物难明也。"[1]郑氏此言可谓一语中的。他指出了后代研究者对古代典籍研究的困难之所在——"书之事物难明",即对古代典籍中的名物不了解,不知其所指为何物,以至于对典籍产生误解。陆玑所作的《毛诗草木鸟兽虫鱼疏》,就是有鉴于时人对先秦典籍名物的考辨众说纷纭而作的一项基础工作。

陆玑在《毛诗草木鸟兽虫鱼疏》的名物考辨,所及草本植物80种,木本植物34种,鸟类23种,兽类9种,鱼类10种,虫类18种,共计动植物174种。他既解释动植物名称,又关注自然物本身的名物训诂方法,对后世产生了深远影响。唐代陆德明作《经典释文》,孔颖达作《毛诗正义》,都多引其文。宋代朱熹的《诗集传》,在注释名物时多采其说。而且其注释《诗经》名物的体例和方法也颇为后人所效仿,从而形成一种独特的体式,被称为《诗经》博物体。这类著作主要有宋人蔡卞《毛诗名物解》20卷,元人许谦《诗集传名物钞》8卷,明人冯复京《六家诗名物疏》55卷,毛晋《毛诗草木鸟兽虫鱼疏广要》4卷等。至清代,这类著作更是蔚为大观,专著数量远超前人。约略言之,有陈大章《诗传名物集览》12卷、牟应震《毛诗物名考》7卷、毛奇龄《续诗传鸟名》3卷、陈奂《毛诗九谷考》1卷、徐士俊《三百篇鸟兽草木记》1卷、俞樾《诗名物证古》1卷、许瀚《辨尹畹阶毛诗名物辨》1卷等。此外,许多学者还对陆玑《毛诗草木鸟兽虫鱼疏》进行疏解、校勘,如名家焦循等人,亦有数种之多。《诗经》的博物体著作后来发展成为对上至天文、下至各种器具名称的具体考证,如宋代王应麟的《诗地理考》,清代洪亮吉的《毛诗天文考》、焦循的《毛诗地理释》等。

不仅如此,陆玑《毛诗草木鸟兽虫鱼疏》的影响所及,还超越了《诗经》研究的本身,如东晋郭璞注《尔雅》中的动植物名,便大量引用陆玑的著述。它还是古代农医著作如《齐民要术》《证类本草》编辑者的重要参考书。北宋陆佃《埤雅》、南宋罗愿《尔雅翼》莫不以陆玑《毛诗草木鸟兽虫鱼疏》为其范本。其他一些著作如《太平御览》《一切经音义》《玉烛宝典》《康熙字典》等也多见引用。

一方面,陆玑对动植物的观察和描述,坚持了实事求是的原则。古代人们都以麒麟(简称麟)为瑞兽,陆玑根据"并州界有麟,大小如鹿"的形态特征,认为并州的麟,"非瑞应麟也"[2]。可见,《毛诗草木鸟兽虫鱼疏》具有一定的科学认识水平。但另一方面,陆玑毕竟运用的是直观描述的方法,因此

〔1〕 (元)马端临.文献通考(卷182).上海:商务印书馆,1936:1566.

〔2〕 (三国)陆玑.毛诗草木鸟兽虫鱼疏广要(卷下).北京:中华书局,1985:49.

也存在一些不足之处。书中也记有一些传闻不实的说法。如认为杀鹳子会引起旱灾,鹈鹕竭水捕鱼,狼能作小儿声诱人,"螟蛉有子"[1]蜾蠃负之等。对"驺虞"[2]的解释,也带有迷信色彩。他说"桐有青桐、白桐、赤桐,宜琴瑟",实则只有白桐(泡桐)才能制琴瑟等乐器。至于"云南、牂牁人绩以为布"[3],也非陆玑所说的桐。尽管如此,《毛诗草木鸟兽虫鱼疏》不失为一部古典博物学著作,而陆玑在研治经学的过程中独辟蹊径,使生物学从经学中分列出来成为一个分支,从而在中国古代传统经学中起到启迪后人的历史作用,在学术上产生良好的反响,被誉为中国"古代第一部重要的生物学著作"。[4]

第六节　姚僧垣与《集验方》

姚僧垣是南北朝时期的一位名医。他一生经历了齐、梁、北周、隋4个朝代。《集验方》是他积累多年临证经验,搜采奇异,参校征效编撰而成的曾名冠医界的一部方书。

一、姚僧垣其人

姚僧垣(498—583),《周书》有传:

> 姚僧垣,字法卫,吴兴武康人,吴太常信之八世孙也。曾祖郢,宋员外散骑常侍、五城侯。父菩提,梁高平令。尝婴疾历年,乃留心医药。[5]

可见,姚僧垣是吴兴武康(今浙江德清)人。出身于一个世代簪缨的江南贵族之家。八世祖姚信曾任吴太常,曾祖姚郢仕宋为员外散骑常侍,封五成侯。其父名菩提,曾任梁高平令。姚菩提"婴疾历年,乃留心医药",其时梁武帝萧衍也有同样的境遇与爱好。文献记载,萧衍的第七个儿子萧绎(即

〔1〕 (三国)陆玑.毛诗草木鸟兽虫鱼疏广要(卷下).北京:中华书局,1985:59.
〔2〕 (三国)陆玑.毛诗草木鸟兽虫鱼疏广要(卷下).北京:中华书局,1985:49—50.
〔3〕 (三国)陆玑.毛诗草木鸟兽虫鱼疏广要(卷上).北京:中华书局,1985:23.
〔4〕 罗桂环.古代一部重要的生物学著作——《毛诗草木鸟兽虫鱼疏》.古今农业,1997(2):31—36.
〔5〕 (唐)令狐德棻.周书(卷47).延吉:延边人民出版社,2003:142.

梁元帝)先天眼病,医治后反而加重,"武帝自下意疗之,遂盲一目"〔1〕。萧衍常常找姚菩提"谈论方术,言多会意"〔2〕。大概是这一层关系,决定了姚僧垣的人生道路。

姚僧垣"少好文史,不留意于章句,时商略今古,则为学者所称"〔3〕。24岁时,姚僧垣应召入宫,46岁时成为"殿中医师",48岁时"转领太医正"。其医术颇受梁武帝赞赏,说他:"用意绵密,乃至于此,以此候疾,何疾可逃?"〔4〕梁亡入周,姚僧垣曾为周武帝治疗疾病。

姚僧垣历经齐、梁、北周、隋4个朝代的9位君王,以其精湛的医术获得许多头衔:戎昭将军、车骑大将军、骠骑大将军、仪同三司、华州刺史等。开皇三年(583)去世时,还被追赠"荆湖二州刺史"〔5〕。

二、《集验方》的内容与贡献

姚僧垣一生虽获得20多个官职头衔,但他都没有到任,且很多都是荣誉虚衔,故《周书》中对其政绩便无相关的记载。对他的评价是,"僧垣医术高妙,为当世所推。前后效验,不可胜纪。声誉既盛,远闻边服。至于诸蕃外域,咸请托之。僧垣乃搜采奇异,参校征效者,为《集验方》十二卷,又撰《行记》三卷,行于世"〔6〕。可见,使他名垂青史的还是他的医术和那部《集验方》。

可惜《集验方》及《行记》,均已散佚。姚僧垣的《集验方》,在撰写完成之初为12卷本。据《隋书·经籍志》记载可知,此书在传抄流传至唐代,已是10卷本和12卷本并行于世。"《集验方》十卷,姚僧垣撰;《集验方》十二卷。"〔7〕又据《天一阁藏明钞本天圣令医疾令》记载,宋代诸医及针学,各分经受业。其医学需习《甲乙》《脉经》《本草》,并兼习张仲景和《小品》《集验》等方书。〔8〕可知《集验方》为《天圣令》中明确规定医者兼习之业。结合《新唐书·艺文志》可知,《集验方》流传至北宋,是10卷本传世,至于12卷本是

〔1〕　(唐)李延寿.南史(卷8).北京:中华书局,1975:243.
〔2〕　(唐)令狐德棻.周书(卷47).延吉:延边人民出版社,2003:142.
〔3〕　(唐)令狐德棻.周书(卷47).延吉:延边人民出版社,2003:142.
〔4〕　(唐)令狐德棻.周书(卷47).延吉:延边人民出版社,2003:142.
〔5〕　(唐)令狐德棻.周书(卷47).延吉:延边人民出版社,2003:143.
〔6〕　(唐)令狐德棻.周书(卷47).延吉:延边人民出版社,2003:143.
〔7〕　(唐)魏徵.隋书(卷34).北京:中华书局,1973:1046.
〔8〕　天一阁博物馆,中国社会科学院历史研究所天圣令整理课题组.天一阁藏明钞本天圣令校证(下册).北京:中华书局,2006:578—579.

否有存,则无从考知。传至南宋,除《通志·艺文略》外,诸目录学典籍中均未见相关记载。《通志·艺文略》中有"姚大夫《集验方》十二卷","姚僧垣《集验方》十卷"[1]等收录,然《通志》既收录一代藏书,亦记历代散佚亡缺的著作。由此推测,该书可能传至南宋时就已散佚。

《集验方》虽佚,其部分内容散见于唐宋时期几部医书之中。其中《外台秘要》存 179 条、《医心方》[2]存 127 条、《证类本草》存 30 条等。但各条内容有重复者,也有详略不一者。

据《外台秘要》所引,尚可窥见《集验方》部分卷篇内容。卷 1:卒心痛、卒腹痛、遁尸等;卷 2:天行、伤寒等;卷 3:中诸毒、自缢等;卷 4:心痛、腹痛等;卷 5:痰饮、咳逆、腰痛、虚劳等;卷 6:疟、淋、消渴、癫狂等;卷 7:水肿、赘疣、诸虫等;卷 8:耳、目、口、齿、喉等;卷 9:疖、疮、痈、疽等;卷 10:毒箭伤、蛇伤、蝎伤、熊伤等;卷 11:妇人等;卷 12:少小等。现有辑本《集验方》[3],其卷目作了重新安排。[4]

如果将《集验方》中条文与仲景医方相关条文作一比较,可发现《集验方》中某些医方可能原出仲景医方,或是在其基础上加减化裁而来。[5] 据此推测,《集验方》撰著时可能参考过张仲景医书。不过,与仲景医方的一首方剂只对应一条条文相比,《集验方》中相同病症的治疗方剂显然增多,一条条文之下往往有多首方剂。

如,"集验方治卒死方":

> 取牛马矢汁饮之,无新者,水和干者取汁。
> 又方:取灶突中墨如弹丸,浆水和饮之,须臾三、四服之。
> 又方:取梁上尘如大豆粒,箸竹筒中,吹鼻中,与俱一时吹之。
> 又方:灸膻中穴。
> 又方:取竹筒吹其两耳,不过三。[6]

---

[1] (宋)郑樵.通志(卷 69).北京:中华书局,1987:811.

[2] 《医心方》,日本丹波康赖撰著,成书于日本永观二年,即宋太宗雍熙元年(984)。此书是收集我国隋唐以前医籍内容加以整理汇编而成,书中除丹波氏附加的"按语"外,其基本内容有中药、针灸、治疗各种疾病的医方,以及养生等。全书 30 卷。

[3] (北朝)姚僧垣撰,高文铸辑校.集验方.天津:天津科学技术出版社,1986;(北周)姚僧垣撰,范行准辑佚,梁峻整理.集验方.北京:中医古籍出版社,2019.

[4] 廖育群,傅芳等.中国科学技术史(医学卷),北京:科学出版社,1998:223—224.

[5] 亢淼,梁永宣.魏晋南北朝姚僧垣《集验方》与仲景医方比较研究.见:全国第二十次仲景学说学术年会论文集.中华中医药学会仲景学说分会,2012:336—341.

[6] [日]丹波康赖.医心方(卷 14).北京:人民卫生出版社,1955:298.又见:(北朝)姚僧垣撰,高文铸辑校.集验方.天津:天津科学技术出版社,1986:23—25.两者稍有不同。

这说明《集验方》中收集的经验用方较多。同时,《集验方》中方药对经方的加减化裁也比较灵活。如用于治疗奔豚的奔豚茯苓汤与仲景奔豚汤相对比来看,比奔豚汤少了黄芩、芍药,而多了人参、茯苓两味。如此加减化裁,亦体现了《集验方》所言奔豚与仲景所言奔豚在病因病机的认识上略有不同。前者认为是虚气五脏不足,寒气厥逆所致,后者认为是由于情志不遂,肝郁化热,气逆上冲而发。《集验方》中的通气噎汤,与仲景的生姜半夏汤相比多了一味桂心。方中半夏、桂心、生姜合用,辛散寒邪,以舒胸阳,温胃降逆。其中桂心辛温有温散寒邪,通阳化气的作用。

《集验方》中的方药剂型丰富多彩,有汤剂、散剂、丸剂、膏剂、酒剂、含剂、熨剂、浴剂、沐剂、汁剂、煎剂、坐导剂、烟熏剂、粥剂等。剂型繁多,其中以散剂较为多用,且用法多样。散剂的优点是,一为表面积增大,易于分散,服后起效快;二为外用时覆盖面较大,有保护和收敛的作用;三为散剂的制备工序也比较简单,亦便于储存、运输和携带。

此外,《集验方》对疾病的分类颇具特色,对相似症状的鉴别也有独到之处。如将疾病分为五淋、五痔、五种腰痛、五种膈病等。其中五淋名称一直沿用至今,尽管内容略有变动,由《集验方》中的"石淋、气淋、膏淋、劳淋、热淋"[1],变为气淋、血淋、膏淋、石淋、劳淋,但仍是按五淋来分类的。

例如:对于水肿中"水与肤胀、鼓胀、肠覃、石瘕,何以别之"问题,姚僧垣认为:

> 水之始起也,目窠上微肿,如新卧起之状,颈脉动,时咳,阴股间寒,足胫肿,腹乃大。其水已成也,以手按其腹,随手而起,如裹水之状,此其候也。肤胀者,寒气客于皮肤之间,彭彭然不坚,腹大,身尽肿,皮肤浓,按其腹,腹陷而不起,腹色不变,此其候也。鼓胀者,腹身皆肿大如肤胀等,其色苍黄,腹脉起,此其候也。肠覃者,寒气客于少腹,外与卫气相搏,气不得营,因有所系,癖而内着,恶气乃起,息肉乃生。其始生也,大如鸡卵,稍以益大。至其成也,如杯子状,久者离岁月,按之则坚,推之则移,月事时下,此其候也。石瘕者,生于胞中,寒气客于子门,子门闭塞,气不通,恶血当泻不泻,血乃留止,日以益大,状如杯子,月事不以时下,皆生于女子,可导而下之。[2]

〔1〕 (北朝)姚僧垣撰,高文铸辑校.集验方.天津:天津科学技术出版社,1986:84.

〔2〕 [日]丹波康赖.医心方(卷10).北京:人民卫生出版社,1955:225.又见:(北朝)姚僧垣撰,高文铸辑校.集验方.天津:天津科学技术出版社,1986:79.

这里将水肿兼有腹水,与肤胀、鼓胀、肠覃、石瘕之鉴别讲得十分清楚。[1]

无疑,姚僧垣是南北朝的医学名家,其子姚最,也以药学知名。宋人孙兆在《校正唐王焘先生外台秘要方序》说:"古之如张仲景、《集验》《小品方》,最为名家。"[2]由此可知,《集验方》在历史上曾与仲景医方齐名,是一部在历史上有突出地位的方书。仲景医方至今为后世所熟知,然关于姚僧垣及其著作《集验方》则知之甚少。

第七节　葛洪与陶弘景

葛洪、陶弘景是中国古代杰出的科学家。虽然,他们均不是浙江人,但都曾流寓浙江,对浙江的文化发展产生过影响。浙江历代的一些地方志书,对葛洪、陶弘景常有涉及。鉴于此,我们对葛洪、陶弘景与浙江的关系及其科学成就略加介绍。

一、葛洪的科学成就与贡献

葛洪(284—364)[3],字稚川,自号抱朴子,丹阳郡句容(今江苏句容)人,是东晋著名炼丹家、医药学家。因葛洪与浙江的密切关系,故不少地方志均有葛洪的记述。清雍正《浙江通志》就列有葛洪小传,说:

> 葛洪,《晋书·本传》:字稚川,句容人。性寡欲,不好荣利。游余杭山,见何幼道、郭文举,目击而已,各无所言。时或寻书问义,不远数千里,崎岖冒涉,期于必得。尤好神仙导养法。从祖玄,得仙,以丹术授弟子郑隐。洪乃就隐学,悉得其法。后师鲍元,元以女妻洪。洪传元业,兼综医术。咸和初,选为散骑常侍,不就。闻交趾出丹砂,求为勾漏令。乃止罗浮山炼丹,优游闲养,著《内外篇》,凡一百一十六篇。自号抱朴子,因以名书。《仙苑编珠》:年八十一,兀然若睡而蜕。《方舆胜览》:天竺山,乃葛稚川得道之所。[4]

---

[1]　廖育群,傅芳等.中国科学技术史(医学卷).北京:科学出版社,1998:224.

[2]　(宋)孙兆.校正《外台秘要方》序.见:(唐)王焘.外台秘要方.北京:华夏出版社,1993:1.

[3]　一说葛洪(283—343).参见:丁宏武.葛洪年表.宗教学研究,2011(1):10—16.

[4]　(清)嵇曾筠.浙江通志(卷198).上海:商务印书馆,1934:3399.

　　尽管这里只提到"余杭山",但在《浙江通志》其他部分屡屡提到葛洪。如:"武林山,《太平寰宇记》:灵隐山,在县西十五里,许由、葛洪皆隐此山。"[1]"葛仙山,万历《湖州府志》:在县南五十里。职方图志云:葛洪炼丹处,天下十有三,乌程居其一。"[2]"诸葛山,万历《会稽县志》:在府城东南六十里,葛洪常栖于此。"[3]这些记述无疑有传说的成分,但在一定程度上说明了葛洪曾寓居浙江的事实。

　　葛洪一生著作宏富,自谓有《内篇》20卷,《外篇》50卷,《碑颂诗赋》100卷,《军书檄移章表笺记》30卷,《神仙传》10卷,《隐逸传》10卷。又抄五经七史百家之言,兵事方技短杂奇要,凡310卷。另有《玉函方》100卷,《肘后备急方》4卷。惜大多亡佚。《道藏》共收其著作13种。葛洪在科学史上的突出成就与贡献,主要有化学、医学两个方面[4]。

　　第一,化学方面的成就。

　　葛洪是炼丹家,也是早期的化学家。炼丹术所追求的长生不老目标,自然是一种幻想,但是在炼丹的过程中,人们发现了一些物质变化的规律,这就成了现代化学的先声。与魏伯阳的《周易参同契》相比,葛洪在《抱朴子内篇》中有关炼丹实验的记述要明确得多。

　　如:"丹砂烧之成水银,积变又还成丹砂。"[5]即是指对丹砂(HgS)加热,可以炼出水银,而水银和硫黄化合,又能变成丹砂。也就是说,葛洪在炼制水银的过程中,发现了化学反应的可逆性。他还发现,用四氧化三铅可以炼得铅,铅也能炼成四氧化三铅。

　　又如:"以曾青涂铁,铁赤色如铜,……外变而内不化。"[6]说的是用曾青(硫酸铜)溶液来涂铁,铁就变成赤铜色,但只是外部涂上了铜,其内部仍然是铁。也就是说,葛洪发现了金属的置换反应现象。这种铜、铁的置换反应,后来被用于湿法炼铜,即胆铜法。葛洪在其著作中,还记载了雌黄(As_2S_3)和雄黄(As_4S_4)加热后升华,直接成为结晶的现象。

　　第二,医药学方面的贡献。

　　葛洪一心炼丹,"兼综医术"。他说"古之初为道者,莫不兼修医术,以救

　　〔1〕　(清)嵇曾筠.浙江通志(卷9).上海:商务印书馆,1934:374.

　　〔2〕　(清)嵇曾筠.浙江通志(卷12).上海:商务印书馆,1934:427.

　　〔3〕　(清)嵇曾筠.浙江通志(卷15).上海:商务印书馆,1934:481.

　　〔4〕　高兴华,马文熙.试论葛洪对古代化学和医学的贡献.四川大学学报(哲学社会科学版),1979(4):30—40.

　　〔5〕　(晋)葛洪.抱朴子内外篇(卷4).北京:中华书局,1985:72.

　　〔6〕　(晋)葛洪.抱朴子内外篇(卷16).北京:中华书局,1985:287.

近祸焉",认为修道者如不兼习医术,一旦"病痛及己",便"无以攻疗"[1],不仅不能长生成仙,甚至连自己的性命也难保住,主张道士应兼修医术。葛洪曾将一些丹药用于疾病治疗,其中有些已被证实是特效药。如:以松节油治疗关节炎,用铜青[$Cu_2(OH)_2CO_3$]治疗皮肤病,发现雄黄可以消毒、密陀僧(PbO)可以防腐等。在《抱朴子内篇·仙药》中,葛洪对许多药用植物的形态特征、生长习性、主要产地、入药部分及治病作用等,均做了详细的记载和说明。

葛洪曾著《玉函方》100卷。"余所撰百卷,名曰《玉函方》,皆分别病名,以类相续,不相杂错。其《救卒》三卷,皆单行径易,约而易验。篱陌之间,顾眄皆药,众急之病,无不毕备。家有此方,可不用医。"[2]《肘后救卒方》,后改名《肘后备急方》,系葛洪摘录《玉函方》中可供急救医疗、实用有效的单验方及简要灸法汇编而成,意为可以带在身边的应急书。他十分强调灸法的使用,用浅显易懂的语言,清晰地注明了各种灸的使用方法。葛洪很注意研究急病(急性传染病),认为急病不是鬼神引起的,而是中了外界的"疠气"[3],这是很了不起的见解。

二、陶弘景的科学成就与贡献

陶弘景(456—536),字通明,号华阳隐居,丹阳秣陵(今江苏南京)人,是南朝萧梁时著名的医药学家、炼丹家。清雍正《浙江通志》也列有陶弘景小传,说:

> 陶弘景,《南史·本传》:字通明,丹阳秣陵人。年十岁,得葛洪《神仙传》,昼夜研寻,便有养生之志。谓人曰:仰青云,睹白日,不觉为远矣。未弱冠,齐高帝作相,引为诸王侍读,除奉朝请。永明十年,脱朝服挂神武门,上表辞禄,诏许之。止于句曲山立馆,自号华阳陶隐居。从东阳孙游岳,受符图经法,偏历名山,寻访仙药。梁武帝早与之游,及即位,恩礼愈笃。国家每有征讨大事,无不咨询。时人谓为山中宰相。弘景末年,一眼有时而方,曾梦佛授其菩提记云,名为胜力菩萨。乃诣鄮县阿育王塔自誓,受五大戒。大同二年卒,谥曰贞白先生。《名胜志》:炼丹山,在象山县西一里,梁陶贞白修炼于此,其东麓即西谷也,中有石

---

〔1〕 (晋)葛洪.抱朴子内外篇(卷15),北京:中华书局,1985:272.

〔2〕 (晋)葛洪.抱朴子内外篇(卷15),北京:中华书局,1985:272.

〔3〕 (晋)葛洪.肘后备急方(卷2).北京:人民卫生出版社,1956:37.

床；西麓有蓑衣岩，岩壁篆书数行，了不可识。[1]

这里提到了"鄮县阿育王塔""象山县"等浙江地名。在《浙江通志》其他部分，也常常提到陶弘景。如："陶宴岭，《会稽县志》：在县东南四十里。旧经云：陶弘景隐于此。"[2]"陶山，万历《温州府志》：去城西三十五里。周回二里，前江后湖，梁陶弘景隐此。有升仙坛、炼丹石、石鼓、洗药池。《洞天福地记》：二十四福地，在温州安固县，贞白先生炼药处。"[3]"隐坞，《太平寰宇记》：安吉县隐坞，梁陶弘景尝隐居于此。"[4]这些传说性的记述，同样表明了一个事实，即陶弘景曾流寓浙江各地。

陶弘景著述极丰。《隋书》收录陶弘景书目 19 种，《旧唐书》收录 15 种，《新唐书》收录 13 种，《宋史》收录 17 种，《茅山志》收录 33 种，全部作品达七八十种之多。惜大多亡佚。《道藏》共收其著作 7 种。这些著作涉及医药、炼丹、天文、历算、地理等多个方面，其中对药物学、化学的贡献尤为突出。

第一，就医药学而言，陶弘景是中国本草学发展史上贡献最大的早期人物之一。

在他生活的年代，本草著作虽有 10 余家之多，但处于初创时期，无统一标准，加之一些本草著述，因年代久远，内容散乱，草石不分，虫兽无辨，临床运用颇为不便。陶弘景通过"苞综诸经，研括烦省"[5]，将当时所有的本草著作整理成《神农本草经》及《名医别录》，并进而把两者合而为一，加上个人的心得体会，著成《本草经集注》7 卷，共收药物 730 种。他首创以玉石、草木、虫兽、果菜、米实等分类，并按药品来源及自然属性论述药物形态、产地、主治、炮制、贮藏等。所载"诸病通用药"，则是以疾病为纲进行药物分类的先导。可以说，《本草经集注》既总结了南北朝以前的药学成就，又为后代的本草著作，从内容到体例奠定了基础，成为中国本草学发展史上的一个里程碑。

此外，陶弘景还撰有《养性延命录》2 卷、《陶隐居本草》10 卷、《陶氏效验方》5 卷、《太清要草木集要》《太清诸丹集要》《炼化杂术》《合丹节度》《药总诀》《服饵方》等医药学著作多种。

第二，在化学方面，陶弘景长期从事炼丹实验，发现和记录了不少化学现象。

〔1〕　（清）嵇曾筠.浙江通志（卷 199）.上海：商务印书馆，1934：3420.

〔2〕　（清）嵇曾筠.浙江通志（卷 15）.上海：商务印书馆，1934：482.

〔3〕　（清）嵇曾筠.浙江通志（卷 20）.上海：商务印书馆，1934：580.

〔4〕　（清）嵇曾筠.浙江通志（卷 42）.上海：商务印书馆，1934：963.

〔5〕　（明）李时珍.本草纲目（卷 1），北京：人民卫生出版社，1977：2.

　　梁武帝对陶弘景可谓恩礼有加,曾送黄金、朱砂、曾青、雄黄等,让陶弘景炼丹。陶弘景在炼丹过程中,发现了不少化学现象。如:发现汞可与某些金属形成汞齐,汞齐可以镀物,指出水银"能消化金银,使成泥,人以镀物是也"[1]。认为胡粉[$PbCO_3 \cdot Pb(OH)_2$]和黄丹(Pb_3O_4)可由铅制得,指出胡粉是"化铅所作",黄丹是"熬铅所作"[2]。

　　陶弘景还记载了硝酸钾的火焰分析法,他说:"先时有人得一种物,其色理与朴硝大同小异,烛烛如握盐雪不冰。强烧之,紫青烟起,仍成灰,不停沸如朴硝,云是真消石也。"[3]所谓"紫青烟起"是钾盐所特有的性质。[4]

---

〔1〕 (宋)唐慎微.证类本草(卷4).北京:华夏出版社,1993:101.

〔2〕 (宋)唐慎微.证类本草(卷5).北京:华夏出版社,1993:125.

〔3〕 (宋)唐慎微.证类本草(卷3).北京:华夏出版社,1993:76.

〔4〕 王宁.陶弘景的医学贡献.中医文献杂志,2006(1):20—22.

第五章
隋唐时期的浙江科学技术

　　隋唐时期有两个突出的时代特征,一是重建多民族统一的中央集权国家,二是经济文化重心已呈现出南倾的趋向。与此相应,浙江从南朝半壁江山的一部分转而成为多民族统一国家不可分割的一部分,其经济文化发展比其他地区更为迅速,开始成为全国最发达的地区之一。此时,浙江的杭嘉湖平原和宁绍平原已成为全国主要农业区和粮食生产基地,湖州、杭州、越州、明州等由此发展成为富庶之地。浙江的科学技术也于此时步入了先进的行列。

　　隋代江南运河的开凿,唐代浙江东运河的治理,均是彪炳史册的水利工程。集阻咸、蓄淡、引水、泄洪诸功效于一体的它山堰,是一项因地制宜、匠心独运的古代地域性水利工程的范例。"江东犁"[1]的推行,水车的运用,一年二熟制的出现,促进了农业生产的发展,为"今赋出于天下,江南居十九"[2]局面的形成奠定了坚实的基础。"秘色越器"[3]的生产,标志着越窑瓷器烧造技术走向了顶峰。丝织业及丝织技术的进步,出现了"辇越而衣"[4]的局面。高质量的藤纸、竹纸、楮纸的生产,显示了浙江地区造纸业的繁荣。雕版印刷术开始运用,不仅用来雕印佛经,还用于印刷诗集。造船技术的进步和航海贸易的勃兴,为"海上丝绸之路"的形成与发展提供了重要基础。自然科学方面也成果累累,窦叔蒙《海涛志》、陈藏器《本草拾遗》、陆羽《茶经》等,都是一代自然科学方面的名著。

　　〔1〕　(唐)陆龟蒙.耒耜经.见:甫里集.长春:吉林出版集团有限责任公司,2005:130.

　　〔2〕　(唐)韩愈.送陆歙州傪诗序.韩愈集(卷19).长沙:岳麓书社,2000:240.

　　〔3〕　(唐)陆龟蒙.秘色越器诗.见:甫里集.长春:吉林出版集团有限责任公司,2005:79.

　　〔4〕　(唐)吕温.故太子少保赠尚书左仆射京兆韦府君神道碑.见:全唐文(卷630).北京:中华书局,1983:6357.

第一节　科学技术发展的背景

隋唐时期为加强统一的中央集权,朝廷对地方行政制度进行了改革。隋代州县制的确立和唐代州县的析置,由此奠定了延续千年之久的浙江境域 11 个行政区域的格局。唐代浙江东道和浙江西道的形成,开启了以越语地名"浙江(钱塘江)"来冠名江南这一地方行政区域的历史。隋唐政府还建立了严格的户籍登记和户籍管理制度,并且采取了一系列措施以增加人口,加之中原汉人的陆续南下,浙江户籍人口出现大幅度增长。此时,经济文化重心的南移,使浙江在全国经济文化中的地位得到了前所未有的提升。

一、隋唐时期的浙江

北周大定元年(581),以相国身份辅政的隋王杨坚,废除年仅 9 岁的周静帝宇文衍,自立为帝,改元开皇,建立了隋朝。开皇三年(583),定都大兴城(今陕西西安)。随后,隋文帝杨坚采取了一系列强化中央集权、发展社会经济的措施,使政治、军事和经济力量日益壮大。与之相反,此时南方的陈朝,政治昏暗,百姓困坷。尤其是陈后主陈叔宝,荒淫无度,毫无进取。开皇七年(587),隋文帝灭了建都江陵(今湖北江陵)的后梁,扫除了进军江南的障碍。开皇九年(589),隋军渡江,进入建康(今江苏南京),陈朝由此灭亡。之后,隋军又平定了以萧𤩽、萧岩为首的浙江境域抵抗力量和地方豪强的反抗势力,浙江地区遂为隋朝所统一。

隋朝建立之初,便对地方行政制度进行了改革。中国历史上的地方行政制度,在隋代之前,大致设州、郡、县三级政区。进入南北朝时期,州、郡、县三级政区已经相当混乱,以致沈约在编撰《宋书》时就抱怨:"地理参差,其详难举。实由名号骤易,境土屡分,或一郡一县,割成四五,四五之中,亟有离合。千回百改,巧历不算,寻校推求,未易精悉。"[1]隋文帝杨坚代北周自立的前一年(580),北方的北周有州 211 个,郡 580 个,县 1124 个;南方的陈朝有州 42 个,郡 109 个,县 438 个。这样的地方行政建制必须改革。于是,隋文帝接受杨尚希的改革建议,于开皇三年(583)"罢天下诸郡",改州、郡、县三级地方行政制度为州、县两级,由州直接领县。灭陈之后,便将州、县两

---

〔1〕 (南朝)沈约.宋书(卷35).北京:中华书局,1974:1028.

级地方行政制度推行到了原陈朝境内。

　　开皇九年(589),在今浙江境域,以旧吴州所属钱唐郡置杭州;罢旧吴州所属吴兴郡,以其地属苏州;罢东扬州,以旧东扬州所属会稽郡置吴州;以旧东扬州所属临海、永嘉二郡置处州;罢缙州,以旧缙州所属金华郡置婺州;罢东扬州所属新安郡,并以其地分属婺州和歙州。仁寿三年(603),"割杭州桐庐,并复立遂安县,仍改新安为雉山,以三县置睦州"[1]。在"罢郡以州统县"之后,在浙江境内所设的州县有:越州(会稽郡,领4县)、杭州(余杭郡,领6县)、婺州(东阳郡,领4县)、处州(开皇十二年改称括州,永嘉郡,领4县)、睦州(遂安郡,领3县),另有2县在苏州(吴郡)境内,1县在宣州(宣城郡)境内。全省共置5州(郡)24县。这一数量不及南朝梁、陈时郡、县之半数。

　　隋文帝对旧郡、县的省并,显然有矫枉过正之嫌。[2]隋炀帝继位以后,又进行了许多改革,地方政区制度也不例外。大业二年(606)"省并州县"。浙江省境内仁寿年间设置的湖州被省并入吴州。大业三年(607)又改州为郡,将地方州、县二级政区制度改为郡、县两级制。浙江省境内的越州改曰会稽郡,杭州改曰余杭郡,婺州改曰东阳郡,括州改曰永嘉郡,睦州改曰遂安郡。不过,隋炀帝的郡、县两级制施行时间不长。唐高祖李渊代隋自立后,便于武德元年(618),下令"改郡为州,太守并称刺史"[3],将隋炀帝的郡县制度又恢复为隋文帝的州县制度。

　　唐朝是李渊建立的。李渊出身于关陇贵族。大业十一年(615),李渊担任太原留守。次年,李渊起兵反对隋炀帝,立杨侑为帝(即隋恭帝)。大业十四年(618),宇文化及缢杀了隋炀帝,李渊遂废除隋恭帝,自立为帝,建立唐朝。唐朝建立之初,隋朝末年兴起的各路起义军,形成了以翟让和李密领导的河南瓦岗军,窦建德和刘黑闼领导的河北起义军,以及对浙江影响较大的杜伏威、辅公祏和李子通分别领导的江淮起义军等几支主要力量。李渊在武德元年(618)消灭瓦岗军,武德五年(622)消灭河北起义军后,接着就把矛头对准了江淮起义军。武德四年(621),已降于唐的杜伏威统兵攻打李子通,李子通兵败。不久,杜伏威"尽有淮南、江东之地"[4]。武德六年(623),

　　[1]　(宋)乐史.太平寰宇记(卷95).台北:文海出版社,1980:716.
　　[2]　谭其骧.浙江各地区的开发过程与省界、地区界的形成.见:历史地理研究(第1辑).上海:复旦大学出版社,1986:1—11.
　　[3]　(五代)刘昫.旧唐书(卷38).长春:吉林人民出版社,1995:868.
　　[4]　(宋)范成大.吴郡志(卷50).上海:商务印书馆,1960:416.

乘杜伏威赴长安,辅公祏"诈言伏威不得还江南,贻书令其起兵"[1],树起了反唐大旗。于是,李渊下《讨辅公祏诏》,正式讨伐辅公祏。武德七年(624),在武康(今浙江德清),辅公祏"为野人所攻",并被执"送丹阳枭首"。随后唐军"分捕余党,悉诛之,江南皆平"[2]。至此,唐朝在浙江的统治得以确立。

新建立的唐朝政府为了羁縻地方势力,酬庸有功将士,一反隋初省并州县的做法而大置州县,所谓"隋季丧乱,群盗初附,权置州郡,倍于开皇、大业之间"[3]。浙江境域也不例外,尤其以置州最为显著。

例如:武德四年(621)在武康置武州,在长城置雉州,在盐官置东武州,在余姚置姚州,在剡县置嵊州及剡城县,在鄮县置鄞州,在义乌置绸州及华川县,在永嘉置丽州及缙云县,在龙丘置谷州及太末县和白石县,在桐庐置严州,在松阳置松州等。以州而言,新置之州已是隋朝的两倍多。

不过,这只是迫于当时形势的权宜之计,在武德七年(624)消灭了辅公祏势力后,朝廷立即下令取消了这些名义上的州县。据记载,武德七年废除的州县有武州、雉州、姚州、绸州及华川县、严州及分水县和建德县等州县,武德八年(625)废除的有潜州及临水县、嵊州及剡城县、鄞州、丽州及缙云县、谷州及白石县和太末县、松州等州县。

尽管如此,唐时浙江境域的州县数量比隋时的5州24县有较大程度的增加。以州为例,唐代进行了多次析置。武德四年(621)析吴郡置湖州(天宝元年至乾元元年为吴兴郡);武德四年析括州置海州,次年改海州为台州(临海郡);武德四年析婺州置衢州(信安郡,武德八年废,垂拱二年复置);上元二年(675)析括州置温州(永嘉郡);开元二十六年(738)析越州置明州(余姚郡)。至此,浙江境域的州(郡)在隋代5个州(郡)的基础上,增加到10个州(郡)。

五代后晋天福三年(938)[4],吴越国国王钱元瓘析苏州置秀州(今浙江嘉兴)奏准,浙江11个行政区域的格局至此形成,此后历经千年而基本不变。

---

〔1〕 (五代)刘昫.旧唐书(卷56).长春:吉林人民出版社,1995:1431.

〔2〕 (宋)司马光.资治通鉴(卷190).北京:中国当代出版社,2000:1426.

〔3〕 (五代)刘昫.旧唐书(卷38).长春:吉林人民出版社,1995:868.

〔4〕 有的认为是天福四年或天福五年。如《太平寰宇记》卷95:"晋天福四年于此置秀州。"《(至元)嘉禾志》卷1:"晋天福五年置秀州。"

二、经济重心的南移

历史上"江南"一词是一个较为模糊的概念。《左传·昭公三年》有"王以田江南之梦"[1]的记载。江,指长江;梦,即云梦泽。其范围大致包括今洞庭湖及长江中游南北的湖南、湖北地区。《尔雅·释山》记载:"河南,华;河西,岳;河东,岱;河北,恒;江南,衡。"[2]此处所谓的江南,当指长江以南地区。《史记·五帝本纪》中有这样的记载:"舜……年六十一代尧践帝位。践帝位三十九年,南巡狩,崩于苍梧之野。葬于江南九疑,是为零陵。"[3]《史记·秦本纪》中又说,秦昭襄王三十年,"蜀守若伐楚,取巫郡,及江南,为黔中郡"[4]。黔中郡在今湖南西部。由此可见《史记》中"江南"的范围之大,其南界直达南岭一线。

唐代推行"贞观十道"时,"十道"中设有江南道,其地域包括今浙江、福建、江西、湖南等省及江苏、安徽、湖北、四川的长江以南和贵州东北部地区。虽然其范围仍然广阔,但江南的概念已比秦汉时要明确得多。实行"开元十五道"时,将江南道析分江南东道、江南西道。其中江南东道,只包括今浙江、福建两省以及江苏、安徽两省的南部地区。

"道"原是南北朝时期军队的行军编制。隋承其制,并发展成为一种临时军事区划。唐初沿袭隋制,又"以诸道军务事繁,分置行台尚书省"[5],兼理民政。"开元十五道"各置采访处置使(简称"采访使"),职掌监察地方吏治。"安史之乱"以后,采访使的权力渐为节度使所兼。节度使辖区称镇或方镇、节镇、藩镇,也称道。于是形成了道(镇)、州(府)、县三级地方行政区划。浙江省境内节度使之设始于乾元元年(758),此时"置浙江西道节度使,领升、润、宣、歙、饶、江、苏、常、杭、湖十州,治升州,寻徙治苏州,未几,罢领宣、歙、饶三州,兼余杭军使,治杭州"[6]。同年,又"置浙江东道节度使,领越、睦、衢、婺、台、明、处、温八州,治越州"[7]。从此浙江东、西分道而治遂成定局。以越语地名"浙江(钱塘江)"冠名地方行政区域,亦以此为始。

〔1〕 李索.《左传》正宗(卷10).北京:华夏出版社,2011:483.

〔2〕 (晋)郭璞.尔雅(卷下).北京:中华书局,1985:87.

〔3〕 (汉)司马迁.史记(卷1).北京:中华书局,2006:4.

〔4〕 (汉)司马迁.史记(卷5).北京:中华书局,2006:27.

〔5〕 (五代)刘昫.旧唐书(卷42).长春:吉林人民出版社,1995:1105.

〔6〕 (清)嵇曾筠.浙江通志(卷5).上海:商务印书馆,1934:297.

〔7〕 (清)嵇曾筠.浙江通志(卷5).上海:商务印书馆,1934:297.

唐代对江南区域的细分,说明此时江南地区的经济文化有了长足的发展,也为后代狭义江南概念的形成奠定了基础。

从东汉以降,江南的经济发展势头开始加快。三国鼎立,从经济史的角度看,三个政权就是立足于当时的三个经济发展中心地区——中原的洛阳、西南的成都和东南的建康(今江苏南京)。以江南为中心的孙吴政权维系了半个世纪以上,此后东晋及南朝的宋、齐、梁、陈又都建立在这一地区,时间长达270年之久。这与江南一带经济文化的显著发展密不可分,此时南方在经济、文化各个方面都呈现出能与北方抗衡的态势。隋唐时期经济文化的兴盛与东南地区的进一步开发密切相关。隋代开通大运河,虽说是北达涿郡(今北京附近),事实上却以洛阳为中心,主要目的是从江南往关中长安运粮物,而不是往东北输送战略物资;唐代更是如此。由此,南北地区的经济、政治、文化更为紧密地连在了一起,并且通过南北的交流进一步促进了江南地区的开发。

唐中叶"安史之乱"之后,北方经济遭到严重破坏,全国的财政更加依赖江南,韩愈在《送陆歙州诗序》中记述当时的情况是"今赋出于天下,江南居十九"[1]。韩愈所说的"江南",虽是广指江淮以南、南岭以北的整个东南地区,但当时真正发达的地区集中在扬州、楚州、润州、常州、苏州、湖州、杭州、越州、明州等太湖流域附近的长江三角洲一带,主要属于浙西、浙东两个节度使辖区。而湖州、杭州、越州、明州,则完全在今浙江境域内。

第二节 水利工程与农业生产技术

隋唐时期,是浙江历史上社会经济得到迅速而全面发展的时期。支撑这一发展的重要基础之一,是大规模的水利工程建设和农业生产技术的提高。这些水利工程既有灌溉、蓄洪、分洪、排涝等设施,又有交通、居民用水及海塘等工程。水利工程尤其是农田水利设施的建设,直接促进了农业的发展。此时的农业生产技术也有了长足的进步,农业生产已在全国占有举足轻重的地位。权德舆曾这样写道:"江东诸州,业在田亩,每一岁善熟,则旁资数道。"[2]权德舆所指的"江东诸州",与韩愈所说的"今赋出于天下,江南居十九"中的"江南"一样,主要就是浙江东道、浙江西道,即两浙地区。历

〔1〕 (唐)韩愈.送陆歙州修诗序.韩愈集(卷19).长沙:岳麓书社,2000:240.

〔2〕 (唐)权德舆.论江淮水灾上疏.见:全唐文(卷486).北京:中华书局,1983:4962.

史上延续十几个世纪的南粮北运,就是在这个时期、从这个地区开始的。

一、水利工程

虽然历史短暂的隋代,在今浙江境域内兴办的水利工程见于文献的不多,但江南运河的开凿足以彪炳史册。唐代水利工程建设则显得频繁与普遍,在今浙江境域内兴办的水利工程见于文献记载的就有 70 余项之多。

第一,江南运河的开凿。

隋唐时期浙江水陆交通的发展,以江南运河的最终开凿完成最具影响。江南运河的开凿历史可以上溯到春秋战国时期,至秦始皇时,已经基本形成了由今江苏镇江经丹阳、苏州和浙江嘉兴,直到杭州的水上通道。但是,江南运河作为全国性的南北大运河的组成部分,则是由隋炀帝主持完成的。隋炀帝之所以要开凿江南运河,这与当时的政治、经济形势密切相关。因为秦汉以降,经过长期的开发,江南地区尤其是三吴地区社会经济有了很大发展,而隋代都城和政治中心仍同秦汉一样,西处关中。隋炀帝为了加强对江南地区的控制,密切京畿与江南财赋之联系,遂有开凿江南运河之举。

江南运河开凿于大业六年(610)。这是一条在原有自然河道和人工渠道的基础上,重新规划、重新设计,投入大量人力、物力开凿而成的大运河。《资治通鉴》说:"敕穿江南河,自京口至余杭,八百余里,广十余丈,使可通龙舟,并置驿宫、草顿,欲东巡会稽。"[1]其所经路线,北起今江苏镇江京口,向东南经丹阳、常州、无锡、苏州、平望和浙江嘉兴,然后折向西南,经石门、崇福、长安、临平,再循上塘河到达杭州,然后在城东开河(即今杭州中河、龙山河),于白塔岭附近进入钱塘江。运河"广十余丈",如果以北周大尺(合今29.6厘米)计,10 丈相当于今 29.6 米;如果以隋小尺(合今 24.6 厘米)计,10 丈相当于今 24.6 米。也就是说,江南运河的河身之宽大致在 25—30米。至于运河深度,没有明确的数据,但要求"可通龙舟"。隋炀帝的御龙舟,《资治通鉴》中有这样的记载:"龙舟四重,高四十五尺,长二百尺。上重有正殿、内殿、东西朝堂;中二重有百二十房,皆饰以金玉;下重内侍处之。"[2]如此龙舟,吃水必然不浅。江南运河既然要求能够通行如此规制的"龙舟",其深度自然也就相当可观了。

虽然隋朝在江南运河开凿以后没有几年就灭亡了,但是隋以后的历史

---

〔1〕　(宋)司马光.资治通鉴(卷181).北京:中国当代出版社,2000:1350.

〔2〕　(宋)司马光.资治通鉴(卷180).北京:中国当代出版社,2000:1343.

表明,江南运河对于沿途城市的迅速崛起,对于促进浙江暨整个太湖流域社会经济的迅速发展,以及提高该地区在中国历史上的地位和作用诸方面,始终起着非常重要的作用。"尽道隋亡为此河,至今千里赖通波。若无水殿龙舟事,共禹论功不较多。"唐人皮日休在这首《汴河怀古》诗中对隋炀帝开凿运河的评价应该说是公允的。

唐代对于江南运河也极为重视。为了保证运河的通航,因袭隋制,专门标定了运河应保持的水位,规定了排放河水的办法,并指定专人管理。为了防止河水流失,唐代还在今浙江海宁西南的长安镇创建了长安闸。武则天天授三年(692)又开辟了东苕溪航线,"敕钱塘、于潜、余杭、临安四县租税纲运,径取道于此(东苕溪)"[1]。唐开元(713—741)以后,多次疏浚了由湖州经南浔、震泽至平望的荻塘,拓展了江南运河的辐射面。

长庆年间(821—824),白居易刺史杭州,其间治理了西湖,扩大了运河的水源。白居易在其所撰的《钱塘湖石记》中说:

> 自钱塘至盐官界,应溉夹官河田,放湖水入河,从河入田。准盐铁使旧法,又须先量河水浅深,待溉田毕,却还本水尺寸。往往旱甚,即湖水不充。今年修筑湖堤,高加数尺,水亦随加,即不啻足矣。晚或不足,即更决临平湖,添注官河,又有余矣。虽非浇田时,若官河干浅,但放湖水添注,可以立通舟船。[2]

上述种种工程措施,使得隋炀帝主持开凿的江南运河的航运能力,在唐代有了进一步的提高。

第二,浙江东运河的治理。

浙东运河西起杭州钱塘江南岸西兴,东经萧山、钱清、绍兴,抵达曹娥江,曹娥江以东又循余姚江止于宁波。以曹娥江为界,西北段为人工开凿,东南段的余姚江为自然河道。前者绍兴至曹娥段早在春秋战国时期已经形成。东汉会稽太守马臻于会稽山北麓曹娥江、钱清江之间创修镜湖以后,绍兴至曹娥段运河成了镜湖的一部分,而绍兴至钱清间镜湖又兼具了运河的功能。此后晋代会稽内史贺循,在镜湖以北开凿了一条与湖堤平行的河道,并向西一直延伸到萧山境内,浙东运河自西兴经绍兴至曹娥段遂全线贯通。

隋唐时期,特别是唐代中期以后,随着宁绍平原地区社会经济的发展,浙东运河的作用日显重要,人们对它的治理也随之不断加强。据《新唐书》

---

〔1〕 (宋)潜说友.咸淳《临安志》(卷36).见:宋元浙江方志集成(第2册).杭州:杭州出版社,2009:734.

〔2〕 (唐)白居易.钱塘湖石记.见:全唐文(卷676).北京:中华书局,1983:6911.

记载,唐代元和十年(815),越州观察使孟简开凿了"新河",修建了"运道塘"[1];大和七年(833),观察使陆亘又修建了"新泾斗门"。"新河"大约是对浙东运河绍兴以西一段的疏浚;"运道塘"在今绍兴与萧山间运河沿岸,其时尚为土塘,至明代弘治(1488—1505)初年,山阴知县"甃以石",逐渐形成一条由一系列小桥组合而成的既是堤岸也是塘路,同时又不影响运河泄洪以及与运河沿途江河湖塘交通的"纤道"。"新泾斗门"在山阴(今浙江绍兴)西北23千米,是一种集蓄水与排洪为一体的大型水闸。为了保障运河的安全和维持运河通航必要的水位,作为浙东运河主要水源之一的镜湖,这一时期也多次进行了治理。钱塘江边的西兴堰,萧山以东的凤堰、太末堰,绍兴城东的都泗堰,曹娥江边的曹娥堰等,或于唐前,或于唐代也相继建成,这在很大程度上提高了浙东运河的通航能力。

　　此外,隋唐时期还对今浙江境域内其他的水运航道进行了治理。如浙西于潜县(今属浙江临安)境内的紫溪,贞元十八年(802),县令杜泳"凿渠三十里,以通舟楫"[2]。浙东奉化县境内,陆明允在县东南"导大溪水由资国堰注市桥河,东折而北出,绕流六十里,至县北三十六里东耆堰接奉化江,灌田数十万,又通舟楫,以便商旅"[3]。浙南瓯江的主要支流之一好溪,"本名恶溪,以其湍流阻险,九十里间五十六濑,名为大恶。隋开皇中改为丽水"[4],唐宣宗时刺史段成式在丽水县东7.5千米的地方开筑好溪堰,也是一项兼具灌溉和航运两利的工程。

　　第三,海塘的建设。

　　唐代在今浙江境域内的海塘建设,也取得了非凡的成绩。杭州湾北岸海塘创建之年未详,但知开元元年(713)进行了重筑。《新唐书》说:盐官县"有捍海塘隄,长百二十四里,开元元年重筑"[5]。《吴中水利全书》称:"开元元年筑捍海塘,自杭州盐官县起,抵吴淞江,袤一百五十里。"[6]其所记长度,两者相差90里。有学者认为,当是新筑150里,重筑90里,全长共240里,亦即西起盐官、北抵吴淞江口的江南平原东南沿海海塘,至开元元年已

〔1〕(宋)欧阳修.新唐书(卷41).北京:中华书局,1975:1061.

〔2〕(宋)欧阳修.新唐书(卷41).北京:中华书局,1975:1060.

〔3〕(清)顾祖禹.读史方舆纪要(卷92).上海:商务印书馆,1937:3863.

〔4〕(唐)李吉甫.元和郡县图志(卷26).上海:商务印书馆,1937:688.

〔5〕(宋)欧阳修.新唐书(卷41).北京:中华书局,1975:1059.

〔6〕(明)张国维.吴中水利全书(卷10).杭州:浙江古籍出版社,2014:434.

全线完成。[1] 据杜牧《杭州新造南亭子记》中所说:会昌年间(841—846)李播出任杭州刺史时,唐武宗又"诏与钱二千万,筑长堤,以为数十年计"[2],以捍钱塘江潮。

杭州湾南岸海塘宋人已"莫原所始"[3],但可知唐开元十年(722)、大历十年(775)和大和六年(832)曾三次增修。其具体范围据《新唐书》所记,为"自上虞江抵山阴百余里"[4]。由此可见,山会平原沿海海塘亦已全线完成。唐代杭州湾南北两岸海塘虽以土塘为主,但是长达150余千米,实属不凡,对于保障生命财产的安全、农业生产的发展和运河的通航无疑具有重要意义。

此外,富阳为防治江患、潮汐,早在万岁登封元年(696),县令李濬就创建了富春江堤,贞元七年(791)县令郑早又加增修,江堤西起苋浦,经富阳城南,东至东海(约今富春江、钱塘江汇合处),其规模也颇为可观。

第四,农田水利建设。

此时,创建、重建的农田水利工程数量众多,仅溉田千顷以上的就有杭州西湖、余杭南北湖、湖州荻塘、长兴西湖、鄞州它山堰等多项工程。杭州的钱塘湖(即今杭州西湖),自东汉与海相隔成为内湖以后,经过一个时期的淡化,人们就创建了湖堤,用以蓄水灌溉。但唐之前的情况已不可考,正如明人田汝成在《西湖游览志》中所说:"六朝已前,史籍莫考⋯⋯逮于中唐,而经理渐著。"[5]

唐大历年间(766—779)的杭州刺史李泌,大约是迄今见诸记载"经理"西湖的第一人。李泌"刺史杭州,悯市民苦江水之卤恶也,开六井,凿阴窦,引湖水以灌之,民赖其利"[6]。同时又在钱塘门外建石函桥,置水闸,"泄湖水以入下湖。沿东西马塍、羊角埂,至归锦桥,凡四派"[7],以利灌溉。长庆二年(822)白居易出任为杭州刺史,时值杭州大旱成灾,而钱塘湖已经严重淤塞,出现葑田"约数十顷"的情形,蓄水量大为萎缩。白居易决定治理钱塘湖。整个工程完成以后,既为江南运河扩充了水源,也保障了周边的农田灌

〔1〕 李伯重.唐代江南农业的发展.北京:农业出版社,1990:75.按:原文是"当是新筑130里,重筑110里,全长共240里",有误。

〔2〕 (唐)杜牧.杭州新造南亭子记.见:全唐文(卷753).北京:中华书局,1983:7810.

〔3〕 (宋)施宿.嘉泰《会稽志》(卷10).合肥:安徽文艺出版社,2012:195.

〔4〕 (宋)欧阳修.新唐书(卷41).北京:中华书局,1975:1061.

〔5〕 (明)田汝成.西湖游览志(卷1).杭州:浙江人民出版社,1980:2.

〔6〕 (明)田汝成.西湖游览志(卷1).杭州:浙江人民出版社,1980:2.

〔7〕 (明)田汝成.西湖游览志(卷8).杭州:浙江人民出版社,1980:86.

溉,还解除了杭城居民生活用水之忧,可谓一举而三得。白居易自己评价其工程:凡放水溉田,"每减湖水一寸,可溉田十五余顷,每一复时,可溉五十余顷。此州春多雨,夏秋多旱,若堤防如法,蓄泄及时,即濒湖千余顷无凶年矣"[1]。这就是白居易在《别州民》诗中"唯留一湖水,与汝救凶年"的由来。

余杭南上湖和西下湖,原为东汉灵帝熹平二年(173)县令陈浑所创,岁久塘圮。唐宝历年间(825—827),县令归珧以故迹重开。归珧还开凿了北湖,灌溉田地千余顷。余杭上湖、下湖经归珧重开以后,代有浚治,经久不废,直到现今仍在发挥它的作用。今浙江湖州至江苏平望之间的获塘,晋代太守殷康创筑,时"围田千余倾"。唐开元年间(713—741)乌程县令严谋道,广德年间(763—764)刺史卢幼平,贞元年间(785—805)刺史于頔,元和年间(806—820)刺史孙储等相继进行了修治,进一步发挥了其航运及农田水利的作用。长城县(今浙江长兴)的西湖创建更早。到了唐代,长城县西湖已年久失修。唐德宗贞元十二年(796)刺史于頔重加修复,"岁获秔稻蒲鱼万计,民赖其利,号为于公塘"[2]。此后,元和年间(806—820)县令权逢吉,咸通年间(860—874)刺史源重等,又相继重修,保持了它的功效。

它山堰是浙东地区一个重要的水利工程,位于宁波鄞州区鄞江镇,为唐文宗大和七年(833)鄮县县令王元暐创建。它山堰全长134.40米,宽4.80米,高约10米,横断面呈阶梯状,上下各36级。目前所见最早记述它山堰的史籍,是宋代魏岘所著的《四明它山水利备览》。魏岘说:

> 堰脊横阔四十有二丈,覆以石版,为片八十有半,左右石级,各三十六。岁久沙淤,其东仅见八九,西则隐于沙。堰身中空,擎以巨木,形如屋宇,每遇溪涨湍急,则有沙随实其中,俗称护堤沙。水平沙去,其空如初,土人以杖试之,信然。堰低昂适宜,广狭中度,精致牢密,功侔鬼神,其与他堰杂用土、石、竹、木、砖、筊,稍久辄坏者不同。[3]

魏岘在写这段文字时,距它山堰的创建已经过去了400多年,此时它山堰仍"精致牢密"。直到今天,它山堰依然保存完好。这当然有历代维修、疏浚、加固之功,但其本身的结构与技术,则是保证百年乃至千年完好的重要基础。

它山堰结构独特,技术高超。其独特性、创新性主要体现在如下几个方面。

---

〔1〕 (明)田汝成.西湖游览志(卷1).杭州:浙江人民出版社,1980:2.

〔2〕 (清)顾祖禹.读史方舆纪要(卷91).北京:商务印书馆,1937:3815.

〔3〕 (宋)魏岘.四明它山水利备览(卷上).北京:中华书局,1985:3.

一是石堰的堰底倾向上游约5度,这种处理与堰底水平相比,能增加堰体水平稳定性一倍以上。

二是条石下采用黏土夹碎石的方法,一方面可减少堰体的渗漏,另一面能加速堰体的固结,并提高抗剪强度。

三是横跨河床的堰体,平面是略带向上游鼓出的弧形,而鼓出的最远点恰与河床深槽相对应,这样能够利用水流特性,以达到减轻对两岸冲刷并保护堰体稳定的目的。

近年在实施它山堰整治、保护工程中,在钻取的岩芯中发现铁锈迹象,这可能是古人在修筑堰体时采用"冶铁而固之"方法所遗留的痕迹。[1]

它山堰的作用主要是截断鄞江,将下游咸潮阻于堰下,将上游淡水引入内渠南塘河,灌溉鄞西平原农田;南塘河又东北流,经明州城南门进入城内,蓄为日、月二湖,作为城市居民用水。为了鄞江泄洪的需要,它山堰的堰顶可以溢流。堰以上江水,平时七分入河,三分溢流入江;涝时则七分溢流入江,三分分流入河。同时又在南塘河下游修建了乌金(距堰7千米)、积渎(距堰9千米)、行春(距堰18千米)三碶,涝时排泄鄞西河网多余之水,旱时则利用潮汐顶托,开闸纳淡水以补充鄞西灌溉用水。可见,它山堰是一项集阻咸、蓄淡、引水、泄洪诸种功效于一体的水利工程。它山堰的修建,不仅解除了鄞西平原的洪涝咸潮之灾,使数千顷农田得到了灌溉,而且也解决了明州城市的用水问题。它山堰是"古代农田水利工程的规划和设计走向成熟的标志"[2]。

二、农业生产技术

隋唐时期,浙江的农业技术有了显著提高,这主要表现在农机具的改进和种类的增多,肥料种类的增加与田间管理的加强,种植制度的改革和粮食产量的增加等方面。

第一,"江东犁"的出现与农机具种类的增加。

此时,农具的变化以耕犁的改进最为突出。这种改进的耕犁最适合于江南水田耕作,故被称为"江东犁"。[3] 据陆龟蒙《耒耜经》记载,江东犁由铁制的犁镵(犁铧)、犁壁和木制的犁底、压镵、策额、犁箭、犁辕、犁梢、犁

---

〔1〕 王一鸣,陈勇.古水利工程它山堰堰体结构浅析.浙江水利科技,1996(4):58—60.

〔2〕 周魁一.中国科学技术史(水利卷).北京:科学出版社,2002:216.

〔3〕 阎文儒,阎万石.唐陆龟蒙《耒耜经》注释.中国历史博物馆刊,1980(1):49—57.

评、犁建、犁槃等 11 个部件组成。犁镵锐利,犁壁呈弧形,犁地时能将土块翻过来,把地表丛草埋于泥中,"以绝其根本",并能增加土壤的肥力;犁箭可以用来调节犁地的深浅度,"进之则箭下,入土也深;退则箭上,入土也浅"[1]。有人将江东犁称为是当时世界上最完善的耕地农具,并不为过。[2] 欧洲 13 世纪文献中的步犁,其性能仍不及江东犁。

陆龟蒙是长洲(今江苏苏州)人,曾从湖、苏二州刺史张搏游,被引为幕僚,后隐居松江(今上海松江),其《耒耜经》是根据他对江东地区农耕的观察和访问老农所得撰写而成的。他在序言里说:"余在田野间,一日,呼耕甿就而数其目,恍若登农皇之庭,受播种之法,淳风泠泠,耸竖毛发,然后知圣人之旨趣朴乎其深哉。孔子谓吾不如老农,信也。因书为《耒耜经》,以备遗忘,且无愧于食。"[3] 浙江地区自然是江东犁的使用区域。

《耒耜经》还记载了耙、砺礋、礰礋等农具及其用途。"耕而后有耙,渠疏之义也,散拨去芟者焉。耙而后有砺礋焉,有礰礋焉。自耙至砺礋,皆有齿,礰礋觚棱而已。咸以木为之,坚而重者良。江东之田器尽于是。"[4] 耙即耙,应用于破碎土块、平整土地,并除去土块中杂草。耙地以后,再用砺礋、礰礋等农具展平田面,使土粒间空隙不致太大,以免水分蒸发太快。此外还有从岭南引来的秒,从而形成了耕——耙——礋——礋——秒一套完整的平整水田工序。其他如锸、钱、镈、铲、锄、铚、镰等铁制的掘土、中耕和收割工具,则早已普遍使用了。

水车的普遍使用与改进,是农具变化的又一突出方面。水车又名翻车、龙骨车、水龙、踏车等。东汉时已用于引水灌田。唐代在前代的基础上推广了各式水车。大和二年(828)朝廷曾下令京兆府造水车散发给郑、白渠灌区百姓;又征集江南的水车制作匠,依样制造,分赐京畿各县。由此可见,江南地区不仅普遍使用水车,而且水车的制作技艺也十分先进。

值得注意的是,唐代的水车还传播到了日本。日本天长六年(829)的《太政府符》专门谈及"应作水车事":"传闻唐国之风,渠堰不便之处,多构水车。无水之地,以斯不失其利。此间之民,素无此备,动苦焦损。宜下仰民间,作备件器,以为农业之资。其以手转、以足踏、服牛回等,各随便宜。"[5]

---

〔1〕 (唐)陆龟蒙.甫里集.长春:吉林出版集团有限责任公司,2005:130.
〔2〕 张春辉,戴吾三.江东犁及其复原研究.农业考古,2001(1):168—174.
〔3〕 (唐)陆龟蒙.甫里集.长春:吉林出版集团有限责任公司,2005:129.
〔4〕 (唐)陆龟蒙.甫里集.长春:吉林出版集团有限责任公司,2005:130.
〔5〕 [日]佚名.类聚三代格(卷8).转引自:唐耕耦.唐代水车的使用与推广.文史哲,1978(4):74—75.

这条记载,说明了水车的使用可"手转"或"足踏",也可"服牛回",用各种水车灌溉农田已成为"唐国之风"。其时中日之间主要走东海南路航道,并以明州(今浙江宁波)为主要停泊口岸,可以推测日人所言的"唐国之风",主要反映的是江南情况。

第二,肥料种类的增加,田间管理的加强。

江南地区,六朝之前主要实行水田轮休制,即种植一年,闲置一年,任杂草生长,然后通过火耕水耨,变杂草为肥料,恢复土地肥力,以供作物生长所需的养分。虽然东晋郭义恭《广志》中有稻田种苕的记载,《南史·到彦之传》中有到彦之"担粪自给"一说,不过在当时,"稻田种苕"或用粪肥田做法,是否得到广泛运用则不得而知。

到了唐代,江南地区绿肥的使用有了显著的增加,《齐民要术》提到的各种豆类作物,唐末韩鄂在其反映唐代江淮一带农业生产状况的《四时纂要》一书中一一进行了记载,即说明了这一点。除了绿肥之外,人畜粪便、蚕沙、米泔水也作为基肥与追肥使用。这是肥料开发和使用的一大进步。唐代江南地区农民对于作物的田间管理也有了加强。孟郊有一首《赠农人》诗,诗云:"劝尔勤耕田,盈尔仓中粟。劝尔伐桑株,减尔身上服。清霜一委地,万草色不绿。狂飙一入林,万叶不着木。青春如不耕,何以自结束。"劝导农民抓紧时间,勤劳耕作,以获得好的收成。李绅《古风二首》之一则云:"锄禾日当午,汗滴禾下土。谁知盘中餐,粒粒皆辛苦。"其诗不但在于教人珍惜粮食,也是农民在田间辛勤劳动、悉心种植并管理庄稼的写照。

第三,种植制度的改革。

唐代已较普遍地实行一年一作制,江南地区还出现了一年二熟制,这是种植制度的重大改革。导致这一种植制度改革的原因大致有三。

一是因为人口有了大幅度的增长,原来相对均衡的人地关系被打破,即单位面积耕地的人口负载加重。为了保障粮食供给,必须对原来的种植制度进行改革。二是由于诸如江东犁、水车等农机具的改进和推广,提高了劳动生产率。三是江南地区气候适宜、土壤肥沃,且农田水利建设已经达到相当水平,能保障更多、更频繁的作物种植。

随着一年一作制的推广,更为先进的种植制度——水稻复种制(即双季稻种植)和稻麦复种制,也在长江流域,特别是在江南地区开始尝试与推广。白居易守杭州期间写有一首《春题湖上》诗,诗云:"湖上春来如画图,乱峰围绕水平铺。松排山面千重翠,月点波心一颗珠。碧毯线头抽早稻,青罗裙带展新蒲。未能抛得杭州去,一半勾留是此湖。"白居易五月离杭州,早稻六七月间可收,所以诗中才说早稻已经开始抽穗了。白居易在另一首《九日宴集醉题郡楼兼呈周殷二判官》诗中则有"一日日知添老病,一年年觉惜重阳。江南九月未摇落,柳青蒲绿稻穗香"之句。九九重阳还在说稻穗没有摇落,自然是晚稻无疑。在白居易《和微之春日投简阳明洞天五十韵》诗中,有"越国强仍大,稽城高且孤……绿科秧早稻,紫笋折新芦"等句,这更是对浙江地区已经普遍种植早晚稻的直接写照。

在栽培方法方面,已经广泛采取育秧移植技术。唐代张籍《江村行》云:

> 南塘水深芦笋齐,下田种稻不作畦。
> 耕场磷磷在水底,短衣半染芦中泥。
> 田头刈莎结为屋,归来系牛还独宿。
> 水淹手足尽有疮,山虻绕身飞飓飓。
> 桑林椹黑蚕再眠,妇姑采桑不向田。
> 江南热旱天气毒,雨中移秧颜色鲜。
> 一年耕种长苦辛,田熟家家将赛神。[1]

这是水稻育秧移植、辛苦经营的写照。水稻育秧技术,大概在唐天宝年间(742—756)由中原传入江南。随后人们开始做秧田,大田做畦埂,通过育秧、移栽,为丰产打下了基础。

第四,粮食产量的显著提高。

由于水利建设的发展、农具的改进、肥料的增加,以及稻麦复种、水稻复种的推广,农业收成较以前有了显著提高。有学者估计,唐代的产量为亩产六石。[2]虽然只是一种估计,但唐代亩产有显著提高当是事实。浙江,尤其是杭嘉湖平原和宁绍平原,自然条件及水利基础优越,双季稻的种植已经推广,估计亩产六石不为过。农业生产的发展和单位面积产量的提高,使得两浙尤其是包括杭嘉湖地区在内的太湖流域,其粮食生产在国内的地位日益重要。实际上,这种重要性在隋时已经显露。隋炀帝开江南运河,目的之一就是为了"转输"江南财赋。

唐代从其初期开始,已经漕运"江淮漕租米至东都,输含嘉仓"[3]。从洛阳含嘉仓遗址出土的铭砖中,还可以看到由苏州(治今江苏苏州,所领包括今浙江的嘉兴、平湖、海盐、桐乡等县市)、越州(治今浙江绍兴)等地运去的漕租米的记载。唐高宗、武则天时人陈子昂《上军国机要事》中也有"江

〔1〕（唐）张籍.江村行.见:张籍诗集.北京:中华书局,1959:86.
〔2〕蒙文通.中国历代农产量的扩大和赋役制度及学术思想的演变.四川大学学报,1957(2):27—106.
〔3〕（宋）欧阳修.新唐书(卷53).北京:中华书局,1975:1365.

南、淮南诸州租船数千艘已至巩洛,计有百余万斛,所司便勒往幽州,纳充军粮"[1]的史实。"安史之乱"以后,江南已经成了唐朝政府粮食的主要来源。孟郊《赠转运陆中丞》诗云:"楚仓倾向西,吴米发自东。帆影咽河口,车声聋关中。尧知才策高,人喜道路通。皆惊内史力,继得郝侯功。"权德舆在《论江淮水灾上疏》中也说:"赋取所资,漕挽所出,军国大计,仰于江淮。"[2]唐德宗(780—805)时期,浙江东西道每岁入运米 75 万石。贞元(785—805)初,以岁饥,更令两税折纳米 100 万石,并委两浙节度使韩混运送至东渭桥。也就是说,"安史之乱"以后所运江淮诸州之米,主要是两浙之米。李翰《苏州嘉兴屯田纪绩颂并序》云:"浙西有三屯,嘉禾为大。""嘉禾土田二十七屯,广轮曲折,千有余里。"又云:"扬州在九州之地最广,全吴在扬州之域最大,嘉禾在全吴之壤最腴,故嘉禾一穰,江淮为之康;嘉禾一歉,江淮为之俭。"[3]所说虽然为嘉禾屯田,实际上也反映了其时两浙粮食生产在全国的重要地位,以及它对唐朝政府的重要作用。

中国历史上持续了十几个世纪的南粮北运,就是在这个时期,从这个地区开始的。[4]

第三节　手工业技术

与农业生产发展同步,隋唐时期的手工业也有长足的进步,矿冶、陶瓷、纺织、造纸、造船等技术均有提高。

一、矿冶与陶瓷技术

(一)矿冶技术

隋代浙江境域的金属矿产采冶情况未详,唐代浙江则是全国主要金属矿产采冶地区之一,所采冶的金属矿产有铜、铁及银、锡等。据文献记载,唐代全国采冶的银、铜、铁、锡、铅等矿区共 166 处,浙江省域有 21 处,占

〔1〕 (唐)陈子昂.上军国机要事.见:全唐文(卷 211).北京:中华书局,1983:2136.

〔2〕 (唐)权德舆.论江淮水灾上疏.见:全唐文(卷 486).北京:中华书局,1983:4962.

〔3〕 (唐)李翰.苏州嘉兴屯田纪绩颂并序.见:全唐文(卷 430).北京:中华书局,1983:4375.

〔4〕 李志庭.浙江通史(隋唐五代卷).杭州:浙江人民出版社,2005:117—136.

13%。《新唐书·地理志》记载,浙江境内铜矿产地有杭州余杭,湖州武康、长兴、安吉,睦州建德、遂安,明州奉化,温州安固,处州丽水,婺州金华等 10 余处。1970 年,在淳安铜山发现一处铜矿遗址。遗址分矿洞、摩崖题刻和矿渣堆积三部分。老矿洞有 4 处,均在海拔 600—700 米山腰,距洞口水平深度约 70—80 米。洞内有当年采矿时的木撑架、木轮以及瓷器碎片等遗物。其中一个洞口有"大唐天宝八年开此山取铜,至乾元元年七月。又至大历十年十右二月再采,续至元和四年"直书题记。[1] 铜山下有一小盆地,溪水自东向西流经,有大量矿渣堆积。《新唐书·地理志》说睦州遂安"有铜",当即指此。采冶的铁矿有越州山阴及台州临海、黄岩、宁海等数处,《新唐书·地理志》均有记载。此外,采冶的金属矿产还有睦州、越州诸暨和处州松阳、衢州西安的银矿,湖州安吉、越州会稽的锡矿等。20 世纪末期,在松阳叶明山发现了 10 多处古代银矿遗址。

(二)陶瓷技术

隋唐是浙江制瓷业的兴盛时期。此时,制瓷业迅速发展,名窑如邢窑、鼎窑、岳窑、寿窑、洪窑、蜀窑、霍窑等纷纷崛起。浙江境内的越窑、婺窑、瓯窑亦为一代名窑。越窑、婺窑各以主要产地在越州、婺州而得名。瓯窑的主要产地在温州瓯江流域,因以为名。越窑、婺窑、瓯窑三个窑系生产规模都很大,质量以越窑青瓷最为著名。

唐代越窑青瓷窑址主要分布在今浙江上虞、余姚、慈溪、绍兴、萧山、诸暨、鄞州、镇海、奉化等地。越窑青瓷明澈如冰,莹润如玉,胎骨坚致轻薄,釉色纯洁温润,因而一时声名鹊起,备受人们喜爱。陆羽《茶经》"茶器"中即说:

> 盌(碗),越州上,鼎州次,婺州次,岳州次,寿州、洪州次。或者以邢州处越州上,殊为不然。若邢瓷类银,越瓷类玉,邢不如越一也;若邢瓷类雪,则越瓷类冰,邢不如越二也;邢瓷白而茶色丹,越瓷青而茶色绿,邢不如越三也。晋杜育《荈赋》所谓器择陶拣,出自东瓯。瓯,越也。瓯,越州上,口唇不卷,底卷而浅,受半升已下。越州瓷、岳瓷皆青,青则益茶。茶作白红之色。邢州瓷白,茶色红;寿州瓷黄,茶色紫;洪州瓷褐,茶色黑;悉不宜茶。[2]

---

〔1〕　鲍艺敏,鲍绪先.浙江淳安铜山唐代矿冶遗址.南方文物,1997(3):35—38.

〔2〕　(唐)陆羽撰,沈冬梅校注.茶经校注(卷中).北京:中国农业出版社,2006:24.

唐人嗜茶,讲究茶具。能够评为茶具之上品,是一种极高的褒奖。当然,越窑青瓷本身确实有不俗的品质。

越窑青瓷不但为茶具之上品,也是音乐家们调理音律之佳品。唐段安节《乐府杂录·方响》中记载,唐武宗时的调音律官郭道源即"善击瓯",其方法为"以邢瓯越瓯共十二只,旋加减水于其中,以箸击之"[1]。唐懿宗时的调音律官黑嫔亦"善于击瓯"。段安节文中所说的"越瓯"就是越窑青瓷。方干《李户曹小妓天得善击越器以成曲章》诗云:"越器敲来曲调成,腕头匀滑自轻清。随风摇曳有余韵,测水浅深多泛声。昼漏丁当相续滴,寒蝉计会一时鸣。若教进上梨园去,众乐无由更擅名。"越窑青瓷之所以被调音官选作调音器具,乃是因为越窑青瓷质量的优秀,亦即越窑青瓷胎骨坚致轻薄,釉色均匀,扣之能发出稳定而清脆的声音。

越窑青瓷除了国内应用以外,还作为对外贸易商品而大量运销海外。在日本的法隆寺,埃及开罗南郊的福斯塔特遗址,以及马来西亚、印度、巴基斯坦、伊朗等地古遗址,都发现过唐代越窑瓷器或碎片。1973年,在宁波和义路(遵义路)唐代海运码头发掘出了700多件待装出海的唐代瓷器,其中最多的是越瓷。[2]可见越瓷在当时亦深得海外各国的喜爱。越窑寺龙口窑址发掘表明[3],宁波和义路、东门口码头等遗址出土的越窑瓷器,应生产于上林湖一带。

唐代晚期越窑还开发生产了一种被称为"秘色瓷"或"秘色越器"的产品。陕西法门寺地宫,在1987年出土了一批唐懿宗于咸通十四年(873)为迎奉佛指而瘗埋的供养品,其中也有越窑青瓷。同时出土有一通《监送真身使随真身供养道具及金银宝器衣物帐》碑[4],上列"瓷秘色碗七口,内二口银棱,瓷秘色盘子、叠子共六枚"等,与出土越窑青瓷完全吻合。浙江诸暨五泄也出土过秘色瓷瓶一件,内储舍利子。所有这些秘色越器,都非常精美。晚唐诗人陆龟蒙有首《秘色越器》诗:"九秋风露越窑开,夺得千峰翠色来。好向中宵盛沆瀣,共嵇中散斗遗杯。"这就是对秘色越瓷生动形象的写真。

秘色瓷的产地主要在今慈溪上林湖一带。1977年,上林湖出土一件罐形墓志,腹部刻有"光启三年岁在丁未二月五殡于当保贡窑之北山"之句。"贡窑"为烧制贡瓷窑场,具有官窑的性质。

〔1〕 (唐)段安节.乐府杂录.北京:中华书局,1985:33.

〔2〕 林士民.浙江宁波市出土一批唐代瓷器.文物,1976(7):60—61.

〔3〕 浙江省文物考古研究所,北京大学考古文博院等.浙江越窑寺龙口窑址发掘简报.文物,2001(11):23—42.

〔4〕 陕西省法门寺考古队,扶风法门寺塔唐代地宫发掘简报.文物,1988(10):1—28.

　　2015 年上林湖后司岙窑址的发掘,基本厘清了以后司岙窑址为代表的晚唐五代时期越窑秘色瓷的基本面貌、生产工艺和秘色瓷窑场格局,同时也解答了唐代法门寺地宫与五代吴越国钱氏家族墓出土秘色瓷的产地问题。后司岙窑址始于唐代晚期,止于五代,基本与唐五代时期秘色瓷延续的年代相始终。堆积中分别发现了带有"大中""咸通"与"中和"年款窑具的地层。据此可以确定,后司岙窑址至少在"大中"(847—859)年间前后开始生产秘色瓷,在"咸通"(860—873)年间前后产品中秘色瓷已占较大比例,在"中和"(881—884)年间前后秘色瓷生产则达到了兴盛,且一直持续到五代中期,此后质量有所下降。

　　司岙窑址发现的秘色瓷产品,其种类相当丰富,以碗、盘、钵、盏、盒等为主,亦有执壶、瓶、罐、碟、炉、盂、枕、扁壶、八棱净瓶、圆腹净瓶、盏托等,每一种器物又有多种不同的造型,如碗有花口高圈足碗、玉璧底碗、玉环底碗等,盘有花口平底盘、花口高圈足盘等。胎质细腻纯净,完全不见普通青瓷上的铁锈点等杂质;釉色呈天青色,施釉均匀,釉面莹润肥厚,达到了类冰似玉的效果。产品均为素面,以造型与釉色取胜。

　　从装烧工艺上看,秘色瓷的出现与瓷质匣钵的使用密切相关。瓷质匣钵的胎与瓷器基本一致,极细腻坚致,匣钵之间使用釉封口,在烧成冷却过程中可形成强还原气氛。这种瓷质匣钵至少在"大中"年间开始出现,但普通的粗质匣钵仍旧在大量使用,此后比例不断提高,到了"咸通"年间瓷质匣钵已占较大的比例,在"中和"年间完全取代粗质匣钵,一直到五代中期,均完全使用高质量的细瓷质匣钵。五代晚期,匣钵的质地开始变粗,密封性下降。瓷质匣钵的使用及由此带来的秘色瓷生产,当是以后司岙为代表的上林湖地区越窑窑场的一项重大发明。[1]

　　所谓"秘色",宋人周辉《清波杂志》云:"越上秘色器,钱氏有国日供奉之物,不得臣下用,故曰秘色。"[2]从考古发掘上看,实际上唐代晚期已有秘色瓷,并非始于吴越国。"色"字在唐代是一个常用字,既用于色别,但更多地用于表示种类、类别,如"本色""杂色""诸色""色目""色类""色役"等。如《旧唐书》说李宪厚葬,"尚食所料水陆等味一千余种,每色瓶盛,安于藏内,皆是非时瓜果及马牛驴犊獐鹿等肉,并诸药酒三十余色"[3]。其中所说"三十余色",即为种类之意。"秘"则有神秘、稀奇、隐秘等含义。法门寺的秘色

〔1〕沈岳明,郑建明.浙江上林湖发现后司岙唐五代秘色瓷窑址.中国文物报,2017-01-27(8).

〔2〕(宋)周辉.清波杂志(卷5).北京:中华书局,1985:44.

〔3〕(五代)刘昫.旧唐书(卷95).长春:吉林人民出版社,1995:1912.

瓷器显然是作为供养器物,而五代的秘色瓷作为明器的亦颇不少。由此推测,所谓"秘色瓷"起初可能是指越地专作进贡品一种瓷器。相沿时间一久,"秘色"名称不变,使用范围渐广,百姓也可使用秘色瓷,所以布衣陆龟蒙才能在接触中找到灵感,写出著名的赞美诗《秘色越器》。也有学者认为,"秘色"是指"神奇的色彩",而"碧色"是"神奇色彩"的主要内涵。[1] 观点有所不同,但秘色瓷是越窑青瓷中的上品、精品,则是共识。

秘色越瓷与一般的越窑青瓷相比较,有这样几个突出特点:一是瓷土加工(粉碎、淘洗、除腐、炼制等)十分精细,所以制成的瓷胎均匀细密;二是通体施釉,釉层均匀,釉面光滑滋润,几乎不见剥釉、开裂等现象;三是烧成温度与还原火焰控制适度,使胎釉中的主要呈色剂氧化铁在还原火焰中能分解还原为氧化亚铁,从而使青绿色成为釉面所呈现的主色调;四是借鉴和运用漆器装饰工艺,在秘色瓷器口、圈足处装饰金银棱和金银扣;五是秘色瓷的装烧采用瓷质匣钵,匣钵之间用釉封口,这样在烧成冷却过程中形成强还原气氛。秘色瓷的烧制成功,表明越窑瓷器走上了陶瓷技术与艺术的巅峰。

二、丝织与造纸技术

(一)丝织技术

浙江地区的自然地理环境适宜蚕桑,丝织业起源颇早,新石器时代晚期已有丝织品出土,但是早期的发展一直比较缓慢。直到六朝时期,蚕桑业才得到推广。隋唐时期浙江丝织业进入快速发展期,此时无论是产量还是质量,均有大幅度的提高。

在产量上,施肩吾《春日钱塘杂兴二首》云:"酒姥溪头桑袅袅,钱塘郭外柳毵毵。路逢邻妇遥相问,小小如今学养蚕。"此时,种桑养蚕已习以为常。《新唐书·陆羽传》说,陆羽于"上元初,更隐于苕溪,自称桑苎翁"[2],皎然《寻陆鸿渐不遇》诗一开头就说"移家虽带郭,野径入桑麻",可见当地蚕桑业之普遍。当时与西北游牧民族换马所需的缣帛,也唯赖淮南、两浙织造。唐人歌咏作文,常用"吴绵""吴丝""越丝"等词,说明江南丝织业在唐代,尤其中晚唐时期的重要地位。就浙江而言,此时蚕桑业颇为发达,"莘越而衣"就是很好的写照。

〔1〕 李刚."秘色瓷"之秘再探.东方博物,2005(4):6—15.

〔2〕 (宋)欧阳修.新唐书(卷196).北京:中华书局,1975:5611.

在质量上,仅就上贡丝棉织物而言,浙江所属 11 个州郡,除台州临海郡以外,其余 10 个州郡全部都有上贡品种,其中以杭州、湖州(嘉兴时属苏州)和越州所产最为著名。越州丝织贡品有"吴绫及花鼓歇单丝吴绫、吴朱纱等纤丽之物,凡数十品"[1]。"越姬乌丝栏素缎"是当时名贵的精品之一。白居易《缭绫》诗中盛赞"越溪寒女"所织"缭绫"是"天上取样人间织"。杭州所出绯绫、白编绫被列为贡品。杭州的柿蒂绫也盛名于时。白居易《余杭形胜》诗中即有"红袖织绫夸柿蒂"之句。湖州的重面绢、乌眼绫等也是御服的特选用料。

(二)造纸技术

唐代是中国造纸史上第一个高峰时期,也是浙江造纸史上第一个高峰时期。唐代造纸的操作仍有备料、蒸煮、漂洗、捣印、纸浆、捞纸、压榨干燥、加工等多道工序。[2] 由于工艺水平的提高,此时的产品已有生纸和熟纸之分。生纸从纸槽捞出,干燥即成。熟纸则还需经过砑光、捶浆、涂粉、施胶等加工处理。造纸的原料除麻类、楮皮、桑皮、藤皮、木芙蓉皮等以外,又新开发了竹类、瑞香皮等。所以,唐代造纸地域更广,纸的种类也更多。浙江是唐代纸的主要产地。据《元和郡县图志》《新唐书》《通典》等文献记载,此时全国生产贡纸者共有 11 州(郡),其中属今浙江地域的有杭州、越州、婺州、衢州等 4 州(郡)。

唐代浙江造纸,仍以藤纸最为普遍,杭州、婺州、越州均有生产,而以越州藤纸最为著名。因越州藤纸主要出于剡溪,而剡溪又是浙江造纸业的发源地之一,所以又称"剡藤纸""剡纸"。剡藤纸生产随着造纸经验的日益积累,其质量在唐时已大为提高,深得时人青睐。顾况《剡纸歌》云:"剡溪剡纸生剡藤,喷水捣后为蕉叶。欲写金人金口经,寄与山阴山里僧。"唐人对于写经可谓郑重其事,所以选择纸张也很讲究。而写经选用剡藤纸,可见纸质优良。舒元舆在《悲剡溪古藤文》中说:"异日过数十百郡,泊东雒西雍,历见言书文者,皆以剡纸相夸。"[3]说明剡藤纸的质量确实非同一般。剡藤纸还因为其白净厚实,而被选作包装当时人们非常珍惜的名贵茶叶。陆羽在《茶经》中说:"纸囊,以剡藤纸白厚者夹缝之,以贮所炙茶,使不泄其香也。"[4]

---

〔1〕 (唐)李吉甫.元和郡县图志(卷 26).上海:商务印书馆,1937:682.

〔2〕 潘吉星.中国科学技术史(造纸与印刷卷).北京:科学出版社,1998:146.

〔3〕 (唐)舒元舆.悲剡溪古藤文.见:全唐文(卷 727).北京:中华书局,1983:7495.

〔4〕 (唐)陆羽撰,沈冬梅校注.茶经校注(卷中).北京:中国农业出版社,2006:22.

由于剡藤纸纸质优良,人所共爱,用途广泛,所以生产规模很大。舒元舆《悲剡溪古藤文》云:

> 剡溪上绵四五百里,多古藤,株桥逼土,虽春入土脉,他植发活,独古藤气候不觉,绝尽生意。予以为本乎地者,春到必动。此藤亦本于地,方春且有死色,遂问溪上人。有道者言:溪中多纸工,刀斧斩伐无时,擘剥皮肌,以给其业。噫,藤虽植物者,温而荣,寒而枯,养而生,残而死,亦将似有命于天地间。今为纸工斩伐,不得发生,是天地气力,为人中伤,致一物疵疠之若此。[1]

舒元舆此文至少说明两方面的问题:一是会稽剡藤纸的生产规模确实很大;二是大规模的伐藤造纸已经造成了生态的破坏。所以他竭力呼吁人们珍惜纸张,否则"虽举天下为剡溪,犹不足以给","恐后之日不复有藤生于剡矣"[2]。舒氏此说不愧为卓识远见,可惜没有引起人们更多的注意。

除了藤纸,浙江也产竹纸、楮纸等。唐人段公路在《北户录》中提到一种"竹膜纸",崔龟图注说"睦州出之"[3]。宋初苏易简《文房四谱》也说:"今江浙间有以嫩竹为纸。"[4]韩愈《毛颖传》说:"颖与会稽楮先生友善。"[5]与会稽楮纸(楮先生)"友善",足见时人对会稽楮纸的推崇。

(三)雕版印刷术

纸的发明和大量生产及普遍使用,使文化的传播比原先方便了许多。但是手工抄写费时费工而且易出差错,文化的传播仍然很受限制。随着经济的发展,社会的进步,人们需要更为快捷方便的文化传播方式,于是雕版印刷术应运而生。雕版印刷术亦称整版印刷术,是一项将文字反刻于一整块木板或其他质料的版上,然后在该块整版上加墨印刷的工艺技术。雕版印刷术,始于何时,观点不一,主要有始于隋代和始于唐代两说。主张始于隋代的主要有明人陆深、胡应麟。陆深在《俨山外集》中说:"隋文帝开皇十三年十二月八日,敕废像遗经,悉令雕撰,此印书之始。"[6]胡应麟《少室山房笔丛》将"雕撰"改为"雕板",并说:"雕本肇自隋时,行于唐世,扩于五代,

---

〔1〕 (唐)舒元舆.悲剡溪古藤文.见:全唐文(卷727).北京:中华书局,1983:7495.

〔2〕 (唐)舒元舆.悲剡溪古藤文.见:全唐文(卷727).北京:中华书局,1983:7495.

〔3〕 (唐)段公路.北户录(卷3).北京:中华书局,1985:42.

〔4〕 (宋)苏易简.文房四谱(卷4).北京:中华书局,1985:55.

〔5〕 (唐)韩愈.韩愈集(卷36).长沙:岳麓书社,2000:384.

〔6〕 (明)陆深.金台纪闻及其他三种(燕闲录).上海:商务印书馆,1936:3.

精于宋人。"[1]陆、胡两人所说均以隋人费长房《历代三宝记》为依据。而费氏所指系雕像、撰经,并无雕造经版之意。所以近代学者主张始于唐代的较多,不过始于唐代何时,看法仍不一致。[2]

浙江的雕版印刷,至迟在唐代长庆四年(824)刻印白居易、元稹的诗作时已经开始。白居易于长庆二年至四年(822—824)任杭州刺史;元稹于长庆三年至大和三年(823—829)任浙东观察使、越州刺史。两人在长庆年间分别编有《白氏长庆集》和《元氏长庆集》。元稹长庆四年(824)在浙东观察使任上作《白氏长庆集序》说:"扬、越间多作书摹勒乐天及予杂诗,卖于市肆之中也。"[3]王国维在《两浙古刊本考序》中说:"夫刻石亦可云摹勒。而作书鬻卖,自非雕板不可,则唐之中叶,吾浙已有刊板矣。"[4]与其他地区比较,浙江是较早应用雕版印刷术的地区之一,也是最早雕印诗集的地区之一。雕版印刷术的发明与运用,克服了手工抄写费时费工、易出差漏的缺陷,使得书籍的大量出版成为可能,从而促进了科学文化的传播和发展。

三、造船与航海技术

隋唐时期,浙江仍然是全国造船业较发达的地区之一。无论是官营还是民营造船业,都很发达。《隋书·炀帝纪》记载,隋炀帝于大业元年(605)曾"遣黄门侍郎王弘、上仪同于士澄往江南采木,造龙舟、凤船、黄龙、赤舰、楼船等数万艘"[5]。这里所说的"江南",实际是指以今浙江地区为主的吴越地区。隋代吴越地区民间造船业之发达,甚至令统治集团为之恐惧。如开皇十八年(598)隋文帝鉴于吴越地区造船太多太大,因而下诏:"吴越之人,往承弊俗,所在之处,私造大船,因相聚结,致有侵害。其江南诸州,人间有船长三丈已上,悉括入官。"[6]但是这一措施也不能禁绝民间造船。例如大业九年(613)余杭刘元进起义兵败以后,其余众或降或散,"散者始欲入海为盗"[7],可见民间所拥有的船只仍然不少。

唐代,浙江的杭州、越州等地都是造船业发达之所。唐太宗为征伐高

〔1〕 (明)胡应麟.少室山房笔丛(甲部).北京:中华书局,1958:60.

〔2〕 潘吉星.中国科学技术史(造纸与印刷卷).北京:科学出版社,1998:298.

〔3〕 (唐)元稹.《白氏长庆集》序.见:元稹集(卷51).北京:中华书局,1973:555.

〔4〕 王国维.两浙古刊本考序.见:观堂集林.石家庄:河北教育出版社,2003:517.

〔5〕 (唐)魏徵.隋书(卷3).北京:中华书局,1973:63—64.

〔6〕 (唐)魏徵.隋书(卷2).北京:中华书局,1973:43.

〔7〕 (宋)司马光.资治通鉴(卷182).北京:中国当代出版社,2000:1359.

丽,贞观二十一年(647)敕宋州刺史王波利等一次就"发江南十二州工人造大船数百艘"[1]。这 12 州,据胡三省考证,为宣(今安徽宣城)、润(今江苏镇江)、常(今江苏常州)、苏(今江苏苏州)、湖(今浙江湖州)、杭(今浙江杭州)、越(今浙江绍兴)、台(今浙江临海)、婺(今浙江金华)、括(今浙江丽水)、江(今江西九江)、洪(今江西南昌)等,其中半数在今浙江境内。贞观二十二年(648),又"敕越州都督府及婺、洪等州造海船及双舫千一百艘"[2]。贞元(785—805)初年,韩滉出任浙东道观察使,又打造楼船 30 艘。"凡东南郡邑,无不通水。故天下货利,舟楫居多。……扬子、钱塘二江者,则乘两潮发棹,舟船之盛,尽于江西,编蒲为帆,大者或数十幅,自白沙溯流而上,常待东北风,谓之潮信。"[3]这些舟船多出自民间。此时浙江所打造的船只,主要有"舴艋""大船""双舫""楼船""海船"等内河船只和近海海船。此时独木舟仍在继续制作并使用,宁波和温州都出土过独木舟,温州仅一地就出土 4 条之多。[4]船多配帆,利用风力作为动力。

　　浙江古代的越族是一个航海民族,航海贸易早已有之,但是古代浙江航海贸易的勃兴,却是在唐代后期明州与日本间东海航线开辟以后。中日之间海上交往,大致始于汉时。其时,从中国到日本诸岛的航路,由辽东半岛出海,循朝鲜半岛海岸到达朝鲜半岛南端,再渡海到达日本诸岛;从日本来中国,则先渡海到朝鲜半岛,循海经辽东半岛,再从山东半岛登陆。

　　到了南北朝时期,由于北方战乱,南方相对比较安定,社会经济日益发展,日本与中国的海上交通也从北方转向南方长江下游口岸。《文献通考·四裔考》说:"倭人……其初通中国也,实自辽东而来……至六朝及宋,则多从南道浮海入贡及通互市之类,而不自北方。"[5]其所谓"南道",就是南朝时中日间新开辟的横渡黄海的航路,从日本难波津(今大阪附近)出发,经过难波津的外港务古水门(今兵库县东部一带),由此而西,经濑户内海,过穴门(关门海峡),到筑紫(今福冈县),然后经壹岐岛和对马岛到朝鲜半岛的百济,由百济横渡黄海到中国山东半岛登州,再沿海南下到长江口岸。继"南道"以后,到了 7 世纪后期,中日间又开辟了由日本九州南下,经夜久(屋久岛)、奄美(大岛)诸岛,而后横渡东海,到中国扬州或明州(今浙江宁波)登岸的东海航路。这条航线比黄海航线要短,但比黄海航路要险。

〔1〕(宋)司马光.资治通鉴(卷 198).北京:中国当代出版社,2000:1493.

〔2〕(宋)司马光.资治通鉴(卷 199).北京:中国当代出版社,2000:1496.

〔3〕(唐)李肇.唐国史补(卷下).北京:古典文学出版社,1957:62.

〔4〕金柏东.浙江温州市西山出土的唐代独木舟.考古,1990(12):1138—1139.

〔5〕(元)马端临.文献通考(卷 324).上海:商务印书馆,1936:2553—2554.

经过一个世纪的努力探索,到 8 世纪末,中、日之间在东海开辟了一条新的航路,这条航路由日本九州西北的值嘉岛(今平户岛和五岛列岛)向西横渡东海,到明州或扬州登陆。这条东海新航路比原来的东海航路更为便捷。

同时,中日两国的海员们已经懂得利用季风。中国东南部与日本之间存在的季风规律性很强,称为"信风"。一般在 7 月间东海洋面劲吹西南季风时由中国去往日本,8—9 月间劲吹东北季风时从日本前来中国。顺风时,一般只需 10 天便可到达,有时甚至 3—5 天即可到达。

唐代浙江与东南亚及阿拉伯半岛各地的海外贸易沿袭前代南海航线,即从浙江沿海港出发,傍海南下,转由广州而达各地。阿拉伯半岛及东南亚各地的商贾亦循南海航路经广州而达浙江沿海港口。这条从汉代以来一直保持的航路,在隋唐时期有了进一步的发展。宝庆《四明志》记载,这些"海外杂国,时候风潮,贾舶交至"[1],为中国带来许多种货物。9 世纪的阿拉伯旅行家伊木·郭大贝在他的《省道志》中,对于由波斯到中国各地港的航程及见闻有详细描述,书中所提到"越府",为当时的明州(余姚郡),即今浙江宁波。[2]

唐代浙江的海外贸易物主要为丝织品和瓷器。除了经由广州、泉州、广陵等地转运海外之外,直接由杭州、明州、温州等地出海的也不少。从杭州等地输出的丝织品,深受日本等国人民的欢迎。现存日本正仓院的中国古代丝织品中,就有不少唐代珍品。日本人把往返于中日之间的中国海船和由中国输入的丝织服饰,称为"唐船""吴服"。可见唐代江南地区(包括浙江)丝绸外销的影响之大。瓷器更是出口的大宗商品。如 1973 年至 1975 年间,宁波和义路唐代海运码头遗址曾出土了 700 多件唐代瓷器,其中越窑产品最多,长沙窑产品次之。[3] 这些瓷器都没有被使用过的痕迹,应是准备外销的商品。1978 年至 1979 年,宁波东门口码头遗址又出土了一批精美的晚唐越窑青瓷。[4] 这些瓷器同样也是准备外运的商品。越窑青瓷在海外销售地域相当广泛,朝鲜、日本、马来西亚的沙捞越河河口和伊朗的内沙布乐、印度的阿里卡美都、巴基斯坦的班波尔等地都有晚唐的越窑青瓷发现。

〔1〕(宋)罗濬.宝庆《四明志》(卷 6).见:宋元浙江方志集成(第 7 册).杭州:杭州出版社,2009:3197.

〔2〕[日]木宫泰彦著,胡锡年译.日中文化交流史.北京:商务印书馆,1980:93.

〔3〕林士民.浙江宁波市出土一批唐代瓷器.文物,1976(7):60—61.

〔4〕林士民.宁波东门口码头遗址发掘报告.见:浙江省文物考古所学刊.北京:文物出版社,1981:105—129.

唐代后期,陆上"丝绸之路"由于政治形势的变化而遭到梗阻以后,海上贸易越来越显得重要。有人因此而称中国通往海外各国的道路为"海上丝绸之路"或"海上陶瓷之路"。

第四节 陈藏器与《本草拾遗》

中国古代药物类的书籍多称本草。《说文解字》说:"药,治病草也。"众多的本草典籍中,明代李时珍的《本草纲目》无疑是集大成之作。《本草纲目》的蓝本,是宋代唐慎微的《证类本草》,而《证类本草》参考和引用了《本草拾遗》的诸多内容。李时珍在评价陈藏器时说:"其所著述,博极群书,精核物类,订绳谬误,搜罗幽隐,自《本草》以来,一人而已。"[1]清人全祖望说:"陈藏器,唐开元中人也,著有《本草拾遗》,是为四明医学之初祖。"[2]近人称赞陈藏器是"八世纪伟大的药物学家"[3]。

一、陈藏器其人及著述

尽管陈藏器的《本草拾遗》在唐、宋时期的图书目录中屡见记载,其许多内容也被《嘉祐本草》《证类本草》《本草纲目》等后代本草典籍所引用,但有关陈藏器生平的记载几乎阙如,以至于我们已无法了解陈藏器的生卒年代及生平等基本情况。记述相对详细的,首推李时珍在《本草纲目》中介绍《本草拾遗》时的一小段叙述:

> 《本草拾遗》,禹锡曰:唐开元中三原县尉陈藏器撰。以《神农本经》虽有陶、苏补集之说,然遗沉尚多,故别为序例一卷,拾遗六卷,解纷三卷,总曰《本草拾遗》。时珍曰:藏器,四明人。其所著述,博极群书,精核物类,订绳谬误,搜罗幽隐,自《本草》以来一人而已。肤谫之士,不察其该详,惟诮其僻怪。宋人亦多删削。岂知天地品物无穷,古今隐显亦异,用舍有时,名称或变,岂可以一隅之见,而遽讥多闻哉。如辟虺雷、海马、胡豆之类,皆隐于昔而用于今,仰天皮、灯花、败扇之类,皆万家所

〔1〕 (明)李时珍.本草纲目(卷1),北京:人民卫生出版社,1977:5.
〔2〕 (清)全祖望.鲒埼亭集外编(卷47).上海:商务印书馆,1942:1396.
〔3〕 [美]爱德华·谢弗著,吴玉贵译.唐代的外来文明.北京:中国社会科学出版社,1995:157.

用者。若非此书收载，何从稽考？此本草之书，所以不厌详悉也。[1]

这里，李时珍为我们提供了这样几点信息：其一，陈藏器是唐代人，开元年间(713—741)曾任京兆府(今陕西西安)三原县尉[2]。其二，陈藏器为四明(今浙江宁波)人。其三，陈藏器在唐开元年间撰成《本草拾遗》10卷，其中序例1卷，拾遗6卷，解纷3卷。

这几乎是我们现在所知的有关陈藏器的所有信息，其他文献记载大多没有超出这一范围。如：欧阳修《新唐书》记载，陈藏器"开元中人"[3]。张杲《医说》说："开元间，明州人陈藏器撰《本草拾遗》。"[4]徐光启《农政全书》说："陈藏器，唐人也。"[5]只有极少数文献对上述信息有所补充。钱易在《南部新书》中有这样的记述："开元二十七年，明州人陈藏器撰《本草拾遗》。"[6]王钦若在《册府元龟》中说："开元末，有明州域门山里人陈藏器著《本草拾遗》。"[7]钱易将"开元年间"明确为"开元二十七年"，王钦若则在"明州人"之后加上了"域门山里人"。开元二十七年，即公元739年，"域门山里人"不知具体何指。近人所著《浙江医人考》将陈藏器生卒年定为"武后垂拱三年丁亥(687)——肃宗至德二年丁酉(757)"[8]，但没有注明具体理由，疑参考了清雍正《宁波府志》。

清雍正《宁波府志》中有陈藏器小传，但解释说："宝庆、延祐、至正、成化、嘉靖诸志，皆无藏器传，惟简要志有之，又不详其事，故其遗事无所考。今传所云乃胡安定《贤惠录》所载，见黄训导溥《闲中今古录》。"[9]清雍正《宁波府志》也承认"其遗事无所考"，其录《贤惠录》的内容是否可信，尚待考证。

根据现有的文献，尤其是宋、明时期文献的记载，我们只能得出这样的初步结论：陈藏器是生活在唐代开元(713—741)前后的四明(今浙江宁波)人，曾任京兆府(今陕西西安)三原县尉，撰有《本草拾遗》10卷。

---

〔1〕　(明)李时珍.本草纲目(卷1),北京：人民卫生出版社,1977：5.

〔2〕　掌禹锡所言的原文为"唐开元中京兆府三原县尉陈藏器撰"，李时珍引用时少了"京兆府"三字。

〔3〕　(宋)欧阳修.新唐书(卷59).北京：中华书局,1975：1571.

〔4〕　(宋)张杲.医说(卷4).上海：上海科学技术出版社,1984：326.

〔5〕　(明)徐光启.农政全书(卷38).北京：中华书局,1956：777.

〔6〕　(宋)钱易.南部新书(卷8).北京：中华书局,1958：88.

〔7〕　(宋)王钦若.册府元龟(卷140).北京：中华书局,1960：1694.

〔8〕　刘时觉.浙江医人考.北京：人民卫生出版社,2014：20.

〔9〕　宁波市地方志编纂委员会.清代宁波府志8·雍正宁波府志(卷31).宁波：宁波出版社,2014：5842.

《本草拾遗》的成书年代,除了钱易在《南部新书》中明确定在"开元二十七年",以及王钦若在《册府元龟》中定在"开元末"之外,其他文献的记述均较笼统,大多说《本草拾遗》是陈藏器在"开元年间"所著,有的甚至只记"唐人陈藏器撰"。《本草拾遗》中有"骨碎补"一条,称骨碎补"本名猴姜。开元皇帝以其主伤折、补骨碎,故作此名耳"[1]。这里提到"开元皇帝"。由此看来,《本草拾遗》成书于开元二十七年(739)或开元末是可信的。此时,上距苏敬等人编修《新修本草》颁行刚过80年。

《本草拾遗》撰成后,流传颇广。唐宋时期的一些图书目录均收录有《本草拾遗》。《太平御览》《开宝本草》《嘉祐本草》《本草图经》《证类本草》等都相继参考并引用了《本草拾遗》的一些内容。南唐陈士良还将《神农本草经》《新修本草》《本草拾遗》等著述中有关饮食的药物加以分类整理,附以己见,撰成《食性本草》10卷。相当于中国五代时期,日本医家原顺所撰的《和名类聚抄》和丹波康赖所撰的《医心方》,也引用过《本草拾遗》的内容。这说明,《本草拾遗》于唐宋时期在国内外颇为流行。可惜后来散失。好在《本草拾遗》的不少内容被后世本草所引录,使我们得以了解《本草拾遗》之大概。今人尚志钧有辑本《〈本草拾遗〉辑释》[2]出版。

《本草拾遗》的卷目与内容,按掌禹锡的记述,有"序例一卷,拾遗六卷,解纷三卷,总曰《本草拾遗》,共十卷"[3]。其他文献亦均记《本草拾遗》共10卷,如:王尧臣《崇文总目》:"《本草拾遗》十卷,陈藏器撰。"[4]焦竑《国史经籍志》:"《本草拾遗》十卷,陈藏器撰。"[5]嵇曾筠《(雍正)浙江通志》:"拾遗六卷,序例一卷,解纷三卷,陈藏器撰。"[6]这就是说,《本草拾遗》共10卷,其内容包括"序例"1卷,"拾遗"6卷,"解纷"3卷。

"序例"的具体内容已不详。《证类本草》引用的"说药之大体""论五方之气"等内容,应出自《本草拾遗》的"序例"。在"说药之大体"中,涉及著名的"十剂"说。

关于"十剂"说,我们将在下文专门阐述。这里首先看一下"论五方之气"的内容:

> 凡五方之气,俱能损人,人生其中,即随气受疾。虽习成其性,亦各

〔1〕(宋)唐慎微.证类本草(卷11).北京:华夏出版社,1993:322.

〔2〕尚志钧.《本草拾遗》辑释.合肥:安徽科学技术出版社,2002.

〔3〕(宋)唐慎微.证类本草(卷1).北京:华夏出版社,1993:20.

〔4〕(宋)王尧臣.崇文总目(卷3).北京:中华书局,1985:197.

〔5〕(明)焦竑.国史经籍志(卷4).北京:中华书局,1985:211.

〔6〕(清)嵇曾筠.浙江通志(卷247).上海:商务印书馆,1934:4207.

有所资,乃天生万物以与人,亦人穷急以致物。今岭南多毒,足解毒药
之物,即金蛇、白药之属是也。江湖多气,足破气之物,即姜、橘、吴茱萸
之属是也。寒温不节,足疗温之药,即柴胡、麻黄之属是也。凉气多风,
足理风之物,即防风、独活之属是也。湿气多痹,足主痹之物,即鱼、鳖、
螺、蚬之属是也。阴气多血,足主血之物,即地锦、石血之属是也。岭气
多瘴,足主瘴之物,即常山、盐麸、倍醋之属是也。石气多毒,足主毒之
物,即犀角、麝香、羚羊角之属是也。水气多痢,足主痢之物,即黄连、黄
檗之属是也。野气多蛊,足主蛊之物,即蘘荷、茜根之属是也。沙气多
狐,足主短狐之物,即鸀鸟、鸂鶒之属是也。大略如此,各随所生。中央
气交,兼有诸病,故医人之疗,亦随方之能;若易地而居,即致乖舛矣。
故古方或多补养,或多导泄,或众味,或单行。补养即去风,导泄即去
气,众味则贵要,单行乃贫下。岂前贤之偏有所好,或复用不遂其
宜耳。[1]

在此,陈藏器表达了这样一个观点:"五方之气能损人,天生万物以与
人。"意思是说,各地气有不同,病也有不同。气可伤人,但气又孕育相应的
治病之物。这一说法,颇有"一方之地既出一方之病,也产一方之药"的意
思,其中蕴含的道理是十分深刻的。

《本草拾遗》开"本草拾遗"之先河。[2]"拾遗"的内容显然针对的是《新
修本草》,即对《新修本草》的补充。掌禹锡说"《神农本经》虽有陶、苏补集之
说,然遗沉尚多"。陶弘景的《本草经集注》因时代久远,且内容相对简略,其
"遗沉尚多"在情理之中。而苏敬等人所编撰的《新修本草》距陈藏器撰《本
草拾遗》尚不及百年,是当时最流行的本草著述,称其"遗沉尚多"似乎不好
理解。

其实,唐代的本草学发展神速,虽然从《新修本草》到《本草拾遗》只有短
短的数十年,但本草学进展颇大。这一点从《本草拾遗》对《新修本草》的补
充中,便可见一斑。《证类本草》等著述引用《本草拾遗》药物近 630 种,而这
些药物均不见于《新修本草》。在"拾遗"中,陈藏器对收录的每一种药物,均
详述其药名、性味、毒性、药效、主治、产地、性状、采制以及禁忌等。

例如:

瓶香,谨按陈藏器云:生海山谷,草之状也。味寒,无毒。主天行时

〔1〕 (宋)唐慎微.证类本草(卷 1).北京:华夏出版社,1993:19.
〔2〕 廖育群,傅芳等.中国科学技术史(医学卷),北京:科学出版社,1998:260.

气,鬼魅邪精等。宜烧之。又于水煮,善洗水肿浮气。与土姜、芥子等煎浴汤,治风疟,甚验也。[1]

在此,陈藏器对瓶香的记述颇详。

又如:

> 钗子股,谨按陈氏云:生岭南及南海诸山。每茎三十根,状似细辛,味苦,平,无毒。主解毒痈疽,神验。忠、万州者佳。草茎功力相似,以水煎服。缘岭南多毒,家家贮之。[2]

同样,陈藏器对钗子股的形态、性味、药效、用法等都做了说明。

"解纷"针对的不仅是《新修本草》,还包括其他本草著述,即对旧本草中所存在的药物品种纷乱状况予以纠正。《证类本草》等文献引用《本草拾遗》"解纷"所及的药物有近270种,陈藏器着重对这些形态、药名相似,药效、主治却不同的药物,进行了细致的辨析,纠正了旧本草的错误。

例如:

> 藏器解纷云:蒁味苦,色青;姜黄味辛,温,色黄;郁金味苦,寒,色赤,主马热病。三物不同,所用全别。[3]

旧本草中蒁、姜黄、郁金往往在名称上互称,在治疗上互用。陈藏器则特别强调了蒁、姜黄、郁金"三物不同,所用全别"。

又如:

> 今按陈藏器本草云:菌桂、牡桂、桂心,以上三色并同是一物。按桂林、桂岭,因桂为名,今之所生,不离此郡。从岭以南际海尽有桂树,惟柳、象州最多。味既辛烈,皮又厚坚,土人所采厚者必嫩,薄者必老。以老薄者为一色,以厚嫩者为一色。嫩既辛香,兼又筒卷。老必味淡,自然板薄。板薄者,即牡桂也,以老大而名焉。筒卷者,即菌桂也,以嫩而易卷。古方有筒桂,字似菌字,后人误而书之,习而成俗,至于书传,亦复因循。桂心即是削除皮上甲错,取其近里辛而有味。[4]

与将不同的蒁、姜黄、郁金视为一物刚好相反,旧本草常常将"同是一物"的菌桂、牡桂、桂心视为三物。对此,陈藏器给予了纠正,并且指出,旧本

[1] (宋)唐慎微.证类本草(卷10).北京:华夏出版社,1993:300.
[2] (宋)唐慎微.证类本草(卷10).北京:华夏出版社,1993:300.
[3] (宋)唐慎微.证类本草(卷9).北京:华夏出版社,1993:259.
[4] (宋)唐慎微.证类本草(卷12).北京:华夏出版社,1993:339.

草中的筒桂实为菌桂之误书。

二、《本草拾遗》的主要特点与贡献

据统计,《海药本草》引《本草拾遗》药物 2 种,《开宝本草》引 64 种,《嘉祐本草》引 59 种,《证类本草》引 488 种,《医心方》引 25 种。剔除重复,共计628 种。[1] 明代李时珍《本草纲目》共收录药物 1892 种,而采自《本草拾遗》的达 368 种,约占其收录药物总数的 1/5,其中:

> 草部六十八种、谷部一十一种、菜部一十三种、果部二十种、木部三十九种、服器部三十四种、火部一种、水部二十六种、土部二十八种、金石部一十七种、虫部二十四种、介部一十种、鳞部二十八种、禽部二十六种、兽部一十五种、人部八种。[2]

虽然有学者认为,上述李时珍所说的引录数可能有误,但仍承认所引《本草拾遗》药物数冠于《本草纲目》所引 28 家本草之首。

尽管目前已无法了解《本草拾遗》的全貌,但从《证类本草》《本草纲目》等文献的引用中,我们仍可体察到,陈藏器的《本草拾遗》是对中国古代医药学发展状况的又一次重要总结。

(一)《本草拾遗》主要特点

说《本草拾遗》是对古代医药学发展的又一次重要总结,这一点在《本草拾遗》的特点中也有所体现。稍加概括,我们认为《本草拾遗》的特点至少有以下三个方面。

第一,参阅资料广泛。

为达到"拾遗""解纷"的目的,陈藏器搜罗、参阅了大量文献资料。仅据《证类本草》所录"陈藏器云"条统计分析,《本草拾遗》至少参考了 116 种文献[3],涉及史书、地志、杂记、医方等多类文献资料。

如:在假苏条,陈藏器说:

> 一名姜芥,即今之荆芥是也,姜、荆语讹耳。按张鼎《食疗》云:荆芥一名析蓂。《本经》既有荆芥,又有析蓂,如此二种,定非一物。折蓂是

---

〔1〕 尚志钧.《本草拾遗》的研探.皖南医学院学报,1987(3):38—40.

〔2〕 (明)李时珍.本草纲目(卷1),北京:人民卫生出版社,1977:41—42.

〔3〕 尚志钧.《本草拾遗》的研探.皖南医学院学报,1987(3):38—40.

大荠,大荠是葶苈子,陶、苏大误,与假苏又不同,张鼎亦误尔。荆芥本功外,去邪,除劳渴,主丁肿,出汗,除风冷,煮汁服之。杵和酢傅丁肿。新注云:产后中风,身强直,取末,酒和服,差。[1]

仅此一项,陈藏器就提到了多位医家和多种文献,包括《神农本草经》、陶弘景的《本草经集注》、苏敬的《新修本草》、张鼎的《食疗本草》等,其中张鼎《食疗本草》成书于开元年间,为《本草拾遗》同时代作品。

第二,收录内容丰富。

《本草拾遗》分"序例""拾遗""解纷"三部分,兼顾药学理论和实际应用,内容颇为丰富。与其他本草著述相比,《本草拾遗》收录的药物也以本土药物为主,但对域外药物,陈藏器似乎给予了更多的关注。

如原产于东南亚一带的香料"迦拘勒",陈藏器首次将其收录为本草药物,并称之为"肉豆蔻"。

肉豆蔻,味辛、温、无毒。主鬼气,温中,治积冷、心腹胀痛、霍乱中恶、冷疰、呕沫冷气,消食止泄,小儿乳霍。其形圆小,皮紫紧薄,中肉辛辣。生胡国,胡名迦拘勒。[2]

此类域外药物,在《本草拾遗》中占了很大的比例。朝鲜产的白附子、海松子、玄胡索、蓝藤根等,从越南传入的黎勒、丁香、苏方木、白茅香等,产于西域、中亚的胡豆、突厥雀等,《本草拾遗》均加以收录。正如李时珍所言,《本草拾遗》"搜罗幽隐","不厌详悉",为后人留下了珍贵的资料。

第三,重视考察实践。

陈藏器参考前人多种著述,但不迷信古人之说,而是通过考察实践加以印证。

如:《神农本草经》说"柳花,一名柳絮";陶弘景也说:"柳,即今水杨柳也,花熟,随风状如飞雪。"[3]这里,陶弘景将柳絮等同于柳花。陈藏器通过实地观察,发现柳絮非柳花。他说:

柳絮,《本经》以絮为花,花即初发时黄蕊。子为飞絮,以絮为花,其误甚矣。江东人通名杨柳,北人都不言杨。杨树叶短,柳树枝长。[4]

〔1〕 (宋)唐慎微.证类本草(卷28).北京:华夏出版社,1993:620.

〔2〕 (宋)唐慎微.证类本草(卷9).北京:华夏出版社,1993:263.

〔3〕 (宋)唐慎微.证类本草(卷14).北京:华夏出版社,1993:406

〔4〕 (宋)唐慎微.证类本草(卷14).北京:华夏出版社,1993:406.

又如："黍米及糯,饲小猫、犬,令脚屈不能行。"[1]这一结论,显然是陈藏器长期的实验观察结果。

(二)《本草拾遗》主要贡献

在《本草拾遗》中,陈藏器既吸收了历代医药成就,尤其是民间的医药经验,又基于医学实践与观察,因此无论是在医药理论还是在临床应用方面,都有自己的创见。《本草拾遗》对医药学的贡献是多方面的,概而言之,最突出的有以下三个方面。

第一,充实了药物学的宝库。

陈藏器著录药物不守成规,以开放的心胸去容纳一切,开拓了药物学的知识宝库。

一是药物搜罗区域广阔。《本草拾遗》中著录的药物,从产地看,既达滨海,又入内陆,除了汉族地区外,还收录了大量少数民族地区的传统药物,如壮族地区著名解毒药,苍梧陈家白药和龚州甘家白药等;许多产自岭南地区的药物,如鸡候菜、含水藤、赤翅蜂等;当然陈藏器也没有漏略家乡的特产药物,如孟娘菜、筋子根等。

此外,《本草拾遗》还大量收罗了海洋生物,如鱼类、蛏类等,其中蛏类入药为唐代始见,这标志着中国海洋类药物开发在深度和广度上均有所深化。

二是充分关注外来药物。唐时,外来药物通过各种渠道大量涌入中土。陈藏器十分关注这些奇方异药的特性,并进行了较为详细的记录。

如当时有一种属于球茎甘蓝的欧洲植物,经西域、吐蕃、河西走廊的通道流传到中原,陈藏器将这种植物称为"甘蓝"或"西土蓝",并将这种阔叶型蔬菜作为一种能够"益心力、壮筋骨"的外来药物来介绍。

陈藏器还首次将出产于西域的"刺蜜"纳入药物的范畴。《隋书·高昌传》说高昌"有草名为羊刺,其上生蜜,而味甚佳"[2],指的就是刺蜜。唐时改高昌为西州,以刺蜜作贡品。陈藏器说:"刺蜜,味甘、无毒。主骨热,痰嗽,痢暴下血,开胃,止渴除烦。生交河沙中,草头有刺,上有毛,毛中生蜜,一名草蜜。胡人呼为给勃罗。"[3]西方和阿拉伯人称这种甜汁为 manna,梵语作 amrta。"给勃罗"应该是波斯语 tarangubin 的音译。

陈藏器还记述了出自佛逝国(苏门答腊岛古国)的植物"阿勒勃","生佛

〔1〕 (宋)唐慎微.证类本草(卷 26).北京:华夏出版社,1993:597.

〔2〕 (唐)魏徵.隋书(卷 83).北京:中华书局,1973:1847.

〔3〕 (宋)唐慎微.证类本草(卷 7).北京:华夏出版社,1993:211.

逝国,似皂荚圆长,味甜好吃,一名婆罗门皂荚也"[1]。"阿勒勃"为梵文
"aragbadha"的音译,指的是山扁豆,乃是一种食药两用植物。

从古印度吐火罗国等传来的异药"质汗"含有桎、木蜜、松脂、甘草、地黄
和"热血"等成分,据陈藏器介绍,质汗药调入酒中,主治"金疮伤折,瘀血内
损,补筋肉,消恶血,下血气,女人产后诸血,结腹痛"[2]。

陈藏器还向人们推荐,用新罗国产的双壳软体动物担罗与食用紫菜昆
布做成羹,可以治疗"结气",这无疑是一种新罗方。这些,既反映了唐代中
外文明交流情况,又体现了陈藏器的开阔视野和气度。

三是重视"冷僻"药物的收集。这一点与《本草拾遗》的"搜罗幽隐"主旨
有关。正因为如此,自宋以来,有许多药家对《本草拾遗》所搜罗的药物中,
冷僻药物多而常用品较少的情况提出了非议。尤其是《本草拾遗》所记人肉
可以治赢疾,开后世割肉疗亲的恶例(虽非始作俑者,但影响极坏),受到历
代医家的一致批评,从而也影响到对陈藏器以及《本草拾遗》的评价。

其实,陈藏器的"搜罗幽隐"是相对的,当时是冷僻的药物,后世未必冷
僻;在一地是冷僻药物,到另一地有可能成为常用药物。即使真属冷僻药,
那也是人类探索实践的真实记录。对此,李时珍给予了公允的评价:

> 如辟虺雷、海马、胡豆之类,皆隐于昔而用于今,仰天皮、灯花、败扇
> 之类,皆万家所用者。若非此书收载,何从稽考?此本草之书,所以不
> 厌详悉也。[3]

确实,陈藏器并不是一味地搜奇,他增补的药品不少成了后世的日用
药。如由陈藏器最早著录的延胡索,后来就成为理气止痛、活血化瘀的常用
药。还有以蚂蚁入药也始自《本草拾遗》,该书记有独角蚁的形态及其治疗
作用。他还最早记载了苦丁茶(包括皋卢、枸骨叶)的药用功效。至于他对
葫芦科植物合子草的形态、药用和性味功效的记载,也是开药物先河的。也
就是说,一些日常生活中常见,根本想不到它们可能是药物的物品,经陈藏
器记述,才为后世所普遍遵用。

四是纠正前人记载之失。陈藏器在纠正前人本草著录的失误方面也卓
有贡献。关于药性,举例如下。

如:接骨木,曾普遍认为无毒,而陈藏器指出:"接骨木,有小毒。根皮主
痰饮,下水肿及痰疟。煮服之,当痢下及吐,不可多服。叶主疟。小儿服三

---

〔1〕 (宋)唐慎微. 证类本草(卷12). 北京:华夏出版社,1993:369.

〔2〕 (宋)唐慎微. 证类本草(卷11). 北京:华夏出版社,1993:335.

〔3〕 (明)李时珍. 本草纲目(卷1). 北京:人民卫生出版社,1977:5.

叶,大人服七叶,并生捣绞汁服,得吐为度。《本经》云:无毒误也。"[1]

又如:姜黄,以前认为其性寒,而陈藏器指出:"姜黄真者,是经种三年以上老姜,能生花。花在根际,一如襄荷。根节紧硬,气味辛辣。种姜处有之,终是难得。性热不冷,《本经》云寒,误也。"[2]这些认识,均为后世的临床应用所接受。

对于药物的品种,陈藏器也有精致辨识。

如:黄精,陈藏器指出:"黄精,陶云将钩吻相似,但一善一恶耳。按:钩吻即野葛之别名。若将野葛比黄精,则二物殊不相似,不知陶公凭何此说。其叶偏生,不对者为偏精,功用不如正精。"[3]在此,陈藏器纠正了陶弘景《本草经集注》中未辨黄精与钩吻两物之失误,并把黄精细分为"偏精"与"正精"两种。

又如:女萎,陈藏器也指出了苏恭将女萎、萎蕤分为两物的错误,肯定了陶弘景《本草经集注》记述的正确,并博引史书扼要地说明了该药物的性能、形状、特点与功用等。陈藏器还指出前人将菊科属植物泽兰与兰草相混的错误。

关于药物的作用,陈藏器也有不少新的见地。

如:食盐,陈藏器说:

> 按盐本功外,除风邪,吐下恶物,杀虫,明目,去皮肤风毒,调和腑脏,消宿物,令人壮健。人卒小便不通,炒盐纳脐中,即下。陶公以为损人,斯言不当。[4]

又如:升麻,陈藏器说:

> 陶云,人言升麻是落新妇根。非也,相似耳。解毒取叶作小儿浴汤,主惊。按:今人多呼小升麻为落新妇,功用同于升麻,亦大小有殊。[5]

第二,推动了临床医学的进展。

陈藏器通过医药实践及实验观察,提出了许多治疗疾病的新举措,促进了中国古代临床医学的进展。

---

〔1〕 (宋)唐慎微.证类本草(卷14).北京:华夏出版社,1993:423.

〔2〕 (宋)唐慎微.证类本草(卷9).北京:华夏出版社,1993:259.

〔3〕 (宋)唐慎微.证类本草(卷6).北京:华夏出版社,1993:145.

〔4〕 (宋)唐慎微.证类本草(卷4).北京:华夏出版社,1993:99.

〔5〕 (宋)唐慎微.证类本草(卷6).北京:华夏出版社,1993:166.

一是拓展药物临床应用新领域。

如:葛根,首载于《神农本草经》,其味甘辛、性平,唐代以前多用于解肌、调胃、止泻、止痢等,临床常用葛根汤和汁。陈藏器在《本草拾遗》中另辟新径,提出:

> 葛根,生者破血,合疮,堕胎,解酒毒,身热赤,酒黄,小便赤涩。可断谷不饥,根堪作粉。[1]

所谓"根堪作粉",系由葛根经水磨而澄取的淀粉入药,味甘性寒,其生津止渴的效力确较干葛根为优。自从陈藏器提出"根堪作粉"的新用法后,宋《开宝本草》便有了这样的记述:"作粉:止渴,利大小便,解酒,去烦热,压丹石,傅小儿热疮。捣汁饮,治小儿热痞。"[2]《本草纲目》则更明确地说葛根"作粉尤妙"[3]。此后,医家临床多用葛粉作清热除烦之用。

又如:乌贼,为重要的海洋药物资源,在汉代已入药,不过此时仅用其骨,南北朝始用其肉,而以其墨入药则始于唐代。陈藏器说:

> 乌贼鱼骨,主小儿痢下,细研为末,饮下之。亦主妇人血瘕,杀小虫并水中虫,投骨于井中,虫死。腹中墨,主血刺心痛,醋摩服之。海人云:昔秦王东游,弃算袋于海,化为此鱼。其形一如算袋,两带极长,墨犹在腹也。[4]

内服乌贼墨以"治血刺心痛",为陈藏器所始创。现代临床证明,乌贼墨确是一种良好的全身性止血药,对妇科、外科、内科等多种出血状况疗效显著,且无副作用。其作用机制是通过抑制纤溶酶活性,导致纤维蛋白溶解减少,从而促进凝血。

二是提出疾病治疗新方法。

陈藏器在《本草拾遗》中记载了不少物理疗法。

如:利用热砂,陈藏器说:

> 六月河中诸热砂,主风湿顽痹不仁,筋骨挛缩,脚疼冷风掣,瘫缓,血脉断绝。取干沙日曝令极热,伏坐其中,冷则更易之,取热彻通汗。然后随病进药,及食忌风冷劳役。[5]

〔1〕 (宋)唐慎微.证类本草(卷8).北京:华夏出版社,1993:216.

〔2〕 (明)李时珍.本草纲目(卷18).北京:人民卫生出版社,1979:1277.

〔3〕 (明)李时珍.本草纲目(卷18).北京:人民卫生出版社,1979:1277.

〔4〕 (宋)唐慎微.证类本草(卷21).北京:华夏出版社,1993:512.

〔5〕 (宋)唐慎微.证类本草(卷3).北京:华夏出版社,1993:91.

　　这种砂浴疗法，在当代民间仍有不少人在应用。他还特别强调了砂浴时，要"热彻通汗"，然后"随病进药"，且忌风冷、劳役等。这说明，陈藏器已懂得砂浴疗法配合药物及饮食补养对促使病人早日康复的意义。

　　陈藏器还采用化学方法治疗外科疾患。

　　如：利用草蒿灰，陈藏器说：

> 　　（草）蒿主鬼气尸疰伏连，妇人血气，腹内满及冷热久痢。秋冬用子，春夏用苗，并捣绞汁服。亦曝干为末，小便中服。如觉冷，用酒煮。又烧为灰，纸八、九重淋取汁，和石灰去息肉、黡子。[1]

　　草蒿烧为灰，"淋取汁，和石灰，去息肉、黡子"，这无疑是利用无机碱的腐蚀作用来治疗息肉的一种化学疗法。

　　又如：利用硫黄，陈藏器说：

> 　　硫磺主诸疮病，水亦宜然。水有硫磺臭，故应愈诸风冷为上。当其热处，大可燖猪羊。[2]

　　中国用温泉疗疾至晚在东汉已出现，陈藏器正确地将疮疡一类外科疾患作为温泉浴疗法的主要适应症。这种疗法，之后一直为古今医家所沿用。

　　三是推动动物的医学实验。

　　应该说，中国医学界的动物实验由来已久，如隋代巢元方《诸病源流论》中就有用动物检验古井中是否有毒的记载。陈藏器推动了动物实验的进一步发展，尝试用动物实验方法观察偏食副作用。他说：

> 　　糯米，性微寒，妊身与杂肉食之不利子，作糜食一斗，主消渴。久食之，令人身软。黍米及糯，饲小猫、犬，令脚屈不能行，缓人筋故也。又云稻穰，主黄病，身作金色，煮汁浸之。又稻谷芒，炒令黄，细研作末，酒服之。[3]

　　从"黍米及糯，饲小猫、犬，令脚屈不能行，缓人筋故也"中可看到，陈藏器其实已发现了现代人所称的维生素 B_1 缺乏症。这表明，陈藏器对营养性疾病的认识已经达到很高水平。

　　陈藏器还是中国动物药理实验的先驱。他说：

> 　　赤铜屑，主折伤，能焊人骨及六畜有损者。取细研酒中温服之，直

---

〔1〕　（宋）唐慎微.证类本草（卷10）.北京：华夏出版社，1993：288.

〔2〕　（宋）唐慎微.证类本草（卷5）.北京：华夏出版社，1993：141.

〔3〕　（宋）唐慎微.证类本草（卷26）.北京：华夏出版社，1993：597.

入骨损处,六畜死后,取骨视之,犹有焊痕。赤铜为佳,熟铜不堪。[1]

他给骨折受伤的六畜服用铜的化合物,通过解剖,验证铜对骨折的治疗功能,这大概是世界上最早的动物药理实验的记录。现代医学已经证明,服用含铜元素的药物,确有促进骨痂生长愈合的功效。

第三,丰富了药物和药剂分类理论。

陈藏器重视医药结合,强调分析病理,在此基础上提出著名的"十剂"说[2],极大地丰富了中药学药性理论。

所谓"十剂",即指宣、通、补、泻、轻、重、涩、滑、燥、湿,是中药学药性理论的基本内容之一。它的具体内容,最早见于陈藏器《本草拾遗》中:

> 诸药有宣、通、补、泄、轻、重、涩、滑、燥、湿,此十种者,是药之大体。而《本经》都不言之,后人亦所未述,遂令调合汤丸,有昧于此者。至如宣可去壅,即姜、橘之属是也。通可去滞,即通草、防己之属是也。补可去弱,即人参、羊肉之属是也。泄可去闭,即葶苈、大黄之属是也。轻可去实,即麻黄、葛根之属是也。重可去怯,即磁石、铁粉之属是也。涩可去脱,即牡蛎、龙骨之属是也。滑可去著,即冬葵、榆皮之属是也。燥可去湿,即桑白皮、赤小豆之属是也。湿可去枯,即紫石英、白石英之属是也。只如此体,皆有所属。凡用药者,审而详之,则靡所遗失矣。[3]

这里提到了"十剂"之实,但尚未有"十剂"之名,仅指"此十种者,是药之大体"。目前所见,在"十种"的每一种之后加上"剂"者,是宋代《圣济经》:

> 故郁而不散为壅,必宣剂以散之,如痞满不通之类是也。留而不行为滞,必通剂以行之,如水病痰癖之类是也。不足为弱,必补剂以扶之,如气弱形羸之类是也。有余为闭,必泄剂以逐之,如膜胀脾约之类是也。实则气壅,欲其扬也,如汗不发而腠密,邪气散而中蕴,轻剂所以扬之。怯则气浮,欲其镇也,如神失守而惊悸,气上厥而巅疾,重剂所以镇之。滑则气脱,欲其收也,如开肠洞泄,便溺遗失,涩剂所以收之。涩则气着,欲其利也,如乳难、内秘,滑剂所以利之。湿气淫胜,重满脾湿,燥剂所以除之。津耗为枯,五藏痿弱,荣卫涸流,湿剂所以润之。举此成法,变而通之,所以为治病之要也。[4]

---

〔1〕 (宋)唐慎微.证类本草(卷5).北京:华夏出版社,1993:128.

〔2〕 康兴军,辛智科.陕西中医药史话.西安:西安交通大学出版社,2016:52.

〔3〕 (宋)唐慎微.证类本草(卷1).北京:华夏出版社,1993:19.

〔4〕 (宋)赵佶.圣济经(卷10).北京:人民卫生出版社,1990:185—186.

　　而将"十种"改称为"十剂"的,应在宋金之际。成无己、刘完素等都说:"宣、通、补、泻、轻、重、涩、滑、燥、湿,是十剂也。"[1]由此可见,"十剂"之名在此时已开始流行。"十剂"中说:

　　　"宣可去壅",即用宣散、涌越之品,以治疗胸闷呕恶等壅塞之症;

　　　"通可去滞",即用通利之品,以治乳汁不通或湿滞脏腑经络等病症;

　　　"补可扶弱",即用补益之品,以治疗各种虚弱之症;

　　　"泄可去闭",即用开泄之品,以治腑实便秘、肺实气急等郁闭之症;

　　　"轻可去实",即用轻薄之品,以治外感六淫之邪,肌表无汗之症;

　　　"重可镇怯",即用重镇之品,以治心神浮越,惊悸不宁等神怯之症;

　　　"滑可去着",即用滑利通淋的药物,以治疗湿热凝结的热淋等症;

　　　"涩可固脱",即用涩敛之品,以治各种精津气血耗散滑脱之症;

　　　"燥可去湿",即用燥湿之品,以治水肿腹胀,小便不利等水湿之症;

　　　"湿可去枯",即用滋润之品,以治干咳无痰,口干舌燥,或肠燥便秘等津枯之症。[2]

　　由此可见,陈藏器所创立的"十剂",是按药物的性能并结合临床而分类的。中药学药性理论从《内经》的"七方"发展到《本草拾遗》的"十剂",无疑是一大进步。"十剂"在丰富了古代药物和药剂分类理论的同时,也为后世方剂学的发展奠定了基石。

　　需要指出的是,《证类本草》在引用"十剂"时,没有详细注明出处,而是在"臣禹锡等谨按:徐之才《药对》、孙思邈《千金方》、陈藏器《本草拾遗》序例如后"[3],录了四部分内容,其中第三部分为"十剂"。李时珍在修《本草纲目》时注意到这一点,略加考证,遂认定"十剂"出自北齐徐之才的《药对》。《本草纲目》说:

　　　徐之才曰:药有宣、通、补、泻、轻、重、涩、滑、燥、湿十种,是药之大体。而《本经》不言,后人未述。凡用药者,审而详之,则靡所遗失矣。[4]

　　鉴于李时珍及《本草纲目》在中医药历史上的权威性地位,其后很少有

〔1〕 (金)刘完素.素问病机气宜保命集(卷上).北京:中华书局,1985:20.

〔2〕 胡熙明.中医学问答题库方剂学分册.北京:中医古籍出版社,1988:3.

〔3〕 (宋)唐慎微.证类本草(卷1).北京:华夏出版社,1993:18.

〔4〕 (明)李时珍.本草纲目(卷1).北京:人民卫生出版社,1977:60.

医家再对此质疑,于是"十剂"出自北齐徐之才之《药对》似成定论。

然相当于清代时,日本医家丹波元坚对李时珍的这一看法提出了质疑。丹波元坚在其所著《药治通义》"功用大体"一节中,对《证类本草》所引"十剂"等内容做了详细讨论,认为:"其首节,《千金方》论处方,引《药对》,第二节至第九节,即千金文,仍知第十节,说药之大体,第十一节,论五方之气,即是陈氏所言,无可复疑。"后人的理解时有不同,"至《本草纲目》,则以首节为《拾遗》,以第十节为《药对》,其失在不捡《千金》。近世诸家,一踵《纲目》之陋,称以徐之才十剂"[1]。

今人尚志钧也考证,《证类本草》中有关"十剂"一段文字应该出于陈藏器。尚志钧认为,掌氏序例是按三家资料撰写而成,既然第一自然段出自徐之才《药对》,第二自然段出自孙思邈《千金方》,那么,这第三自然段自然应该是出自陈藏器《本草拾遗》了。同时,尚志钧针对"十剂"内容中有"铁粉"一药,其为《开宝本草》新增的药,而《唐本草》不收录,陈藏器《本草拾遗》在针砂条下首次提到铁粉,从而分析铁粉的出现似应在徐之才之后。而讲"通"的作用,也是从陈藏器《本草拾遗》开始记载的。从而佐证"十剂"之说"既不出于陶隐居,也不出于徐之才,而是出自陈藏器《本草拾遗》"[2]。

顺便提一下,除了李时珍的"十剂"出自《药对》说,宋代寇宗奭所提出的"十剂"出自"陶隐居"说,也颇具影响。寇宗奭称:

> 陶隐居云:药有宣、通、补、泻、轻、重、涩、滑、燥、湿。此十种今详之。惟寒、热二种,何独见遗?如寒可去热,大黄、朴硝之属是也;如热可去寒,附子、桂之属是也。今特补此二种,以尽厥旨。[3]

这里,寇宗奭将"十剂"归为陶隐居(陶弘景)所创。他本人补加"寒""热"二剂,乃成为后来的"十二剂"。大概是因为古文献断句上的原因,元代王好古在剖析上述寇宗奭这段文字时,误认为"寒""热"二剂为陶弘景所加[4],由此推断"十剂"在陶氏以前已出现[5]。

《证类本草》虽引用了"十剂"的内容,但没明确显示其出处,随后历代医家对此多有争议。我们认为,丹波元坚的推断较为合理,即宣、通、补、泻、

〔1〕 [日]丹波元坚等.伤寒广要·药治通义·救急选方·脉学辑要·医賸(药治通义卷11).北京:人民卫生出版社,1983:184.

〔2〕 尚志钧,刘大培.陶隐居所云"十剂"辨疑.中国医药学报,1993(2):61—62.

〔3〕 (宋)寇宗奭.本草衍义(卷1).北京:中华书局,1985:7.

〔4〕 (元)王好古.汤液本草(卷上).北京:中华书局,1991:39.

〔5〕 吕本强,赵素霞等."十剂"原始考.河南中医,2002(2):66—67.

轻、重、涩、滑、燥、湿"十剂",最早出自唐代陈藏器的《本草拾遗》。

在相当长一段时间里,陈藏器的杰出贡献并未得到应有的评价。宋人常常讥诮其搜罗僻怪。自李时珍在《本草纲目》中说陈藏器的著述"博极群书,精核物类"之后,情况才开始改变。随着时间的推移,《本草拾遗》的价值被更多地挖掘出来。美国人谢弗在《唐代的外来文明》一书中说:"陈藏器详细而又审慎地记录了唐代物质文化的许多方面的内容,这些记载虽然与医药没有直接的关系,但是对于我们来说,却有很高的价值。《本草拾遗》就是陈藏器撰写的一部伟大的著作。正如书名所表示的那样,这部著作是对保守的官方药物学著作的补充。到了宋代时,陈藏器的后辈们对《本草拾遗》中收录了那样多的非正统的资料而对他提出了尖锐的批评。但是在我们看来,这些资料中包含了许多中世纪初期刚刚开始使用的新的药物,所以具有重要的价值。"[1]这从另一视角看到了《本草拾遗》的价值。

第五节 窦叔蒙与《海涛志》

窦叔蒙的生平至今还是个谜,他只在《全唐文》中曾被冠以"浙东处士"的头衔,据此可知他是浙东人,生平经历尚待进一步考证。窦叔蒙对海洋潮汐的研究成果却是中国古代科学遗产中一项极为宝贵的财富。窦叔蒙不仅是中国古代第一位对海洋潮汐知识进行全面系统总结的科学家,而且也是世界上最早的"高低潮时推算图"[2]的创制者。

一、窦叔蒙其人及著述

由于文献记载的缺乏,目前无法详细了解窦叔蒙的生平情况。从有限的史料看,窦叔蒙是生活在唐代宝应、大历年间(762—779)一位浙东的读书人。主要依据有三。

一是宋代欧阳修《集古录》记载:"唐窦叔蒙《海涛志》,大历中。"[3]

二是清代董诰《全唐文》说:"(窦)叔蒙,大历中浙东处士。"[4]

〔1〕 [美]爱德华·谢弗著,吴玉贵译.唐代的外来文明.北京:中国社会科学出版社,1995:389.

〔2〕 徐渝.唐代潮汐学家窦叔蒙及其《海涛志》.历史研究,1978(6):63—67.

〔3〕 (宋)欧阳修.集古录跋尾(卷8).欧阳修集编年笺注(第7册).成都:巴蜀书社,2007:507.

〔4〕 (清)董诰.全唐文(卷440).北京:中华书局,1983:4494.

　　三是窦叔蒙在《海涛志》提到："自太初上元乙巳岁日南至甲子朔霄分七纬俱起北方,至唐宝应元年癸卯南至,积年七万九千三百七十九,积月九十八万七百八十七余八日,积日二千八百九十九万二千六百六十四,积涛五千六百二万一千九百四十四也。"[1]

　　这里给出了两个关键的信息,其一是窦叔蒙的生活时代,在唐代宝应元年癸卯(应为宝应二年)、大历中;其二是窦叔蒙的籍贯与身份,为浙东处士。

　　此外,还有一条史料可作补充。颜真卿在《湖州乌程县杼山妙喜寺碑铭》中说:"后进房夔、崔密、崔万、窦叔蒙、裴继,侄男超、岘,愚子颎、硕,往来登历。"[2]颜真卿是大历七年(772)被任命为湖州刺史的,次年,即大历八年(773)春到湖州任上,大历十二年(777)离任赴京,升任刑部尚书。《湖州乌程县杼山妙喜寺碑铭》撰成于大历九年(774)春,所记为大历八年(773)之事。这说明,窦叔蒙与颜真卿有交往,曾于大历八年(773)赴湖州。颜真卿在文中用了"后进"两字,并将窦叔蒙与其侄、子排列在一起,说明此时窦叔蒙尚年轻,年龄可能与颜真卿的儿辈相仿。如果这一推断误差不大,那么,窦叔蒙有可能生于唐天宝(742—756)初年。

　　大历八年(773)窦叔蒙赴湖州时,虽为"后进",但应该已有所成就。此时,《海涛志》可能已经完成。又据《海涛志》提到的"唐宝应元年癸卯"推测,窦叔蒙始撰《海涛志》应在宝应二年(763)或之后不久。

　　大概是过于专门化的缘故,窦叔蒙所撰的《海涛志》,似乎流传不广。较早介绍《海涛志》并给予较高评价的是宋代的欧阳修。欧阳修在《集古录》中说:

　　　　《海涛志》,窦叔蒙撰。其书六篇:一曰《海涛志》,二曰《涛历》,三曰《涛日时》,四曰《涛期》,五曰《朔望体象》,六曰《春秋仲月涨涛解》。余向在扬州得此志,甚爱之,张于座右之壁,冀于朝夕见也。已而夜为风雨所坏,其后求之,凡十五年,而复得斯本。以示京师好事者,皆云未尝见也。[3]

　　这里为我们提供了三方面信息:一是《海涛志》共分6篇,分别是"海涛志""涛历""涛日时""涛期""朔望体象"及"春秋仲月涨涛解";二是在宋代,《海涛志》尚存,但已十分难见;三是《海涛志》的价值开始为人们所重视,尤其是"张于座右之壁,冀于朝夕见也",足见欧阳修对此书的喜爱。

---

〔1〕 (清)俞思谦.海潮辑说(卷上).北京:中华书局,1985:2.

〔2〕 (唐)颜真卿.湖州乌程县杼山妙喜寺碑铭.见:全唐文(卷339).北京:中华书局,1983:3436.

〔3〕 (宋)欧阳修.集古录跋尾(卷8).见:欧阳修集编年笺注(第7册).成都:巴蜀书社,2007:507.

此后,宋代的陈思《宝刻丛编》、陈振孙《直斋书录解题》、潜说友《(咸淳)临安志》、王明清《挥尘录》、王象之《舆地纪胜》、王应麟《通鉴地理通释》、谢维新《事类备要》、徐兢《宣和奉使高丽图经》、郑樵《通志》、祝穆《事文类聚》等,元代的袁桷《四明志》等,明代的陈第《世善堂藏书目录》、焦竑《国史经籍志》、郎瑛《七修类稿》等,清代的董诰《全唐文》、方中履《古今释疑》、嵇曾筠《浙江通志》、俞思谦《海潮辑说》等,均对窦叔蒙的《海涛志》给予了关注。

在上述文献中,除了与欧阳修《集古录》一样记述《海涛志》为"六篇"外,还有将《海涛志》记为"一卷"的。如陈振孙《直斋书录解题》:"《海涛志》一卷,唐窦叔蒙撰。"[1]郑樵《通志》:"《海涛志》一卷,窦叔蒙撰。"[2]陈第《世善堂藏书目录》:"《海涛志》一卷,窦叔蒙。"[3]其书名除《海涛志》外,还有称为《海峤志》的。如潜说友《临安志》:"窦叔蒙《海峤志》以为水随月之盈亏。"[4]

《海涛志》的内容,欧阳修在《集古录》中只列了篇目,在《全唐文》中也只收其第一章,缺其余五章。好在清代俞思谦在《海潮辑说》中辑录了《海涛志》全文,我们得以了解这份难得资料的全貌。《海涛志》篇幅不长,现据《海潮辑说》,录文如下:

　　总论[5]:乃天地之本始,不知根菱孰先。盖自坯朴卵胎,并鼓于太素,地灵之推运,水德之经纬,则天之常数,与天并惊,探而究之,可得历数而计也。夫阴阳异仪而相违,以其相违,赖以相资。故天与地违德以相成,刚与柔违功以相致,男与女违性而同志。造化何营,盖自然耳。夫凝阴以结地,融阴以流水,钟而为海,派而为川。或配天守雌,或制火作牝。观其幽通潜运,非神谓何?是故潮汐作涛,必符于月。百川不息以经地理,犹三光不息,行健于天也。晦明牵于日,潮汐系于月,若烟自火,若影附形,有由然矣。地载乎下,群阴之所藏焉,月悬乎上,群阴之所系焉。太溟,水府也,百川之所会焉;北方,阴位焉,沧海之所归焉。天运晦明,日运朔望,错行以经,大顺小异,以合大同。夜明者,太阴之所主也。故为涨海源,月与海相推,海与月相期,苟非其时,不可强而致也。时至自来,不可抑而已也。虽谬小准,不违大信。故与之往复,与

〔1〕　(宋)陈振孙.直斋书录解题(卷8),北京:中华书局,1985:257.
〔2〕　(宋)郑樵.通志(卷66).北京:中华书局,1987:782.
〔3〕　(明)陈第.世善堂藏书目录(卷上).北京:中华书局,1985:30.
〔4〕　(宋)潜说友.咸淳《临安志》(卷31).见:宋元浙江方志集成(第2册).杭州:杭州出版社,2009:681.
〔5〕　"总论"两字为引者所加。

之盈虚,与之消息矣。

论涛数[1]:涛之潮汐,并月而生,日异月同,盖有常数矣。盈于朔望,消于朏魄,虚于上下弦,息于朓朒,轮回辐次,周而复始。自太初上元乙巳岁日南至甲子朔宵分七纬俱起北方,至唐宝应元年癸卯南至,积年七万九千三百七十九,积月九十八万七百八十七余八日,积日二千八百九十九万二千六百六十四,积涛五千六百二万一千九百四十四也。

论涛日时:涛时之法,图而列之。上致月朔朏上弦盈望虚下弦魄晦,以潮汐所生,斜而络之,以为定式。循环周始乃见其统体焉。亦其纲领也。

论涛期:甲之日乙之夜,日月差互,月差十三度,日差迟月,故涛不及期。一晦一明,再潮再汐,一朔一望,载盈载虚,一春一秋,再涨再缩,盖天一地二之通率也。天动地应,约为差率十三度,一寒一暑后岁期,是故,日至之期建子午,寒暑之大建丑未,月周之期极朔望,潮汐之期极朏魄。凡潮汐之期也,一日之期,期日中,在阴日加子,在阳日临午,盈虚之期也。一月之期,期月极,在阳期于朔,在阴期于晦,涨涛之期也。一岁之期,期河汉,在阳期析木,在阴期大梁。

论朔望体象:夫日以一致而月体盈亏,君臣之义斯在矣。月以有素而晦明殊质,将相之业斯分矣。月朔譬诸相,月望譬诸将。相朔以合,故附亲。将望以远,故分权。附亲故授其任,分权故专夜明。是故推日月知君臣,体朔望知将相。将相,臣之贵也,朔望,月之盛也,是乃潮大于朔望焉。

春秋仲涛涨解:二月之朔,日月合辰于降娄,日差月移,故后三日而月次大梁。二月之望,日在降娄,月次寿星,日差月移,故旬有八日而月临析木矣。八月之朔,日月合辰于寿星,日差月移,故后三日而月临析木之津。八月之望,月次降娄,日在寿星,日差月移,故旬有八日而月临大梁矣。仲月临之,季月经之,故三月九月抑其次也。夫析木,汉津也,大梁,河梁也,阴主经行,济于河汉,乃河王而海涨也。[2]

上述便是我们现在能见到的《海涛志》全部内容。俞思谦在录入《海涛志》时是否有删改,已不得而知。其中第一章内容与《全唐文》所录文字比较,只有个别文字出入。因此我们相信,俞思谦所录应为《海涛志》原文。此

---

[1] 欧阳修《集古录》中该章标题为"涛历"。参见:(宋)欧阳修.集古录跋尾(卷8).见:欧阳修集编年笺注(第7册).成都:巴蜀书社,2007:507.

[2] (清)俞思谦.海潮辑说(卷上).北京:中华书局,1985:2—3.

外,据王象之在《舆地碑记目》中的记载,《海涛志》曾上石。王象之说:"《海涛志》,《集古录》云:《海涛志》[1]《涛历》《涛日时》《涛期》《朔望体象》《春秋仲月涨涛解》,凡六篇,唐窦叔蒙撰。其说以月朒朏候涛汐之进退。并《窦氏涛日时疏》一篇,孟简撰,皆陶从心书,朱巨题额,不著刻石年月。在温州。"[2]不过,该刻石现不知所终。

二、《海涛志》的主要贡献及影响

如上所录,窦叔蒙的《海涛志》篇幅确实不长,约1100字,但所包含的信息量及价值却不小。窦叔蒙所提出的潮汐理论及潮汐推算方法,不仅代表了当时的最高水平,而且对后世潮汐研究产生了很大影响。

(一)《海涛志》的主要贡献

窦叔蒙《海涛志》的问世,标志着中国古代潮汐研究进入了一个新阶段。具体而言,《海涛志》对中国古代潮汐研究的重要贡献,至少有如下几个方面。

第一,对潮汐成因有了新的认识。

《海涛志》第一章"总论"中,继承和坚持了"元气自然论"。窦叔蒙开篇便说:

> (阴阳二气)乃天地之本始,不知根荄孰先。盖自坯朴卵胎,并鼓于太素,地灵之推运,水德之经纬,则天之常数,与天并惊,探而究之,可得历数而计也。[3]

窦叔蒙首先肯定,客观存在的"阴阳二气"同时"氤氲鼓荡"于宇宙形质开始形成的那个阶段(太素)里,宇宙间的事物变化,并不是神秘莫测,而是有规律可循。它们的规律可以通过细致的观察、探讨和研究,一一计算出来。用窦叔蒙的话说:"造化何营,盖自然耳。"潮汐也是如此,所以窦叔蒙说:

> 潮汐作涛,必符于月。百川不息以经地理,犹三光不息,行健于天

---

〔1〕 据欧阳修《集古录跋尾》补。参见:(宋)欧阳修.集古录跋尾(卷8).见:欧阳修集编年笺注(第7册).成都:巴蜀书社,2007:507.

〔2〕 (宋)王象之.舆地碑记目(卷1).北京:中华书局,1985:16.

〔3〕 (清)俞思谦.海潮辑说(卷上).北京:中华书局,1985:2.

也。晦明牵于日,潮汐系于月,若烟自火,若影附形,有由然矣。[1]

这里,窦叔蒙确信,潮汐、月亮两者之间存在一种必然的联系。他还进一步解释了潮汐、月亮两者之间的相互作用:

> 故为涨海源,月与海相推,海与月相期,苟非其时,不可强而致也。时至自来,不可抑而已也。[2]

在此,窦叔蒙十分清楚地说明了潮汐运动有其内在的客观规律性。

第二,发现了潮汐的周月不等现象。

在第二章"论涛数"中,窦叔蒙就一个朔望月里潮汐与月亮的对应变化,做了极为生动的描述:

> 涛之潮汐,并月而生,日异月同,盖有常数矣。盈于朔望,消于朏魄,虚于上下弦,息于朓朒,轮回辐次,周而复始。[3]

其意思是说:海洋的潮汐,是由于月亮运行的关系而形成的;每天的涨落时间不同而每月的潮汐却是相同的,有它的一定规律;当"朔"(农历初一)、"望"(农历十五)时,潮汐涨落最大;朔、望后三日开始减小;上、下弦(农历初七、初八和二十二、二十三日)时最小;朔、望前三日开始逐渐增大;如此轮回周转,周而复始。显然,这既是一种经验的总结,也是一种理论的阐发。

第三,对潮汐运动进行了定量计算。

在第二章"论潮数"中,窦叔蒙还给出了这样的数值:

> 自太初上元乙巳岁日南至甲子朔宵分七纬俱起北方,至唐宝应元年癸卯南至,积年七万九千三百七十九,积月九十八万七百八十七余八日,积日二千八百九十九万二千六百六十四,积涛五千六百二万一千九百四十四也。[4]

在此,窦叔蒙计算了自唐宝应二年(763)冬至,上推 79379 年冬至日之间的潮汐循环次数,得出"积日 28992664""积涛 56021944",即为这期间正规半日潮的循环次数。

如果我们以潮汐循环次数除以日数,便可以得出一个潮汐循环周期所需时间为 12 小时 25 分 14.02 秒,两次潮汐循环时间比一个太阳日多 50 分

[1] (清)俞思谦.海潮辑说(卷上).北京:中华书局,1985:2.
[2] (清)俞思谦.海潮辑说(卷上).北京:中华书局,1985:2.
[3] (清)俞思谦.海潮辑说(卷上).北京:中华书局,1985:2.
[4] (清)俞思谦.海潮辑说(卷上).北京:中华书局,1985:2.

28.04 秒,即推迟 50 分 28.04 秒。窦叔蒙给出的这个数值与现代的认识,正规半日潮每日推迟 50 分钟相差很小。

这里还可以看出,窦叔蒙实际上是根据潮汐和月亮同步的原则,利用天文方法推算太阴日的长度,即月亮两次到达上中天(或下中天)的时间间隔,并视为两个潮汐循环所需的时间——24 小时 50 分 28.04 秒(24.8411208 小时),它与现代所定一个太阴日为 24.8412024 小时,同样相差甚微。[1] 这表明,窦叔蒙对天文学也有相当深入的研究,否则他不可能将时间计算得如此精确。

第四,为一天之中的高、低潮时的推算创立了一种科学的图表法。

在第三章"论涛日时"中,窦叔蒙说:

> 涛时之法,图而列之。上致月朔、朒、上弦、盈、望、虚、下弦、魄、晦,以潮汐所生,斜而络之,以为定式。循环周始乃见其统体焉。亦其纲领也。[2]

这里所说的"涛时之法,图而列之"的图表,实际是一个具有纵横两轴的坐标系统。横轴上罗列月相的变化,代表一个月的日期;纵轴上标明时间,即时刻。若将某地实测的高、低潮时标入,然后将这些标点用斜线连接起来,便形成一个朔望月中的高、低潮时推算图。通过推算图,可以看到一个朔望月内高、低潮变化的整个情况。[3]

在潮汐学发展的早期,潮汐成因和潮时推算无疑都是相当难解的题目,而潮时推算与航运、农业生产等活动又有着更密切的关系,也是人们所最关心的课题。为了详解潮时推算方法,窦叔蒙才有潮汐推算图之作。窦叔蒙是浙东人,根据浙江沿岸正规半日潮的性质,不难知晓这种用非调合常数方法编制的图表,是相当实用的。

第五,论述了潮汐变化的周期性。

在第四章"论涛期"中,窦叔蒙说:

> 一晦一明,再潮再汐,一朔一望,载盈载虚,一春一秋,再涨再缩,盖天一地二之通率也。天动地应,约为差率十三度,一寒一暑后岁期,是故,日至之期建子午,寒暑之大建丑未,月周之期极朔望,潮汐之期极朒魄。凡潮汐之期也,一日之期,期日中,在阴日加子,在阳日临午,盈虚

---

〔1〕　徐渝.唐代潮汐学家窦叔蒙及其《海涛志》.历史研究,1978(6):63—67.

〔2〕　(清)俞思谦.海潮辑说(卷上).北京:中华书局,1985:2.

〔3〕　艾素珍.开创性的潮时推算图——唐窦叔蒙《涛时图》.文史知识,1995(5):35—38.

之期也。一月之期,期月极,在阳期于朔,在阴期于晦,涨涛之期也。一岁之期,期河汉,在阳期析木,在阴期大梁。[1]

这里窦叔蒙正确指出了"一晦一明,再潮再汐",即一天之内,有两次潮汐循环;"一朔一望,载盈载虚",即一朔望月之内,有两次大潮和两次小潮;"一春一秋,再涨再缩",即一年之内,也有两个大、小潮期。由此,窦叔蒙比较完整地阐明了正规半日潮的一般规律。为了统一度量,对潮汐变化周期日、月、年的标准尺度,窦叔蒙还做了如下规定。

一日:"一日之期,期日中,在阴日加子,在阳日临午。"太阳从阴半日的子位(下中天)或阳半日的午位(上中天)算起,又回到原来的起点"子"或"午"位,这一段时间为一日,即一个太阳日。

一月:"一月之期,期月极,在阳期于朔,在阴期于晦。"自阳半月的朔至阴半月的晦,从阴历初一至月末最后一天,大尽为三十日,小尽为二十九日,这段时间为一个月,即一个朔望月。

一年:"一岁之期,期河汉,在阳期析木,在阴期大梁。"一年取决于银河在天穹的位置,上半年视析木与银河的位置,下半年视大梁与银河的位置,亦即一个回归年为一年。

第六,对在一个回归年内阴历二月八日出现大潮问题做了进一步阐发。

在第六章"春秋仲涛解"中,窦叔蒙说:

二月之朔,日月合辰于降娄,日差月移,故后三日而月次大梁。二月之望,日在降娄,月次寿星,日差月移,故旬有八日而月临析木矣。八月之朔,日月合辰于寿星,日差月移,故后三日而月临析木之津。八月之望,月次降娄,日在寿星,日差月移,故旬有八日而月临大梁矣。[2]

这里窦叔蒙论述的是"分点潮"所发生的时间。在一个回归年里,阴历仲春二月的朔日,日月相会于"降娄戌宫"(相当于白羊宫),即天球的春分点附近,月亮运行三天,(按日行一度,月行十三度有奇计算),二月初三日到达"大梁酉宫"(相当于金牛宫)。二月的望日,太阳仍在"降娄戌宫",月亮却已到达"寿星辰宫"(相当于天秤宫),恰恰与太阳遥遥相对,便是"望"。从初一日算起,经过了十八天,月亮到达"析木寅宫"(相当于人马宫)。这样,太阳在春分点附近时,月亮到达"析木""大梁",也就是说二月朔望后三天便发生了一年之内春季的大潮。

---

〔1〕 (清)俞思谦.海潮辑说(卷上).北京:中华书局,1985:2—3.

〔2〕 (清)俞思谦.海潮辑说(卷上).北京:中华书局,1985:3.

同样,仲秋八月,当日月相会于"寿星辰宫",即天球上的秋分点附近时,每当月亮接近"析木""大梁",正是朔望后第三日,便出现了一年之内秋季的大潮。窦叔蒙更认为"析木,汉津也;大梁,河梁也"。这两宫的位置在银河附近,因此便把一个回归年的两次大潮期取决于月亮在大梁、析木的位置。当然,其先决条件必须是日月合朔在降娄与寿星,即必须在春秋分点附近。

窦叔蒙《海涛志》的重点在于高、低潮时的准确推算。之所以如此,原因在于高、低潮时推算方法的研究既是唐代社会生产发展的要求,也是唐代科学技术发展的结果。由于国家的统一,社会生产力的提高,国际频繁的交往,江南与沿海地区的日益开发,国内商业和对外贸易的昌盛,唐代出现了经济繁荣的局面。在科学上,唐代的天文、数学、历法、地理等方面都达到了相当的高度,这为潮汐研究奠定了基础。潮汐研究本身就可直接服务于生产,如河口航行须视潮水往来,航海贸易亦须识潮,港口码头建设须知潮位,船只停靠码头亦须知潮时潮高等,因此潮时的推算就成为生产上迫切需要解决的问题。窦叔蒙的潮汐研究,既是一种理论性的探索,更是一种实用性探求。

可能过于强调实用性的要求,窦叔蒙在论述潮汐现象时也出现了偏差。在第五章"论朔望体象"中,窦叔蒙说:

> 夫日以一致而月体盈亏,君臣之义斯在矣。月以有素而晦明殊质,将相之业斯分矣。月朔譬诸相,月望譬诸将。相朔以合,故附亲。将望以远,故分权。附亲故授其任,分权故专夜明。是故推日月知君臣,体朔望知将相。将相,臣之贵也,朔望,月之盛也,是乃潮大于朔望焉。[1]

在此,窦叔蒙以日月运行比拟君臣将相,显然属于牵强附会。从另一角度上说,正是有这些牵强附会的瑕疵,窦叔蒙《海涛志》才显得更加真实、可靠。

(二)《海涛志》的影响

谈到窦叔蒙《海涛志》的影响,如果用一个词来概括,那就是"承上启下"。

中国拥有漫长的海岸线,生活在沿海的人们在长期的生活实践中,对海边经常发生的潮汐现象积累了十分丰富的知识,也留下了大量宝贵的文献资料。不过,在很长的一段时期里,人们对产生潮汐现象的原因并不清楚,于是便有了种种神话般的传说,如将汹涌的钱塘江大潮,看成是"子胥恚恨,

---

〔1〕 (清)俞思谦.海潮辑说(卷上).北京:中华书局,1985:3.

驱水为涛"[1]。

到了秦汉时期,人们开始透过潮汐表象而探究背后的真正成因,其中最具代表性的就是王充对潮汐成因的解释。王充所提出的"涛之起也,随月盛衰,大小满损不齐同"[2]的理论,在中国古代潮汐理论的研究中具有里程碑意义。进入三国两晋时期,杨泉、葛洪等人进一步充实了潮汐"随月盛衰"的理论。杨泉指出:"月,水之精,潮有大小,月有盈亏。"[3]这一见解更加明确了潮汐的大小与月亮的满缺之间所存在的对应关系。葛洪则第一次明确指出了一月之内有两次大潮和两次小潮(即潮汐半月不等现象),他说:"潮者,据朝来也;汐者,言夕至也。水从天边来,一月之中,天再东再西,故潮来再大再小也。"[4]他还注意到了太阳与潮汐之间的关系。到了唐代,中国古代潮汐研究进入了一个新的阶段,其标志就是窦叔蒙《海涛志》的问世。

显然,窦叔蒙的潮汐理论是建立在王充、葛洪等人探索的基础之上的。窦叔蒙的探索又为后世的潮汐研究奠定了坚实的基础,并且为后来者拓展了研究的路径。

进入宋代,中国古代潮汐理论又有很大的发展,出现了张君房、沈括、余靖、燕肃等学者。张君房进一步完善了窦叔蒙的"高低潮时推算图"。张君房说:"月之行运者,天之十二宫分;潮之泛历者,地之十二辰位。月周于次舍,惟三百六十五度;潮凑于昼夜,乃计一百刻之间。"[5]于是,他将窦叔蒙的"高低潮时推算图"的横坐标由月相改为"布宫布度",即月亮在黄道上的视运动的度数(当时一周天定为三百六十五度又四分之一度,即365.25度),将纵坐标的十二时辰"著辰定刻",换为时刻(当时定一天为一百刻),从而使潮汐与月亮之间的对应关系反映得更为精细。燕肃通过多年观测,并采用当时先进的计时工具——莲花漏,对潮时推迟现象作了更为精确的计算,得出了"大尽"(一个月30天)潮迟3.72刻(相当于53分34秒),"小尽"(一个月29天)潮迟3.735刻(相当于53分47秒)的结论。沈括对潮迟现象的发生进行了地区间的比较,他在《梦溪笔谈》中写道:"每至月正临子、午则潮生,候之万万无差。此以海上候之得潮生之时,去海远即须据地理增添时刻。"[6]他注意到了海港的涨潮时间与其离海远近相关联。无疑,这是一

---

〔1〕 (汉)王充.论衡(卷4).上海:上海人民出版社,1974:58.

〔2〕 (汉)王充.论衡(卷4).上海:上海人民出版社,1974:60.

〔3〕 (晋)杨泉.物理论.北京:中华书局,1985:2.

〔4〕 (宋)李昉.太平御览(卷68).北京:中华书局,1960:324.

〔5〕 (清)俞思谦.海潮辑说(卷上).北京:中华书局,1985:3—4.

〔6〕 (宋)沈括.梦溪笔谈(补笔谈卷2).上海:上海书店出版社,2003:249.

项重要的发现。余靖则将中国古代的潮汐观测,由某一局部地区扩大到整个东南沿海地区。

对此,李约瑟这样评价:"在十一世纪中,即在文艺复兴时期以前,他们(指中国人)在潮汐理论方面一直比欧洲人先进得多。"[1]但我们也注意到,张君房、沈括、余靖、燕肃等人的探索,受到了窦叔蒙直接的影响。并且这种影响是持久的,直到清代俞思谦编纂《海潮辑说》,仍将窦叔蒙的《海潮志》视为最具影响的潮汐理论之一。[2]

可以说,窦叔蒙的《海潮志》是中国古代潮汐理论发展史上承上启下的重要环节。中国迟至春秋战国时期,已经对潮汐现象有了认识,但还不能对其成因进行科学的解释;东汉王充第一次把潮汐与月亮的运动联系起来,唐代窦叔蒙极大地发展了这一理论,并达到了很高的水平,"似乎是使月亮影响潮汐说具有某些科学内容的第一批人之一"[3]。这既为潮汐理论在宋代推向顶峰提供了很好的前期基础,也对明清时期的潮汐理论探索产生极大的影响。

第六节　陆羽与《茶经》

如果说"茶兴于唐",那么"茶学始于陆羽"。宋人陈师道在《茶经·序》中说:"夫茶之著书,自羽始;其用于世,亦自羽始。羽诚有功于茶者也。"[4]

一、陆羽的生平与著述

陆羽,字鸿渐,素有"茶仙"或"茶圣"之美誉。所著《茶经》3卷,是最早关于茶的专著,由于陆羽生平的神秘色彩以及在茶道上的知名度,去世不久,他便被民间尊奉为神。

唐代李肇《唐国史补》载:

〔1〕[英]李约瑟著,《中国科学技术史》翻译小组译.中国科学技术史(第4卷),北京:科学出版社,1975:786.

〔2〕宋正海.中国古代的海洋潮汐学研究.自然辩证法通讯,1984(3):50—56;王成兴.中国古代对潮汐的认识.安徽大学学报(哲学社会科学版),1999(5):43—47.

〔3〕[英]李约瑟著,《中国科学技术史》翻译小组译.中国科学技术史(第4卷),北京:科学出版社,1975:775.

〔4〕(宋)吕祖谦.宋文鉴(卷91).上海:商务印书馆,1937:1221.

江南有驿吏，以干事自任。典郡者初至，吏白曰：驿中已理，请一阅
之。刺史乃往，初见一室，署云酒库，诸酝毕熟，其外画一神。刺史问：
何也？答曰：杜康。刺史曰：公有余也。又一室，署云茶库，诸茗毕贮，
复有一神。问曰：何？曰：陆鸿渐也。[1]

可见，此时陆羽已被奉为"茶神"。宋代欧阳修也说："至今俚俗卖茶肆
中，多置一磁偶人，云是陆鸿渐。至饮茶客稀，则烹茶沃此偶人，祝其利
市。"[2]这说明陆羽影响之深远，在宋代贡奉陆羽偶像已成俚俗。

然而，就在陆羽日益被神化的同时，他的生平事迹也日渐模糊，以至于
现今学人对陆羽的生卒年代仍众说纷纭。

古文献中较完整的陆羽生平记载，是陆羽自撰的《陆文学传》和《新唐
书》中的《陆羽传》。《陆文学传》的文字带有诙谐成分，似乎并不那么严肃，
当欧阳修读到《陆文学传》的咸通十五年（874）石刻时便说："《陆文学传》，题
云自传，而曰名羽，字鸿渐，或云名鸿渐，字羽，未知孰是。然则岂其自传
也？"[3]显然此种游戏笔墨，引起了欧阳修对《陆文学传》真实性的怀疑。不
过，当欧阳修编修《新唐书》时，其中的《陆羽传》仍然参考甚至照录了《陆文
学传》的内容。这表明，欧阳修虽有怀疑，但并没有否定《陆文学传》的真
实性。

《新唐书》的《陆羽传》篇幅不是太长，现录如下：

陆羽字鸿渐，一名疾，字季疵，复州竟陵人。不知所生，或言有僧得
诸水滨，畜之。既长，以《易》自筮，得《蹇》之《渐》，曰：鸿渐于陆，其羽可
用为仪。乃以陆为氏，名而字之。

幼时，其师教以旁行书，答曰：终鲜兄弟，而绝后嗣，得为孝乎？师
怒，使执粪除圬塓以苦之，又使牧牛三十，羽潜以竹画牛背为字。得张
衡《南都赋》，不能读，危坐效群儿嗫嚅若成诵状，师拘之，令薙草莽。当
其记文字，懵懵若有遗，过日不作，主者鞭苦，因叹曰：岁月往矣，奈何不
知书！呜咽不自胜，因亡去，匿为优人，作诙谐数千言。

天宝中，州人酺，吏署羽伶师，太守李齐物见，异之，授以书，遂庐火
门山。貌侻陋，口吃而辩。闻人善，若在己，见有过者，规切至忤人。朋
友燕处，意有所行辄去，人疑其多嗔。与人期，雨雪虎狼不避也。上元
初，更隐苕溪，自称桑苎翁，阖门著书。或独行野中，诵诗击木，裴回不

〔1〕　（唐）李肇.唐国史补（卷下）.北京：古典文学出版社，1957：65.
〔2〕　（宋）欧阳修.集古录跋尾（卷8）.欧阳修集编年笺注（第7册）.成都：巴蜀书社，2007：516.
〔3〕　（宋）欧阳修.集古录跋尾（卷8）.欧阳修集编年笺注（第7册）.成都：巴蜀书社，2007：516.

得意，或恸哭而归，故时谓今接舆也。久之，诏拜羽太子文学，徙太常寺太祝，不就职。贞元末，卒。

　　羽嗜茶，著经三篇，言茶之源、之法、之具尤备，天下益知饮茶矣。时鬻茶者，至陶羽形置炀突间，祀为茶神。有常伯熊者，因羽论复广著茶之功。御史大夫李季卿宣慰江南，次临淮，知伯熊善煮茶，召之，伯熊执器前，季卿为再举杯。至江南，又有荐羽者，召之，羽衣野服，挈具而入，季卿不为礼，羽愧之，更著《毁茶论》。其后尚茶成风，时回纥入朝，始驱马市茶。[1]

就史书的传记而言，《陆羽传》的文字不算少，但除了表明陆羽一生坎坷和在茶学上有所贡献外，提供给我们的陆羽生平信息却十分有限。例如，对陆羽的生卒年代就交代得不甚清楚，对陆羽"更隐苕溪"之后的情况，也只是寥寥数语。

《陆羽传》中没有提及陆羽的生年，其卒年也只是笼统提到"贞元末"。20世纪30年代，湖北天门西塔寺新明禅师曾对陆羽生卒年做了考订。根据西塔寺历代相传的史料，新明禅师认为陆羽生于唐玄宗开元二十一年（733）癸酉，卒于唐德宗贞元二十年（804）甲申。[2] 20世纪50年代，万国鼎对陆羽的生卒提出了另一种看法，认为陆羽生于唐玄宗先天元年（712），卒于贞元末（804年或稍前），活了90多岁。[3] 此说一出，引起了学界对陆羽生卒年的探论，并持续至今。

目前，陆羽的生年，有唐玄宗开元十三年（725）、开元十四年（726）、开元十五年（727）、开元十六年（728）、开元十七年（729）、开元二十一年（733）、开元二十二年（734）等多种说法。同样，陆羽卒年也有唐德宗贞元十九年（803）、贞元二十年（804）、永贞元年（805），以及元和元年（806）至元和三年（808）之间等数说。各家之说，均有相应的理由，但都似乎缺少"铁证"。检阅文献，我们没有得到新的材料，因此这里就不展开讨论。《辞海》将陆羽的生年定为开元二十一年（733），卒年定为贞元末年冬（804）。这大概是当今学术较为认可的一种说法。

据《陆羽传》载，陆羽为"复州竟陵人"，即现今的湖北天门人。"上元初，更隐苕溪，自称桑苎翁，阖门著书。"就是说，陆羽在上元元年（760）来到了浙江苕溪一带隐居，并闭门著书。之后的具体行踪，《陆羽传》没有明确的记

〔1〕（宋）欧阳修.新唐书（卷196）.北京：中华书局，1975：5611—5612.

〔2〕阳勋.陆羽生卒年考述.茶业通报，1986（1）：37＋40.

〔3〕万国鼎.茶书总目提要.农业遗产研究集刊（第2集）.北京：中华书局，1958：205—239.

述。结合其他文献推知,陆羽定居浙江后,在建中二年(781)前后一度离开浙江,赴湖南、江西、广东等地游历、寓居。贞元八年(792),陆羽重返湖州。贞元二十年(804),陆羽病逝于湖州青塘别业,葬于湖州市郊的杼山。这样算来,陆羽在浙江度过了 30 多年光景。

陆羽的著述不少。《陆文学自传》说陆羽"著《君臣契》三卷,《源解》三十卷,《江表四姓谱》八卷,《南北人物志》十卷,《吴兴历官记》三卷,《湖州刺史记》一卷,《茶经》三卷,《占梦》上、中、下三卷,并贮于褐布囊",落款为"上元辛丑岁子阳秋二十有九日"[1]。由此说明两点。

一是陆羽的著述丰富,在上元二年(761)之前,已完成 60 余卷文字,即:《君臣契》3 卷,《源解》30 卷,《江表四姓谱》8 卷,《南北人物志》10 卷,《吴兴历官记》3 卷,《湖州刺史记》1 卷,《茶经》3 卷,《占梦》3 卷。惜大多早已亡佚。

二是落款是"上元辛丑岁",即上元二年(761),而陆羽来到浙江苕溪并闭门著书是上元元年(760)。推测陆羽"贮于褐布囊"的《茶经》3 卷,大概是上元元年(760)至上元二年(761)在浙江完成的。[2] 之后,陆羽对《茶经》做过一些修订,大约于建中元年(780),《茶经》最终定稿。

二、《茶经》的内容与贡献

现存《茶经》最早的版本,是南宋咸淳九年(1273)左圭辑刻本,收录在《百川学海》中。但此书所据本讹误颇多。之后《茶经》的众多版本多翻刻自《百川学海》,如明代有弘治十四年华珵活字本、嘉靖十五年郑氏文宗堂刻本等,清代有嘉庆间虞山张氏辑刻的《学津讨原》本,其中民国初年武进陶湘影宋《百川学海》本是目前所见最好的本子。一是《百川学海》本为影宋本,较好地保留了宋本的原貌;二是这个本子经过章钰、唐兰的校勘,订正了不少讹误。[3]

《茶经》共 3 卷,内容有茶之源、茶之具、茶之造、茶之器、茶之煮、茶之饮、茶之事、茶之出、茶之略、茶之图,共 10 篇。虽然篇幅不长,共 7000 余字,但信息量不小,且价值极高。《茶经》的主要内容与贡献大致可做如下归纳。

---

〔1〕 (唐)陆羽.陆文学自传.见:全唐文(卷 433).北京:中华书局,1983:4421.
〔2〕 关于《茶经》的成书年代,迄今无定论,有 761 年、765 年、780 年多说,最流行的是 765 年完成初稿,775 年再度修改,780 年付梓一说。参见:丁以寿.陆羽《茶经》成书问题略辨.见:中国茶叶学会成立四十周年庆祝大会暨 2004 年学术年会论文集.中国茶叶学会,2004:164—167.
〔3〕 魏代富,陈肖杉.陆羽《茶经》校注.农业考古,2015(5):183—187.

第一,确定了"茶"的最后命名,增进了对茶树生物学特性的认识,并初步涉及了茶树种植和管理方法。

陆羽在"茶之源"中说:

> 茶者,南方之嘉木也。一尺、二尺迺(乃)至数十尺。其巴山峡川,有两人合抱者,伐而掇之。其树如瓜芦,叶如栀子,花如白蔷薇,实如栟榈,蒂如丁香,根如胡桃。
>
> 其字,或从草,或从木,或草木并。
>
> 其名,一曰茶,二曰槚,三曰蔎,四曰茗,五曰荈。
>
> 其地,上者生烂石,中者生砾壤,下者生黄土。凡艺而不实,植而罕茂,法如种瓜,三岁可采。野者上,园者次。阳崖阴林,紫者上,绿者次;笋(笋)者上,牙者次;叶卷上,叶舒次。阴山坡谷者,不堪采掇,性凝滞,结瘕疾。
>
> 茶之为用,味至寒,为饮,最宜精行俭德之人。若热渴、凝闷、脑疼、目涩(涩)、四支烦、百节不舒,聊四五啜,与醍醐、甘露抗衡也。
>
> 采不时,造不精,杂以卉莽,饮之成疾。茶为累也,亦犹人参。上者生上党,中者生百济、新罗,下者生高丽。有生泽州、易州、幽州、檀州者,为药无效,况非此者?设服荠苨,使六疾不瘳,知人参为累,则茶累尽矣。[1]

无论是茶文化研究还是茶科技探索,均以茶的认识与命名为前提。中国是最早发现茶树和开发茶叶的国度。在古代文献中,茶有多种称谓。《太平御览》说:"周公云:槚,苦茶。杨执戟云:蜀西南人谓茶曰蔎。郭弘农云:早取为茶,晚取为茗,一曰荈。蔎音设。荈,音昌兖切。"[2]这里提到了"茶""槚""蔎""茗""荈"等不同名称。唐之前,"茶"字常写作"茶""茗"等。《尔雅》说:"槚苦茶,树小似栀子,冬生叶,可煮作羹饮。"[3]陆羽在《茶经》中说:"其字或从草,或从木,或草木并。其名一曰茶,二曰槚,三曰蔎,四曰茗,五曰荈"。自从陆羽从多个称呼中筛选出"茶"字,并著书立说后,茶字的形、音、义才固定下来。

对茶树生物学特性的认识在三国以前的古籍中没有任何记载,西晋至唐初才有一些零散不完整的茶树形态描绘。陆羽《茶经》第一次较为完整地记述了茶树的形态。陆羽说,茶树生于中国的南方地区,大都高一二尺,也

---

[1]　(唐)陆羽撰,沈冬梅校注.茶经校注(卷上).北京:中国农业出版社,2006:1—2.
[2]　(宋)李昉.太平御览(卷867).北京:中华书局,1960:3845.
[3]　(晋)郭璞.尔雅(卷下).北京:中华书局,1985:109.

高达几十尺。在巴山、峡川一带,有树干粗到两人合抱的。茶树的树形像瓜芦,叶形像栀子,花像白蔷薇,种子像棕榈,果柄像丁香,根像胡桃。这里,陆羽从茶树整体说到局部,从茶树的花、叶、种,说到根、茎,从而建立起一个较为完整的茶树形态概念。

在此基础上,陆羽阐述了土质、生长位置、栽培技术等因素与茶树生长和茶质优劣的关系。一是不同土质决定了茶质的差别。陆羽说:"其地,上者生烂石,中者生砾壤,下者生黄土。"也就是说,土壤通透性和肥沃程度是茶质优劣的决定性因素。直到今天,这种理论对开辟新茶园仍有一定指导意义。二是生长环境对茶质也有重大影响。所谓"野者上,园者次。阳崖阴林,紫者上,绿者次;笋者上,牙者次;叶卷上,叶舒次。阴山坡谷者,不堪采掇"。也就是说,茶树的生长环境,包括土壤、地势、位置等对茶质影响也较大。三是茶叶生产过程中要重视茶树种植技术。陆羽说:"凡艺而不实,植而罕茂。法如种瓜,三岁可采。"这里,陆羽提醒人们,如果茶苗移栽的技术掌握不当,移栽后的茶树很少有长得茂盛的。

第二,较为详细地记述了采茶、制茶工具,总结了茶叶采摘技术,给出茶叶焙制的技术要点。

陆羽在"茶之具"中,既介绍了籝、灶、锅、甑、杵臼、规、承、檐、芘莉、棨、扑、焙、贯、棚等采茶、制茶的工具及设施,也提到了茶叶的计量方式"穿"。"穿,江东、淮南剖竹为之。巴川峡山纫谷皮为之。江东以一斤为上穿,半斤为中穿,四两五两为小穿。峡中以一百二十斤为上,八十斤为中穿,五十斤为小穿。"[1]这说明,当时的茶中成品是以团茶或饼茶的形式出现的,并以"穿"作为一种独特的计量单位。同时也说明,当时茶业已成一定规模,而且产量不小。

准备好工具,便可采茶。在陆羽看来,采茶是一个讲究技术的环节。一是注意季节。他说:"凡采茶在二月、三月、四月之间。"[2]他认为,农历2—4月份是最佳的采茶季节。这也暗含了他不主张采夏茶或秋茶。二是注意天气。他说:"其日有雨不采,晴有云不采。晴,采之。"他主张雨天不采,阴天不采,只有晴天才是采茶的好天气。三是注意时辰。具体到当天的采摘时间,他主张"凌露采焉"[3]。这些都有一定的科学道理。现代名茶对采摘天气、时间仍有较高要求,只有按规范采茶,才能保证茶的品质。另外,《茶

〔1〕(唐)陆羽撰,沈冬梅校注.茶经校注(卷上).北京:中国农业出版社,2006:12.

〔2〕(唐)陆羽撰,沈冬梅校注.茶经校注(卷上).北京:中国农业出版社,2006:16.

〔3〕(唐)陆羽撰,沈冬梅校注.茶经校注(卷上).北京:中国农业出版社,2006:17.

经》还提出对生长情况不同的茶树,要采取不同的采摘方法,茶"有三枝、四枝、五枝者,选其中枝颖拔者采焉"[1]。唐诗中有不少描述采茶的诗句,如齐己《谢中上人寄茶》诗:"春山谷雨前,并手摘芳烟。"皎然《顾渚行寄裴方舟》诗:"家园不远乘露摘,归时露彩犹滴沥。"章孝标《送张使君赴饶州》诗:"日暖提筐依茗树,天阴把酒入银坑。"这些诗句形象地反映了《茶经》所述的采茶景象。

茶叶采摘后,就进入焙制环节。焙制技术的高低,直接影响着成茶的品质。为此,陆羽总结出茶叶焙制工艺的几个要点:即"蒸之,捣之,拍之,焙之,穿之,封之,茶之干矣"[2]。其方法是鲜叶采下后,投入锅、甑,以蒸的方法杀青,降低茶叶的苦涩味。然后用忤臼碾碎,用规(模具)压实成形。再用木制的棨(锥刀),在压实的茶饼上打孔,用竹子削成的贯将茶饼串在一起,放到灶坑上烘焙。最后,将烘焙后的饼茶用竹篾或树皮编成的穿,按一定重量贯串成"穿"。显然,通过这些工艺,制成的是绿茶。陆羽还根据形与质,将成品分为8个等级。他说:"出膏者光,含膏者皱;宿制者则黑,日成者则黄;蒸压则平正,纵之则坳垤。此茶与草木叶一也。茶之否臧,存于口诀。"[3]不过,评茶的"口诀",陆羽没有明示。

第三,介绍了茶叶贮藏的方法,推介了煮茶、饮茶的器皿,提出了一整套茶叶煮饮技艺。

茶叶如果贮藏不当,极易受潮发霉变质,无法饮用。为此,陆羽在"茶之具"中专门提到了茶叶防潮的方法。其法是"育,以木制之,以竹编之,以纸糊之。中有隔,上有覆,下有床,傍有门,掩一扇。中置一器,贮煻煨火,令煴煴然。江南梅雨时,焚之以火"[4]。此法简单实用有效,可达到茶叶除湿、保质之目的。《四时纂要》也介绍了类似的方法,"茶、药以火阁上及焙笼中,长令火气至"[5]。此外,陆羽还提到了玉盒贮茶、红纸包封、丝绸包裹、剡纸包裹、陶器贮藏、藏于岩洞等贮藏方法。

陆羽在"茶之器"中,记述了煮茶、饮茶的器皿,对风炉、笞、炭挝、火筴、鍑、交床、夹、纸囊、碾、罗合、则、水方、漉水囊、瓢、竹筴、鹾簋、熟盂、碗、畚、札、涤方、滓方、巾、具列以及都篮等20余种器皿一一进行了描绘。

在谈到碗时,陆羽说:

〔1〕 (唐)陆羽撰,沈冬梅校注.茶经校注(卷上).北京:中国农业出版社,2006:17.

〔2〕 (唐)陆羽撰,沈冬梅校注.茶经校注(卷上).北京:中国农业出版社,2006:17.

〔3〕 (唐)陆羽撰,沈冬梅校注.茶经校注(卷上).北京:中国农业出版社,2006:17.

〔4〕 (唐)陆羽撰,沈冬梅校注.茶经校注(卷上).北京:中国农业出版社,2006:12.

〔5〕 (唐)韩鄂撰,缪启瑜校释.《四时纂要》校释(卷3).北京:中国农业出版社,1981:145—146.

盌(碗),越州上,鼎州次,婺州次,岳州次,寿州、洪州次。或者以邢州处越州上,殊为不然。若邢瓷类银,越瓷类玉,邢不如越一也;若邢瓷类雪,则越瓷类冰,邢不如越二也;邢瓷白而茶色丹,越瓷青而茶色绿,邢不如越三也。晋杜育《荈赋》所谓:器泽陶简,出自东瓯。瓯,越也。瓯,越州上,口唇不卷,底卷而浅,受半升已下。越州瓷、岳瓷皆青,青则益茶。茶作白红之色。邢州瓷白,茶色红;寿州瓷黄,茶色紫;洪州瓷褐,茶色黑;悉不宜茶。[1]

在陆羽看来,碗,越州产的品质最好,鼎州、婺州的差些,又岳州的好,寿州、洪州的差些。因为越州瓷、岳州瓷都是青色,能增进茶的水色,使茶汤现出白红色,邢州瓷白,茶汤是红色;寿州瓷黄,茶汤呈紫色;洪州瓷褐,茶汤呈黑色,都不适合盛茶。在此,陆羽提出了一套茶具的评价标准。这一标准不仅在茶学界,而且在陶瓷界产生了广泛的影响。

陆羽还提出了一整套茶叶煮饮的方法。在"茶之煮"中,陆羽谈及了水质品位及煮茶方法。说到选水,陆羽说:"其水,用山水上,江水次,井水下。其山水,拣乳泉、石池漫流者上。""其江水取去人远者,井取汲多者。"在陆羽眼里,水有高低之别,即煮茶的水,山水最好,其次是江水、河水,井水最差。不同的水,在取水的方式上也有相应的讲究。谈及候汤,陆羽说:"其沸如鱼目,微有声,为一沸。缘边如涌泉连珠,为二沸。腾波鼓浪,为三沸。已上水老,不可食也。"[2]即水煮沸了,有像鱼目的小泡,有轻微的响声,称作"一沸"。锅的边缘有泡连珠般地往上冒,称作"二沸"。水波翻腾,称作"三沸"。再继续煮,水老了,味不好,就不宜饮用了。无疑,在陆羽看来,候汤是煎茶的关键环节之一。

在"茶之事"中,陆羽汇辑了有关茶叶的掌故及药效。收集掌故,为普通的饮食习俗注入文化的内涵,增加茶叶商品的文化色彩。关注营养、药效,意在消除当时饮茶有损健康的偏见。唐代皮日休在《茶中杂咏诗序》中说:"季疵以前,称茗饮者必浑以烹之。与夫沦蔬而啜者无异也。季疵之始为《经》三卷,由是分其源,制其具,教其造,设其器,命其煮,俾饮之者除痟而去疠,虽疾医之不若也。其为利也,于人岂小哉?"[3]

第四,按唐朝行政区划,逐一评定了全国产茶地区八道及所属州县所产茶叶的等级,为后人留下了难得的史料。

---

[1] (唐)陆羽撰,沈冬梅校注.茶经校注(卷中).北京:中国农业出版社,2006:24.

[2] (唐)陆羽撰,沈冬梅校注.茶经校注(卷下).北京:中国农业出版社,2006:34—35.

[3] (唐)皮日休.茶中杂咏诗序.见:皮日休诗全集.海口:海南出版社,1992:227.

陆羽说：

山南，以峡州上，襄州、荆州次，衡州下，金州、梁州又下。

淮南，以光州上，义阳郡、舒州次，寿州下，蕲州、黄州又下。

浙西，以湖州上，常州次，宣州、杭州、睦州、歙州下，润州、苏州又下。

剑南，以彭州上，绵州、蜀州次，邛州次，雅州、泸州下，眉州、汉州又下。

浙东，以越州上，明州、婺州次，台州下。

黔中，生思州、播州、费州、夷州。

江南，生鄂州、袁州、吉州。

岭南，生福州、建州、韶州、象州。

其思、播、费、夷、鄂、袁、吉、福、建、韶、象十一州未详，往往得之，其味极佳。[1]

这里，陆羽提到了当时的产茶地区，并对各地所产茶叶的质量做了评价。由此可知，当时的峡州、襄州、荆州、衡州、金州、梁州、光州、舒州、寿州、蕲州、黄州、湖州、常州、宣州、杭州、睦州、歙州、润州、苏州、彭州、绵州、蜀州、邛州、雅州、泸州、眉州、汉州、越州、明州、婺州、台州、思州、播州、费州、夷州、鄂州、袁州、吉州、福州、建州、韶州、象州等地均产茶，范围包括整个长江流域及以南地区。其中涉及现浙江境域的有湖州、杭州、睦州、越州、明州、婺州、台州等，并将湖州、越州所产茶叶定为上品。

陆羽的《茶经》是对唐代种茶、饮茶发展状况的总结，也是唐代茶叶生产趋向繁荣的体现。《茶经》影响深远，仅后代文人受陆羽影响而著书说茶的文献就超过百部。

---

〔1〕 （唐）陆羽撰，沈冬梅校注.茶经校注（卷下）.北京：中国农业出版社，2006：80—82.

第六章
五代时期的浙江科学技术

　　经过朝代的更迭,历史进入唐代末年,此时群雄蜂起,战乱频繁。五代十国之一的吴越国,就是在这样的背景下建立的。吴越国定都杭州,对内推行保境安民、发展生产的基本国策,保得一方平安的同时,在经济和文化上获得了持续的发展,也为科学技术的进步创造了条件。此时,手工业技术有所提高,其中制瓷、纺织、建筑、造船等技术达到新的高度。传统科学也有所发展,尤其是天文、医药学进展明显。

　　吴越国水利工程成就突出,钱氏捍海塘的建成,标志着中国古代筑塘技术进入了一个新的历史阶段。瓷器烧制技术持续进步,秘色瓷、"金扣越器"[1]成为中国古代青瓷中的杰出代表。此时的建筑技术已有超越中原之势,喻皓所著《木经》,在《营造法式》成书前曾被奉为木工圭臬。钱宽墓、水丘氏墓、马王后墓、钱元瓘墓、吴汉月墓中发现的天文星图,显示了吴越国时期的天文学成就,填补了中国古代星图由唐到宋的发展缺环。丘光庭的《海潮论》是继唐窦叔蒙《海涛志》之后,又一部重要的海潮理论著述。《日华子诸家本草》与稍早的陈藏器《本草拾遗》一起,在中国本草学发展历史上,起到了上承唐《新修本草》,下启宋《证类本草》的衔接作用,其影响还远及明李时珍《本草纲目》。

---

〔1〕 (元)脱脱.宋史(卷480).北京:中华书局,1977:13902.

第一节 科学技术发展的背景

唐代末期,社会动荡、经济不振。到黄巢起义被镇压下去的时候,天下已经是一种郡将"皆自擅兵赋,迭相吞噬,朝廷不能制"[1]的局面。钱镠正是在这样的形势下崛起,并由此建立吴越国的。吴越国钱氏政权一方面尊奉中原,另一方面发展生产,使两浙之地有了一个相对稳定的发展期,最终赢得了"钱塘富庶,盛于东南"的美誉。

一、吴越国的建立

作为五代时期割据政权之一的吴越国,其霸业的形成及政权的稳定,是与钱镠密切联系在一起的。钱镠(852—932),字具美,杭州临安人,出身于寒微农家。自乾符二年(875)弃农投军以后,钱镠历经镇压朱直、孙端,抵御黄巢起义军,平定刘汉宏等多次征战,在景福元年(892)被授为镇海军节度使、浙江西道观察处置使,开始在唐末割据的局面中在浙西站稳了脚跟。乾宁三年(896),朝廷任命钱镠为镇海、威胜(后改为镇东)两军节度使,满足了钱镠兼领两浙的愿望。乾宁四年(897),唐昭宗特赐钱镠金书铁券。从此,钱镠在唐末的藩镇势力中独树一帜,成为举足轻重的割据势力。天祐四年(907),朱全忠废唐自立,改国号为大梁,钱镠被封为吴越王。次年,钱镠改元天宝,并自称"吴越国王"[2]。

吴越国定都杭州,辖领"十三州一军八十六县"。全盛时其范围包括今之浙江全境、江苏南部和福建东北部。"十三州一军"分别是:

杭州(首府):辖钱塘、钱江、盐官、余杭、富春、桐庐、于潜、新登、横山、武康 10 县。

越州(东府):辖会稽、山阴、诸暨、余姚、萧山、上虞、新昌、瞻 8 县。

湖州:辖乌程、德清、安吉、长兴 4 县。

温州:辖永嘉、瑞安、平阳、乐清 4 县。

台州:辖临海、黄岩、台兴、永安、宁海 5 县。

明州:辖鄞、奉化、慈溪、象山、望海、翁山 6 县。

---

〔1〕(五代)刘昫.旧唐书(卷19).长春:吉林人民出版社,1995:460.

〔2〕(宋)欧阳修.新五代史(卷67).北京:中华书局,1974:840.

处州:辖丽水、龙泉、遂昌、缙云、青田、白龙 6 县。

衢州:辖西安、江山、龙游、常山 4 县。

婺州:辖金华、东阳、义乌、兰溪、永康、武义、浦江 7 县。

睦州:辖建德、寿昌、遂安、分水、青溪等 5 县。

秀州:辖嘉兴、海盐、华亭、崇德 4 县。

苏州:辖吴、晋洲、昆山、常熟、吴江等 5 县。

福州:辖闽、侯官、长乐、连江、长溪、福清、古田、永泰、闽清、永贞、宁德等 11 县。

"一军":安国衣锦军,即今杭州临安。

从钱镠被封为吴越王至北宋太平兴国三年(978)钱弘俶"纳土归宋",吴越国历"三代五王",共 72 年。"三代五王"即:第一代,太祖武肃王钱镠,907—932 年在位。第二代,世宗文穆王钱元瓘,932—941 年在位。第三代,忠献王钱佐(钱弘佐),941—947 年在位;忠逊王钱倧(钱弘倧),947—948 年在位;忠懿王钱俶(钱弘俶),948—978 年在位。

二、吴越国的基本国策

面对藩镇割据,战乱频仍的局面,吴越国始终采取保境安民、发展生产的基本国策,使两浙之地有一个较长的稳定发展时期。

第一,立足两浙、尊奉中原。

立足两浙是钱氏吴越国的立国基本方略。与唐末五代大多数藩镇势力志在割据统治某个地区,并无统一整个中国宏愿一样,钱镠目的在割据两浙,称王于吴越。钱镠真正的割据生涯始于唐僖宗光启三年(887),其时钱镠以平定刘汉宏之功,被任命为杭州刺史、杭越管内都指挥使。但此时的杭州还只是一般的州城,两浙地区的政治、经济、文化中心仍在苏、越两州。钱镠占有杭州以后,开始筑夹城、罗城。其长远目的在于取代苏、越两州,为割据两浙做准备。唐昭宗乾宁二年(895),割据浙东的董昌在越州称帝,钱镠趁此出兵灭董,从而兼有了浙东、浙西之地。天祐四年(907),朱温代唐建立后梁后,钱镠被封为吴越王。自此,钱镠的凤愿得以实现。直到临终之前,钱镠还告诫子孙,14 州("十三州一军")百姓,系吴越之根本。

钱镠的继承者钱元瓘、钱弘佐,曾经先后有 2 次建州之役和 2 次福州之役。4 次战争均已超越两浙范围,似乎有悖祖训,但是实际都与吴越国宿敌南唐有关,或者直接就跟南唐作战。决策者也以"唇亡齿寒""恤邻难"〔1〕为出师之名。可见钱镠立足两浙的思想影响之深远。

尊奉中原是立足两浙方略的出发点。在五代之前,钱镠即以唐朝忠臣自居。在实际掌握了两浙以后,虽策划了两浙吏民上表请命的闹剧,但毕竟没有违背君臣名分。后梁开平二年(908),钱镠建立了自己的年号,不久,即自称"吴越国王",但却始终没有称帝。其后继者同样如此。钱元瓘继位以后,尊后唐年号为吴越国年号,开吴越国尊用中原年号之先河。其所尊奉中原政权,系指不同时期在中原地区建立的一统王朝,并不局限于一时一朝,而是与时俱进。吴越国至钱弘俶时,纳土归宋,这既是北宋统一中国形势发展之必然,也是吴越国自钱镠以来一脉相承的尊奉中原方略之使然。

第二,联姻闽楚、对抗淮南。

五代时期,淮南是吴越国企图夺取的地方,也是吴越国的宿敌。远交近攻,联姻闽楚、对抗淮南成为吴越国的基本军事策略。实际上,吴越国尊奉中原也是远交近攻策略的一部分。后梁代唐之初,钱镠的文武官员曾经谏言举兵讨伐,然而钱镠经过深思熟虑后,最后决定接受后梁封号,不给淮南以可乘之机。通过远交后梁,为近攻淮南创造条件。

吴越国为了达到对抗淮南的目的,除了尊奉中原以外,还与楚、蜀、闽、南汉等藩国也保持友好的关系。闽国虽然也为吴越国的近邻,但不是吴越国的对抗目标,而且因闽和吴越同样受到淮南的威胁,所以两者关系极为密切。后梁贞明二年(916)钱镠还为子钱传珦娶王潮之女为妻,进一步密切了吴越与闽国的关系。同样为了与楚国建立和睦关系,钱镠于后梁贞明六年(920),遣使为其子钱传璙(一作璛)求婚于楚王马殷。南汉王刘龚在其即位不久的后梁乾化四年(914),即遣供军巡官陈用拙出使吴越,钱镠大喜,纳其礼币,从而缔结了两国的友好关系。据《蜀梼杌校笺》卷4《后蜀后主》、明嘉靖《宁波府志》卷42《释仙》等文献记载,吴越国与蜀国也保持着友好关系。

吴越国广交藩国,一方面促进了相互间经济文化的交流和发展,另一方面则建立了共同对抗淮南的战略伙伴关系。与前者相比,后者在当时更为重要,也是吴越国"远交近攻"的最高目的。事实上,后梁开平元年(907)信州之役期间后梁朱全忠、吴越钱镠、湖南马殷、荆南高季昌、江西危全讽的军事联盟;开平二年(908)苏州之役期间朱全忠对吴越国的援救;后梁贞明四年(918)虔州之役,楚、闽、吴越三国联盟分别发兵援救等,都在不同程度上给了淮南以打击与牵制。

---

〔1〕　(宋)范坰.四部丛刊续编·史部·吴越备史(卷1).上海:上海书店出版社,1934:1053.

第三,发展生产、保障国用。

虽说战争是最高的政治,但实质仍是作战双方综合实力的较量。在五代十国这一特殊的历史时期,各地的财政支出都大幅度增加。吴越国也是如此。

吴越国用于军事方面的费用是一项难以计量的财政支出。自907年钱镠被封吴越王起,至960年北宋建立为止的54年中,吴越国有战事的年份占了22年,其中钱镠时代10年,钱元瓘时代3年,钱弘佐时代2年,钱弘倧时代1年,钱弘俶时代6年,几乎贯穿吴越国历史的始终。兵士的给养,战争的消耗,加上大量城堡等军事工程的构筑以及战舰、兵器等的制造,无疑是一笔巨额支出。吴越国向中原王朝交纳的贡献及为贵族官僚提供习以成例的高额消费,也是巨大的财政支出。此外,吴越国统治者们为了博得朝廷对于其割据两浙的首肯,以及对远交近攻等策略的有效支持,还不时向朝廷、官僚等送礼行贿。凡此种种,无一不出自国家财政。要以区区两浙之地,应付如此巨额支出,而且旷日持久、未知了日,唯一的出路就是发展生产。

吴越国统治者对发展生产极为重视,而且确实取得了较大的成效。不仅钱镠自称教人广种桑麻、开辟田地,其继承者同样也对发展吴越国生产做出了努力。吴越国时期钱塘江海塘的修建,杭州西湖、越州南湖(鉴湖)的疏浚和管理,太湖流域水网的建设等,都取得了卓著的成绩。农业耕作以及金属加工、瓷器烧制、船舶制造、丝绸纺织、茶叶制作等技术都有了很大的提高,与其他各国相比较,许多方面处于领先的地位。对外贸易也有了很大的发展。农业及各手工业、贸易的效益亦相当可观。粮食储备动辄数十万斛,茶叶生产仅贡献中原即每每达数万斤之多,对外贸易获利尤厚,《旧五代史》说吴越国"航海所入,岁贡百万,王人一至,所遗至广,故朝廷宠之,为群藩之冠"[1]。

除上述几个方面外,吴越国还广建城池、加强防御,崇尚佛道、笼络人心,这对于吴越国的统治稳定也有着难以估量的促进作用。一系列治国方略,糅合了儒家、法家、兵家等各家治国制胜之道,恰如其分地运用于分裂割据时期的两浙之地,并且几代人不曾间断,终于使得吴越国赢得了一个较长时间的安全和稳定,并且在经济文化方面获得了较快的发展。[2]

---

〔1〕 (宋)薛居正.旧五代史(卷133).北京:中华书局,1976:1774.

〔2〕 李志庭.浙江通史(隋唐五代卷).杭州:浙江人民出版社,2005:300—312.

第二节　水利工程与手工业技术

与中国古代社会的整体情况一样,吴越国的社会经济仍然以农业为主要部门。为发展农业生产,吴越国从钱镠时便开始大力兴修水利。发达的农业生产为手工业及相关技术的发展提供了基础。

一、钱氏捍海塘与水利工程

钱镠出身于"家世田渔为事"的农民家庭,对于水利的重要性有深刻的认识。早在吴越国建国之初的天宝八年(915)就设立了都水营使,专主水利之事。还募集兵卒,在一些重要的水利地区,建立了按军队编制而专事修浚、兴建水利工程的"撩清卒"(亦称"撩浅军")。"命于太湖旁置撩清卒四部,凡七八千人,常为田事,治河筑堤,一路径下吴淞江,一路自急水港下淀山湖入海,居民旱则运水种田,涝则引水出田。"[1]在太湖设置"撩清卒",在杭州西湖也"置撩兵千人,芟草浚泉"[2],以专门保护西湖。在明州(今宁波)则置"置营田吏卒"[3],开展农田水利建设。对越州(今绍兴)镜湖的治理也非常重视,宋时曾经担任过越州知府的曾巩,其在《越州鉴湖图序》中说:

> 南湖(鉴湖)縣(由)汉历吴、晋以来,接于唐,又接于钱镠父子之有此州,其利未尝废者。彼或以区区之地当天下,或以数州为镇,或以一国自王,内有供养禄廪之须,外有贡输问遗之奉,非得晏然而已也。故强水土之政以力本利农,亦皆有数,而钱镠之法最详,至今尚多传于人者。则其利之不废,有以也。[4]

可见,曾巩对"钱镠之法"十分赞赏。此时,民间自办的水利工程也很有起色。如婺州(今金华)乡民创筑长安堰,利用熟溪之水,灌溉农田万余亩。

吴越国时期规模最大的水利工程,莫过于钱氏捍海塘(亦称"钱氏石塘")。隋唐以后,钱塘县治迁至今杭州江干一带,与潮水近在咫尺。五代,

〔1〕（清）吴任臣.十国春秋(卷78).北京:中华书局,1983:1090.
〔2〕（清）吴任臣.十国春秋(卷78).北京:中华书局,1983:1101.
〔3〕（宋）王安石.王文公文集(卷3).上海:上海人民出版社,1974:40.
〔4〕（宋）曾巩.《越州鉴湖图》序.见:曾巩集(卷13).北京:中华书局,1984:207.

杭州成为吴越国的首府,钱镠便大规模营建海塘,以抵御潮水。捍海塘的修建,起初用版筑之法。但因杭州钱塘江岸属软弱型地基,而又有海潮冲击,淘沙作用相当激烈,所以版筑不成。于是改用"竹笼石囤木桩法"修塘,即:

> 以大竹破之为笼,长数十丈,中实巨石。取罗山大木长数丈植之横为塘。依匠人为防之制,又以木立于水际,去岸二九尺立九木,作六重,象《易》既未济卦。由是潮不能攻,沙土渐渍,岸益固也。[1]

采用新的方法,终于建成了一条自今六和塔至艮山门的捍海大塘。考古工作者曾在杭州南星桥附近,发掘了一段五代钱氏捍海塘遗迹。[2] 海塘遗迹距地表约 3 米深处,其上叠压着六个地层。其中第六层,为直接叠压在五代钱氏捍海塘上面的北宋堆积。揭去第六层堆积,便暴露出钱氏捍海塘遗迹。捍海塘基宽 25.25 米,面宽 8.75 米,残高 5.05 米。解剖遗迹获知,钱氏捍海塘属"竹笼石囤木桩"结构,系用木桩、竹笼、石块和细沙土等材料逐层砌筑而成,与文献记载的做法基本一致。其特点可概括为如下内容。

第一,密集的护基木桩。

从考古发掘的迹象看,海塘基础的内侧是一排用拉木套接加固的护基木桩。护基木桩排列密集,间距很小。桩高 2 米、直径 0.2 米左右,桩尖削成圆锥状,紧贴泥塘斜向打入塘基。在木桩向泥塘一侧,紧贴一道竹篱笆,篱笆上还附贴一层芦苇草席。笆长 3.8 米、高 1.1 米左右。竹笆用竹篾编织的竹绳捆缚于护基木桩之上。在护基木桩的上部还缚扎一根横木,这根横木将一根根护基木桩连成一体,俗称"位林木"。"位林木"和护基木桩的缚扎也用竹绳。因竹绳难以扎紧,故每扎一道都用一根细长木棍绞紧。护基木桩每隔 2 米左右,用一根长约 3 米的拉木加固。拉木一头高,一头低,高的一头用榫卯勾住"位林木",低的一头用两根小木桩打入沙土钉住穿过拉木的横闩。

经过这样的处理与加固,很好地解决了松软地基因承重受压而向外挤开的问题。

第二,垒叠的"竹笼沉石"。

海塘基础的外侧既要解决松软地基承重受压而向外挤开的问题,又要防止潮汐冲击塘岸而引起倒塌,因而其建筑结构远较内侧更为复杂。外侧基础除了护基木桩,还有众多的"竹笼沉石"。外侧四排护基木桩中的第一、

---

〔1〕 (清)吴任臣.十国春秋(卷78).北京:中华书局,1983:1086.

〔2〕 浙江省文物考古研究所.五代钱氏捍海塘发掘简报.文物,1985(4)85—89.

二、三排垂直打入塘基,第四排则斜向打入塘基,向内倾斜角为 15 度左右。桩木由里向外逐渐加长变粗,第一排木桩高 2 米上下,直径不超过 0.25 米,而第四排护基木桩高度在 5 米以上,直径超过 0.3 米。第四排护基木桩外是垒叠的"竹笼沉石"。这与文献记载的"大竹破之为笼,长数十丈,中实巨石"[1]情况基本相符。

所谓"竹笼沉石"系用一个圆筒状的竹笼填充石头制作成的,笼径 0.6 米、长 4 米以上。"竹笼沉石"叠放里侧紧倚第四排护基桩,上下叠放四、五层。"竹笼沉石"间有上下两层拉木,将其固定在第四排护基桩上。在第一排护基木桩的里侧也用竹篱笆和芦苇席围护,防止沙土遇水流失。

第三,讲究的技术处理。

在海塘基础的外侧,由里向外的第一排护基木桩到"竹笼沉石"外沿的宽度在 7 米以上,在这个宽度内,建筑工匠们做了十分讲究的技术处理。

第一排护基木桩和第四排护基木桩之间是一只只盛满巨石的矩形大竹筐,筐长 3 米、宽 2.5 米、高 1.5 米左右,用一张竹编围折而成,其底部是一张宽度稍大于竹筐的田字格纹竹簟。为使其牢固,筐的四角均用一根直径 0.1 米左右的木桩固定。筐内用竹筋纵横缚扎夹紧,筐外用方木做成的木框箍住。第二、三排护基木桩插在筐间,并用竹绳和纵向框木相绑,以起固定作用。然后再用长达 8—9 米的大木拉住护基木桩,用以加固。

第四,牢固的塘面保护层。

内外坡保护层由于其功用不同,采用了不同的建筑方法。内坡的保护层,大部分是用含铁量较高的砂石和带炭屑的炉渣状物质筑成的,厚度在 0.1 米左右。这种含铁量较高的物质遇到盐分,氧化板结,形成坚硬牢固的保护层。这一保护层对保护塘沙、避免雨水冲刷流失,起到良好的作用。

外坡是迎水面,要迎接巨大浪潮的冲击。外坡的保护层,采用垒石护岸的办法,即在培土筑塘的过程中,外侧铺上一层厚厚的石块,形成石头护塘面,用以抵御海浪的冲击。顶面因破坏严重,没有发现类似的加工层,推测原来也应有与内坡相同的保护面。

第五,科学的"滉柱"设置。

所谓"滉柱",是指防洪护堤的木桩。沈括在《梦溪笔谈》中说:"钱塘江,钱氏时为石堤,堤外又植大木十余行,谓之滉柱……盖昔人埋柱以折其怒势,不与水争力,故江涛不能为害。"[2]考古发掘表明,钱氏捍海塘确实采用

〔1〕 (清)吴任臣.十国春秋(卷 78).北京:中华书局,1983:1086.

〔2〕 (宋)沈括.梦溪笔谈(卷 11).上海:上海书店出版社,2003:102.

了"滉柱"设置。两排"滉柱"排列错落有序,柱距前后左右均在 1 米左右,里排"滉柱"贴住"竹笼沉石"外沿。"滉柱"所用木材粗大,长度超过 6 米,直径不下 0.3 米。在离塘岸的水际植打"滉柱",既可以缓解潮水对塘体的直接冲击,又可以使潮水带来的泥沙在这里迂回沉积,从而达到保护海塘的目的。

从立"滉柱"的用意看,钱氏捍海塘立于水际的"滉柱"应不止两排。究竟是《梦溪笔谈》中说所说的"十余行",还是《十国春秋》中所记载的"立九木,作六重",则有待以后更多的发掘来证实。

第六,合理的工程步骤。

根据上述海塘的结构,我们可大致还原筑塘的步骤和过程。第一步:打基础,内外两侧同时进行。外侧先在拟放矩形竹筐的地方铺上竹簟,将护基木桩和"滉柱"打入塘基和水中,然后套装"竹筐沉石""竹笼沉石",缚扎竹篱笆,连接拉木,将基础连接成一个互相牵连的整体。第二步:夯土筑塘,抛石护岸。第三步:塘面加工,完成内、外及顶面的保护层。筑塘所用材料的数量是惊人的,构筑 10 米长的海塘,至少需要 25 立方米木材,石头、泥土的数量更是可观。从其所用的石料与现在的南星桥采石场的石料一致的情况看,当时海塘修筑,应是按照就地取材的原则来进行的。[1]

水来土挡,是古时人们最早采用的防洪治水方法。它就地取材、方便简单,因而沿用了数千年。到了隋唐时期,浙江、福建沿海一带成片海塘依然是版筑土塘。钱氏捍海塘采用"竹笼沉石"并固以木桩的方法,不能不说是筑塘技术的一大进步;在外坡抛石护岸,在内坡和顶面加筑一层坚硬的保护面,是筑塘方法的又一大改进;立"滉柱"于水际以保护海塘,也是十分科学的方法。所以说,钱氏捍海塘的出现,标志着中国古代筑塘技术进入了一个新的历史阶段。之后海塘代有修筑,其"防潮之效卓著,实为古代遗留至今之一大工程也"[2]。

二、手工业技术

较之于唐代,吴越国时期浙江手工业的生产规模和生产技术都有不同程度的发展,尤以制瓷业、丝织业、造船业、建筑业及相应的技术提高最为显著。

〔1〕 浙江省文物考古研究所.五代钱氏捍海塘发掘简报.文物,1985(4):85—89.
〔2〕 [英]李约瑟著,陈立夫主译.中国之科学与文明(第 10 册),台北:台北商务印书馆,1980:505.

第一,瓷器烧制技术的进步。

吴越国时期是浙江制瓷史上较繁荣的时期之一。此时,窑场广布于今浙东绍兴、上虞、鄞州、慈溪、奉化、临海、天台、仙居、黄岩、温岭,浙南永嘉、东阳、武义以及浙北湖州等地。不仅产量大,烧制技术也有明显的提高。

尤其是越窑秘色瓷,其制作之巧妙精美,远远超过了唐代,以至于后人将秘色瓷直接断定为钱氏吴越国所烧造。宋人赵令畤在《侯鲭录》中说:"今之秘色瓷,世言钱氏有国,越州烧进为贡奉之物,不得臣、庶用之,故云秘色。"[1]这里,将秘色瓷出现与"钱氏有国"直接联系在一起。当然,赵令畤接着又考证说:"比见《陆龟蒙集·越器》诗云:九秋风露越窑开,夺得千峰翠色来。好向中宵盛沆瀣,共嵇中散斗遗杯。乃知唐时已有秘色,非自钱氏始。"[2]从时人误以为秘色瓷始于"钱氏有国"的记述中仍可以推断,秘色瓷虽始于晚唐,实盛于唐末和五代吴越国时期。

这一推断,也为考古发现所证实。杭州地区已发掘清理了多座五代墓葬,出土了不少秘色瓷,器形有罂、罐、坛、缸、壶、碗、盘、洗、碟、盒、炉、灯等。这些秘色瓷制作十分精美,胎质细腻坚致,釉层均匀滋润。如:临安水邱氏墓出土的油灯、香炉、盖罂、葵口碗、双系罐、四系坛、粉盒、油盒等25件青瓷器,制作精细,式样优美,青釉晶莹、润泽,当为秘色瓷无疑。[3]在临安康陵,出土的秘色瓷数量更多,达44件。临安钱元玩(钱镠第十九子)墓出土的青瓷缸,高37厘米,口径62.5—64.7厘米,底径35—38厘米。临安板桥吴氏墓出土的褐丝云纹四系瓶,高50.7厘米,腹径31.5厘米。如此大型的瓷缸、瓷瓶,无论是制坯成型,还是入窑烧成,都相当不易。杭州玉皇山麓钱元瓘墓出土的青瓷罂,腹部浮雕双龙,龙身涂金。苏州七子山五代钱氏贵族墓葬中,亦出土过青瓷金扣边碗一只。[4]

上林湖后司岙窑址,始于唐代晚期,止于五代,其中唐末"中和"(881—884)年间前后至五代中期,是该窑烧造秘色瓷的鼎盛时期。[5]

这均说明《宋史》《宋会要辑稿》等文献中"金扣越器""金棱秘色瓷器""金银饰陶器"等记载,信而有征。

第二,金属采冶与加工技艺的提高。

上述用金银装饰瓷器的实物以及"金扣越器"等文献记载,说明了吴越

---

〔1〕 (宋)赵令畤.侯鲭录(卷6).北京:中华书局,1985:53.

〔2〕 (宋)赵令畤.侯鲭录(卷6).北京:中华书局,1985:53.

〔3〕 浙江省文物考古研究所.浙江考古精华.北京:文物出版社,1999:206.

〔4〕 李志庭.浙江通史(隋唐五代卷).杭州:浙江人民出版社,2005:332—333.

〔5〕 沈岳明,郑建明.浙江上林湖发现后司岙唐五代秘色瓷窑址.中国文物报,2017-01-27(8).

国金银加工技艺的高超。现存的义乌铁塔,则反映了吴越国金属铸造技术水平。

义乌铁塔,原在双林寺,铸造时间约在吴越国中期。铁塔原为八面五层,仿木结构,作楼阁式。现存残塔塔身三檐两层,高约2.20米。第一层塔身八面,其中四面设壶门,另四面铸饰有佛像36尊。第二层亦八面,每面铸饰有佛像96尊。塔身每面铸造出仿木构件,有额枋、斗栱等。斗栱与斗栱之间均设佛像1尊,共有佛像64尊。每面转角倚柱上还铸有盘龙两条。塔檐作羽状飞檐,瓦当饰罗汉脸谱。塔基座分为三层,呈须弥座式,上铸人物、楼阁、动物、花卉和象征"九山八海"的山峰、海浪图案。

第三,丝织业发达。

浙江古代的丝织业向来发达。继隋唐以后,浙江丝织业在吴越国时期发展速度更快。为了适应和满足贸易、贡献及享受等需要,吴越国钱氏政权对丝织业颇为重视。

钱镠就自称"教人广种桑麻"。李琪在《吴越王钱公生祠堂碑》说钱镠"善诱黎甿,服勤耕稼,携稚就丰,佩牛归化,再熟粱稻,八蚕桑柘"[1]。袁枚在《重修钱武肃王庙记》中也有"世方喋血,以事干戈;我且闭关,而修蚕织"[2]的描述。此时,不但农村"桑麻蔽野",城镇也是"春巷摘桑喧姹女",一派摘桑养蚕的繁忙景象。连许多寺院也植桑养蚕。植桑养蚕为丝织手工业提供了充足的原料。《吴越备史》记载:"徐绾之叛,城中有锦工二百余人,皆润人也。瑛虑其为变,乃命曰:王令百工悉免今日工作。遂放出城而发悬门。"[3]说明当时杭州设有官营丝织业手工作坊,而且已有时日。钱传瑛(钱镠第三子)既称"虑其为变","悉免今日工作",可见官营作坊此后依然经营。

其时,精致的高级丝织物由官营手工业作坊织造,而一般的绢帛则由民间生产。主要产品有越绫、吴绫、越绢、锦、缎等。吴越国的丝织品成衣制作技术精良,常常作为贡品进贡中原王朝。如钱镠宝大元年(924),向后唐进贡的成衣制品就有龙凤衣、丝鞋、履子,以及用盘龙凤锦制成的袍、袄、衫等。

吴越国丝织品的产量也很大。以吴越国向中原朝廷进贡为例,根据记载,从907年钱镠封为吴越国王至978年钱弘俶纳土归宋的70余年中,吴越国向中原王朝进贡丝织品的有21个年份,有的年份进贡数次。例如:后

〔1〕(五代)李琪.吴越王钱公生祠堂碑.见:全唐文(卷847).北京:中华书局,1983:8906.
〔2〕(清)袁枚.小仓山房诗文集(下).上海:上海古籍出版社,2009:2124—2125.
〔3〕(宋)范坰.四部丛刊续编·史部·吴越备史(卷1).上海:上海书店,1934:966.

周显德五年(958)吴越国王钱弘俶向周世宗进贡丝绸就达 6 次之多:2 月进贡御衣、绫绢等物;4 月进贡绫、绢各 2 万匹;闰 7 月进贡绢 2 万匹、细衣缎 2千匹及御衣等;8 月进贡绢 1 万匹;11 月进贡绵 5 万两;12 月又进贡了绢 3万 1 千匹、绵 10 万两。北宋开宝九年(976)更甚:2 月 21 日,贡绢 5 万匹;22 日,贡绢 3 万匹;25 日,贡绵 80 万两;3 月初二,贡绢 5 万匹;3 月初三,献绢 6 万匹;6 月,所贡绢、绵以万计;11 月贺宋太宗即帝位,贡御衣,绢万匹。前后贡献共 7 次。即便是太平兴国三年(978)吴越国归宋之前两个月(即该年 3 月),还贡绫绵 1 万两、绢 10 万匹、绫 2 万匹、绵 10 万屯(6 两为 1屯)。[1] 如此贡奉数量,从另一个角度反映了吴越国丝织生产的盛况。

第四,雕版印刷术盛行。

有关浙江的雕版印刷的文献记载始见于唐代中叶,至吴越国时期已经屡见不鲜。吴越国所刻,主要是佛经、佛图,尤以钱弘俶时期为多。延寿和尚曾为钱弘俶刻印过大量经文、佛图等。据说延寿曾亲手印《弥陀塔图》14万本。钱弘俶则仿照阿育王故事,下令在各地造塔 84000 座,内藏《宝箧印经》。虽说 84000 座只是虚数,但想必其造塔(包括金涂塔)数量、印刷佛经的数量是十分可观的。

1917 年,在湖州天宁寺经幢中发现《一切如来心秘密全身舍利宝箧印陀罗尼经》1 卷。此经卷高 2 寸 5 分,版心 1 寸 9 分半,经文每行 8 字或 9字,共 338 行。画前有题记 4 行,曰:"天下都元帅吴越国王钱弘俶印宝箧印经八万四千部,在宝塔内供养,显德二年丙辰岁记。"其落款"显德二年丙辰",即公元 955 年。王国维认为"小经卷刊本传世者,以此卷为最古,即吾浙古刻之存者,亦以此卷为最古矣"。[2]

1924 年,杭州雷峰塔倾圮,在塔砖孔内也发现《一切如来心秘密全身舍利宝箧印陀罗尼经》1 卷。此经卷长 2 米,版心高 6 厘米,经文共 271 行,每行 10 字。卷首题刊 3 行,云:"天下兵马大元帅吴越国王钱俶造此经八万四千卷,舍入西关砖塔,永充供养,乙亥八月纪。"落款"乙亥",即开宝八年(975)。

1971 年,绍兴城关镇出土铜铸金涂塔一座,塔内小木筒中藏有《宝箧印经》1 卷。塔底铸有"吴越王钱俶敬造宝箧印经八万四千卷,永充供养,时乙丑岁记"字样。落款"乙丑",即宋乾德三年(965)。

〔1〕 李志庭.浙江通史(隋唐五代卷).杭州:浙江人民出版社,2005:334—335.
〔2〕 王国维.显德刊本《宝箧印陀罗尼经》跋.见:观堂集林.石家庄:河北教育出版社,2003:518—519.

佛经,亦是书籍的一种。这些面世的刻印佛经,展示了吴越国雕版印刷业的发达。[1]

第五,造船技术独树一帜。

吴越国在湖州、杭州、越州、台州、婺州、括州等地都设有造船基地,打造了大量的船只,尤以战舰、龙舟、海船最为突出。

吴越国拥有数百艘战舰,这些战舰的样式、配置特别,船头"皆刻龙头",船中则配备"火油"发射筒。吴越国的龙舟更是建造得富丽堂皇。后周显德五年(958),吴越国王钱弘俶贺周世宗"车驾还京","进龙舟一艘、天禄舟一艘,皆饰以白金"[2]。宋朝建立以后,吴越国进贡的金银饰龙凤船竟达 200 艘之多。《梦溪笔谈》记载,吴越国进贡宋朝廷的龙舟,"长二十余丈,上为宫室层楼,设御榻以备游幸"。后因"岁久腹败,欲修治而水中不可施工",满朝文武竟一筹莫展,直到"熙宁中宦官黄怀信献计,于金明池北凿大澳可容龙船,其下置柱,以大木梁其上。乃决水入澳,引船当梁上,即车出澳中水,船乃笐于空中。完补讫复以水浮船,撤去梁柱,以大屋蒙之,遂为藏船之室,永无暴露之患"[3]。这一献船、修船、藏船过程,既显现了宋朝廷对于该船珍爱有加的情形,也说明了吴越国非同一般的造船技术。

与对外贸易的需要相适应,吴越国海船的打造技术也很发达。在民间,有名可查的吴越商人如蒋承勋、季盈张、蒋衮、俞仁秀、张文过、盛德言等,都拥有自己建造的船只。日本人中村新泰郎在《日中两千年》里曾说,五代时期"仅从日本的史书中所见,前后算来,商船往来就有十四次,而在实际上恐怕次数还要更多。这些往来的船只,全是中国船,日本船一只也没有。而中国船中,几乎又都是吴越的船只"[4]。这从一个侧面说明了吴越国造船业的发达与先进。

第三节　喻皓与佛塔营造技术

吴越国是浙江历史上建筑业大发展的时期,城垣、宫室、台馆和寺观佛塔屡有兴建。与之相应的是,建筑技术得到了较大的提高。在城市建设方

〔1〕李志庭.浙江通史(隋唐五代卷).杭州:浙江人民出版社,2005:337—338.

〔2〕(清)吴任臣.十国春秋(卷 81).北京:中华书局,1983:1157—1158.

〔3〕(宋)沈括.梦溪笔谈(补笔谈卷 2).上海:上海书店出版社,2003:258—259.

〔4〕[日]中村新泰郎著,张柏霞译.日中两千年.长春:吉林人民出版社,1980:161.

面,杭州城扩建,不仅形成了"南宫北城""前朝后市"的城市格局,还为之后的杭州城奠定了因地制宜的建设规制。虽然与杭州城市建设相配套的宫室、台馆等建筑,均已不存,但留存至今的杭州闸口白塔、苏州云岩寺塔等佛教建筑,无疑是吴越国建筑的杰出代表。钱弘俶"纳土归宋"后,浙江著名工匠喻皓奉命赴汴京负责皇家工程,说明此时的江南建筑技术已有超越中原之势。喻皓的《木经》3 卷,在《营造法式》成书前曾被木工奉为圭臬。

一、喻皓其人

因史籍失载,喻皓生平、籍贯均不清楚。记载的缺失,甚至引起了一些学者对喻皓是否真有其人的怀疑。如夏鼐在《梦溪笔谈中的喻皓〈木经〉》一文中说:"当时喻氏在民间口碑中已成为'神话式'的'巧匠',社会上流传着许多关于他的故事,有的故事已经传说化了。我怀疑所谓《喻皓木经》,可能像《鲁班经》一样,是一部无名氏的著作。"[1]不过,更多的学者虽对"传说化"的记载表示怀疑,但对其人还是持肯定的态度。如王士伦在《喻皓建梵天寺塔一事质疑》一文中,对《梦溪笔谈》《十国春秋》所记喻皓建梵天寺塔一事的内容提出了质疑,但最后的结论是"喻皓是五代吴越的著名建塔匠师,他可能参与杭州梵天寺塔的重建工程"[2]。林正秋曾撰《北宋杭州三大科学家》一文,说:"喻皓(生卒年不详),又作预皓,喻浩。杭州人,是五代末年、北宋初年著名的建造木塔的工匠和专家。"[3]可惜文中没有列出得出这一结论的依据。现根据史料,补述如下。

第一,喻皓,又作预皓、喻浩,个别文献还作俞皓。

沈括《梦溪笔谈》、释文莹《玉壶清话》、王铚《默记》作"喻皓",如沈括在《梦溪笔谈》说:"营舍之法谓之《木经》,或云喻皓所撰。"[4]

欧阳修《归田录》、祝穆《事文类聚》作"预浩",如欧阳修在《归田录》中说:"开宝寺塔在京师诸塔中最高,而制度甚精,都料匠预浩所造也。"[5]

陈师道《后山谈丛》、释志磐《佛祖统纪》作"喻浩",如陈师道在《后山谈丛》中说:"东都相国寺楼门,唐人所造,国初木工喻浩曰:他皆可能,惟不解卷檐尔。每至其下,仰而观焉,立极则坐,坐极则卧,求其理而不得。门内两

---

〔1〕 夏鼐.梦溪笔谈中的喻皓木经.考古,1982(1):74—78.

〔2〕 王士伦.喻皓建梵天寺塔一事质疑.浙江学刊,1981(2):90—91.

〔3〕 林正秋.北宋杭州三大科学家.杭州科技,2008(1):56—57.

〔4〕 (宋)沈括.梦溪笔谈(卷18).上海:上海书店出版社,2003:148.

〔5〕 (宋)欧阳修.归田录(卷1).杭州:浙江古籍出版社,1984:2.

井亭,近代木工亦不解也。寺有十绝,此为二耳。"〔1〕

此外,高承《事物纪原》中作"俞皓"。在江少虞的《新雕皇朝类苑》中,则"喻皓""预皓""喻浩"互见。今人通常从沈括《梦溪笔谈》之说,称其为喻皓。

第二,喻皓为五代末年、北宋初年人。

历史文献均没有明确记述喻皓的生卒年代。《梦溪笔谈》记述了吴越时,喻皓在杭州参与建造梵天寺木塔之事;《归田录》记述了北宋初年,喻皓在开封建造开宝寺木塔之事,但均未记具体年份。《后山谈丛》说喻皓为"国初木工",这里的"国初",当指北宋初,但也未及具体年份。

《玉壶清话》记载了为建造开宝寺木塔,喻皓与郭忠恕交往一事,值得注意:

> 郭忠恕画殿阁重复之状,梓人较之,毫厘无差。太祖闻其名,诏授监丞。将建开宝寺塔,浙匠喻皓料一十三层,郭以所造小样末底一级,折而计之,至上层,余一尺五寸杀收不得,谓皓曰:"宜审之。"皓因数夕不寐,以尺较之,果如其言。〔2〕

郭忠恕,五代宋初画家,卒于太平兴国二年(977)。据《事物纪原》记载,开宝寺木塔落成于端拱二年(989)〔3〕。如果记载不误,开宝寺木塔自策划设计到最后建成,至少用了 12 年时间。如以 977 年为设计木塔开端,时年喻皓绝不会是二三十岁的年轻人,而应是经验极为丰富的四五十岁的专家,甚至年龄更长的老匠人。由此看来,将喻皓推定为五代末年、北宋初年人是合适的。

第三,喻皓为杭州人。

《梦溪笔谈》《归田录》等文献没有涉及喻皓的籍贯。《玉壶清话》说开宝寺塔为"浙匠喻皓"所造。

《杨文公谈苑》记载:

> 初造塔,得浙东匠人喻浩,浩不食荤茹,性绝巧,先作塔式以献。每建一级,外设帷帘,但闻椎凿之声,凡一月而一级成。其有梁柱龃龉未安者,浩周旋视之,持捶橦击数十,即皆牢整。自云此可七百年无倾动。〔4〕

这里,将喻皓视为"浙东匠人"。

---

〔1〕 (宋)陈师道.后山谈丛(卷2).上海:上海古籍出版社,1989:17.

〔2〕 (宋)释文莹.玉壶清话(卷2).南京:凤凰出版社,2009:21.

〔3〕 (宋)高承.事物纪原(卷7).北京:中华书局,1985:260—261.

〔4〕 (宋)杨乙.杨文公谈苑.上海:上海古籍出版社,1993:108.

《佛祖统纪》说：

> （端拱）二年，开宝寺建宝塔成，八隅十一层，三十六丈，上安千佛万菩萨，塔下作天宫，奉安阿育王佛舍利塔，皆杭州塔工喻浩所造。凡八年而毕，赐名福胜塔院。[1]

在此，较明确地将喻皓称为"杭州塔工"，籍贯定为杭州。

由此可见，宋时，喻皓的籍贯就有浙江、浙东、杭州数说。后人最早推定喻皓为杭州人的是清雍正《浙江通志》："沈括《笔谈》不详皓为何地人，考《十国春秋》附皓吴越列传后，且其妻在杭，似为杭人无疑。"[2]李格在《杭州府志》中从其说，认为喻皓为"杭人"。虽然雍正《浙江通志》将喻皓推定为杭州人，其理由并不充足，但考虑到《佛祖统纪》的记载，目前我们认为将喻皓定为杭州人是可行的。

二、《木经》的价值

沈括在《梦溪笔谈》中说"营舍之法，谓之《木经》，或云喻皓所撰"。欧阳修在《归田录》中说喻皓"有《木经》三卷行于世"。可惜《木经》（3 卷）已亡佚，无法了解其全貌，好在《梦溪笔谈》中摘录了一小段内容，让后人可窥其一斑。

> 凡屋有三分，自梁以上为上分，地以上为中分，阶为下分。凡梁长几何，则配极几何以为榱等，如梁长八尺，配极三尺五寸则厅堂法也，此谓之上分。楹若干尺，则配堂基若干尺以为榱等，若楹一丈一尺，则阶基四尺五寸之类，以至承拱、榱桷皆有定法，谓之中分。阶级有峻、平、慢三等，宫中则以御辇为法，凡自下而登，前竿垂尽臂、后竿展尽臂为峻道。前竿平肘、后竿平肩为慢道，前竿垂手、后竿平肩为平道，此之谓下分。其书三卷。近岁土木之工益为严善，旧《木经》多不用，未有人重为之，亦良工之一业也。[3]

古人在摘录前人著作时候，常常增删字句，略加更动。《梦溪笔谈》在摘录《木经》文字时，估计也是如此，并不是一字不易。不过，我们可以相信，沈括所摘录的内容，即便有所增删，但与《木经》的原意相去不会太远，是可以

---

〔1〕（宋）志盘撰，释法道校注.《佛祖统纪》校注（卷 44）.上海：上海古籍出版社，2012：1037.

〔2〕（清）嵇曾筠.浙江通志（卷 196）.上海：商务印书馆，1934：3369.

〔3〕（宋）沈括.梦溪笔谈（卷 18）.上海：上海书店出版社，2003：148—149.

信赖的。沈括所摘录的文字不多,总共不到 200 字,但其意义非凡。它的价值可以从如下几方面概括。

第一,《木经》开"材分"制度之先河。

"分"有平声、去声两种读法,读法不同,用法、含义亦不同。《营造法式》说:"凡分寸之分皆如字,材分之分,音符问切。"[1]这里所说的"如字",指读平声,如"春分""分寸""分开"等;"符问切"指读去声,如"名分""部分""材分"等。《木经》中所提到的"凡屋有三分"以及"上分""中分""下分"等,其中的"分"应读为去声,原注中便有"去声"两字,意即类似《营造法式》中所说的"材分"。

不过,与《营造法式》中的"材分"制度相比,《木经》中的"材分"似乎较为粗率,远未达到"凡屋宇之高深,名物之短长,曲直举折之势,规矩绳墨之宜,皆以所用材之分"[2]的程度。虽然如此,但毕竟为《营造法式》的"材分"制度开了先河。

需要指出的是,有些著述把"屋有三分"中的"三分"译作"三个部分",从字面上看可通,但这可能不是喻皓的本意。

第二,对建筑构架做了初步的分类。

中国古代建筑类别多样。《木经》中的这段文字,显然针对的是木结构的房屋类建筑。木结构建筑既是中国古代建筑的主要类别,也是中国古代建筑最主要的特点。通常,我们将木结构建筑的构架形式分为抬梁式、穿斗式两种主要类型。其中抬梁式构架在《营造法式》中有殿阁作、厅堂作以及楼阁作之分。从《木经》中"如梁长八尺,配极三尺五寸则厅堂法也"的记述中我们可以推断,除了"厅堂法",可能还有"殿阁法"之类。

这一点从《木经》所提到的"宫中则以御辇为法"中,得到间接的印证。也就是说,《木经》与《营造法式》一样,也对建筑的构架作了区分。这种区别,既是出于不同类别建筑的设计、施工需要,也充分考虑到了基于传统礼制的建筑等级因素。同样需要指出的是,有些论著将"厅堂"译作"大厅堂和小厅堂"或"大厅",单从文字的角度并无不妥,但显然没有深入到其所特指的内涵。

第三,运用了"人体工程学"的方法。

"人体工程学"是相对晚近的学科,但"人体工程学"的某些原理与方式,在中国古代已有所运用。《木经》中所提到的"宫中则以御辇为法"的方法,

[1] (宋)李诫.营造法式(卷4).北京:中国书社,2006:73.
[2] (宋)李诫.营造法式(卷4).北京:中国书社,2006:73.

便是很好的例证。

《木经》说："凡自下而登,前竿垂尽臂、后竿展尽臂为峻道。前竿平肘、后竿平肩为慢道,前竿垂手、后竿平肩为平道。"表述虽然简单,但简明、实用。假定轿杠的长度定为 1 丈 3 尺 4 寸[1],那么,峻道、慢道、平道的夹角(斜面与水平面的夹角)分别为 26.6 度、14.0 度、7.2 度。就它们的斜度而言,三者的比例是 1(峻):2(平):4(慢)。如果轿杠的长度不是 1 丈 3 尺 4 寸,那么,长度越短,台阶的坡度越陡峻;长度越长,坡度越平缓。[2]

三、佛塔营造技术

中国古代建筑以木结构为主要特点,喻皓正是抓住了这一特点,将著述命名为《木经》。从相关的历史文献记载上看,喻皓之所以能获得"国朝以来木工,一人而已"[3]的美誉,除了《木经》,还与他擅长建造佛塔有关。

沈括在《梦溪笔谈》中有这样的记载:

钱氏据两浙时,于杭州梵天寺建一木塔,方两三级,钱帅登之,患其塔动,匠师云:"未布瓦,上轻,故如此。"乃以瓦布之而动如初,无可奈何,密使其妻见喻皓之妻,贻以金钗,问塔动之因,皓笑曰:"此易耳,但逐层布板讫,便实钉之则不动矣。"匠师如其言,塔遂定。盖钉板上下弥束,六幕相联如胠箧,人履其板,六幕相持,自不能动。人皆伏其精练。[4]

欧阳修在《归田录》中也说:

开宝寺塔在京师诸塔中最高,而制度甚精,都料匠预浩所造也。塔初成,望之不正而势倾西北。人怪而问之,浩曰:"京师地平无山,而多西北风,吹之不百年,当正也。"其用心之精盖如此。国朝以来木工,一人而已。至今木工皆以预都料为法。有《木经》三卷行于世。世传浩惟一女,年十余岁,每卧则交手于胸为结构状,如此逾年,撰成《木经》三卷,今行于世者是也。[5]

---

〔1〕 假定为"一丈三尺四寸",是根据下列二证:一是《营造法式》中的石作制度的台阶是"每阶高一尺作二踏,每踏厚五寸,广一尺";二是南宋初年肖照绘制的《中兴祯应图》。

〔2〕 夏蒓.梦溪笔谈中的喻皓木经.考古,1982(1):74—78.

〔3〕 (宋)欧阳修.归田录(卷1).杭州:浙江古籍出版社,1984:2.

〔4〕 (宋)沈括.梦溪笔谈(卷18).上海:上海书店出版社,2003:154—155.

〔5〕 (宋)欧阳修.归田录(卷1).杭州:浙江古籍出版社,1984:2—3.

这些记载,或许有传说甚至神化的成分,但从中也反映了喻皓造塔技艺之高超。清人朱彝尊《曝书亭集》在概括五代十国的佛教建筑时曾说:"寺塔之建,吴越武肃王倍于九国。"[1]尤其都城杭州,据《十国春秋》记载,显德二年(955),"周诏寺院非敕额者悉废之。检杭州寺院,存者凡四百八十"[2]。由此可见,当时的吴越国境内,可谓寺院如林,故有"东南佛国"之称。

吴越国寺塔建设众多,就宗教信仰而言,固然反映了佛教的兴盛,就建筑而言,则反映了吴越国建筑业的繁荣和建筑技术的发展。佛塔作为珍藏舍利和佛经的处所,是一种佛教设施,作为建筑物,则是一种特殊的高层建筑。当然,佛塔的建造,有一个继承与发展的过程。如唐中和四年(884),湖州资圣寺内建飞英石塔,北宋开宝年间(968—975)吴越王钱弘俶尚在位期间,在外面又建砖木楼塔,形成了塔中塔。建造于吴越国时期的杭州雷峰塔和苏州的云岩寺塔,均为唐、宋过渡期间八角形楼阁式砖塔的重要实例。

众多佛塔的建造,有些能保存千年甚至更长时间而不倒,这显然与以喻皓为代表的建筑匠师的高超技艺分不开。

雷峰塔,位于杭州西湖南岸夕照山,建于五代十国末。在塔的砖穴内曾发现雕版印刷的陀罗尼经,内有题记:"天下兵马大元帅吴越王钱弘俶造此经八万四千卷,舍入西关砖塔,永充供养。乙亥八月纪。"乙亥当为975年,即北宋开宝八年。雷峰塔属楼阁式塔,平面呈正八角形,塔身砖砌,有内外两层,檐部为木结构。据记载,原拟建十三级,后因财力不足,改建七级。每面转角有八角倚柱,居中辟门,并在墙上隐出阑额、槏柱、腰串、地栿。阑额上置斗栱承木檐。每层有平坐。南宋李嵩所画雷峰塔为改造后的五级佛塔,顶上没有刹杆而用宝顶。吴越初建时,从同期佛塔推测,当时像这样高规格的塔,应该是用塔刹的。底层塔身较高,推测原应有一周回廊。塔基与地宫遗址的发掘,揭示出副阶檐柱的石础,证实了这一推测。[3]该塔于1924年倒塌。

云岩寺塔,位于苏州市阊门外的虎丘山上,俗称虎丘塔。始建于五代吴越钱弘俶十三年(959),落成于北宋建隆二年(961)。[4]后经多次焚毁和修缮,现存云岩寺塔为八角七级仿木结构楼阁式砖塔。塔身残高约47.5米,由外壁、回廊、塔心三部分组成。外壁每层转角处砌成圆形角柱,每面用间

〔1〕 (清)朱彝尊.曝书亭集(卷46).上海:世界书局,1937:557.

〔2〕 (清)吴任臣.十国春秋(卷81).北京:中华书局,1983:1154.

〔3〕 浙江省文物考古研究所.杭州雷峰塔五代地宫发掘简报.文物,2002(5):4—32.

〔4〕 刘敦桢.苏州云岩寺塔.文物参考资料,1954(7):27—38.

柱划分三间,当心间辟塔门,左右两间是砖砌直棂窗。柱顶横额上置斗栱承托塔檐,再上为平座栏杆。从外壁塔门至回廊有一条走道。廊内是塔心,八角形,东南西北四面辟门,由塔心门经过走道进入塔心室。塔身由底向上逐层收进,出檐用砖叠涩结构,外部轮廓呈抛物线形。塔内砖砌白灰粉底绘以彩画。

杭州雷峰塔、苏州云岩寺塔等在当时应属大型工程,它们的兴建,既反映了吴越国的经济实力,也表明吴越国建筑技术较为先进。虽已逾千年,浙江境内现存的吴越国时期的佛塔建筑仍有不少,如临安功臣塔、杭州闸口白塔、灵隐寺双石塔、保俶塔、黄岩灵石寺塔等便是其中的代表。

功臣塔,位于杭州临安功臣山顶,因山得名。始建于五代后梁贞明元年(915),为吴越国时期最早的佛塔。该塔为砖砌仿木构楼阁式,方形平面,通高 25.3 米,由基座、塔身、塔刹组成。基座直接砌在岩石上,边长 5.36 米,高 0.44 米。塔基下有地宫,凿石而成,长 70 厘米,宽 50 厘米,深 108 厘米,早年被盗。塔身五级,高 22.06 米。外观每层每面隐出倚柱、平柱、槏柱、阑额及腰串,中间辟门。各层叠涩出檐,二三层设平座。一二三层每面各配置柱头铺作两朵,每面平座下也各配斗栱三朵。塔壁厚 126 厘米(底层),一至四层门道两侧相对设佛龛,顶部饰斗八藻井。塔顶四坡,上有铁铸塔刹,高 2.62 米。刹下圆木刹竿,长 5.6 米,由上下两层交叉梁承托。塔内现状为上下直通,1982 年维修时曾于塔身内外发现卯孔,内存被焚烧过的木构残件,说明塔内外原为木构装修。塔体逐层收缩,底层下部亦向内收,颇具唐代遗风。整座塔平面方形,比例适度,轮廓比较缓和,给人以峻秀挺拔之感。

闸口白塔,坐落于杭州钱塘江边闸口的白塔岭上,始建于五代吴越国末期,与六和塔遥遥相望,是钱塘江的标志性建筑。北宋范仲淹曾写有《过余杭白塔寺》诗:"登临江上寺,迁客特依依。远水欲无际,孤舟曾未归。乱峰藏好处,幽鹭得闲飞。多少天真趣,遥心结翠微。"[1]该塔是一座仿木构楼阁式塔的形制,并按比例缩小的全石塔。整塔用白石精工雕琢叠砌而成,外观八面九级,逐层收分,比例适度,出檐深远,起翘舒缓,轮廓挺拔秀美。在塔的基座上雕刻有山峰与海浪,其上立须弥座,象征以须弥座为中心的"九山八海"。束腰上刻佛经。再上分九层,每层由塔身、塔檐和平座三部分组成。塔身每面的转角处都有倚柱,收分明显,柱头卷杀。中间有两根槏柱,把每面分成三间,其中四个壁面的当心间辟有壸门,倚柱间架以阑额,上刻"七朱八白"。塔身上浮雕佛像、菩萨和经变故事。平座前沿有柱洞,由此判

---

〔1〕 (宋)范仲淹.过余杭白塔.见:范文正公集(卷 4).上海:商务印书馆,1937:48.

断原先应该安有栏杆。塔刹上原有相轮,后毁。白塔的独特魅力在于,它虽是石质,却极为细腻忠实地镌刻出所有木构建筑应该有的构件与细节。梁思成曾评论说,白塔与其说是一座建筑物,倒不如称其为一件雕塑品、一座模型。[1] 确实,闸口白塔真实地再现了当年十分流行的平面八边形楼阁式塔的风采。

灵隐寺双塔,位于杭州灵隐寺大雄宝殿前东、西两侧,建于五代吴越国时期。灵隐寺石塔和闸口白塔的形制、结构可以说是如出一辙,不仅有着相同的外观,而且各细部构件的镌制都相差无几,故当是同一时期的建筑。[2] 双塔均高 11 米,八面九级,实心。塔基为磐石与须弥座,上雕刻五代吴越宝塔中盛行的"九山八海"。须弥座之上雕仰莲,束腰八面满刻《大佛顶陀罗尼经》。再上每层均由平座、塔身和塔檐三部分组成,完全依照木塔的形制分段雕凿砌筑,并逐层收分。塔刹已毁。塔身八面形,有四面隐出槏柱,把塔壁分成三间,当心间做成壸门式,雕凿出大门,并细腻地雕出门钉和金环铺首,两次间则浮雕立像。另四面不分间,上浮雕佛、菩萨和佛教故事等。角柱圆形,上部有明显收分。阑额上雕饰"七朱八白"。平座用四铺作承托,塔檐用一栱和一昂出跳,五铺作,与《营造法式》所载结构相同。

保俶塔,又名应天塔、宝石塔、保叔塔等,位于杭州西湖北面宝石山。其创建历史,各书所载不一。《西湖志》说,吴延爽请东阳善导和尚舍利,建九级宝塔于崇福院。《武林梵志》说,吴越相吴延爽于崇福院内建九级浮图,名应天塔。《涌金小品》说,钱俶奉宋祖之召去京师,百姓思望,乃筑塔,名保俶。《霏雪录》说,原名宝所,俗误保俶。《西河清话》说,保叔者,宝石之讹,盖以山得名。上述吴延爽为吴越王钱弘俶母舅,曾任都指挥使,兄弟 5 人于宋初建隆元年(960)谋乱而被放逐外郡。所以建塔时间应在吴越国后期、建隆元年之前,其时钱弘俶当未进京。该塔既为吴延爽安置东阳善导和尚舍利而建,按照《三藏法数》卷 27 所谓"感即众生,应即佛也。谓众能以圆机感佛,佛即以妙应应之,如水不上升,月不下降,而一月普现众"的说法,可能"应天塔"为其始名,此名与清乾隆十四年(1749)于塔下所发现的造塔记碑文中"感应舍利"之说,亦基本相符。[3] 西方的学者在清末民初就对保俶塔的历史产生了浓厚的兴趣,有的甚至还对此进行过精深的研究。如艾术华

〔1〕 梁思成.浙江杭县闸口白塔及灵隐寺双石塔.见:梁思成文集(二),北京:中国建筑工业出版社,1984:131—152.

〔2〕 杨新平.杭州闸口白塔建筑年代考.杭州师院学报(社会科学版),1986(3):71—72.

〔3〕 李志庭.浙江通史(隋唐五代卷).杭州:浙江人民出版社,2005:374—375.

1936 发表于《皇家亚洲文会北华分会会刊》第 67 期上的《论杭州保俶塔的建造历史》一文,认为保俶塔应建于吴越王钱弘俶在位期间(952—978)。[1]该塔原为砖木混合结构楼阁式塔,八面九级,宋咸平年间(998—1003)改为七级。元延祐年间(1314—1320)至明嘉靖年间(1522—1566)塔屡毁屡建。明万历七年(1579)重修。民国十三年(1924)塔倾斜,重修。历经重修后的保俶塔,已非原来面目。

灵石寺塔,位处台州黄岩灵石山下。根据塔砖"乾德三年""乾德四年"铭文[2],当建于吴越国晚期。该塔为砖木结构楼阁式塔,六面七级。塔身逐层收分。每面当心间辟壸门形龛,内供佛像。龛旁有方形断面槏柱,将各面分为三间。转角处置六边形倚柱,柱头之间以阑额作联系构件。各层均用菱角牙子叠涩出檐。塔基础厚达 2.95 米,均为黄泥和乱石瓦砾拌屏夯筑。塔体从底层至顶层,层层设置藏佛像和供养品的"天宫"16 个。塔里有石塔一座。每层"天宫"之间以 3—5 块砖为隔层,因此塔心实际上呈空竹节筒状。

第四节　吴越国天文星图及其价值

吴越国时期的天文学成就是较为突出的。这不仅体现在丘光庭的《海潮论》中[3],而且在陆续发现的天文星图中得到了更为直观地反映。自 20 世纪后半期,考古工作者发掘出多座绘有天文星图的吴越国时期的墓葬,其中在钱宽墓、水丘氏墓、马王后墓、钱元瓘墓、吴汉月墓中发现的天文星图最具价值。

一、五幅天文星图

(一)钱宽墓天文星图[4]

钱宽为钱镠之父,卒于唐乾宁二年(895),因时值战事方亟,直至光化三

---

〔1〕 沈弘.论西方学者对于杭州保俶塔的研究.文化艺术研究,2009(4):16—28.

〔2〕 台州地区文管会,黄岩市博物馆.浙江黄岩灵石寺塔文物清理报告.东南文化,1991(5):242—278.

〔3〕 见本章第五节.

〔4〕 浙江省博物馆,杭州市文管会.浙江临安晚唐钱宽墓出土天文图及"官"字款白瓷.文物,1979(12):18—22.

年(900)才下葬。其墓位于杭州临安锦城镇,早年曾被盗,1978年村民挖取窑泥时发现此墓,随即文物部门进行了考古发掘。墓室为长方形带耳室券顶砖室,分前后二室。天文星图绘在白灰抹就的后室顶部,在四重椭圆土红色线圈内绘有北斗星座与二十八宿诸星。

最里一重椭圆为内规——恒显圈,长径200厘米,短径86厘米;第二重为天赤道,长径274厘米,短径120厘米;第三重为外规——恒隐圈,长、短径分别约为464厘米与180厘米;第四重为重规——外规外侧起装饰作用的圆圈(比外规直径约大15—16厘米)。星点的直径为1.4—2.0厘米不等,均用金箔贴成,星点间有土红色联线,分别组构成星官。[1]

二十八宿的东、北、西、南七宿分别居于东、北、西、南四方,即以顺时针方向排列。在东方七宿的心宿左方画红日一轮,西方七宿的昴宿与毕宿之间画有青白色的满月。在内规中有北斗七星及辅星,但所绘位置偏北了许多,而且画反了方向。二十八宿中的亢宿、房宿和女宿三宿也画反了方向。由此看来,钱宽墓天文星图是一幅以二十八宿星象为主题的,带有些许示意性色彩的天文星图。

(二)水邱氏墓天文星图[2]

水邱氏为钱宽之妻、钱镠之母,卒于唐昭宗天复元年(901)。其墓位于钱宽墓之东侧,发现于1980年。该墓室结构与钱宽墓相同,在墓后室顶部也有一幅与钱宽墓相似的天文星图。与钱宽墓天文星图相比,两者间稍有不同。

水邱氏墓天文星图内规长、短径分别为96厘米与49厘米,其内绘有重瓣莲花一朵。天赤道长、短径分别约为120厘米与90厘米,外规短径约为135厘米,因石灰剥落,未见重规的迹象,亦不知外规的长径尺度。北斗七星及其附座的位置已大体在内规之中。在南方七宿的柳、星两宿正前方画有一轮红日。尾、箕、斗三宿齐全。二十八宿自角宿开始,钱宽墓天文星图以顺时针方向分布,而水邱氏墓天文星图以逆时针方向分布。水邱氏墓天文星图井宿少了1颗星,但画出了毕宿的附座。[3]

---

〔1〕 蓝春秀.浙江临安五代吴越国马王后墓天文图及其他四幅天文图.中国科技史料,1999(1):60—66.

〔2〕 明堂山考古队.临安县唐水邱氏墓发掘报告.见:浙江省文物考古研究所学刊.北京:文物出版社,1981:94—104.

〔3〕 蓝春秀.浙江临安五代吴越国马王后墓天文图及其他四幅天文图.中国科技史料,1991(1):60—66.

如此看来,水邱氏墓天文星图与钱宽墓天文图属同一性质的天文图,只是尺寸仅为钱宽墓天文星图的一半,但绘制已有改进,失误明显减少。与钱宽墓一样,水邱氏墓天文星图也绘成椭圆形,这显然与墓室为长方形相关。

(三)马王后墓天文星图[1]

马王后是吴越国第二任国王钱元瓘之妻,葬于天福四年(939)。该墓位于杭州临安锦城镇,1996年村民挖取窑泥时发现。该墓此前曾被盗,但墓室结构与内中壁画仍保存十分完好。天文星图阴刻于后室顶部红砂砾岩质石板之上,星点为大小不等的圆形,并由阴刻单线联接成组,星点与联线均用金箔贴成。因此走进黑暗的墓室,抬头仰望,可见星星闪烁,仿佛看到一个晴朗的夜空。

该天文星图由直径不等的3个同心圆构成,内规直径46.25厘米,外规直径190厘米,重规直径200厘米。其内、外规直径之比为46.25：190＝1：4.1,而我们知道著名的宋代苏州石刻天文图的内、外规之比为1：4.5,可见,马王后墓天文图内、外规的设定是比较合理的。

该天文星图内规中绘有北斗七星及辅星、华盖七星及附座、钩陈六星和北极五星,这4个星官共35颗星的相对位置基本正确,与《步天歌》所载完全吻合。北极五星中的北极星居于内规的中心,这从一个侧面表明了该天文星图所蕴含的科学性。马王后墓天文星图用宽4—4.5厘米的白色粉带画出了银河,这是迄今发现的中国古代最早的银河图像之一。

(四)钱元瓘墓天文星图[2]

钱元瓘是钱镠的第七子,吴越国第二任国王。卒于后晋高祖天福六年(941)。其墓于1965年在杭州玉皇山下被发现。该墓为砖廓石室结构,即墓外砖砌券顶,内用红砂砾岩石板构筑,分前、中、后三室。

后室四壁有石刻青龙、白虎、朱雀、玄武的图像,其下雕刻手捧十二生肖的十二神像,形式及内容与马王后墓相似。后室顶部刻有天文星图,由直径不等的4个同心圆构成。自内到外依次为内规、天赤道、外规与重规,直径分别为50厘米、119.5厘米、183厘米和189.5厘米,大小与马王后墓天文星图相仿。所刻星官的情况亦与马王后墓天文星图大同小异,但残损的程

---

〔1〕　蓝春秀.浙江临安五代吴越国马王后墓天文图及其他四幅天文图.中国科技史料,1999(1):60—66.

〔2〕　浙江省文物管理委员会.杭州、临安五代墓中的天文图和秘色瓷.考古,1975(3):186—194.

度远较马王后墓天文星图严重。尾宿残四星、壁宿残二星、奎宿残十四星、张宿残五星、翼宿残十五星、轸宿残一星。各星官的星点刻成圆形,并用双线联接。

钱元瓘墓天文星图与马王后墓天文星图的最大不同是,马王后墓天文星图有银河而无天赤道,钱元瓘墓天文星图有天赤道而无银河。

(五)吴汉月墓天文图[1]

吴汉月为钱元瓘的妃子,钱弘俶生母。卒于后周广顺二年(952),同年下葬于钱塘慈云岭之西原(今杭州施家山南坡)。其墓于1958年发掘,墓室结构与钱元瓘墓基本相同。只是钱元瓘墓分前、中、后三室,而该墓只有前、后两室。后室四壁刻有四象与十二生肖图像,顶部也刻有天文星图一幅。

天文星图由直径不等的4个同心圆构成,自内到外依次为内规、外规、重规与再重规,其内规与再重规的直径分别为42.6厘米和180厘米,尺度略小于钱元瓘墓和马王后墓的天文星图。其内规中仅刻有北斗与北极两星座,无华盖与钩陈星官,北斗还残损3颗星。该天文星图各星官的圆形星只用单线联接。

与马王后墓天文星图相比,其所刻二十八宿中,缺房宿附座钩钤二星、危宿附座坟墓四星,残损壁宿二星、奎宿三星与张宿三星。可见其残损状况较重,但轻于钱元瓘墓天文星图。不过,该天文星图中既无银河,又无天赤道,内规中的星官又少了华盖与钩陈,其年代还比马王后和钱元瓘墓天文星图晚出10余年,故其价值稍逊。[2]

上述五幅天文星图大致可分为两组:第一组为钱宽墓天文星图、水丘氏墓天文星图;第二组为马王后墓天文星图、钱元瓘墓天文星图、吴汉月墓天文星图。两组天文星图,似乎各出自一份相同的底图。在底图上是否还有更多的其他星官图像,已不得而知,但可以推测,其底图是一幅全天星图的可能性是存在的。[3]

二、天文星图的特点与价值

天文星图是天文学家观测星辰的形象记录,它真实地反映了在一定时

---

[1] 浙江省文物管理委员会.杭州、临安五代墓中的天文图和秘色瓷.考古,1975(3):186—194.

[2] 蓝春秀.浙江临安五代吴越国马王后墓天文图及其他四幅天文图.中国科技史料,1999(1):60—66.

[3] 陈美东.中国科学技术史(天文学卷).北京:科学出版社,2003:426—429.

期内,天文学家在天体观测、测量方面所取得的成果。同时,它又是天文工作者认星和测星的重要工具。天文星图对于今天的天文观测与研究至关重要,在古代同样如此。尽管吴越国的天文星图属于墓葬星图,但其所蕴含的价值却不能低估。

第一,吴越国天文星图是现存时代较早的天文星图。

早在先秦时期,中国古代天文学家就开始绘制星图,秦汉时期已呈一定的规模。据传东汉张衡就曾绘过星图——《灵宪图》,但没有留存下来。三国时期的陈卓总结甘、石、巫咸三家的成果而绘制的星图,影响深远。之后天文星图的绘制可谓历代不辍,且时有创新。但是,古代天文星图能够留存至今的却不多,现能见到的公元 10 世纪前的天文星图更是凤毛麟角。

上述五幅吴越国天文星图均是 10 世纪前期的作品,实属珍贵。现存的比吴越国天文星图早的星图,仅有洛阳北魏孝昌二年(526)墓葬天文星图、唐代敦煌天文星图(约绘制于 8 世纪)等很少几幅。之后虽然有宣化辽天庆六年(1116)墓葬天文星图、苏州石刻天文图(刻于南宋淳祐七年,即 1247年)等著名的天文星图出现,但是很长时间找不到能联接唐代星图与宋辽星图的实例,而五代吴越国天文星图的陆续发现,则很好地填补了这一缺环。

第二,吴越国天文星图是写实性较强的天文星图。

中国古代天文星图较为繁杂,既有墓葬天文星图,也有建筑天文星图;既有纸质天文星图,也有石刻天文星图。对此,夏鼐曾做过简要的归类:

> 我国古代的星图有两类:一类是天文学家所用的星图,它是根据恒星观测绘出天空中各星座的位置。一般绘制得比较准确,所反映的天象也比较完整。它和现代天文学上的星图,性质相同,只是由于没有望远镜的帮助,星数和星座数较少而已。例如文献记载中所提到的战国时甘、石、巫三家星图,三国时陈卓所编的星图,以及现存的唐代敦煌星图,宋代苏颂《新仪象法要》中的星图和苏州石刻天文图。另一类是为了宗教目的而作象征天空的星图和为了装饰用的个别星座的星图。后者如汉画像石上的织女图等,前者如唐、宋墓中二十八宿图。[1]

现存的吴越国天文星图,按夏鼐的归类,只能归入"为了宗教目的而作象征天空的星图和为了装饰用的个别星座的星图",但是,与其他"象征性""装饰性"的天文星图有所不同,吴越国的天文星图具有较强的写实性。这一点,从吴越国的天文星图所描绘的二十八宿星图位置的正确性上可见一

---

〔1〕 夏鼐.从宣化辽墓的星图论二十八宿和黄道十二宫.考古学报,1976(2):35—56.

斑。所以,有学者说:"临安晚唐钱宽墓室天文图倾向于写实。而我国已发现的几幅最好的墓室写实天文图又都出自吴越王族墓葬,不能不引人注目。"[1]

第三,吴越国天文星图为中国古代天文学史研究提供了难得的资料。

虽然吴越国天文星图既没有敦煌天文星图内容丰富,也不及苏州石刻天文星图规制详备,但是,它仍为我们研究古代天文学提供了极为难得的资料。

例如:二十八宿中,星宿七星的位置和联线,至少自唐代以后,基本遵从这样一种表现方式:三星在上,略呈钩状,四星在下,构成菱形。敦煌天文星图、苏州石刻天文星图,以及明景泰年间依据唐代资料绘制的北京隆福寺藻井天文星图、清代的天体仪及星图等众多天文星图,皆采用这种形式,可谓承传有绪。然而,我们发现在吴越国天文星图中除了上述呈现方式外,还有另一种表现方式,如钱宽墓天文星图、水丘氏墓天文星图,将星宿七星联成一个弯曲的条带形状。有人认为,这种表现方式可能是某种偶然因素造成的讹误,其实,从星宿七星的光度和位置来看,带状联法是颇为合理的。之后,宣化辽天庆六年(1116)墓葬天文星图、明洪武年间朝鲜据早期资料绘制的《天象列次分野之图》,也采用了星宿七星的带状联法。这种形式的星图,尽管数量不多,但沿用时间并不短,影响区域也不小。仅从这一点讲,吴越国天文星图是很值得注意和珍惜的。

又如:天文星图中的附属星座也很值得注意。由于现存的其他几幅早期星图都不能圆满地解释星象变迁问题,因而产生了诸如一些附属星座的增设年代和具体位置设定等疑问。而吴越国天文星图的陆续发现,在一定程度上打消了这些疑问,因为在已发现的早期天文星图中,吴越国天文星图对二十八宿附属星座标示较为齐备。这证明后人通过《步天歌》了解到的二十八宿附属星座,在当年的确是齐全的。

唐末五代,江南地区出于适应日益发展的农业生产以及航海贸易、防御海潮等需要,天文学受到更多的关注。天文星图屡屡在吴越国墓葬中被发现,也从一个侧面反映了当时人们对天文学的重视。上述五幅天文星图,在中国已发现的古代石刻天文图中,时间较早,准确度也较高,不仅形象地反映了五代时期浙江先民在天文学上取得的突出成就,而且填补了现存中国古代星图从唐代星图到宋代星图之间的缺环,为中国古代天文学史研究提供了难得的资料。[2]

---

〔1〕 伊世同.临安晚唐钱宽墓天文图简析.文物,1979(12):24—26.

〔2〕 伊世同.临安晚唐钱宽墓天文图简析.文物,1979(12):24—26;蓝春秀.浙江临安五代吴越国马王后墓天文图及其他四幅天文图.中国科技史料,1999(1):60—66.

第五节　丘光庭与《海潮论》

在中国科技史上,丘光庭似乎是一位被遗忘的人物。检索文献,直接论述丘光庭及其著述的只有一二篇论文,且并未论及《海潮论》的科学价值。陈美东在《中国科学技术史·天文卷》中,虽谈及丘光庭与《海潮论》,但因体例的制约并未展开。[1] 其实,丘光庭的《海潮论》在中国古代天文学史、地学史上均可占一席之地。

一、丘光庭其人及著述

丘光庭,亦作邱光庭[2],乌程(今浙江湖州)人。关于丘光庭的生活时代,古代文献有三种不同的记述。

其一,为唐代人。如:陈振孙在《直斋书录解题》中说:"《兼明书》二卷,唐国子太学博士丘光庭撰。"[3]马端临在《文献通考》中也称:"《古今姓字相同录》,晁氏曰:唐邱光庭撰,光庭中进士第。"[4]

其二,为五代人。如:丁仁在《八千卷楼书目》中称:"《兼明书》五卷,五代邱光庭撰。"[5]董诰的《全唐文》也说:"光庭,吴兴人,吴越时官国子博士。"[6]

其三,为宋代人。如:徐乾学在《传是楼书目》中说:"《兼明书》五卷,宋丘光庭撰。"[7]杭世骏在《订讹类编》中也称:"宋邱光庭《兼明书》曰:今人言项羽起于江东者,多以为浙江之东。"[8]

那么,丘光庭究竟是何时代人? 现今能够搜寻到的丘光庭生平材料,大多是片断琐事或零星篇目,且前后不一,矛盾颇多。因此,用这些有限的材料来断定丘光庭确切的生活年代,显然存在困难。但是,如果只用以推定其

〔1〕 陈美东.中国科学技术史(天文学卷).北京:科学出版社,2003:424—426.

〔2〕 本姓"丘",因避孔子讳而改作"邱"。

〔3〕 (宋)陈振孙.直斋书录解题(卷10),上海古籍出版社,2015年:307.

〔4〕 (元)马端临.文献通考(卷228).上海:商务印书馆,1936:1827.

〔5〕 (清)丁仁.八千卷楼书目(卷12).民国排印本,民国十二年(1923):367.

〔6〕 (清)董诰.全唐文(卷899).北京:中华书局,1983:9379.

〔7〕 (清)徐乾学.传是楼书目(卷3).清道光味经书屋钞本,道光八年(1828):205.

〔8〕 (清)杭世骏.订讹类编(第3册),北京:文物出版社,1982:35.

大致的生活年代,或许是可能的。

既然关于丘光庭的生活时代,有唐代、五代、北宋三种说法,那么不妨对其作逐一分析与推定。

首先,分析一下丘光庭为唐代人的可能性。陆心源曾搜罗史籍,为丘光庭撰小传。陆心源说:

> 邱光庭,乌程人(《谈志》)。太学博士。乾宁时乌程尹余蟾以《图经》不载苏许公、李相国故事,乃檄请光庭编辑遗坠,其或善未书、能未纪者,罔不毕录(杨夔《乌程修建庙宇记》)。天祐三年,高澧刺湖(《谈志》),延光庭校书楼中(《清异录》)。殷文珪题其居云:草元门似山中静,不是公卿到不开(《吴兴艺文补》)。著《兼明书》,引据典核,辨订详明(《四库全书提要》)。弟光业,号庚村(《谈志》)。有诗集(《宋史艺文补》)。[1]

在小传中,陆心源并没有明确断定丘光庭为何时人,但文中所提到的"乾宁""天祐",均为唐末年号,说明丘光庭有相当一段时间生活在唐代。

其次,分析一下丘光庭为五代人的可能性。上述"乾宁""天祐"年号均属唐代末年,其中"天祐"是唐王朝最后一个年号。虽然唐亡后,丘光庭的事迹无从深考,但从《罗隐集》所收《酬邱光庭》[2]中"三川梗塞两河闭,大明宫殿生蒿莱"的诗句看,罗隐赠诗时无疑已入五代。再从其"君今得意尚如此,况我麋鹿悠悠哉"的诗句推测,此时丘光庭正春风得意,疑是正值拜官之时,即可能是官拜"吴越国子博士"之时。由此来看,丘光庭的主要生活年代在五代是有可能的。

最后,再分析一下丘光庭为宋代人的可能性。如上所述,在唐代末年已见丘光庭的事迹,即便丘光庭足够长寿,也难以将其定为宋人。因此,丘光庭为宋代人的说法,显然与史实不符。

基于上述的分析,我们基本同意《四库全书总目提要》的看法:

> 《兼明书》五卷,五代邱光庭撰。光庭,乌程人。官太学博士。陈振孙《书录解题》称光庭为唐人,《续百川学海》及《汇秘笈》则题曰宋人。考书中世字皆作代,当为唐人。然《罗隐集》有赠光庭诗,则当已入五代。其为唐讳,犹孟昶石经世、民等字犹沿旧制阙笔耳。[3]

〔1〕 (清)陆心源.仪顾堂集(卷13).杭州:浙江古籍出版社,2015:243—244.
〔2〕 (唐)罗隐.罗隐集校注(甲乙集·卷11).杭州:浙江古籍出版社,1995:353—354.
〔3〕 (清)永瑢.四库全书总目(卷118).北京:中华书局,1965:1016—1017.

　　之所以说基本同意这一观点,是因为将丘光庭定为五代人仍有推测的成分。就现有的材料而论,将丘光庭定为唐末五代时人,可能是更为审慎的看法。

　　丘光庭存世的著述仅有《兼明书》5卷、《全唐文》编收的12篇短文,以及少量诗篇。但从各种书目文献看,丘光庭著述甚丰。除了留世的《兼明书》之外,其著述尚有:《康教论》1卷(见《新唐书·艺文志·儒家类》)、《丘光庭集》3卷(见《新唐书·艺文志·别集类》)、《汴州记》1卷(见顾楼三《补五代史艺文志》)、《观书》1卷(见《宋史·艺文志·杂家类》)、《同姓名录》1卷(见《宋史·艺文志·类事类》)、《古人姓字相同录》1卷(见《郡斋读书志》卷14)、《四六》1卷(见《湖州府志·艺文略》引《通志·艺文略》)等。惜均亡佚。另外,据《宋史·艺文志·小说类》载,丘光庭著有《海潮论》1卷、《海潮记》1卷。[1]

　　目前,我们在《全唐文》中可以找到丘光庭的12篇短文,其中论海潮短文占了10篇,它们是:《海潮论并序》《论潮汐由来大略》《论地浮于大海中》《论地有动息上下》《论潮汐名义》《论潮有大小》《论潮候渐差》《论浙潮》《论气水相周日月行运》《论浑盖轩宣诸天得失》。现已无法核实《全唐文》收录的论海潮短文,与《宋史》提及的丘光庭《海潮论》《海潮记》之间究竟是什么关系,但从丘光庭在《海潮论并序》"立渔翁隐者更相答,凡四十问,分为十篇,成一卷"[2]的记述中,我们可以推测,《全唐文》所收10篇短文,应是《宋史》所载《海潮论》1卷之内容。至于《海潮记》1卷,可能已亡佚。

二、《海潮论》的科学价值

　　从《四库全书总目提要》对《兼明书》的"引据典核,辨订详明"评价中,我们已能感悟到丘光庭在儒学方面的突出造诣。除了儒学,丘光庭也通晓天文、地理,这一点在《全唐文》中保存的《海潮论》中可见一斑。在《海潮论》中,丘光庭采用"渔翁""隐者"相互问答的形式,阐述了潮汐成因及其变化规律,在王充《论衡》、窦叔蒙《海涛志》、卢肇《海潮赋》等前人成果基础上,进一步提出了潮汐生成的新理论。

　　丘光庭的潮汐生成新理论,是建立在对天地结构模式新认识基础之上的。他所提出的天地结构模式,对张衡的浑天说做了重大的修正,因此在中

---

〔1〕　徐立新.丘光庭年代、著作考.台州师专学报,2002(1):64—66.

〔2〕　(五代)丘光庭.海潮论并序.见:全唐文(卷899).北京:中华书局,1983:9379.

国天文学史上具有重要的意义。

第一,丘光庭提出了天地结构的新模式。

在中国古代,探讨天地的结构模式,是宇宙理论关注的核心问题之一。对此,丘光庭也给予了充分的重视。在《论浑盖轩宣诸天得失》一文中,丘光庭有这样阐述:

> 渔翁问曰:如子所谓,是用浑天为说也,盖天、轩天、宣夜之是否可得闻乎?答曰:此三者之说,皆非。自古说天地之形者都有七家:一曰浑天,二曰宣夜,三曰盖天,四曰轩天,五曰穹天,六曰安天,七曰方天。诸说既繁,难以备举,今略举四者也。盖天者,言天形如车盖也;轩天者,言天势南低北轩也;宣夜者,言天唯空碧无形质也;唯浑天,言天地之形如鸡卵,北耸而南下。南小北大,故终日旋运而不离其所。[1]

这里,丘光庭提到了"浑天""宣夜""盖天""轩天""穹天""安天""方天"等多种宇宙理论,并用简洁的语言选择性地介绍了盖天说、轩天说、宣夜说、浑天说等诸说。可见,他对中国古代已有的天地结构模式理论有全面而深入的认识。

在此基础上,丘光庭提出了天地的结构新模式。在《论地浮于大海中》一文中,他说:

> 《志》曰(志者,古书之通称):天以乘气而立,地以居水而浮。由是而论,地居海之上,亦已明矣。问曰:地必居海之上,则是地浮而不沈。今将土块置之于水则沈,何也?答曰:地含气块不含气故也。且子不见陶器乎(陶器、瓦器、盆瓮之属)?夫陶之于水也,全之则虽重必浮(含气故也),片之则虽轻必沈(片之者,打一小片置之于水,则必沈者,不含故也)。质性同而浮沈异者,气之所存则浮,气之所去则沈。子曰土块之不浮,亦犹器片之沈矣。问曰:如子之言,地则浮矣。然则海中洲岛,其独立乎?其居于地乎?答曰:地形中耸而边下,海中洲岛,犹居地之垂处也。[2]

在此,他认为"天以乘气而立,地以居水而浮",且"地含气","地形中耸而边下"。显然,丘光庭继承了浑天说的成果,但同时也修正了张衡等认为天也浮于水上的旧说,而专以气作为承托天的载体。至于地,丘光庭则吸取了何承天、李淳风等人的地形观念,进而认为"地体乃含气之物",并将地比

---

〔1〕 (五代)丘光庭.论浑盖轩宣诸天得失.见:全唐文(卷899).北京:中华书局,1983:9386.

〔2〕 (五代)丘光庭.论地浮于大海中.见:全唐文(卷899).北京:中华书局,1983:9380—9381.

喻为含气的、倒覆的、中部隆起而周边低垂的,犹如陶盆、陶罐状的物体,"夫陶之于水也,全之则虽重必浮;片之则虽轻必沈。质性同而浮沈异者,气之所存则浮,气之所去则沈",形象地说明了地浮于水而不致沉没的原理。

第二,丘光庭阐发了地有升降的新论。

地有升降、四游之说,早在汉代已风行一时。后来时有人述及,但其理论的成熟度一直不高。人们虽然注意到地的运动是在气中进行的,但未涉及对造成这些运动的机制探讨。丘光庭在相信"地在水中"的前提下,试图对地的升降运动的机制做出说明。在《论潮汐由来大略》一文中,丘光庭说:"地之所处,于大海之中,随气出入而上下。气出则地下,气入则地上。"[1]如前所述,丘光庭认为地体乃含气之物,因此,若地气出,地的比重相对增大,则地体必在水中相对下沉;若地气入,地的比重相对减小,则地体必在水中相对上升。这样,丘光庭就地与大海之间存在相对的升降运动的机制,做出了自己的说明。

他进一步认为,地气出入乃以半日为周期:

> 翕者物之收敛,辟者气之散出。气收敛则地上,气散出则地下,何异人之呼吸欤! 又庄子云:大块噫气(大块地也)。其名曰风,彼言噫气,亦呼吸之类也。问曰:一昼一夜两潮汐,则是一昼一夜,两辟两翕。将何验之哉? 答曰:验鱼兽之皮,则知之矣(鱼兽出海中,形如牛)。[2]

他还指出,地气有时盛,有时微,并存在两种周期性:一是以一年为周期,另一是以一月为周期。即:"二月、八月,阴阳之气交;月朔、月望,天地之气变。交变之时,其气必盛,气盛则出甚,气出甚则地下甚,地下甚则潮来大。其非交变之时,其气安静,则出微,气微则地下微,地下微则潮来小。"[3]在丘光庭看来,因为地气的出入、盛衰,使地体相对于大海做相当复杂的升降运动。

在《论地有动息上下》一文中,丘光庭说:

> 《河图括地象》云:地常动而不止,春东、夏南、秋西、冬北。冬至极上,夏至极下。其故何哉? 由于气也。夫夏至之后,阴气渐长,阴气主闭藏,则衰于上而盛于下。气盛于下,则海溢而上,故及冬至而地随海俱极上也。冬至之后,阳气渐长,阳气主舒散,则衰于下而盛于上。气

---

〔1〕 (五代)丘光庭.论潮汐由来大略.见:全唐文(卷899).北京:中华书局,1983:9380.

〔2〕 (五代)丘光庭.论地有动息上下.见:全唐文(卷899).北京:中华书局,1983:9381.

〔3〕 (五代)丘光庭.论潮有大小.见:全唐文(卷899).北京:中华书局,1983:9383.

盛于上,则海敛而下,故及夏至而地随海俱极下也。此一年之内动息上下也。[1]

在此,他进一步就地—水联合体在一年内升降运动做出了说明,并对地的四游运动给出解释。而对于汉人的春分、秋分时"地正当中"之说,依丘光庭的理解,则是其时阴阳气和的缘故。

应该说,丘光庭的这些论说,从本质上讲仍是利用中国传统的阴阳学说、元气学说来探究"地有升降"的产生机制。由于阴阳和元气学说本身带有浓厚的思辨色彩,因此丘光庭关于地有升降运动的解释自然也是思辨式的。我们知道,地有升降只是古人的一种猜测,从现代科学的观点看,并不正确,甚至是"荒谬可笑的"[2],所以,丘光庭的解释只是一种带有主观色彩的推论罢了。不过,科学的生命在于不断地探索,丘光庭的这种探索精神,仍值得被称道。

第三,丘光庭提出了地体升降而致潮汐新说。

潮汐这一自然现象,很早就受到人们的关注,并对其成因时有论述,但众说纷纭。丘光庭的 10 篇短文,旨在探索潮汐生成的理论。在文中,我们可以看到,丘光庭对于前代各家潮汐成因之说均不以为然。在《海潮论并序》一文中,丘光庭首先表明了自己的观点:

> 以为水之性,只能流湿润下,不能乍盈乍虚。静而思之,直以地有动息上下,致其海有潮汐耳。[3]

也就是说,按水的特性,只能往低处流,不可能忽上忽下,忽高忽低。之所以会出现潮汐现象,原因在于地有上升下降的运动。分析其立论基础,大致有三。

其一是"圣人"之言。在《论潮汐由来大略》一文中,他说:"今按《易》称水流湿,《书》称水润下,俱不言水能盈缩,斯则圣人之情可见矣。"[4]这无疑代表了古代文人的一种惯有思维,即依据"圣人"所言而立论。丘光庭便是以"圣人"所言及的水的基本特性为前提,展开潮汐生成的理论探讨的。

其二是地有升降说。既然水"只能流湿润下,不能乍盈乍虚",那么潮汐必有其他所因。他认为:"地下则沧海之水入于江河,地上则江河之水归于

〔1〕(五代)丘光庭.论地有动息上下.见:全唐文(卷899).北京:中华书局,1983:9381.

〔2〕[英]李约瑟著.《中国科学技术史》翻译小组译.中国科学技术史(第 4 卷).北京:科学出版社,1975:777.

〔3〕(五代)丘光庭.海潮论并序.见:全唐文(卷899).北京:中华书局,1983:9379.

〔4〕(五代)丘光庭.论潮汐由来大略.见:全唐文(卷899).北京:中华书局,1983:9380.

沧海。入于江河之谓之潮,归于沧海之谓汐。"[1]可见,汉代人所首倡的地有升降说,成了丘光庭潮汐说基本观点的又一基础。

其三是天地的结构新模式。如前所述,因一昼一夜,地气再出再入,地再升再降,故有"一昼一夜两潮汐"。因一月中的朔望之时,"地下甚,则潮来大"。而一年中的2月和8月,亦如此。

值得注意的是,丘光庭已注意到潮汐与月亮之间存在一定的关系。例如,对于潮"大不正当朔望之日,常于朔望之后"的现象,丘光庭解释是"凡物之动,先感而后应,先微而后盛,朔望之气虽至而地动之势犹微,故潮来大常于朔望之后也"[2]。若撇开他所认定的地动的机制不论,此说显然比唐代窦叔蒙、卢肇等人的解说都要高明些。在《论潮候渐差》一文中,丘光庭就潮汐每日推后现象给出了解释。他认为:"昼夜系日,翕辟随月。月临子午则地辟,故潮之来,月皆临子、临午。"由于月东行速于日,"月速渐东,至午渐迟,故潮亦渐迟也"[3]。在此,丘光庭似乎已点明了月亮与潮汐之间的密切关系,并对潮汐每日推后现象给出了合理的说明。[4]

可惜的是,或许是过于相信汉人所提出的"地有升降"说,从而阻碍了丘光庭对月亮与潮汐关系做更深入的探究,否则其阐述会更加精彩,其结论可能更为准确。

第四,丘光庭探讨了钱江潮的成因。

在《论浙潮》一文中,丘光庭就"浙江(钱塘江)之潮特大",浙江(钱塘江)"潮来有头","浙江(钱塘江)之潮或东或西"的变化,"浙江(钱塘江)之水独能攻其盈"[5]等现象的形成原因,做了很好的分析与探究。

他分析说,"浙江之潮特大"的原因,是"浙江发源独近,其水少。江水既少,则海水入多。水入既多,故其潮特大"。浙江"潮来有头",则是因为钱塘江河口"地势广远,垂入海中。(今人见海岸谓之海际,非也。殊不知地势渐低为海水所漫,其际不可见也。)地下则潮生,潮生于地际,自际涌,涌则蹙,蹙则奔,奔则有头,水之常势也"。至于"浙江之潮或东或西"的变化,是由于泥沙沉积变化的缘故,"夫水之性,攻其盈而流其虚,沙随其流而积其虚,积而不已,变虚为盈,盈则受攻,终而复始,所以或东或西也"。最后,丘光庭还就"浙江之水独能攻其盈"的现象进行了分析。他说,此为"大川皆然,非独

〔1〕 (五代)丘光庭.论潮汐由来大略.见:全唐文(卷899).北京:中华书局,1983:9380.

〔2〕 (五代)丘光庭.论潮有大小.见:全唐文(卷899).北京:中华书局,1983:9383.

〔3〕 (五代)丘光庭.论潮候渐差.见:全唐文(卷899).北京:中华书局,1983:9383—9384.

〔4〕 陈美东.中国科学技术史(天文学卷).北京:科学出版社,2003:424—426.

〔5〕 (五代)丘光庭.论浙潮.见:全唐文(卷899).北京:中华书局,1983:9384—9385.

浙江也。凡水之回折之处,涯岸皆迭盈、迭虚,或三十、五十年而一变,水势使之然也。(今黄河及诸大川之岸,皆有移易,是也)"[1]。

根据现代科学考察,钱江潮的产生与变化,显然是受到钱塘江河口和杭州湾一带天文、地理、水文、气象等多种因素共同影响的结果。

钱塘江河口和杭州湾位于北纬30度至31度之间,就天文因素而言,除南岸湾口附近属非正规半日潮以外,其余部位的潮汐均属半日潮,即一日有两次潮汐涨落,每次涨落历时12小时25分,两次涨落的幅度略有差别。农历每月有二次大潮汛,分别在朔日(初一)之后两三天和望日(十五)之后两三天,而上弦(初七、初八)、下弦(廿二、廿三)之后的两三天则分别为小潮汛。每年农历三月下半月至9月上半月太阳偏向地球北半球时,朔汛大潮大于望汛大潮,而且大潮期间日潮总是大于夜潮。而农历九月下半月至次年3月上半月太阳偏向地球南半球时,则情况正好相反,朔汛大潮小于望汛大潮,大潮期间的日潮也总是小于夜潮。越接近春分和秋分,这种差异越小;越接近夏至和冬至,这种差异越大。就全年而言,则以春分和秋分前后的大潮较大。至于大潮的强弱变化,则以19.6年为一周期,其中一半时间春分大潮强,另一半时间秋分大潮强,强弱的程度则是由小逐渐增大,然后由大逐渐减小。

钱江潮还与降水量、风向和风力有关。钱塘江流域的降雨主要集中在梅雨季节和台风季节。4月至8月份降雨量约占全年雨量的54.4%,其时山水径流量也较大,河口河床常常处于冲刷状态。10月至次年2月降雨量仅占全年雨量的25.8%,其时山水径流量小,河口河床往往处于淤积状态。正因为如此,钱江潮的秋潮往往比春潮大。但是如果冬春雨水较多,该年份的春潮有时就不比秋潮逊色。而如果夏季干旱,该年份的秋潮可能就不那么壮观。此外,风向和风力对钱江潮也有很大影响。钱塘江涌潮如果恰遇东风或东南风,在东风和东南风的推波助澜之下,钱江潮会更加雄伟。如果遇到西风或西南风,则反之。

由上述可见,丘光庭关于潮汐的论述、关于钱江潮的阐述,有许多方面与现今的科学观察与测定相符合。千余年前丘光庭能有如此见地,实属可贵。[2]

---

[1] (五代)丘光庭.论浙潮.见:全唐文(卷899).北京:中华书局,1983:9385.

[2] 李志庭.浙江通史(隋唐五代卷).杭州:浙江人民出版社,2005:213—214.

第六节　《日华子诸家本草》

五代是一个分裂的时期。北方地区局势动乱,战争不断,朝廷更换频繁,使得经济文化遭受很大破坏。后蜀、南唐、吴越等地处南方,社会相对稳定,经济文化持续发展,成为五代时期最发达的地区。在本草领域,后蜀有《蜀本草》、南唐有《食性本草》、吴越则有《日华子诸家本草》。

一、《日华子诸家本草》的作者及成书年代

《日华子诸家本草》,或称《日华诸家本草》《日华子本草》《日华本草》《大明本草》,由日华子所撰。因缺少文献记载,日华子的生平事迹已不可考。李时珍在《本草纲目》中说:

> 《日华诸家本草》,禹锡曰:国初开宝中,四明人撰,不著姓氏,但云日华子大明。序集诸家本草、近世所用药,各以寒、温性味,华实、虫兽为类,其言功用甚悉,凡二十卷。时珍曰:按《千家姓》,大姓出东莱,日华子盖姓大名明也。或云其姓田,未审然否。[1]

虽然简略,但已是古籍中有关《日华子诸家本草》的作者及成书年代最详细的记载。这里,李时珍引用掌禹锡之语,认为《日华子诸家本草》可能为日华子所撰,其撰述的时间大约在北宋开宝年间(968—976),并认定日华子为四明(今浙江宁波)人。根据李时珍的猜想,"日华子盖姓大名明","日华子"应为其号。张君房《云笈七籤》载:"服日月之精华者,欲得常食竹笋者,日华之胎也,一名大明。"[2]如李时珍的猜想不误:其一,"日华子"之号当来源于"日华之胎也,一名大明"之语;其二,"日华子大明"或许是一位道家人物。不过,清人全祖望认为:"近或以日华子之姓氏为大明,则更谬也。"[3]

《古今图书集成》给出的日华子的生活年代有"北齐"和"唐开元"两说。对此,尚志钧分析道:"按《大观》《政和》卷十一何首乌条,掌禹锡引日华子云:'其药无名,因何首乌见藤夜交,便即采食有功,因以采人为名。'又据《本

---

〔1〕　(明)李时珍.本草纲目(卷1).北京:人民卫生出版社,1977:8.

〔2〕　(宋)张君房.云笈七籤(卷23).济南:齐鲁书社,1988:142.

〔3〕　(清)全祖望.鲒埼亭集(外编卷47).上海:商务印书馆,1942:1396.

草图经》云:'唐元和七年(812)僧文象遇茅山老人遂传其事(指何首乌事),李翔因著方录云。'何首乌事既始于唐元和七年,则《日华子本草》成书当在812年以后",而"两说均早于812年,当然不能成立"[1]。尚志钧还据日本源顺《和名类聚钞》卷10"蘋蘽条"中有引《日华子诸家本草》的文字,推断《日华子诸家本草》撰成时间应早于《和名类聚钞》。《和名类聚钞》约成书于醍醐天皇时期,相当于中国后唐同光年间(923—925),那么《日华子诸家本草》成书时间应比《和名类聚钞》更早些,很有可能成书于吴越天宝至宝大年间(908—925),而非掌禹锡所言的北宋开宝年间。

吴越天宝至宝大年间当属五代,陶宗仪在《南村辍耕录》中也记日华子为五代时人。[2] 徐光启《农政全书》说:"日华子,五代人也。"[3]由此看来,将日华子推定为五代人,是可行的。不过,如持更谨慎的态度,我们认为将日华子定为五代宋初人或许更为妥当些。

二、《日华子诸家本草》的内容与价值

《日华子诸家本草》(20卷),原书大约在南宋时期佚失,部分内容保存在《日华子诸家本草》成书之后的各种本草文献中,如掌禹锡《嘉祐本草》、唐慎微《证类本草》、李时珍《本草纲目》等多有引用,其中《嘉祐本草》引证《日华子诸家本草》最多。这些引证,为我们了解《日华子诸家本草》的内容提供了些许帮助。掌禹锡援引《日华子诸家本草》内容大致可归纳为三种情形。

一是引用《日华子诸家本草》内容作为相关条目的注释文字。在这种情形下,所引《日华子诸家本草》内容,均冠以"臣禹锡等谨按日华子云"字样。

如,铁胤粉:

> 臣禹锡等谨按日华子云:铁胤粉,止惊悸、虚痫,镇五脏,去邪气,强志、壮筋骨,治健忘、冷气心痛、痃癖症结、脱肛痔瘘、宿食等,及傅竹木刺。其所造之法,与华粉同,惟悬于酱瓿上,就润地及刮取霜时研,淘去粗汁咸味,烘干。[4]

其所引用的内容有详有略,此条相对详细,但大部分不是全引,只是片

〔1〕 尚志钧.日华子和《日华子本草》.江苏中医,1998(12):3—5.

〔2〕 (元)陶宗仪.南村辍耕录(卷24).济南:齐鲁书社,2007:326.

〔3〕 (明)徐光启.农政全书(卷38).北京:中华书局,1956:777.

〔4〕 (宋)唐慎微.证类本草(卷4).北京:华夏出版社,1993:112.

断的引证。如,金:"臣禹锡等谨按日华子云:畏水银。"〔1〕

二是引《日华子诸家本草》内容作为新增药物的来源。在这种情形下,在所引文字之末,往往加上"新补,见日华子"等字样。

如,菩萨石:

> 菩萨石,平,无毒。解药毒、盅毒,及金石药发动作痈疽渴疾,消扑损瘀血,止热狂惊痫,通月经,解风肿,除淋,并水磨服。蛇虫、蜂蝎、狼犬、毒箭等所伤,并末傅之,良。新补,见日华子。〔2〕

其他诸如绿矾、柳絮矾、铅、铅霜、古文钱、蓬砂、桑花、槐叶、蚌等条也均是如此。

三是引《日华子诸家本草》和其他本草内容,糅合成新增药物。在这种情形下,其条末常常注有"新补,见某某并日华子"等字样。

如,马牙消:

> 马牙消,味甘、大寒、无毒。能除五脏积热伏气。末筛点眼及点眼药中用,甚去赤肿障翳涩泪痛。新补,见《药性论》并日华子。〔3〕

这种形式的引文,虽包含有《日华子诸家本草》之文字,但因其是糅合诸家内容而成,故难以甄别出《日华子诸家本草》之原文。

尽管《嘉祐本草》等本草文献多有引证,但毕竟不是其全貌,所以《日华子诸家本草》收载的药物数量,究竟有多少,已不得而知。

日本学者冈西为人在《宋以前医籍考》中说:"按《嘉祐本草》所引《日华子》有533条。又按日本《香要钞》等书,亦多引《日华子》,或是从《证类本草》中所引者欤。"〔4〕尚志钧据《大观本草》《政和本草》所载的"臣禹锡谨按日华子云"条统计,认为《嘉祐本草》所引《日华子诸家本草》至少有553味。其中有些药物,被多次引用,如兔头骨引用3次,鹿茸引用4次。若按引次统计,则有639次。若再加上《嘉祐本草》序例中"畏恶相反"药物所引25次,共计有664次。其中有些条目,按药用部位分,又可析出若干条。例如,从松脂条可析出松叶、松节、松根白皮3条。从槐实条可析出槐花、槐叶、槐皮3条。因此,如果按药用部位分,其所引药物种数则超过600味。〔5〕由

---

〔1〕 (宋)唐慎微.证类本草(卷2).北京:华夏出版社,1993:61.
〔2〕 (宋)唐慎微.证类本草(卷3).北京:华夏出版社,1993:88.
〔3〕 (宋)唐慎微.证类本草(卷3).北京:华夏出版社,1993:79.
〔4〕 [日]冈西为人.宋以前医籍考.北京:人民卫生出版社,1958:1372.
〔5〕 尚志钧.日华子和《日华子本草》.江苏中医,1998(12):3—5.

此推测,《日华子诸家本草》所载药物为数应该不少。

那么,《日华子诸家本草》是如何将这些药物归类? 又是按怎样的标准进行分卷的呢?

虽然掌禹锡在《嘉祐本草》中说《日华子诸家本草》"序集诸家本草、近世所用药,各以寒、温性味、华实、虫兽为类,其言功用甚悉,凡二十卷",但《嘉祐本草》既没有提到《日华子诸家本草》所收药物总数,也没有涉及《日华子诸家本草》的药物归类、分卷情况,因此,仅从《嘉祐本草》所引用的内容中,我们仍然难以认清《日华子诸家本草》的原有目次与分卷状况。

李时珍曾说,他在编撰《本草纲目》时引用了"大明《日华本草》,二十五种"药物,其中"草部七种,菜部二种,果部二种,木部一种,金石部八种,虫部一种,鳞部一种,禽部一种,人部二种"[1]。这说明,《日华子诸家本草》与其他本草著作一样,也涉及了植物、动物、矿物等药物门类。

尚志钧的《日华子本草》[2]辑佚本,参照唐《新修本草》目次,将《日华子诸家本草》分为 20 卷,即:卷 1 序例,卷 2—卷 4 玉石部,卷 5—卷 10 草部,卷 11—卷 13 木部,卷 14—卷 17 兽禽虫鱼部,卷 18 果部,卷 19 菜部,卷 20 米谷部。这一归类与分卷方式,虽然带有推测因素,但离原貌应该不会太远。因为同为五代时期作品的《蜀本草》,就是按唐《新修本草》目次分卷的。

《日华子诸家本草》虽亡佚,但掌禹锡的《嘉祐本草》、唐慎微的《证类本草》、李时珍的《本草纲目》等本草文献均有参考与引用,这已充分体现了《日华子诸家本草》的地位与价值。 如与之前的本草著作相比较,《日华子诸家本草》的特点与价值可作如下概括。

第一,《日华子诸家本草》对药物性味的认识有所发展,且贡献良多。

如上所述,掌禹锡所收录的《日华子诸家本草》药物有 600 多味。在这 600 多味药物中,记有与前代药物不同药性的就有 200 余味,其中凉性药 53 味,冷性药 52 味,温性药 25 味,暖性药 24 味,热性药 15 味,平性药 44 味。[3] 这些药物的性味,大多为此前本草著作所不见,应系日华子所创用。

就《日华子诸家本草》在药性认识上的进步与贡献略加归纳,其进步与贡献主要体现在这样三个方面。

一是补充了一些药物的性味。

如,檀香:

〔1〕 (明)李时珍. 本草纲目(卷1). 北京:人民卫生出版社,1977:42.

〔2〕 尚志钧辑. 日华子本草. 合肥:安徽科学技术出版社,2005.

〔3〕 尚志钧. 日华子和《日华子本草》. 江苏中医,1998(12):3—5.

陶隐居云：白檀消热肿。臣禹锡等谨按陈藏器云：主心腹霍乱、中恶、鬼气、杀虫。白檀树如檀，出海南。日华子云：檀香，热、无毒。治心痛霍乱、肾气腹痛。浓煎服，水磨傅外，肾并腰肾痛处。[1]

可见，陶弘景、陈藏器均未述及檀香的性味，《日华子诸家本草》则提出檀香的性味，“檀香，热、无毒”。其他诸如天南星，“味辛烈”[2]；苎根，“味甘、滑冷”[3]等，也由《日华子诸家本草》所补充。

二是对某些药物的性味提出了新的看法。

如，白垩：

陶隐居云：此即今画用者，甚多而贱，俗方亦稀，《仙经》不须。臣禹锡等谨按唐本云：胡居士言，始兴小桂县晋阳乡有白善。药性论云：白垩，使，味甘、平。主女子血结、月候不通，能涩肠止痢、温暖。萧炳云：不入汤。日华子云：白善，味甘。治泻痢、痔瘘、泄精、女子子宫冷、男子水脏冷、鼻洪、吐血。本名白垩，入药烧用。[4]

白垩的性味，《神农本草经》作味苦，《名医别录》作味辛，而《日华子诸家本草》作味甘。

又如，白芨、天麻、槟榔：

白芨，《神农本草经》作苦平，《名医别录》作味辛，而《日华子诸家本草》作味痊(即刺激咽喉的辛辣感)。

天麻，《名医别录》作平，《本草拾遗》作寒，《日华子诸家本草》作暖。

槟榔，《名医别录》作味辛，《日华子诸家本草》作味涩。

可见，《日华子诸家本草》与其他本草的看法有所不同，且“痊”“涩”“滑”等描述性味用词，也均为日华子所首创。

三是进一步认识到，同一植物因药用部位不同，药性亦异。有些药物因炮炙方法不同，其药性也会发生变化。

如，干地黄：

日华子云：干地黄，助心胆气，安魂定魄，治惊悸劳劣、心肺损、吐血鼻衄、妇人崩中血运，助筋骨、长志。日干者平，火干者温，功用

[1] (宋)唐慎微.证类本草(卷12).北京：华夏出版社，1993：366.

[2] (宋)唐慎微.证类本草(卷11).北京：华夏出版社，1993：310.

[3] (宋)唐慎微.证类本草(卷11).北京：华夏出版社，1993：315.

[4] (宋)唐慎微.证类本草(卷5).北京：华夏出版社，1993：133.

同前。[1]

干地黄,"日干者平,火干者温"。干燥方式不同,药性有较大差异。其他如:茅性平,茅针则性凉。李子温,李树根凉,李树叶则平。药用部位的不同,药性亦有较大差异。

第二,《日华子诸家本草》对药物炮炙记述颇详,并充分注意到炮炙与药效的关系。

药材须经过炮制之后才能入药,这是中医用药的特点之一。炮制,古时又称炮炙、修事、修治等,目的是加强药物效用,消除或减轻毒性及副作用,同时也为了便于贮藏、服用等。《日华子诸家本草》所记的药物炮炙方法有:炒、微炒、捣炒、淬、飞、烫、蒸、煮等诸法。并记载了同一味药,因炮炙方法不同,呈现不同功用的药例。[2]

如,青蒿子:

> 日华子云:青蒿,补中益气,轻身补劳,驻颜色、长毛发,发黑不老,兼去蒜发、心痛、热黄,生捣汁服并傅之,泻痢。饭饮调末五钱匕,烧灰和石灰煎,治恶毒疮并茎亦用。又云:子味甘,冷,无毒。明目、开胃。炒用治劳,壮健人。小便浸用治恶疥癣、风疹,杀虱煎洗。又云:臭蒿子,凉,无毒。治劳,下气开胃,止盗汗及邪气鬼毒。[3]

明确告诉人们,若要达到"明目、开胃"的疗效,青蒿子就应该炒用;如用来"治恶疥癣、风疹",青蒿子则需以小便浸用。

又如,王瓜子:

> 日华子云:王瓜子,润心肺,治黄病,生用。肺痿、吐血、肠风泻血、赤白痢,炒用。又云:土瓜根,通血脉,天行热疾,酒黄病、壮热、心烦闷、吐痰痰疟,排脓、热劳,治扑损,消瘀血,破症癖、落胎。[4]

也就是说,如用来"润心肺,治黄病",王瓜子应该生用;如用来治"肺痿、吐血、肠风泻血、赤白痢",王瓜子则必须炒用。

再如,卷柏:

> 华子云:(卷柏)镇心治邪,啼泣,除面䵟、头风,暖水脏。生用破血,

〔1〕 (宋)唐慎微.证类本草(卷6).北京:华夏出版社,1993:154.
〔2〕 尚志钧.日华子和《日华子本草》.江苏中医,1998(12):3—5.
〔3〕 (宋)唐慎微.证类本草(卷10).北京:华夏出版社,1993:288.
〔4〕 (宋)唐慎微.证类本草(卷9).北京:华夏出版社,1993:247.

炙用止血。[1]

这里提到的卷柏"生用破血,炙用止血"不同功用,就是因炮炙方法不同而带来的。

第三,《日华子诸家本草》对药物"相畏相杀、相恶相反、相须相使"等配伍原则,论述甚详。

所谓"相畏相杀、相恶相反、相须相使",指的是药物的配伍原则。具体而言,它们是指:

相畏:是指一种药物的毒副作用能被另一种药物所抑制,如半夏畏生姜。

相杀:是指一种药物能消除另一种药物的毒副作用,如生姜杀半夏。

相恶:是指一种药物能降低或减弱另一种药物的功效,如生姜恶黄芩。

相反:是指两种药物配合后会产生或增强毒副作用,如贝母反乌头。

相须:是指两种功效类似的药物配伍使用,可增强原有药物的功效,如麻黄配桂枝。

相使:是指两药配伍,一种药物为主,另一种药物为辅,辅药能提高主药的功效,如黄芪配茯苓。

相畏、相杀,是临床使用毒性药物或具有副作用药物时,需要加以特别注意的方面,即"若有毒宜制,可用相畏、相杀者"[2]。相恶、相反,是临床配伍用药时必须注意的禁忌,即"勿用相恶、相反者"[3]。

现存《日华子诸家本草》收药物 600 余味,其中有 70 余味涉及相畏相杀、相恶相反、相须相使等内容。

如:

消石,畏杏仁、竹叶。

芎劳,畏黄连。

---

〔1〕 (宋)唐慎微.证类本草(卷6).北京:华夏出版社,1993:180.

〔2〕 (三国)吴普.神农本草经.沈阳:辽宁科学技术出版社,1997:49.又见:(明)李时珍.本草纲目(卷1),北京:人民卫生出版社,1977:46.

〔3〕 (三国)吴普.神农本草经.沈阳:辽宁科学技术出版社,1997:49.又见:(明)李时珍.本草纲目(卷1),北京:人民卫生出版社,1977:46.

天南星,畏附子、干姜、生姜。

牡丹,忌蒜。

菖蒲,忌饴糖、羊肉。

茯苓,忌醋及酸物。

酒杀一切蔬菜毒;醋杀一切鱼、肉毒。

又如:

天门冬,贝母为使。

车前子,常山为使。

大戟,赤小豆为使。

白头翁,得酒良。

牵牛子,得青木香、干姜良等。

在《嘉祐本草》的"相畏相杀"等药例中,引用《日华子诸家本草》之例有25条之多,如乌韭、牵牛子、商陆、天南星、骐麟竭、水蛭、莲花、杨梅等,且这些药例,均首次见于《日华子诸家本草》。[1]

第四,《日华子诸家本草》对药物形态的记述,大多依据实地仔细观察。

对药物形态的准确记述,能够为人们提供直观明了的信息,从而增加对各种药物的感性认识。《日华子诸家本草》十分注重对药物形态的描述。

如,菟丝子:

日华子云:补五劳七伤,治鬼交泄精、尿血,润心肺。苗茎似黄麻线无根,株多附田中,草被缠死,或生一丛如席阔。开花结子不分明,如碎黍米粒。八月、九月以前采。[2]

菟丝子,又名吐丝子、菟丝实、无娘藤、无根藤、菟藤、菟缕、野狐丝、豆寄生、黄藤子、萝丝子等,为一年生寄生草本植物,是一种生理构造较为特别的寄生植物。其组织细胞中没有叶绿体,利用宿主吸取养分。其生长茂盛后,会阻挡其他植物光合作用,即所谓"草被缠死"。

又如,石帆:

日华子云:石帆,平,无毒。紫色,梗大者如箸,见风渐硬,色如漆。多人饰作珊瑚装。[3]

---

〔1〕 尚志钧.日华子和《日华子本草》.江苏中医,1998(12):3—5.

〔2〕 (宋)唐慎微.证类本草(卷6).北京:华夏出版社,1993:157.

〔3〕 (宋)唐慎微.证类本草(卷9).北京:华夏出版社,1993:249.

石帆,又名海团扇,为珊瑚虫的一种。呈树枝形,骨骼为角质,着生于海底岩礁间。骨骼中之红色节片,可为装饰品。

再如,空青:

> 日华子云:空青,大者如鸡子,小者如相思子,其青厚如荔枝壳,内有浆酸甜。[1]

空青,又称青油羽、青神羽、杨梅青、青要女,是一种形态呈球形中空的碳酸盐类蓝铜矿。显然,日华子对空青的描述,既形象又到位。

菟丝子生长在田野,石帆生在海水岩礁间。这些记载,只有实地观察,才能描述得确切。这也提示了日华子长期生活环境,既有田野也有海滨,而明州正合乎这一特点。[2]

可以说,《日华子诸家本草》与稍早的陈藏器《本草拾遗》一起,在中国本草学发展历史上,起到了上承唐代《新修本草》,下启宋代《证类本草》的衔接作用,其影响还远及明代《本草纲目》,因此,其地位与作用不可低估。

---

〔1〕 (宋)唐慎微.证类本草(卷3).北京:华夏出版社,1993:82.

〔2〕 尚志钧.日华子和《日华子本草》.江苏中医,1998(12):3—5.

主要参考文献

（汉）王充.论衡.上海：上海人民出版社，1974.

（汉）袁康.越绝书.上海：上海中华书局，1936.

（汉）赵晔.吴越春秋.北京：中华书局，1985.

（三国）陆玑.毛诗草木鸟兽虫鱼疏广要.北京：中华书局，1985.

（晋）葛洪.抱朴子内外篇.北京：中华书局，1985.

（北魏）贾思勰.齐民要术.北京：中华书局，1956.

（五代）彭晓.周易参同契通真义.郑州：中州古籍出版社，1988.

（宋）范成大.吴郡志.上海：商务印书馆，1960.

（宋）范坰.吴越备史.上海：上海书店，1984.

（宋）寇宗奭.本草衍义.北京：中华书局，1985.

（宋）李诫.营造法式.北京：中国书社，2006.

（宋）罗濬.（宝庆）四明志.杭州：杭州出版社，2009.

（宋）欧阳修.归田录.杭州：浙江古籍出版社，1984.

（宋）欧阳修.欧阳修集编年笺注.成都：巴蜀书社，2007.

（宋）潜说友.（咸淳）临安志.杭州：杭州出版社，2009.

（宋）沈括.梦溪笔谈.上海：上海书店出版社，2003.

（宋）施宿.（嘉泰）会稽志.合肥：安徽文艺出版社，2012.

（宋）谈钥.（嘉泰）吴兴志.台北：成文出版社，1983.

（宋）唐慎微.证类本草.北京：华夏出版社，1993.

（宋）魏岘.四明它山水利备览.北京：中华书局，1985.

（元）陶宗仪.南村辍耕录.济南：齐鲁书社，2007.

（元）王好古.汤液本草.北京：中华书局，1991.

（明）李时珍.本草纲目.北京：人民卫生出版社，1977、1979.

（明）宋应星.天工开物.上海：商务印书馆，1933.

（明）田汝成.西湖游览志.杭州：浙江人民出版社，1980.

（明）徐光启.农政全书.北京：中华书局，1956.

（清）董诰.全唐文.北京：中华书局,1983.

（清）顾祖禹.读史方舆纪要.上海：商务印书馆,1937.

（清）嵇曾筠.浙江通志.上海：商务印书馆,1934.

（清）吴任臣.十国春秋.北京：中华书局,1983.

（清）俞思谦.海潮辑说.北京：中华书局,1985.

［美］爱德华·谢弗著,吴玉贵译.唐代的外来文明.北京：中国社会科学出版社,1995.

［日］丹波康赖.医心方.北京：人民卫生出版社,1955.

［日］丹波元坚等.伤寒广要·药治通义·救急选方·脉学辑要·医胜.北京：人民卫生出版社,1983.

［日］冈西为人.宋以前医籍考.北京：人民卫生出版社,1958.

［日］井上清著,闫伯纬译.日本历史.西安：陕西人民出版社,2010.

［日］佐佐木高明著,金少萍译.日本农耕文化源流论的观点.民族译丛,1989(5):25—30.

［英］李约瑟著,《中国科学技术史》翻译小组译.中国科学技术史（第4卷）,北京：科学出版社,1975.

［英］李约瑟著,陈立夫主译.中国之科学与文明（第10册）,台北：台北商务印书馆,1980.

［英］李约瑟著,陈立夫主译.中国之科学与文明（第15册）.台北：台北商务印书馆,1985.

艾素珍.开创性的潮时推算图——唐窦叔蒙《涛时图》.文史知识,1995(5):35—38.

安徽省亳县博物馆.亳县曹操宗族墓葬.文物,1978(8):32—45.

安徽省文物工作队,繁昌县文化馆.安徽繁昌出土一批春秋青铜器.文物,1982(12):47—51.

安吉县博物馆.浙江安吉县上马山西汉墓的发掘.考古,1996(7):46—60.

安志敏."干栏"式建筑的考古研究.考古学报,1963(2):65—85.

安志敏.长江下游史前文化对海东的影响.考古,1984(5):439—448.

安志敏.中国细石器研究的开拓和成果——纪念裴文中教授逝世20周年.第四纪研究,2002,22(1):6—10.

白尚恕,李迪.中国历史上对岁差的研究.内蒙古师院学报（自然科学）,1982(1):84—88.

白寿彝,高敏等主编.中国通史（第4卷）.上海：上海人民出版社,1995.

仓修良.《越绝书》是一部地方史.历史研究,1990(4):145—148.

曹锦炎,马承源等.浙江省博物馆新入藏越王者旨於睗剑笔谈.文物,1996(4):4—12.

曹锦炎.吴越历史与考古论丛.北京:文物出版社,2007.

陈国灿."火耕水耨"新探——兼谈六朝以前江南地区的水稻耕作技术.中国农史,1999(1):86—92.

陈廉贞.苏州琢玉工艺.文物,1959(4):37—39.

陈美东.中国科学技术史(天文学卷).北京:科学出版社,2003.

陈佩芬.记上海博物馆所藏越族青铜器.上海博物馆集刊,1987(4):221—232.

陈桥驿.关于越绝书及其作者.杭州大学学报,1979(4):36—40.

陈桥驿.吴越文化和中日两国的史前交流.浙江学刊,1990(4):94—97.

陈文华.中国原始农业的起源和发展.农业考古,2005(1):8—15.

陈元甫.浙江地区战国原始瓷生产高度发展的原因探析.东南文化,2014(6):53—59.

程永军.浙江安吉出土汉代铜镜选粹.文物,2011(1):75—79.

赤泽建,戴国华.日本的水稻栽培.农业考古,1985(2):358—365.

丁宏武.葛洪年表.宗教学研究,2011(1):10—16.

董楚平.吴越文化新探.杭州:浙江人民出版社,1988.

董亚巍.论古代铜镜合金成分与镜体剖面几何形状的关系.中国历史博物馆馆刊,2000(2):114—121.

董允.圆山文化初论.东南文化,1989(3):120—124.

杜石然主编.中国古代科学家传记(上、下).北京:科学出版社,1993.

冯先铭.中国陶瓷.上海:上海古籍出版社,2001.

符杏华.浙江绍兴的几处古文化遗址.南方文物,1994(4):93—94.

高兴华,马文熙.试论葛洪对古代化学和医学的贡献.四川大学学报(哲学社会科学版),1979(4):30—40.

高至喜.中国南方出土商周铜铙概论.见:湖南考古辑刊(第2辑).长沙:岳麓书社,1984:128—135.

戈国龙.《周易参同契》与内丹学的形成.宗教学研究,2004(2):23—30.

庚晋,白杉.中国古代灌钢法冶炼技术.铸造技术,2003(4):349—350.

谷建祥,邹厚本.对草鞋山遗址马家浜文化时期稻作农业的初步认识.东南文化,1998(3):15—24.

顾颉刚.史林杂识初编.北京:中华书局,1963.

郭宝钧.商周青铜器群综合研究.北京:文物出版社,1981.

郭东升.论《周易参同契》的外丹术.江汉大学学报,1994(6):40—43.

郭沫若.中国古代社会研究.上海:上海书店,1989.

郭演仪,王寿英,陈尧成.中国历代南北方青瓷的研究.硅酸盐学报,1980(3):232—243+327—328.

韩德芬,张森水.建德发现的一枚人的犬齿化石及浙江第四纪哺乳动物新资料.古脊椎动物学报,1978,16(4):255—263.

何堂坤.中国古代铜镜的技术研究.北京:中国科学技术出版社,1992.

何中源,张居中等.浙江嵊州小黄山遗址石制品资源域研究.第四纪研究,2012,32(2):282—292.

何兹全主编.中国通史(第5卷).上海:上海人民出版社,1995.

黄渭金.河姆渡先民的石器制作.东方博物,2004(4):68—73.

嘉兴地区文管会,海宁县博物馆.浙江海宁东汉画像石墓发掘简报,文物,1983(5):1—20.

江苏省文物管理委员会.江苏丹徒县烟墩山出土的古代青铜器.文物参考资料,1955(5):58—62.

蒋明明.对绍兴出土汉代铜镜的探讨.东方博物,2011(3):105—112.

蒋卫东.自然环境变迁与良渚文化兴衰关系的思考.华夏考古,2003(2):38—44.

金柏东.浙江温州市西山出土的唐代独木舟.考古,1990(12):1138—1139.

亢淼,梁永宣.魏晋南北朝姚僧垣《集验方》与仲景医方比较研究.见:全国第二十次仲景学说学术年会论文集.中华中医药学会仲景学说分会,2012:336—341.

孔祥星,刘一曼.中国古代铜镜.北京:文物出版社,1984.

蓝春秀.浙江临安五代吴越国马王后墓天文图及其他四幅天文图.中国科技史料,1999(1):60—66.

蓝庆元.也谈"干栏"的语源.民族语文,2010(4):58—61.

雷海宗.世界史分期与上古中古史中的一些问题.历史教学,1957(7):41—47.

李伯谦.崧泽文化大型墓葬的启示.历史研究,2010(6):4—8.

李伯重.唐代江南农业的发展.北京:农业出版社,1990.

李仓.《论衡》中的热学、电磁学及光学知识.中州大学学报(综合版),1995(1):63—65.

李刚."秘色瓷"之秘再探.东方博物,2005(4):6—15.

李刚.由陶到瓷.东方博物,2014(2):51—62.

李家治,罗宏杰.浙江地区古陶瓷工艺发展过程的研究.硅酸盐学报,1993,21(2):143—148.

李家治.我国瓷器出现时期的研究.硅酸盐学报,1978,6(3):190—198.

李家治.原始瓷器的形成和发展.见:中国古代陶瓷科学技术成就.上海:上海科学技术出版社,1985:132—145.

李家治.浙江青瓷釉的形成和发展.硅酸盐学报,1983,11(1):1—17.

李家治.中国科学技术史(陶瓷卷).北京:科学出版社,1998.

李文杰.中国古代的轮轴机械制陶.文物春秋,2007(6):3—11.

李学勤.从新出青铜器看长江下游文化的发展.文物,1980(8):35—40.

李永加.河姆渡遗址出土"骨哨"研究.东南文化,2012(4):89—95.

李云鹏,陈方舟等.灌溉工程遗产特性、价值及其保护策略探讨——以丽水通济堰为例.中国水利,2015(1):61—64.

李志庭.浙江通史(隋唐五代卷).杭州:浙江人民出版社,2005.

廉海萍,谭德睿.东周青铜复合剑制作技术研究.文物保护与考古科学,2002,14(B12):319—334.

梁思成.浙江杭县闸口白塔及灵隐寺双石塔.见:梁思成文集(二),北京:中国建筑工业出版社,1984:131—152.

梁晓艳.从青铜农具、兵器看于越人的文化品格.东方博物,2004(4):53—57.

廖育群,傅芳等.中国科学技术史(医学卷),北京:科学出版社,1998.

林华东.河姆渡文化初探.杭州:浙江人民出版社,1992.

林华东.浙江通史(史前卷).杭州:浙江人民出版社,2005.

林士民.宁波东门口码头遗址发掘报告.见:浙江省文物考古所学刊.北京:文物出版社,1981:105—129.

林士民.浙江宁波市出土一批唐代瓷器.文物,1976(7):60—61.

林正秋.北宋杭州三大科学家.杭州科技,2008(1):56—57.

临海市博物馆.浙江临海黄土岭东汉砖室墓发掘简报.东南文化,1991(5):191—192.

凌纯声.古代闽越人与台湾土著族.见:南方民族史论文选集(一).中南民族学院民族研究所资料室编,1982:114—147.

刘敦桢.苏州云岩寺塔.文物参考资料,1954(7):27—38.

刘侃.绍兴西施山遗址出土文物研究.东方博物,2009(2):6—22.

刘莉,玖迪丝·菲尔德等.全新世早期中国长江下游地区橡子和水稻的开发利用.人类学学报,2010,29(3):334—336.

刘时觉.浙江医人考.北京:人民卫生出版社,2014.

刘伟文.从日本出云的考古发现看中国越文化东播.浙江大学学报(人文社会科学版),1999(4):45—50.

罗桂环.古代一部重要的生物学著作——《毛诗草木鸟兽虫鱼疏》.古今农业,1997(2):31—36.

罗香林.古代百越分布考.见:南方民族史论文选集(一).中南民族学院民族研究所资料室编,1982:1—79.

吕本强,赵素霞等.“十剂”原始考.河南中医,2002(2):66—67.

马继兴.《桐君采药录》考察.中医文献杂志,2005(3):6—9.

马宗军.周易参同契研究.济南:齐鲁书社,2013.

毛昭晰.先秦时代中国江南和朝鲜半岛海上交通初探.东方博物,2004(1):8—17.

蒙文通.越史丛考.北京:人民出版社,1983.

蒙文通.中国历代农产量的扩大和赋役制度及学术思想的演变.四川大学学报,1957(2):27—106.

孟乃昌.《周易参同契》的实验和理论.太原工学院学报,1983(3):129—146.

孟乃昌.《周易参同契》解题.学术月刊,1990(9):41.

闵宗殿.我国栽培稻起源的探讨.江苏农业科学,1979(1):54—58.

明堂山考古队.临安县唐水邱氏墓发掘报告.见:浙江省文物考古研究所学刊.北京:文物出版社,1981:94—104.

牟永杭.河姆渡干栏式建筑的思考和探索.史前研究,2006(1):11—28.

牟永抗,毛兆廷.江山县南区古遗址、墓葬调查试掘.见:浙江省文物考古所学刊.北京:文物出版社,1981:57—84.

牟永抗,宋兆麟.江浙的石犁和破土器——试论我国犁耕的起源.农业考古,1981(2):75—84.

南京博物院.江苏吴县草鞋山遗址.见:文物资料丛刊(第3辑).北京:文物出版社,1980:1—24.

宁波市地方志编纂委员会.雍正宁波府志.宁波:宁波出版社,2014.

潘吉星.中国科学技术史(造纸与印刷卷).北京:科学出版社,1998.

裴安平.史前广谱经济与稻作农业.中国农史,2008(2):3—13.

任式楠.中国史前农业的发生与发展.学术探索,2005(6):110—123.

沙孟海.配儿钩鑃考释.考古,1983(4):340—342.

陕西省法门寺考古队,扶风法门寺塔唐代地宫发掘简报.文物,1988(10):1—28.

上海市文物保管委员会.上海马桥遗址第一、二次发掘.考古学报,1978(1):109—137.

上海市文物管理委员会.马桥——1993—1997年发掘报告.上海:上海书画出版社,2002.

上海市文物管理委员会.上海市青浦县崧泽遗址的试掘.考古学报,1962(2):1—28.

尚志钧,刘大培.陶隐居所云"十剂"辨疑.中国医药学报,1993(2):61—62.

尚志钧.《本草拾遗》的研探.皖南医学院学报,1987(3):38—40.

尚志钧.《本草拾遗》辑释.合肥:安徽科学技术出版社,2002.

尚志钧.日华子和《日华子本草》.江苏中医,1998(12):3—5.

尚志钧辑.日华子本草.合肥:安徽科学技术出版社,2005.

邵毅平.论衡研究.上海:复旦大学出版社,2009.

绍兴县文物管理委员会.浙江绍兴富盛战国窑址.考古,1979(3):231—234.

沈弘.论西方学者对于杭州保俶塔的研究.文化艺术研究,2009(4):16—28.

沈岳明,郑建明.浙江上林湖发现后司岙唐五代秘色瓷窑址.中国文物报,2017-01-27(8).

沈岳明.龙窑生产中的几个问题.文物,2009(9):55—64.

慎微之.湖州钱山漾石器之发现与中国文化之起源.见:吴越文化论丛.上海:上海文艺出版社,1990:217—232.

施昕更.良渚——杭县第二区黑陶文化遗址初步报告.杭州:浙江省教育厅,1938.

宋建.关于崧泽文化至良渚文化过渡阶段的几个问题.考古,2000(11):49—57.

宋建.马桥文化的分区和类型.东南文化,1999(6):6—14.

宋兆麟,牟永抗.我国远古时期的踞织机——河姆渡文化的纺织技术.见:中国纺织科技史资料(第11集).北京:北京纺织科学出版社,1982:26—43.

宋正海.中国古代的海洋潮汐学研究.自然辩证法通讯,1984(3):50—56.

苏秉琦主编.中国通史(第 2 卷).上海:上海人民出版社,1994.

孙国平,郑云飞.浙江余姚田螺山遗址 2012 年发掘成果丰硕.中国文物报,2013-03-29(8).

台州地区文管会,黄岩市博物馆.浙江黄岩灵石寺塔文物清理报告.东南文化,1991(5):242—278.

谭其骧.浙江各地区的开发过程与省界、地区界的形成.见:历史地理研究(第 1 辑).上海:复旦大学出版社,1986:1—11.

唐耕耦.唐代水车的使用与推广.文史哲,1978(4):74—75.

田昌五.国学经典导读——论衡.北京:中国国际广播出版社,2011.

万国鼎.茶书总目提要.见:农业遗产研究集刊(第 2 集).北京:中华书局,1958:205—239.

汪济英,牟永抗.关于吴兴钱山漾遗址的发掘.考古,1980(4):353—358.

汪子春.我国古代养蚕技术上的一项重要发明——人工低温催青制取生种.昆虫学报,1979,22(1):53—59.

汪遵国.良渚文化"玉敛葬"述略.文物,1984(2):23—36.

王成兴.中国古代对潮汐的认识.安徽大学学报(哲学社会科学版),1999(5):43—47.

王国维.显德刊本《宝箧印陀罗尼经》跋(观堂集林).石家庄:河北教育出版社,2003.

王海明.河姆渡遗址与河姆渡文化.东南文化,2000(7):15—22.

王靖泰,汪品先.中国东部晚更新世以来海面升降与气候变化的关系.地理学报,1980,35(4):299—312.

王利华.奉化白杜汉熹平四年墓清理简报.见:浙江省文物考古所学刊.北京:文物出版社,1981:207—211.

王宁.陶弘景的医学贡献.中医文献杂志,2006(1):20—22.

王宁远.5000 年前的大型水利工程——浙江余杭良渚古城外围大型水利工程的调查与发掘获重大收获.中国文物报,2016-03-11(8).

王士伦.喻皓建梵天寺塔一事质疑.浙江学刊,1981(2):90—91.

王士伦.浙江出土铜镜.北京:文物出版社,1987.

王士伦.浙江萧山进化区古代窑址的发现.考古通讯,1957(2):24—29.

王巍.出云与东亚的青铜文化.考古,2003(8):84—91.

王晓.建国以来我国古代纺织机具的发现与研究.中原文物,1989(3):66—77.

王一鸣,陈勇.古水利工程它山堰堰体结构浅析.浙江水利科技,1996 (4):58—60.

王屹峰.中国古代青瓷中心产区早期龙窑研究.东方博物,2010(1): 27—39.

王勇."水稻之路"与弥生文化.浙江社会科学,2002(4):146—149.

王裕中,裴晋昌.中国古代的葛、麻纺织.见:中国古代科技成就.北京: 中国青年出版社,1978:656—661.

王志邦.浙江通史(秦汉六朝卷).杭州:浙江人民出版社,2005.

王仲殊.关于日本三角缘神兽镜的问题.考古,1981(4):346—358.

王仲殊.论日本出土的吴镜.考古,1989(2):161—177.

王仲殊.吴县、山阴和武昌——从铭文看三国时代吴的铜镜产地.考古, 1985(11):1025—1031.

魏代富,陈肖杉.陆羽《茶经》校注.农业考古,2015(5):183—187.

闻人军,张锦波.科学家虞喜,他的世族、成就和思想.自然辩证法通讯, 1986(2):56—61.

吴汝祚.河姆渡遗址发现的部分木制建筑构件和木器的初步研究.浙江 学刊,1997(2):91—95.

吴玉贤.谈河姆渡木筒的用途.见:浙江省文物考古所学刊.北京:文物 出版社,1981:190—193.

夏恒翔,孟宪仁.从语言化石看吴越人东渡日本.辽宁大学学报,1987 (4):63—69.

夏鼐.从宣化辽墓的星图论二十八宿和黄道十二宫.考古学报,1976 (2):35—56.

夏鼐.梦溪笔谈中的喻皓木经.考古,1982(1):74—78.

夏鼐.长江流域考古问题.考古,1960(2):1—3.

夏鼐.中国文明的起源.文物,1985(8):1—8.

夏纬瑛.《毛诗草木鸟兽虫鱼疏》的作者——陆机.自然科学史研究, 1982(2):176—178.

夏星南.浙江长兴县发现吴、越、楚铜剑.考古,1989(1):1—9.

项隆元.中国物质文明史.杭州:浙江大学出版社,2008.

徐建春.浙江通史(先秦卷),杭州:浙江人民出版社,2005.

徐立新.丘光庭年代、著作考.台州师专学报,2002(1):64—66.

徐新民.长兴县发现的旧石器.人类学学报,2007,26(1):16—26.

徐新民.浙江旧石器考古综述.东南文化,2008(2):6—10.

徐渝.唐代潮汐学家窦叔蒙及其海涛志.历史研究,1978(6):63—67.

严文明.我国稻作起源研究的新进展.考古,1997(9):71—76.

严文明.中国稻作农业的起源.农业考古,1982(1):19—31.

严文明.中国史前稻作农业遗存的新发现.江汉考古,1990(3):29—34.

阎文儒,阎万石.唐陆龟蒙《耒耜经》注释.中国历史博物馆馆刊,1980(1):49—57.

阳勋.陆羽生卒年考述.茶业通报,1986(1):37+40.

杨鸿勋.河姆渡遗址早期木构工艺考察.见:杨鸿勋建筑考古学论文集.北京:文物出版社,1987:45—51.

杨新平.杭州闸口白塔建筑年代考.杭州师院学报(社会科学版),1986(3):71—72.

杨勇.汉代铜镜铸造工艺技术略说.中国文物报,2014-12-05(6).

伊世同.临安晚唐钱宽墓天文图简析.文物,1979(12):24—26.

游修龄.对河姆渡遗址第四文化层出土稻谷和骨耜的几点看法.文物,1976(8):20—23.

游修龄.中国稻作文化史.上海:上海人民出版社,2010.

余杭市政协文史资料委员会.文明的曙光——良渚文化.杭州:浙江人民出版社,1996.

俞珊瑛.浙江出土青铜器研究.东方博物,2010(3):27—39.

袁翰青.周易参同契——世界炼丹史上最古的著作.化学通报,1954(8):401—406.

张焕平.王充物理思想对科学发展的贡献.晋中师范高等专科学校学报,2003(2):116—118.

张建世.日本学者对绳纹时代从中国传去农作物的追溯.农业考古,1985(2):353—357.

张森水,高星.浙江旧石器调查报告.人类学学报,2003,22(2):105—115.

张忠培.良渚文化墓地与其表述的文明社会.考古学报,2012(4):401—422.

长沙市文物工作队,长沙市文物考古研究所.长沙走马楼J22发掘简报.文物,1999(5):4—25.

赵丰.良渚织机的复原.东南文化,1992(2):108—111.

赵辉.读《好川墓地》.考古,2002(11):88—91.

赵晔.临平茅山的先民足迹.东方博物,2012(2):16—22.

浙江省博物馆,杭州市文管会.浙江临安晚唐钱宽墓出土天文图及"官"字款白瓷.文物,1979(12):18—22.

浙江省文物管理委员会,浙江省博物馆.河姆渡遗址第一期发掘报告.考古学报,1978(1):39—94.

浙江省文物管理委员会,浙江省文物考古所等.绍兴306号战国墓发掘简报.文物,1984(1):10—26.

浙江省文物管理委员会.杭州、临安五代墓中的天文图和秘色瓷.考古,1975(3):186—194.

浙江省文物管理委员会.绍兴漓渚的汉墓.考古学报,1957(1):133—140.

浙江省文物管理委员会.吴兴钱山漾遗址第一、二次发掘报告.考古学报,1960(2):73—91.

浙江省文物管理委员会.浙江嘉兴马家浜新石器时代遗址的发掘.考古,1961(7):345—351.

浙江省文物考古所,上虞县文化馆.浙江上虞县发现的东汉瓷窑址.文物,1981(10):33—35.

浙江省文物考古研究所,北京大学考古文博院等.浙江越窑寺龙口窑址发掘简报.文物,2001(11):23—42.

浙江省文物考古研究所,德清县博物馆.浙江德清亭子桥战国窑址发掘简报.文物,2009(12):4—24.

浙江省文物考古研究所,湖州市博物馆.浙江湖州南山商代原始瓷窑址发掘简报.文物,2012(11):4—15.

浙江省文物考古研究所,浦江博物馆.浙江浦江县上山遗址发掘简报.考古,2007(9):7—18.

浙江省文物考古研究所,象山县文物管理委员会.象山县塔山遗址第一、二期发掘.见:浙江省文物考古研究所学刊(第3辑).北京:长征出版社,1997:22—73.

浙江省文物考古研究所,萧山博物馆.跨湖桥.北京:文物出版社,2004.

浙江省文物考古研究所.杭州雷峰塔五代地宫发掘简报.文物,2002(5):4—32.

浙江省文物考古研究所.杭州市余杭区良渚古城遗址2006—2007年的发掘.考古,2008(7):3—10.

浙江省文物考古研究所.河姆渡——新石器时代遗址考古发掘报告(上、下).北京:文物出版社,2003.

浙江省文物考古研究所.五代钱氏捍海塘发掘简报.文物,1985(4): 85—89.

浙江省文物考古研究所.萧山跨湖桥新石器时代遗址.见:浙江省文物考古研究所学刊(第3辑).北京:长征出版社,1997:6—21.

浙江省文物考古研究所.余杭瑶山良渚文化祭坛遗址发掘简报.文物, 1988(1):32—51.

浙江省文物考古研究所.浙江考古精华.北京:文物出版社,1999.

浙江省文物考古研究所.浙江龙游白羊垅东汉窑址发掘简报.东南文化,2014(3):53—58.

浙江省文物考古研究所反山考古队.浙江余杭反山良渚墓地发掘简报. 文物,1988(1):1—31.

郑建明,陈淳.马家浜文化研究的回顾与展望——纪念马家浜遗址发现45周年.东南文化,2005(4):16—25.

郑文光.中国古代的宇宙无限理论和现代宇宙学.见:科技史文集(第1辑).上海:上海科学技术出版社,1978:44—58.

郑永庚,李福民.浙江省科学技术志.北京:中华书局,1996.

郑祖襄.良渚遗址中透露出的音乐艺术曙光.文化艺术研究,2009(2): 71—76.

周匡明.钱山漾残绢片出土的启示.文物,1980(1):74—77.

周魁一.中国科学技术史(水利卷).北京:科学出版社,2002.

朱伯谦.试论我国古代的龙窑.文物,1984(3):57—62.

朱伯谦.朱伯谦论文集.北京:禁城出版社,1990.

朱亚宗.王充:近代科学精神的超前觉醒.求索,1990(1):60—66.

附　录

大事记

旧石器时代

安吉的上马坎、长兴的七里亭等旧石器时代遗址的发现与发掘,表明浙江先民在数十万年前甚至百万年前已开始制造与使用工具。

新石器时代

上山文化遗址稻作遗存的发现,表明浙江的稻作农业至少萌芽于距今1万年前的新石器时代初期。

跨湖桥文化遗址出土的独木舟,是中国迄今为止所发现的最早的独木舟。

河姆渡文化遗址出土大量骨耜和其他稻作遗存,表明六七千年前,浙江的史前农业已进入到耜耕农业阶段。该遗址还发现了乐器、榫卯结构的干栏式建筑。田螺山遗址发现的山茶属植物遗存,可能是迄今发现的最早人工栽种的茶树遗存。

崧泽文化、良渚文化遗址中石犁的出土,标志着浙江古代农业开始步入犁耕阶段。

良渚文化遗址、钱山漾文化遗址出土的黑陶、玉器、纺织品等,显示出浙江史前的制陶、纺织、琢玉、髹漆、建筑等原始技术已达到了较高的水平。

马桥文化距今约 4000—3000 年,以几何印纹陶为特征,同时出现了青铜文化因素。

先　秦

商及西周时期

浙江地区青铜器的器形、器类和冶铸技术方面都有进一步的发展,浙江青铜文化一方面呈现出鲜明的地方特征,另一方面较明显地受到中原及周边文化的影响。

在浙江的杭州、绍兴、湖州、衢州等地,印纹硬陶与原始瓷大量烧造。

春秋战国时期

周元王三年(前474)勾践灭吴,越国国势进入最强盛的时期,浙江的青铜文化也达到鼎盛。

越国在山阴兴筑富中大塘,垦地作为义田。

越国在葛山、麻林山等地广植葛、苎麻,既作为纺织原料,也作为制作弓弦的材料。

越国在鸡山、豕山、会稽山等地养鸡、养猪,并开池塘养鱼,开展多种经营。

越王勾践酿造大量米酒(黄酒)。

越国在若耶溪、赤堇山等地开山采铜、采锡,由欧冶子等名匠铸造兵器、工具。

出现抬梁式结构的高台、层楼建筑,且已用瓦。

越王勾践在龟山(今绍兴塔山)修建观象台。

秦　汉

秦

秦代在今浙江境域设立郡县,其中海盐县的设置表明,此时浙江地区煎盐业已十分繁盛。

西　汉

初期,绍兴漓渚已生产铁质农具和武器。

西汉中叶,浙江出现了青铜镜铸造业。

东　汉

浙江地区的牛耕与铁制农具得到推广。

铜镜制造业发达,会稽成为当时全国的铸镜中心之一。

东汉初年,华信倡导在钱塘县(今杭州)以东筑防潮大塘,这是见于文献记载的浙江最早的海塘工程。

上虞人王充(27—97)晚年写成《论衡》,涉及丰富的自然科学知识。

东汉永和五年(140),会稽太守马臻兴建镜湖,周围358里,灌田九千余顷。

东汉桓帝时(132—167)，魏伯阳所撰的《周易参同契》，是世界上现存最古的一部炼丹术著作。

东汉熹平二年(173)，余杭县令陈浑兴建堤防工程、分流工程，以防南苕溪水患。

天台山华顶有道士葛玄(164—244)植茶之圃，这是浙江最早的种茶记录。

东汉中晚期，以上虞小仙坛窑址为代表的宁绍平原东部地区，在原先发达的印纹硬陶、原始青瓷制作工艺的基础上，率先烧制出成熟瓷器。

秦汉时期成书的《桐君采药录》，是中国早期著名的本草学著作之一。

东汉袁康、吴平所作的《越绝书》具有很高的地理学价值。

三国两晋南北朝

三　国

孙吴永安年间(258—264)，孙休在乌程县(今湖州)北沿太湖筑堤以防水患，成青塘。

孙吴时陆玑作《毛诗草木鸟兽虫鱼疏》，被誉为中国"古代第一部重要的生物学著作"。

孙吴时已生产土纸、楮皮纸。

孙吴时湖州人姚信创立昕天说。

两　晋

西晋末年，会稽相贺循主持疏凿了自郡城城郭至永兴县(今萧山)的河道。

西晋晚期出现了在青釉上点染酱褐色斑纹的做法。东阳郡的青瓷窑在粗质瓷胎上首先应用了化妆土。

西晋时，会稽郡剡县(今嵊州)开始用藤造纸。

东晋时余姚虞氏家族的虞耸、虞昺与虞喜创立穹天说和安天说。虞喜不仅提出了安天说，而且发现了岁差现象。

西晋太安二年(303)至东晋咸和五年(330)，著名炼丹家、医药学家葛洪两度在杭州葛岭、天台山居留炼丹，著《抱朴子》。

东晋永和年间(345—356)，吴兴太守殷康主持修筑荻塘。

东晋晚期受佛教影响，瓷器上开始出现莲瓣纹。

南北朝

南梁大通年间（527—529），永嘉郡（今温州）用低温催青法制取生种，培育了"八辈蚕"。

南齐建武（494—498）初，上虞人谢平发明"杂炼生鍒"法（灌钢法），被誉为"中国绝手"。

南梁天监四年（505），处州（今丽水）詹、南二司马在松荫溪上创修通济堰，坝成拱形，是已知世界上最早的拱坝。

南朝萧梁时，著名的医药学家、炼丹家陶弘景（456—536）曾一度寓居浙江，其著作涉及医药、炼丹、天文、历算、地理等多个方面。

隋唐五代

隋　唐

隋大业六年（610）开凿江南运河。

唐开元年间（713—741），陈藏器撰成《本草拾遗》10卷。

唐天宝年间（742—756），秧田法从中原传入东南地区，杭州开始作秧田。

唐上元元年（760）至上元二年（761），陆羽在浙江完成《茶经》，大约于建中元年（780），《茶经》最终定稿。

唐宝应至大历年间，窦叔蒙撰《海涛志》。

唐大历年间（766—779）杭州刺史李泌是迄今见诸记载的"经理"西湖的第一人。

唐长庆二年（822）白居易出任杭州刺史，治理钱塘湖。

浙江的雕版印刷，至迟在唐长庆四年（824）刻印白居易、元稹的诗作时已经开始。

唐大和七年（833），鄞县县令王元暐创建集阻咸、蓄淡、引水、泄洪诸功效于一体的它山堰。

唐中和四年（884），湖州资圣寺内建飞英石塔，北宋开宝年间（968—975）在外面又建砖木结构塔，形成塔中塔。

唐代"江东犁"的出现，水车的运用，一年二熟制的推行，促进了农业生产的发展。

唐代晚期"秘色越器"的出现，标志着越窑瓷器烧造技术走向了顶峰。

唐代后期明州与日本间东海航线开辟，古代浙江航海贸易开始勃兴。

五 代

吴越国王钱镠修建"钱氏捍海塘",标志着中国古代筑塘技术进入了一个新的历史阶段。

唐末五代,丘光庭著《海潮论》,阐述了潮汐成因及其变化规律,在王充《论衡》、窦叔蒙《海涛志》、卢肇《海潮赋》等前人成果基础上,进一步提出了潮汐生成的新理论。

吴越国中期,铸造义乌铁塔。

五代末年、北宋初年人喻皓著《木经》。吴越国建造众多佛塔,杭州雷峰塔、闸口白塔、灵隐寺双石塔、保俶塔、临安功臣塔、黄岩灵石寺塔、苏州云岩寺塔等便是其中的代表。

钱宽墓、水丘氏墓、马王后墓、钱元瓘墓、吴汉月墓中发现的天文星图,显示了吴越国时期的天文学成就,填补了现存中国古代星图从唐代星图到宋代星图之间的缺环。

五代末年、北宋初年人日华子著《日华子诸家本草》。

索　引

后　记

又迎来了一个冬天。坐在书桌前，当敲下最后一个修改字符，终于舒了一口气。因为从着手收集资料，到研究撰述，再到修改定稿，已走过了整整十五个春秋。

本书是浙江文化工程"浙江科学技术史系列研究"项目"上古至隋唐五代浙江科技史研究"课题的成果。2007年就开始查阅资料、准备撰述，预期三年完成。一方面，开展"上古至隋唐五代浙江科技史研究"，远比原先想象的要困难得多；另一方面，因日常教学任务、行政事务极其繁重，难以有一个相对完整的时间从事研究。这样，断断续续地进行了十多年光景。其间数易其稿，最终形成今天的模样。虽然书稿得到课题结题匿名评审专家的高度评价，但心理依然忐忑。如有不当之处，敬望方家与读者批评指正。

本课题与书稿的最终完成，自始至终得到"浙江科学技术史系列研究"项目总负责人许为民教授的指导与帮助。浙江省文化研究工程指导委员会办公室、浙江省哲学社会科学发展规划领导小组办公室、浙江大学社会科学研究院、浙江大学人文学院文物与博物馆学系、浙江大学艺术与考古学院考古与文博系、浙江大学出版社、浙江大学图书馆等单位为课题研究提供了许多支持与帮助。在撰述过程中，参考了众多学者的研究成果。没有前人的研究成果，不可能有这本著述的问世。包玉叶、田璐、宋旭雅、刘佳、朱伊凡、杨虹、蔡一茗等研究生，查找或核对了不少资料，包玉叶还为"大事记""索引"撰写了初稿。匿名评审专家对书稿提出了很好的修改意见与建议。浙江大学出版社吴超女士、朱玲女士、王荣鑫先生为本书的出版花了不少精力。在此，一并表示深深的谢意。

作者

2021年12月

图书在版编目(CIP)数据

浙江科学技术史. 上古至隋唐五代卷 / 项隆元，龚
缨晏编著. —杭州：浙江大学出版社，2022.4
ISBN 978-7-308-22501-4

Ⅰ.①浙… Ⅱ.①项… ②龚… Ⅲ.①自然科学史－
浙江－上古－五代十国时期 Ⅳ.①N092

中国版本图书馆 CIP 数据核字(2022)第 057894 号

浙江科学技术史·上古至隋唐五代卷
项隆元　龚缨晏　编著

责任编辑　吴　超
责任校对　胡　畔
封面设计　奇文云海　周　灵
出版发行　浙江大学出版社
　　　　　（杭州市天目山路 148 号　邮政编码 310007）
　　　　　（网址：http://www.zjupress.com）
排　　版　浙江时代出版服务有限公司
印　　刷　杭州高腾印务有限公司
开　　本　710mm×1000mm　1/16
印　　张　20.75
字　　数　366 千
版 印 次　2022 年 4 月第 1 版　2022 年 4 月第 1 次印刷
书　　号　ISBN 978-7-308-22501-4
定　　价　78.00 元
